单片机与电路绘图自学手册

蔡杏山◎主编

人民邮电出版社
北京

图书在版编目（CIP）数据

单片机与电路绘图自学手册 / 蔡杏山主编. -- 北京：
人民邮电出版社，2018.11
ISBN 978-7-115-49340-8

Ⅰ. ①单… Ⅱ. ①蔡… Ⅲ. ①单片微型计算机－电路
设计－手册 Ⅳ. ①TP368.1-62

中国版本图书馆CIP数据核字(2018)第208479号

内 容 提 要

本书是一本介绍 51 单片机和电路绘图设计的图书，主要内容有单片机入门与 C 语言基础、51 单片机的硬件系统、51 单片机编程软件的使用、LED 的驱动电路及编程、LED 数码管的驱动电路及编程、中断与中断编程、定时器/计数器的使用及编程、按键电路及编程、双色点阵的使用及编程、步进电机的使用及编程、串行通信的使用及编程、电路绘图设计软件入门、设计电路原理图、制作新元件、手工设计印刷电路板、自动设计印刷电路板、制作新元件封装。

本书具有起点低、由浅入深、语言通俗易懂等特点，并且内容结构安排符合学习认知规律。本书适合作为 51 单片机和电路绘图设计的自学图书，也适合作为职业学校电类专业的 51 单片机和电路绘图设计的教材。

◆ 主　　编　蔡杏山
　　责任编辑　黄汉兵
　　责任印制　彭志环

◆ 人民邮电出版社出版发行　　北京市丰台区成寿寺路 11 号
　　邮编　100164　　电子邮件　315@ptpress.com.cn
　　网址　http://www.ptpress.com.cn
　　固安县铭成印刷有限公司印刷

◆ 开本：787×1092　1/16
　　印张：23.25　　　　　　　2018 年 11 月第 1 版
　　字数：580 千字　　　　　2018 年 11 月河北第 1 次印刷

定价：79.00 元

读者服务热线：(010)81055488　印装质量热线：(010)81055316
反盗版热线：(010)81055315

"电子技术无处不在"，小到收音机，大到神舟飞船，无一不蕴含着电子技术的身影。电子技术应用到社会的众多领域，根据电子技术的应用领域不同，可分为家庭消费电子技术（如电视机）、通信电子技术（如移动电话）、工业电子技术（如变频器）、机械电子技术（如智能机器人控制系统）、医疗电子技术（如 B 超机）、汽车电子技术（如汽车电气控制系统）、消费数码电子技术（如数码相机）以及军事科技电子技术（如导弹制导系统）等。

为了让更多人能掌握电子技术，我们推出"从电子菜鸟到大侠"丛书，丛书分 4 册，分别为《电子技术和电子元器件自学手册》、《模拟、数字和电力电子电路自学手册》、《快易学电子测量仪器》和《单片机与电路绘图设计自学手册》。

"从电子菜鸟到大侠"丛书主要有以下特点。

◆基础起点低。读者只需具有初中文化程度即可阅读本套丛书。

◆语言通俗易懂。书中专业化的术语较少，遇到较难理解的内容用形象比喻说明，尽量避免复杂的理论分析和烦琐的公式推导，图书阅读起来十分顺畅。

◆内容解说详细。考虑到自学时一般无人指导，因此在编写过程中对书中的知识技能进行详细解说，让读者能轻松理解所学内容。

◆采用图文并茂的表现方式。书中大量采用直观形象的图表方式表现内容，使阅读变得非常轻松，不易产生阅读疲劳。

◆内容安排符合认识规律。图书按照循序渐进、由浅入深的原则来确定各章内容的排序，读者按顺序从前往后阅读即可。

◆突出显示知识要点。为了帮助读者掌握书中的知识要点，书中用阴影和文字加粗的方法突出显示知识要点，指示学习重点。

◆网络免费辅导。读者在阅读时遇到难理解的问题，可登录易天电学网观看有关辅导材料或向老师提问进行学习，读者也可以在该网站了解本套丛书的新书信息。

本书在编写过程中得到了很多老师的支持，其中蔡玉山、詹春华、何慧、蔡理杰、黄晓玲、蔡春霞、邓艳姣、黄勇、刘凌云、邵永亮、蔡理忠、何彬、刘海峰、蔡理峰、李清荣、万四香、蔡任英、邵永明、蔡理刚、何丽、梁云、吴泽民、蔡华山、王娟等参与了部分章节的编写工作，在此一致表示感谢。由于我们水平有限，书中疏漏之处在所难免，望广大读者和同仁予以批评指正。

编者
2018 年 7 月

目 录

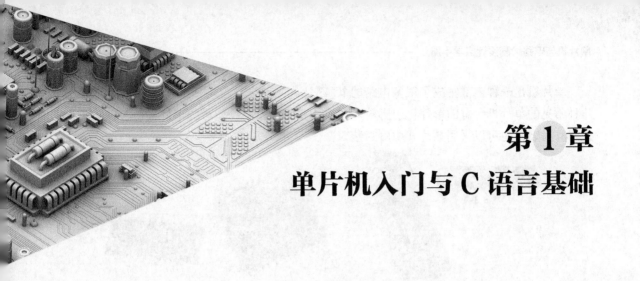

第1章
单片机入门与C语言基础

|1.1 单片机简介|

1.1.1 什么是单片机

单片机是单片微型计算机（Single Chip Microcomputer）的简称，由于单片机主要用于控制领域，所以又称作微型控制器（Microcontroller Unit，MCU）。**单片机与微型计算机都是由 CPU、存储器和输入/输出接口电路（I/O 接口电路）等组成的**，但两者又有所不同，微型计算机（PC）和单片机（MCU）的基本结构分别如图 1-1（a）、(b）所示。

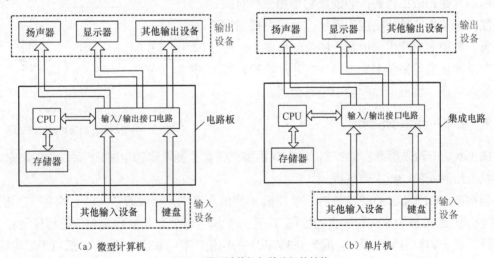

（a）微型计算机   （b）单片机

图1-1 微型计算机与单片机的结构

从图 1-1 可以看出，微型计算机是将 CPU、存储器和输入/输出接口电路等安装在电路板（又称电脑主板）上，外部的输入/输出设备（I/O 设备）通过接插件与电路板上的输入/输出接口电路连接起来。单片机则是将 CPU、存储器和输入/输出接口电路等做在半导体硅片上，再接出引脚并封装起来构成集成电路，外部的输入/输出设备通过单片机的外部引脚与内部输入/输出接口电路连接起来。

单片机是一种内部集成了很多电路的 IC 芯片（又称集成电路、集成块），图 1-2 列出了几种常见的单片机，有的单片机引脚较多，有的引脚少，同种型号的单片机，可以采用直插式引脚封装，也可以采用贴片式引脚封装。

（a）直插式引脚封装　　　　　　　　　（b）贴片式引脚式封装

图1-2　几种常见单片机外形

与单片机相比，微型计算机具有性能高、功能强的特点，但其价格昂贵，并且体积大，所以在一些不是很复杂的控制场合，如电动玩具、缤纷闪烁的霓虹灯、家用电器等设备中，完全可以采用价格低廉的单片机进行控制。

1.1.2　单片机应用系统的组成及举例说明

1. 组成

单片机是一块内部包含有 CPU、存储器和输入/输出接口等电路的 IC 芯片，但单独一块单片机芯片是无法工作的，必须给它增加一些有关的外围电路来组成单片机应用系统，才能完成指定的任务。典型的单片机应用系统的组成如图 1-3 所示，即单片机应用系统主要由单片机芯片、输入部件、输入电路、输出部件和输出电路组成。

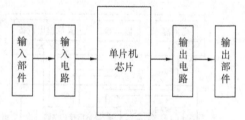

图1-3　典型的单片机应用系统的组成

2. 工作过程举例说明

图 1-4 是一种采用单片机控制的 DVD 影碟机托盘检测及驱动电路，下面以该电路来说明单片机应用系统的一般工作过程。

当按下 "OPEN/CLOSE" 键时，单片机 a 脚的高电平（一般为 3V 以上的电压，常用 1 或 H 表示）经二极管 VD 和闭合的按键 S2 送入 b 脚，触发单片机内部相应的程序运行，程序运行后从 e 脚输出低电平（一般为 0.3V 以下的电压，常用 0 或 L 表示），低电平经电阻 R3 送到 PNP 型三极管 VT2 的基极，VT2 导通，+5V 电压经 R1、导通的 VT2 和 R4 送到 NPN 型三极管 VT3 的基极，VT3 导通，于是有电流流过托盘电机（电流途径是：+5V→R1→VT2 的发射极→VT2 的集电极→接插件的 3 脚→托盘电机→接插件的 4 脚→VT3 的集电极→VT3 的发射极→地），托盘电机运转，通过传动机构将托盘推出机器，当托盘出仓到位后，托盘检测开关 S1 断开，单片机的 c 脚变为高电平（出仓过程中 S1 一直是闭合的，c 脚为低电平），内部程序运行，使单片机的 e 脚变为高电平，三极管 VT2、VT3 均由导通转为截止，无电流流过托盘电机，电机停转，托盘出仓完成。

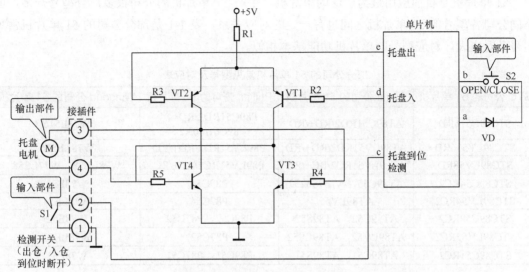

图1-4　一种采用单片机控制的DVD影碟机托盘检测及驱动电路

在托盘上放好碟片后，再按压一次"OPEN/CLOSE"键，单片机 b 脚再一次接收到 a 脚送来的高电平，又触发单片机内部相应的程序运行，程序运行后从 d 脚输出低电平，低电平经电阻 R2 送到 PNP 型三极管 VT1 的基极，VT1 导通，+5V 电压经 R1、VT1 和 R5 送到 NPN 型三极管 VT4 的基极，VT4 导通，马上有电流流过托盘电机（电流途径是：+5V→R1→VT1 的发射极→VT1 的集电极→接插件的 4 脚→托盘电机→接插件的 3 脚→VT4 的集电极→VT4 的发射极→地），由于流过托盘电机的电流反向，故电机反向运转，通过传动机构将托盘收回机器，当托盘入仓到位后，托盘检则开关 S1 断开，单片机的 c 脚变为高电平（入仓过程中 S1 一直是闭合的，c 脚为低电平），内部程序运行，使单片机的 d 脚变为高电平，三极管 VT1、VT4 均由导通转为截止，无电流流过托盘电机，电机停转，托盘入仓完成。

在图 1-4 中，检测开关 S1 和按键 S2 均为输入部件，与之连接的电路称为输入电路；托盘电机为输出部件，与之连接的电路称为输出电路。

1.1.3　单片机的分类

设计生产单片机的公司很多，较常见的有 Intel 公司生产的 MCS-51 系列单片机、Atmel 公司生产的 AVR 系列单片机、MicroChip 公司生产的 PIC 系列单片机和美国德州仪器（TI）公司生产的 MSP430 系列单片机等。

8051 单片机是 Intel 公司推出的最成功的单片机产品，后来由于 Intel 公司将重点放在 PC 机芯片（如 8086、80286、80486 和奔腾 CPU 等）开发上，故将 8051 单片机内核使用权以专利出让或互换的形式转给世界许多著名 IC 制造厂商，如 Philips、NEC、Atmel、AMD、Dallas、siemens、Fujutsu、OKI、华邦、LG 等，这些公司在保持与 8051 单片机兼容的基础上改善和扩展了许多功能，设计生产出与 8051 单片机兼容的一系列单片机。**这种具有 8051 硬件内核且兼容 8051 指令的单片机称为 MCS-51 系列单片机，简称 51 单片机。**新型 51 单片机可以运行

8051 单片机的程序，而 8051 单片机可能无法正常运行新型 51 单片机新增功能编写的程序。

51 单片机是目前应用最为广泛的单片机，生产 51 单片机的公司很多，且型号众多，但不同公司各型号的 51 单片机之间也有一定的对应关系。表 1-1 是部分公司的 51 单片机常见型号及对应表，对应型号的单片机功能基本相似。

表 1-1　　　　　　　部分公司的 51 单片机常见型号及对应表

STC 公司的 51 单片机	Atmel 公司的 51 单片机	Philips 公司的 51 单片机	Winbond 公司的 51 单片机
STC89C516RD	AT89C51RD2/RD+/RD	P89C51RD2/RD+，89C61/60X2	W78E516
STC89LV516RD	AT89LV51RD2/RD+/RD	P89LV51RD2/RD+/RD	W78LE516
STC89LV58RD	AT89LV51RC2/RC+/RC	P89LV51RC2/RC+/RC	W78LE58，W77LE58
STC89C54RC2	AT89C55，AT89S8252	P89C54	W78E54
STC89LV54RC2	AT89LV55	P87C54	W78LE54
STC89C52RC2	AT89C52，AT89S52	P89C52，P87C52	W78E52
STC89LV52RC2	AT89LV52，AT89LS52	P87C52	W78LE52
STC89C51RC2	AT89C51，AT89S51	P89C51，P87C51	W78E51

1.1.4　单片机的应用领域

单片机的应用非常广泛，已深入到工业、农业、商业、教育、国防、日常生活等各个领域。下面简单介绍一下单片机在一些领域的应用。

（1）单片机在家电方面的应用

单片机在家电方面的应用主要有：彩色电视机、影碟机内部的控制系统；数码相机、数码摄像机中的控制系统；中高档电冰箱、空调器、电风扇、洗衣机、加湿机和消毒柜中的控制系统；中高档微波炉、电磁灶和电饭煲中的控制系统等。

（2）单片机在通信方面的应用

单片机在通信方面的应用主要有：移动电话、传真机、调制解调器和程控交换机中的控制系统、智能电缆监控系统、智能线路运行控制系统、智能电缆故障检测仪等。

（3）单片机在商业方面的应用

单片机在商业方面的应用主要有：自动售货机、无人值守系统、防盗报警系统、灯光音响设备、IC 卡等。

（4）单片机在工业方面的应用

单片机在工业方面的应用主要有：数控机床、数控加工中心、自动操作、机械手操作、工业过程控制、生产自动化、远程监控、设备管理、智能控制、智能仪表等。

（5）单片机在航空、航天和军事方面的应用

单片机在航空、航天和军事方面的应用主要有：航天测控系统、航天制导系统、卫星遥控遥测系统、载人航天系统、导弹制导系统、电子对抗系统等。

（6）单片机在汽车方面的应用

单片机在汽车方面的应用主要有：汽车娱乐系统、汽车防盗报警系统、汽车信息系统、汽车智能驾驶系统、汽车全球卫星定位导航系统、汽车智能化检验系统、汽车自动诊断系统、

交通信息接收系统等。

|1.2 用实例了解单片机应用系统的开发过程|

1.2.1 明确控制要求并选择合适型号的单片机

1. 明确控制要求

在开发单片机应用系统时，先要明确需要实现的控制功能，单片机硬件和软件开发都需围绕着要实现的控制功能进行。如果要实现的控制功能比较多，可一条一条列出来，若要实现的控制功能比较复杂，则需分析控制功能及控制过程，并明确表述出来（如控制的先后顺序、同时进行几项控制等），这样在进行单片机硬、软件开发时才会目标明确。

本节以开发一个用按键控制一个发光二极管（LED）亮灭的项目为例来介绍单片机应用系统的硬、软件的开发过程，其控制要求是：当按下按键时，发光二极管亮；松开按键时，发光二极管熄灭。

2. 选择合适型号的单片机

明确单片机应用系统要实现的控制功能后，再选择单片机种类和型号。单片机种类很多，不同种类型号的单片机结构和功能有所不同，软、硬件开发也有区别。

在选择单片机型号时，一般应注意以下几点。

（1）选择自己熟悉的单片机。不同系列的单片机内部硬件结构和软件指令或多或少有些不同，而选择自己熟悉的单片机可以提高开发效率，缩短开发时间。

（2）在功能够用的情况下，考虑性能价格比。有些型号的单片机功能强大，但相应的价格也较高，而选择单片机型号时功能足够即可，不要盲目选用功能强大的单片机。

目前市面上使用广泛的为 51 单片机，其中宏晶公司（STC）51 系列单片机最为常见，编译的程序可以在线写入单片机，无需专门的编程器，并且可反复擦写单片机内部的程序，另外价格低（5 元左右）且容易买到。

1.2.2 设计单片机电路原理图

明确控制要求并选择合适型号的单片机后，接下来就是设计单片机电路，即给单片机添加工作条件电路、输入部件和输入电路、输出部件与输出电路等。图 1-5 是设计好的用一个按键控制一只发光二极管亮灭的单片机电路原理图，该电路采用了 STC 公司 8051 内核的89C51 型单片机。

单片机是一种集成电路，普通的集成电路只需提供电源即可使内部电路开始工作，而要让单片机内部电路正常工作，除了需提供电源外，还需提供时钟信号和复位信号。电源、时钟信号和复位信号是单片机工作必须的，提供这三者的电路称为单片机的工作条件电路。

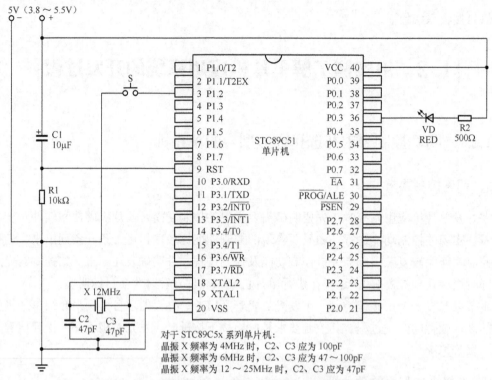

图1-5　用一个按键控制一只发光二极管亮灭的单片机电路原理图

STC89C51 单片机的工作电源为 5V，电压允许范围为 3.8～5.5V。5V 电源的正极接到单片机的正电源脚（VCC-40 脚），负极接到单片机的负电源（VSS-20 脚）。晶振 X、电容 C1、C2 与单片机时钟脚（XTAL2-18 脚、XTAL1-19 脚）内部的电路组成时钟振荡电路，产生 12MHz 时钟信号提供给单片机内部电路，让内部电路有条不紊地按节拍工作。C1、R1 构成单片机复位电路，在接通电源的瞬间，C1 还未充电，C1 两端电压为 0V，R1 两端电压为 5V，5V 电压为高电平，它作为复位信号经复位脚（RST、9 脚）送入单片机，对内部电路进行复位，使内部电路全部进入初始状态，随着电源对 C1 充电，C1 上的电压迅速上升，R1 两端电压则迅速下降，当 C1 上充得电压达到 5V 时充电结束，R1 两端电压为 0V（低电平），单片机 RST 脚变为低电平，结束对单片机内部电路的复位，内部电路开始工作，如果单片机 RST 脚始终为高电平，内部电路则被钳在初始状态，无法工作。

按键 S 闭合时，单片机的 P1.2 脚（3 脚）通过 S 接地（电源负极），P1.2 脚输入为低电平，内部电路检测到该脚电平再执行程序，让 P0.3 脚（36 脚）输出低电平（0V），发光二极管 VD 导通，有电流流过 VD（电流途径是：5V 电源正极→R2→VD→单片机的 P0.3 脚→内部电路→单片机的 VSS 脚→电源负极），VD 点亮；按键 S 松开时，单片机的 P1.2 脚（3 脚）变为高电平（5V），内部电路检测到该脚电平再执行程序，让 P0.3 脚（36 脚）输出高电平，发光二极管 VD 截止（即 VD 不导通），VD 熄灭。

1.2.3　制作单片机电路

按控制要求设计好单片机电路原理图后，还要依据电路原理图将实际的单片机电路制作出来。制作单片机电路有两种方法：一种是用电路板设计软件（如 Protel 99 SE 软件）设计出与电路原理图相对应的 PCB 图（印制电路板图），再交给 PCB 板厂生产出相应的 PCB 电路板，然后将单片机及有关元件安装焊接在电路板上即可；另一种是使用万能电路板，将单片机及有关元件安装焊接在电路板上，再按电路原理图的连接关系用导线或焊锡将单片机及元件连接起来。前一种方法适合大批量生产，后一种方法适合小批量实验样板制作，这里使用万能电路板来制作单片机电路。

图 1-6 是一个按键控制一只发光二极管亮灭的单片机电路元件和万能电路板（又称洞洞板）。在安装单片机电路时，从正面将元件引脚插入电路板的圆孔，在背面将引脚焊接好，由于万能电路板各圆孔间是断开的，故还需要按电路原理图连接关系，用焊锡或导线将有关元件引脚连接起来，为了方便将单片机各引脚与其他电路连接，在单片机两列引脚旁安装了两排 20 脚的单排针，安装时将单片机各引脚与各自对应的排针脚焊接在一起，暂时不用的单片机引脚可不焊接。制作完成的单片机电路如图 1-7 所示。

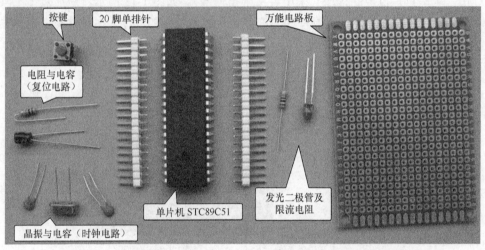

图1-6　一个按键控制一只发光二极管亮灭的单片机电路元件和万能电路板

图1-7　制作完成的单片机电路

1.2.4 用 Keil 软件编写单片机控制程序

单片机是一种软件驱动的芯片，要让它进行某些控制就必须为其编写相应的控制程序。Keil μVision2 是一款最常用的 51 单片机编程软件，在该软件中可以使用汇编语言或 C 语言编写单片机程序。Keil μVision2 的安装和使用在后面有章节会详细说明，故下面只对该软件编程进行简略介绍。

1. 编写程序

在电脑屏幕桌面上执行"开始→程序→Keil μVision2"，如图 1-8 所示，Keil μVision2 软件打开，如图 1-9 所示，在该软件中新建一个项目"一个按键控制一只 LED 亮灭.Uv2"，再在该项目中新建一个"一个按键控制一只 LED 亮灭.c"文件，如图 1-10 所示，然后在该文件中用 C 语言编写单片机控制程序（采用英文半角输入），如图 1-11 所示，最后点击工具栏上的 （编译）按钮，将当前 C 语言程序转换成单片机能识别的程序，在软件窗口下方出现编译信息，如图 1-12 所示，如果出现"0 Error(s), 0 Warning(s)"，表示程序编译通过。

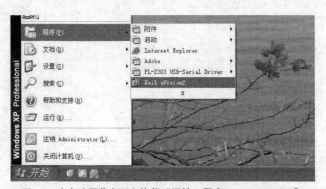

图1-8 在电脑屏幕桌面上执行"开始→程序→Keil μVision2"

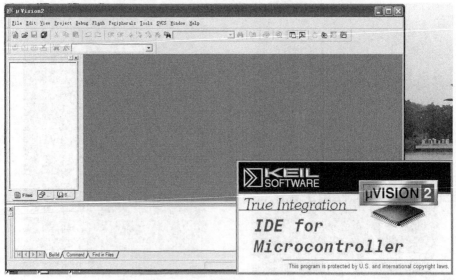

图1-9 Keil μVision2软件打开

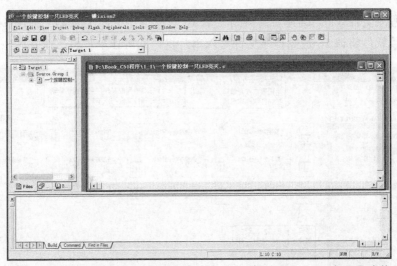

图1-10　新建一个项目并在该项目中新建一个"一个按键控制一只LED亮灭.c"文件

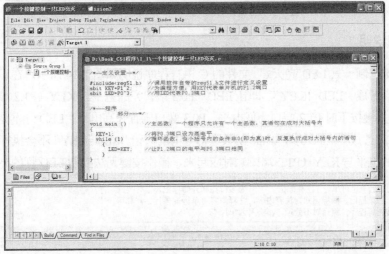

图1-11　在"一个按键控制一只LED亮灭.c"文件中用C语言编写单片机程序

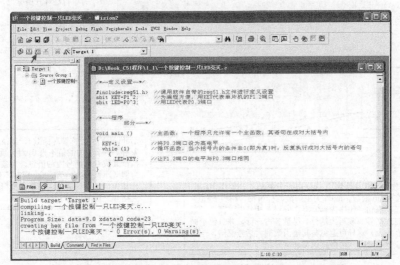

图1-12　点击编译按钮将C语言程序转换成单片机可识别的程序

C 语言程序文件（.c）编译后会得到一个 16 进制程序文件（.hex），如图 1-13 所示，利用专门的下载软件将该 16 进制程序文件写入单片机，即可让单片机工作并产生相应的控制。

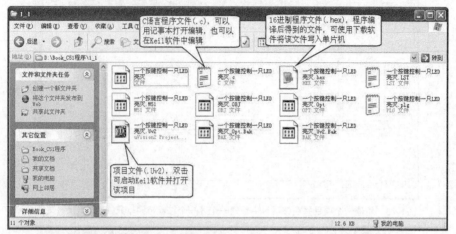

图1-13　C语言程序文件被编译后就得到一个可写入单片机的16进制程序文件

2. 程序说明

"一个按键控制一只 LED 亮灭.c" 文件的 C 语言程序说明如图 1-14 所示。在程序中，如果将 "LED＝KEY" 改成 "LED=!KEY"，即让 LED（P0.3 端口）的电平与 KEY（P1.2 端口）的反电平相同，这样当按键按下时 P1.2 端口为低电平，P0.3 端口则置为高电平，LED 灯不亮。如果将程序中的 "while(1)" 改成 "while(0)"，while 函数大括号内的语句 "LED=KEY" 不会执行，即未将 LED（P0.3 端口）的电平与 KEY（P1.2 端口）对应起来，操作按键无法控制 LED 灯的亮灭。

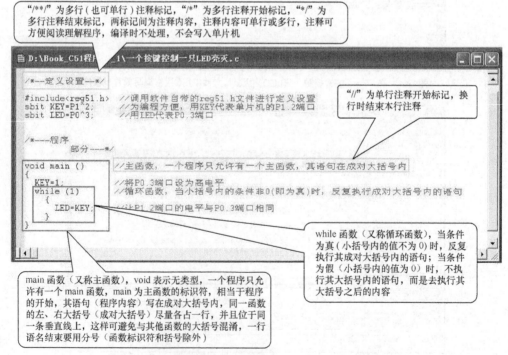

图1-14　"一个按键控制一只LED亮灭.c" 文件的C语言程序说明

1.2.5 计算机、下载（烧录）器和单片机的连接

1. 计算机与下载（烧录）器的连接与驱动

计算机需要通过下载器（又称烧录器）才能将程序写入单片机。图 1-15 是一种常用的 USB 转 TTL 的下载器，使用它可以将程序写入 STC 单片机。

在将下载器连接到计算机前，需要先在计算机中安装下载器的驱动程序，再将下载器插入计算机的 USB 接口，计算机才能识别并与下载器建立联系。下载器驱动程序的安装如图 1-16 所示，由于计算机操作系统

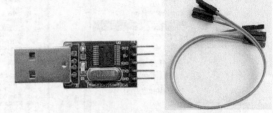

图1-15 USB转TTL的下载器及连接线

为 Windows XP，故选择与 Windows XP 对应的驱动程序文件，双击该文件即开始安装。

驱动程序安装完成后，将下载器的 USB 插口插入计算机的 USB 接口，计算机即可识别出下载器。在计算机的"设备管理器"查看下载器与计算机的连接情况，在计算机屏幕桌面上右击"我的电脑"，在弹出的菜单中点击"设备管理器"，如图 1-17 所示，弹出设备管理器窗口，展开其中的"端口（COM 和 LPT）"项，可以看出下载器的连接端口为 COM3，下载器实际连接的为计算机的 USB 端口，COM3 端口是一个模拟端口，记下该端口序号以便下载程序时选用。

图1-16 安装USB转TTL的下载器的驱动程序

2. 下载器与单片机的连接

USB 转 TTL 的下载器一般有 5 个引脚，分别是 3.3V 电源脚、5V 电源脚、TXD（发送数据）脚、RXD（接收数据）脚和 GND（接地）脚。

下载器与 STC89C51 单片机的连接如图 1-18 所示，从图中可以看出，除了两者电源正、负脚要连接起来外，下载器的 TXD（发送数据）脚与 STC89C51 单片机的 RXD（接收数据）

脚（10 脚，与 P3.0 为同一个引脚），下载器的 RXD 脚与 STC89C51 单片机的 TXD 脚（11 脚，与 P3.1 为同一个引脚）。下载器与其它型号的 STC-51 单片机连接方法基本相同，只是对应的单片机引脚序号可能不同。

（a）

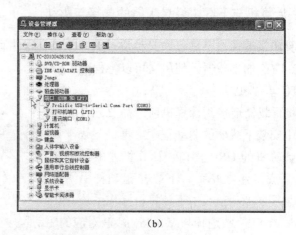
（b）

图1-17　查看下载器与计算机的连接端口序号

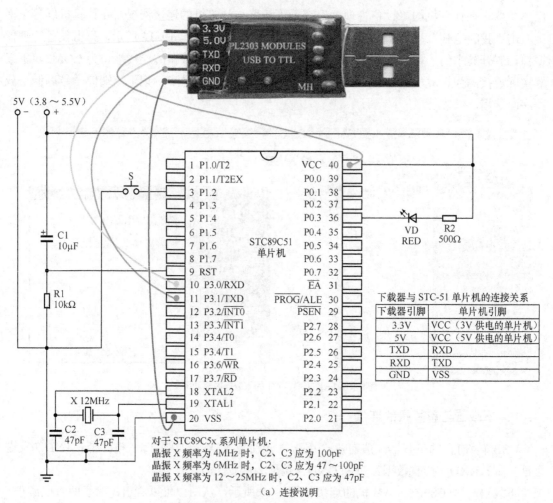

下载器与 STC-51 单片机的连接关系	
下载器引脚	单片机引脚
3.3V	VCC（3V 供电的单片机）
5V	VCC（5V 供电的单片机）
TXD	RXD
RXD	TXD
GND	VSS

对于 STC89C5x 系列单片机：
晶振 X 频率为 4MHz 时，C2、C3 应为 100pF
晶振 X 频率为 6MHz 时，C2、C3 应为 47～100pF
晶振 X 频率为 12～25MHz 时，C2、C3 应为 47pF

（a）连接说明

图1-18　下载器与STC89C51单片机的连接

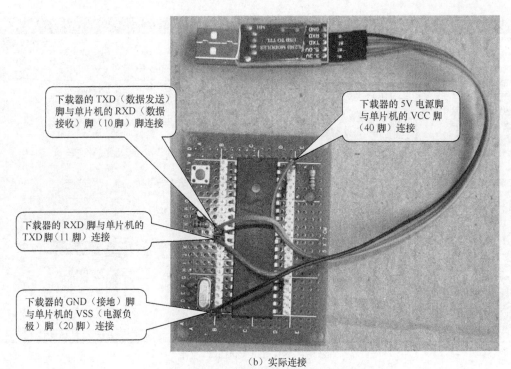

下载器的 TXD（数据发送）脚与单片机的 RXD（数据接收）脚（10 脚）脚连接

下载器的 5V 电源脚与单片机的 VCC 脚（40 脚）连接

下载器的 RXD 脚与单片机的 TXD 脚（11 脚）连接

下载器的 GND（接地）脚与单片机的 VSS（电源负极）脚（20 脚）连接

（b）实际连接

图1-18　下载器与STC89C51单片机的连接（续）

1.2.6　用烧录软件将程序写入单片机

1. 将计算机、下载器与单片机电路三者连接起来

要将在计算机中编写并编译好的程序下载到单片机中，须先将下载器与计算机及单片机电路连接起来，如图 1-19 所示，然后在计算机中打开 STC-ISP 烧录软件，用该软件将程序写入单片机。

2. 打开烧录软件将程序写入单片机

STC-ISP 烧录软件只能烧写 STC 系列单片机，它分为安装版本和非安装版本，非安装版本使用更为方便。图 1-20 是 STC-ISP 烧录软件免安装中文版，双击"STC_ISP_V483.exe"文件，打开 STC-ISP 烧录软件。用 STC-

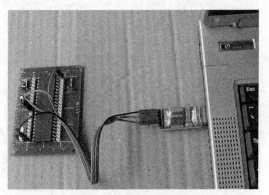

图1-19　计算机、下载器与单片机电路三者的连接

ISP 烧录软件将程序写入单片机的操作如图 1-21 所示。需要注意的是，在点击软件中的"Download/下载"按钮后，计算机会反复往单片机发送数据，但单片机不会接收该数据，这时需要切断单片机的电源，几秒钟后再接通电源，单片机重新上电后会检测到计算机发送过来的数据，会将该数据接收下来并存到内部的程序存储器中，从而完成程序的写入。

(a) 双击"STC_ISP_V483.exe"文件

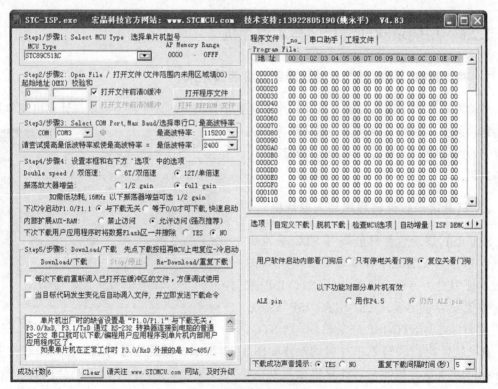

(b) 打开的STC-ISP烧录软件

图1-20 打开免安装版本的STC-ISP烧录软件

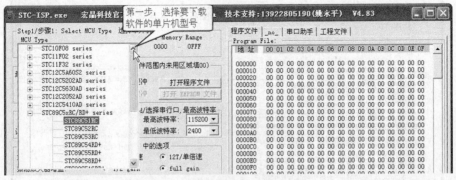

（a）选择单片机型号

（b）打开要写入单片机的程序文件

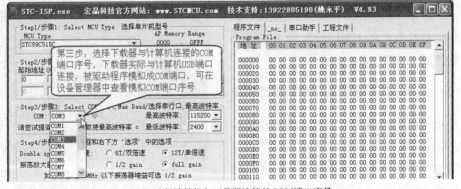

（c）选择计算机与下载器连接的COM端口序号

图1-21 用STC-ISP烧录软件将程序写入单片机的操作

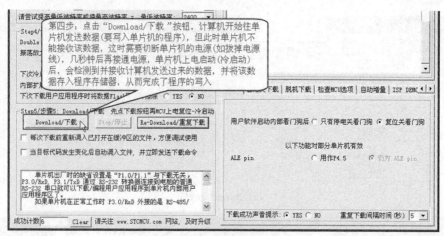

（d）开始往单片机写入程序

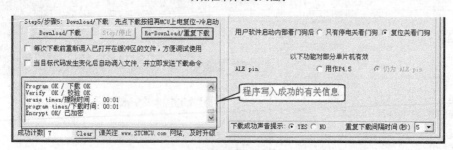

（e）程序写入完成

图1-21　用STC-ISP烧录软件将程序写入单片机的操作（续）

1.2.7　单片机电路的供电与测试

程序写入单片机后，再给单片机电路通电，测试其能否实现控制要求，如若不能，需要检查是单片机硬件电路的问题，还是程序的问题，并解决这些问题。

1. 用计算机的 USB 接口通过下载器为单片机供电

在给单片机供电时，如果单片机电路简单、消耗电流少，可让下载器（需与计算机的 USB接口连接）为单片机提供 5V 或 3.3V 电源，该电压实际来自计算机的 USB 接口，单片机通电后再进行测试，如图 1-22 所示。

2. 用 USB 电源适配器给单片机电路供电

如果单片机电路消耗电流大，需要使用专门的 5V 电源为其供电。图 1-23 是一种手机充电常见的 5V 电源适配器及数据线，该数据线一端为标准 USB 接口，另一端为 Micro USB

图1-22　利用下载器（需与计算机的USB
接口连接）为单片机提供电源

接口，在 Micro USB 接口附近将数据线剪断，可看见有四根不同颜色的线，分别是"红—电源线（VCC，5V+）"、"黑—地线（GND，5V−）"、"绿—数据正（DATA+）"和"白—数据负

（DATA-）"，将绿、白线剪短不用，红、黑线剥掉绝缘层露出铜芯线，再将红、黑线分别接到单片机电路的电源正、负端，如图 1-24 所示。USB 电源适配器可以将 220V 交流电压转换成 5V 直流电压，如果单片机的供电不是 5V 而是 3.3V，可在 5V 电源线上再串接 3 个整流二极管，每个整流二极管电压降为 0.5～0.6V，故可得到 3.2～3.5V 的电压，如图 1-25 所示。

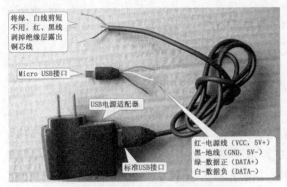

图1-23　USB电源适配器与电源线制作

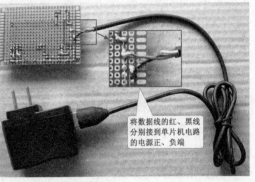

图1-24　将正、负电源线接到单片机电路的电源正、负端

用 USB 电源适配器给单片机电路供电并进行测试如图 1-26 所示。

图1-26　用USB电源适配器给单片机电路供电并进行测试

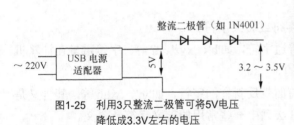

图1-25　利用3只整流二极管可将5V电压降低成3.3V左右的电压

|1.3　C51 语言基础|

C51 语言是指 51 单片机编程使用的 C 语言，它与计算机 C 语言大部分相同，但由于编程对象不同，故两者个别处略有区别。本节主要介绍 C51 语言的基础知识，学习时若无法理解一些知识也没关系，在后续章节有大量的 C51 编程实例，在学习这些实例时再到本节查看理解有关内容。

1.3.1　常量

常量是指程序运行时其值不会变化的量。常量类型有整型常量、浮点型常量（也称实型常量）、字符型常量和符号常量。

1. 整型常量

（1）十进制数：编程时直接写出，如 0、18、−6。

（2）八进制数：编程时在数值前加"0"表示八进制数，如"012"为八进制数，相当于十进数的"10"。

（3）十六进制数：编程时在数值前加"0x"表示十六进制数，如"0x0b"为十六进制数，相当于十进数的"11"。

2. 浮点型常量

浮点型常量又称实数或浮点数。在 C 语言中可以用小数形式或指数形式来表示浮点型常量。

（1）小数形式表示：由数字和小数点组成的一种实数表示形式，例如 0.123、.123、123.、0.0 等都是合法的浮点型常量。小数形式表示的浮点型常量必须要有小数点。

（2）指数形式表示：这种形式类似数学中的指数形式。在数学中，浮点型常量可以用幂的形式来表示，如 2.3026 可以表示为 $0.23026×10^1$、$2.3026×10^0$、$23.026×10^{-1}$ 等形式。在 C 语言中，则以"e"或"E"后跟一个整数来表示以"10"为底数的幂数。2.3026 可以表示为 0.23026E1、2.3026e0、23.026e-1。C 语言规定，字母 e 或 E 之前必须要有数字，且 e 或 E 后面的指数必须为整数，如 e3、5e3.6、.e、e 等都是非法的指数形式。在字母 e 或 E 的前后以及数字之间不得插入空格。

3. 字符型常量

字符常量是用单引号括起来的单个普通字符或转义字符。

（1）普通字符常量：用单引号括起来的普通字符，如'b'、'xyz'、'?'等。字符常量在计算机中是以其代码（一般采用 ASCII 代码）储存的。

（2）转义字符常量：用单引号括起来的前面带反斜杠的字符，如'\n'、'\xhh'等，其含义是将反斜杠后面的字符转换成另外的含义。表 1-2 列出一些常用的转义字符及含义。

表 1-2　　　　　　　　　　一些常用的转义字符及含义

转义字符	转义字符的意义	ASCII 代码
\n	回车换行	10
\t	横向跳到下一制表位置	9
\b	退格	8
\r	回车	13
\f	走纸换页	12
\\	反斜线符"\"	92
\'	单引号符	39
\"	双引号符	34
\a	鸣铃	7
\ddd	1～3 位八进制数所代表的字符	
\xhh	1～2 位十六进制数所代表的字符	

4. 符号常量

在 C 语言中,可以用一个标识符来表示一个常量,称之为符号常量。符号常量在程序开头定义后,在程序中可以直接调用,在程序中其值不会更改。

符号常量在使用之前必须先定义,其一般形式为:

```
#define 标识符 常量
```

例如,在程序开头编写"#define PRICE 25",就将 PRICE 被定义为符号常量,在程序中,PRICE 就代表 25。

1.3.2 变量

变量是指程序运行时其值可以改变的量。每个变量都有一个变量名,变量名必须以字母或下划线"_"开头。在使用变量前需要先声明,以便程序在存储区域为该变量留出一定的空间。例如,在程序中编写"unsigned char num=123",就声明了一个无符号字符型变量 num,程序会在存储区域留出一个字节的存储空间,将该空间命名(变量名)为 num,在该空间存储的数据(变量值)为 123。

变量类型有位变量、字符型变量、整型变量和浮点型变量(也称实型变量)。

(1)位变量(bit):占用的存储空间为 1 位,位变量的值:0 或 1。

(2)字符型变量(char):占用的存储空间为 1 个字节(8 位),无符号字符型变量的数值范围为 0~255,有符号字符型变量的数值范围为-128~+127。

(3)整型变量:可分为短整型变量(int 或 short)和长整型变量(long),短整型变量的长度(即占用的存储空间)为 2 个字节,长整型变量的长度为 4 个字节。

(4)浮点型变量:可分为单精度浮点型变量(float)和双精度浮点型变量(double),单精度浮点型变量的长度(即占用的存储空间)为 4 个字节,双精度浮点型变量的长度为 8 个字节。由于浮点型变量会占用较多的存储空间,故单片机编程时尽量少用浮点型变量。

C51 变量的类型、长度和取值范围见表 1-3。

表 1-3　　　　　　　　　　C51 变量的类型、长度和取值范围

变量类型	长度/bit	长度/Byte	取值范围
bit	1	...	0、1
unsigned char	8	1	0~255
signed char	8	1	-128~127
unsigned int	16	2	0~65 535
signed int	16	2	-32 768~32 767
unsigned long	32	4	0~4 294 967 295
signed long	32	4	-2 147 483 648~2 147 483 647
float	32	4	±1.176E-38~±3.40E+38(6 位数字)
double	64	8	±1.176E-38~±3.40E+38(10 位数字)

1.3.3 运算符

C51 的运算符可分为算术运算符、关系运算符、逻辑运算符、位运算符和复合赋值运算符。

1. 算术运算符

C51 的算术运算符见表 1-4。**在进行算术运算时，按"先乘除模，后加减，括号最优先"的原则进行**，即乘、除、模运算优先级相同，加、减优先级相同且最低，括号优先级最高，在优先级相同的运算时按先后顺序进行。

表 1-4　　　　　　　　　　　　　C51 的算术运算符

算术运算符	含义	算术运算符	含义
+	加法或正值符号	/	除法
−	减法或负值符号	%	模（相除求余）运算
*	乘法	^	乘幂
−−	减 1	++	加 1

在 C51 语言编程时，经常会用到加 1 符号"++"和减 1 符号"--"，这两个符号使用比较灵活。常见的用法如下。

y=x++（先将 x 赋给 y，再将 x 加 1）

y=x--（先将 x 赋给 y，再将 x 减 1）

y=++x（先将 x 加 1，再将 x 赋给 y）

y=--x（先将 x 减 1，再将 x 赋给 y）

x=x+1 可写成 x++或++x

x=x-1 可写成 x--或—x

%为模运算，即相除取余数运算，如 9%5 结果为 4。

^为乘幂运算，如 2^3 表示 2 的 3 次方（2^3），2^表示 2 的平方（2^2）。

2. 关系运算符

C51 的关系运算符见表 1-5。<、>、<=和>=运算优先级高且相同，==、!=运算优先级低且相同，例如"a>b!=c"相当于"(a>b)!=c"。

表 1-5　　　　　　　　　　　　　C51 的关系运算符

关系运算符	含义	关系运算符	含义
<	小于	>=	大于等于
>	大于	==	等于
<=	小于等于	!=	不等于

用关系运算符将两个表达式（可以是算术表达式、关系表达式、逻辑表达式或字符表达式）连接起来的式子称为关系表达式，关系表达式的运算结果为一个逻辑值，即真（1）或假（0）。

例如：a=4、b=3、c=1，则

a>b 的结果为真，表达式值为 1；

b+c<a 的结果为假，表达式值为 0；

(a>b)==c 的结果为真，表达式值为 1，因为 a>b 的值为 1，c 值也为 1；

d=a>b，d 的值为 1；

f=a>b>c，由于关系运算符的结合性为左结合，a>b 的值为 1，而 1>c 的值为 0，所以 f 值为 0。

3. 逻辑运算符

C51 的逻辑运算符见表 1-6。"&&"、"||" 为双目运算符，要求两个运算对象，"!" 为单目运算符，只需要有一个运算对象。&&、|| 运算优先级低且相同，! 运算优先级高。

表 1-6 C51 的逻辑运算符

逻辑运算符	含义
&&	与（AND）
||	或（OR）
!	非（NOT）

与关系表达式一样，逻辑表达式的运算结果也为一个逻辑值，即真（1）或假（0）。

例如：a=4、b=5，则

!a 的结果为假，因为 a=4 为真（a 值非 0 即为真），!a 即为假（0）；

a||b 的结果为真（1）；

!a&&b 的结果为假（0），因为! 优先级高于 &&，故先运算!a 的结果为 0，而 0&&b 的结果也为 0。

在进行算术、关系、逻辑和赋值混合运算时，其优先级从高到低依次为：!（非）→算术运算符→关系运算符→&&和||→赋值运算符（=）。

4. 位运算符

C51 的位运算符见表 1-7。位运算的对象必须是位型、整型或字符型数，不能为浮点型数。

表 1-7 C51 的位运算符

位运算符	含义	位运算符	含义
&	位与	^	位异或（各位相异或，相同为 0，相异为 1）
|	位或	< <	位左移（各位都左移，高位丢弃，低位补 0）
~	位非	> >	位右移（各位都右移，低位丢弃，高位补 0）

位运算举例如下：

位与运算	位或运算	位非运算	位异或运算	位左移	位右移
00011001 & 01001101 = 00001001	00011001 | 01001101 = 01011101	~ 00011001 = 11100110	00011001 ^ 01001101 = 01010100	00011001<<1 所有位均左移 1 位，高位丢弃，低位补 0，结果为 00110010	00011001>>2 所有位均右移 2 位，低位丢弃，高位补 0，结果为 00000110

5. 复合赋值运算符

复合赋值运算符就是在赋值运算符 "=" 前面加上其他运算符，C51 常用的复合赋值运算符见表 1-8。

表 1-8　　　　　　　　　　　C51 常用的复合赋值运算符

运算符	含义	运算符	含义
+　=	加法赋值	<　<=	左移位赋值
−　=	减法赋值	>　>=	右移位赋值
*　=	乘法赋值	&　=	逻辑与赋值
/　=	除法赋值	|=	逻辑或赋值
%　=	取模赋值	^　=	逻辑异或赋值

复合运算就是变量与表达式先按运算符运算，再将运算结果值赋给参与运算的变量。凡是双目运算（两个对象运算）都可以用复合赋值运算符去简化表达。

复合运算的一般形式为：

变量 复合赋值运算符 表达式

例如：a+=28 相当于 a=a+28。

1.3.4　关键字

在 C51 语言中，会使用一些具有特定含义的字符串，称之为"关键字"，这些关键字已被软件使用，编程时不能将其定义为常量、变量和函数的名称。C51 语言关键字分两大类：由 ANSI（美国国家标准学会）标准定义的关键字和 Keil C51 编译器扩充的关键字。

1. 由 ANSI 标准定义的关键字

由 ANSI（美国国家标准学会）标准定义的关键字有 char、double、enum、float、int、long、short、signed、struct、union、unsigned、void、break、case、continue、default、do、else、for、goto、if、return、switch、while、auto、extern、register、static、const、sizeof、typedef、volatile 等。这些关键字可分为以下几类。

（1）数据类型关键字：用来定义变量、函数或其他数据结构的类型，如 unsigned char、int 等。

（2）控制语句关键字：在程序中起控制作用的语句，如 while、for、if、case 等。

（3）预处理关键字：表示预处理命令的关键字，如 define、include 等。

（4）存储类型关键字：表示存储类型的关键字，如 static、auto、extern 等。

（5）其他关键字：如 const、sizeof 等。

2. Keil C51 编译器扩充的关键字

Keil C51 编译器扩充的关键字可分为两类。

（1）用于定义 51 单片机内部寄存器的关键字：如 sfr、sbit。

sfr 用于定义特殊功能寄存器，如 "sfr P1=0x90;" 是将地址为 0x90 的特殊功能寄存器名称定义为 P1；sbit 用于定义特殊功能寄存器中的某一位，如 "sbit LED1=P1^1;" 是将特殊功能寄存器 P1 的第 1 位名称定义为 LED1。

（2）用于定义 51 单片机变量存储类型的关键字。这些关键字有 6 个，见表 1-9。

表 1-9　　　　　　　　用于定义 51 单片机变量存储类型的关键字

存储类型	与存储空间的对应关系
data	直接寻址片内数据存储区，访问速度快（128 字节）
bdata	可位寻址片内数据存储区，允许位与字节混合访问（16 字符）
idata	间接寻址片内数据存储区，可访问片内全部 RAM 地址空间（256 字节）
pdata	分页寻址片外数据存储区（256 字节）
xdata	片外数据存储区（64 KB）
code	代码存储区（64 KB）

1.3.5　数组

数组也常称作表格，是指具有相同数据类型的数据集合。 在定义数组时，程序会将一段连续的存储单元分配给数组，存储单元的最低地址存放数组的第一元素，最高地址存放数组的最后一个元素。

根据维数不同，数组可分为一维数组、二维数组和多维数组；根据数据类型不同，数组可分为字符型数组、整型数组、浮点型数组和指针型数组。在用 C51 语言编程时，最常用的是字符型一维数组和整型一维数组。

1. 一维数组

（1）数组定义

一维数组的一般定义形式如下。

类型说明符 数组名［下标］

方括号（又称中括号）中的下标也称为常量表达式，表示数组中的元素个数。

一维数组定义举例如下。

```
unsigned int a[5];
```

以上定义了一个无符号整型数组，数组名为 a，数组中存放 5 个元素，元素类型均为整型，由于每个整型数据占 2 个字节，故该数组占用了 10 个字节的存储空间，该数组中的第 1～5 个元素分别用 a[0]～a[4]表示。

（2）数组赋值

在定义数组时，也可同时指定数组中的各个元素（即数组赋值），形式如下。

```
unsigned int a[5]={2,16,8,0,512};
unsigned int b[8]={2,16,8,0,512};
```

在数组 a 中，a[0]=2，a[4]=512；在数组 b 中，b[0]=2，b[4]=512，b[5]～b[7]均未赋值，全部自动填 0。

在定义数组时，要注意以下几点。

① 数组名应与变量名一样，必须遵循标识符命名规则，在同一个程序中，数组名不能与变量名相同。

② 数组中的每个元素的数据类型必须相同，并且与数组类型一致。

③ 数组名后面的下标表示数组的元素个数（又称数组长度），必须用方括号括起来，下标是一个整型值，可以是常数或符号常量，不能包含变量。

2. 二维数组

（1）数组定义

二维数组的一般定义形式如下。

```
类型说明符 数组名[下标 1][下标 2]
```

下标 1 表示行数，下标 2 表示列数。

二维数组定义举例如下。

```
unsigned int a[2] [3];
```

以上定义了一个无符号整型二维数组，数组名为 a，数组为 2 行 3 列，共 6 个元素，这 6 个元素依次用 a[0] [0]、a[0] [1]、a[0] [2]、a[1] [0]、a[1] [1]、a[1] [2]表示。

（2）数组赋值

二维数组赋值有两种方法。

① **按存储顺序赋值。** 如下所示。

unsigned int a[2] [3]={1,16,3,0,28,255};

② **按行分段赋值。** 如下所示。

unsigned int a[2] [3]={{1,16,3},{0,28,255}};

3. 字符型数组

字符型数组用来存储字符型数据。字符型数组可以在定义时进行初始化赋值。如下所示。

```
char c[4]={ 'A', 'B', 'C', 'D'};
```

以上定义了一个字符型数组，数组名为 c，数组中存放 4 个字符型元素（占用了 4 个字节的存储空间），分别是 A、B、C、D（实际上存放的是这 4 个字母的 ASCII 码，即 0x65、0x66、0x67、0x68）。如果对全体元素赋值时，数组的长度（下标）也可省略，即上述数组定义也可写成如下所示。

```
char c[]={ 'A', 'B', 'C', 'D'};
```

如果要在字符型数组中存放一个字符串"good"，可采用以下 3 种方法。

```
char c[]={ 'g', 'o', 'o', 'd', '\0'};    // "\0" 为字符串的结束符
char c[]={"good"};    //使用双引号时，编译器会自动在后面加结束符'\0'，故数组长度应较字符数多一个
char c[]="good";
```

如果要定义二维字符数组存放多个字符串时，二维字符数组的下标 1 为字符串的个数，下标 2 为每个字符串的长度，下标 1 可以不写，下标 2 则必须要写，并且其值应较最长字符串的字符数（空格也算一个字符）至少多出一个。如下所示。

```
char c[][20]={{"How old are you?",\n}, {"I am 18 years old.",\n},{"and you?" }};
```

上例中的"\n"是一种转义符号，其含义是换行，将当前位置移到下一行开头。

1.3.6 循环语句（while、do while、for 语句）

在编程时，如果需要某段程序反复执行，可使用循环语句。C51 的循环语句有 3 种：while

语句、do while 语句和 for 语句。

1. while 语句

while 语句的格式为 "while(表达式){语句组;}"，编程时为了书写阅读方便，一般按以下方式编写。

```
while(表达式)
{
语句组;
}
```

while 语句在执行时，先判断表达式是否为真（非 0 即为真）或表达式是否成立，若为真或表达式成立则执行大括号（也称花括号）内的语句组（也称循环体），否则不执行大括号内的语句组，直接跳出 while 语句，执行大括号之后的内容。

在使用 while 语句时，要注意以下几点。

① 当 while 语句的大括号内只有一条语句时，可以省略大括号，但使用大括号可使程序更安全可靠。

② 若 while 语句的大括号内无任何语句（空语句）时，应在大括号内写上分号 ";"，即 "while(表达式){;}"，简写就是 "while(表达式);"。

③ 如果 while 语句的表达式是递增或递减表达式，while 语句每执行一次，表达式的值就增 1 或减 1。例如 "while(i++){语句组;}"。

④ 如果希望某语句组无限次循环执行，可使用 "while(1){语句组;}"。如果希望程序停在某处等待，待条件（即表达式）满足时往下执行，可使用 "while(表达式);"。如果希望程序始终停在某处不往下执行，可使用 "while(1);"，即让 while 语句无限次执行一条空语句。

2. do while 语句

do while 语句的格式如下。

```
do
{
语句组;
}
while(表达式)
```

do while 语句在执行时，先执行大括号内的语句组（也称循环体），然后用 while 判断表达式是否为真（非 0 即为真）或表达式是否成立，若为真或表达式成立则执行大括号内的语句组，直到 while 表达式为 0 或不成立，直接跳出 do while 语句，执行之后的内容。

do while 语句是先执行一次循环体语句组，再判断表达式的真假以确定是否再次执行循环体，而 while 语句是先判断表达式的真假，以确定是否执行循环体语句组。

3. for 语句

for 语句的格式如下。

```
for(初始化表达式; 条件表达式; 增量表达式)
{
语句组;
}
```

for 语句执行过程：先用初始化表达式（如 i=0）给变量赋初值，然后判断条件表达式（如 i<8）是否成立，不成立则跳出 for 语句，成立则执行大括号内的语句组，执行完语句组后再执行增量表达式（如 i++），接着再次判断条件表达式是否成立，以确定是否再次执行大括号内的语句组，直到条件表达式不成立才跳出 for 语句。

1.3.7　选择语句（if、switch…case 语句）

C51 常用的选择语句有 if 语句和 switch…case 语句。

1．if 语句

if 语句有 3 种形式：基本 if 语句、if…else…语句和 if…else if…语句。

（1）基本 if 语句

基本 if 语句格式如下。

```
if（表达式）
{
语句组；
}
```

if 语句执行时，首先判断表达式是否为真（非 0 即为真）或表达式是否成立，若为真或表达式成立则执行大括号（也称花括号）内的语句组（执行完后跳出 if 语句），否则不执行大括号内的语句组，直接跳出 if 语句，执行大括号之后的内容。

（2）if…else…语句

if…else…语句格式如下。

```
if（表达式）
{
语句组 1；
}
else
{
语句组 2；
}
```

if…else…语句执行时，首先判断表达式是否为真（非 0 即为真）或表达式是否成立，若为真或表达式成立则执行语句组 1，否则执行语句组 2，执行完语句组 1 或语句组 2 后跳出 if…else…语句。

（3）if…else if…语句（多条件分支语句）

if…else if…语句格式如下。

```
if（表达式 1）
{
语句组 1；
}
else if（表达式 2）
{
语句组 2；
}
……
else if（表达式 n）
```

```
{
语句组 n;
}
```

if…else if…语句执行时，首先判断表达式 1 是否为真（非 0 即为真）或表达式是否成立，为真或表达式成立则执行语句组 1，然后判断表达式 2 是否为真或表达式是否成立，为真或表达式 2 成立则执行语句组 2，……最后判断表达式 n 是否为真或表达式是否成立，为真或表达式 n 成立则执行语句组 n，如果所有的表达式都不成立或为假时，跳出 if…else if…语句。

2. switch…case 语句

switch…case 语句格式如下。

```
switch (表达式)
{
case 常量表达式 1; 语句组 1; break;
case 常量表达式 2; 语句组 2; break;
……
case 常量表达式 n; 语句组 n; break;
default:语句组 n+1;
}
```

switch…case 语句执行时，首先计算表达式的值，然后按顺序逐个与各 case 后面的常量表达式的值进行比较，当与某个常量表达式的值相等时，则执行该常量表达式后面的语句组，再执行 break 而跳出 switch…case 语句；如果表达式与所有 case 后面的常量表达式的值都不相等，则执行 default 后面的语句组 n+1，并跳出 switch…case 语句。

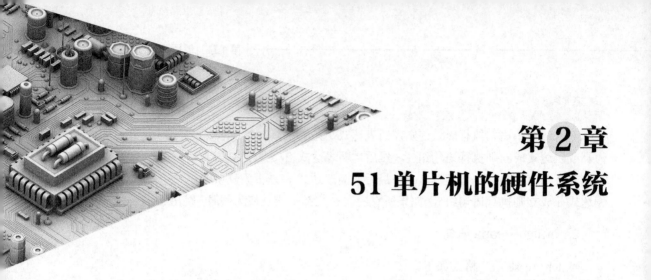

第 2 章
51 单片机的硬件系统

51 系列（又称 MCS-51 系列）单片机是目前使用最为广泛的一种单片机，这种单片机的生产厂家很多，同一厂家又有很多不同的型号，虽然 51 系列单片机的型号很多，但它们都是在 8051 单片机的基础上通过改善和新增功能的方式生产出来的。8051 单片机是 51 系列单片机的基础，在此基础上再学习一些改善和新增的功能，就能掌握各种新型号的 51 单片机。目前市面上最常用的 51 单片机是宏晶（STC）公司生产的 STC89C5x 系列单片机。

|2.1 8051 单片机的引脚功能与内部结构|

2.1.1 引脚功能说明

8051 单片机有 40 个引脚，各引脚功能标注如图 2-1 所示。8051 单片机的引脚可分为 3 类，分别是基本工作条件引脚、I/O（输入/输出）引脚和控制引脚。

1. 基本工作条件引脚

单片机的基本工作条件引脚有电源引脚、复位引脚和时钟引脚，只有具备了基本工作条件，单片机才能开始工作。

（1）电源引脚

40 脚（VCC）为电源正极引脚，20 脚（VSS 或 GND）为电源负极引脚。VCC 引脚接 5V 电源的正极，VSS 或 GND 引脚接 5V 电源的负极（即接地）。

（2）复位引脚

9 脚（RST/VPD）为复位引脚。

在单片机接通电源后，内部很多电路状态混乱，需要复位电路为它们提供复位信号，使这些电路进入初始状态，然后才开始工作。8051 单片机采用高电平复位，当 RST 引脚输入高电平（持续时间需超过 24 个时钟周期）时，即可完成内部电路的复位。

9 脚还具有掉电保持功能，为了防止掉电使单片机内部 RAM 的数据丢失，可在该脚再接一个备用电源, 掉电时, 由备用电源为该脚提供 4.5～5.5V 电压, 可保持 RAM 的数据不会丢失。

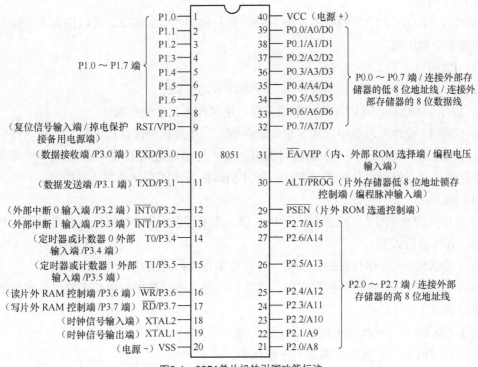

图2-1　8051单片机的引脚功能标注

（3）时钟引脚

18、19 引脚（XTAL2、XTAL1）为时钟引脚。

单片机内部有大量的数字电路, 这些数字电路工作时需要时钟信号进行控制, 才能有次序、有节拍地工作。单片机 XTAL2、XTAL1 引脚外接的晶振及电容与内部的振荡器构成时钟电路, 产生时钟信号供给内部电路使用; 另外, 也可以由外部其它的电路提供时钟信号, 外部时钟信号通过 XTAL2 引脚送入单片机, 此时 XTAL1 引脚悬空。

2. I/O（输入/输出）引脚

8051 单片机有 P0、P1、P2 和 P3 共 4 组 I/O 端口, 每组端口有 8 个引脚, P0 端口 8 个引脚编号为 P0.0～P0.7, P1 端口 8 个引脚编号为 P1.0～P1.7, P2 端口 8 个引脚编号为 P2.0～P2.7, P3 端口 8 个引脚编号 P3.0～P3.7。

（1）P0 端口

P0 端口（P0.0～P0.7）的引脚号为 39～32, 其功能如下。

① 用作 I/O 端口, 既可以作为 8 个输入端, 也可作为 8 个输出端;

② 用作 16 位地址总线中的低 8 位地址总线。当单片机外接存储器时, 会从这些引脚输出地址（16 位地址中的低 8 位）来选择外部存储器的某些存储单元。

③ 用作 8 位数据总线。当单片机外接存储器并需要读写数据时, 先让这些引脚成为 8 位地址总线, 从这些引脚输出低 8 位地址, 与 P2.0～P2.7 引脚同时输出的高 8 位地址组成 16

位地址，选中外部存储器的某个存储单元，然后单片机让这些引脚转换成 8 位数据总线，通过这 8 个引脚往存储单元写入 8 位数据或从这个存储单元将 8 位数据读入单片机。

（2）P1 端口

P1 端口（P1.0～P1.7）的引脚号为 1～8，它只能用作 I/O 端口，可以作为 8 个输入端，也可作为 8 个输出端。

（3）P2 端口

P2 端口（P2.0～P2.7）的引脚号为 21～28，其功能如下。

① 用作 I/O 端口，可以作为 8 个输入端，也可作为 8 个输出端；

② 用作 16 位地址总线中的高 8 位地址总线。当单片机外接存储器时，会从这些引脚输出高 8 位地址，与 P0.0～P0.7 引脚同时输出的低 8 位地址组成 16 位地址，选中外部存储器的某个存储单元，然后单片机通过 P0.0～P0.7 引脚往选中的存储单元读写数据。

（4）P3 端口

P3 端口（P3.0～P3.7）的引脚号为 10～17，除了可以用作 I/O 端口，各个引脚还具有其他功能，具体说明如下。

P3.0（RXD）——串行数据接收端。外部的串行数据可由此脚进入单片机。

P3.1（TXD）——串行数据发送端。单片机内部的串行数据可由此脚输出，发送给外部电路或设备。

P3.2（$\overline{INT0}$）——外部中断信号 0 输入端。

P3.3（$\overline{INT1}$）——外部中断信号 1 输入端。

P3.4（T0）——定时器/计数器 T0 的外部信号输入端。

P3.5（T1）——定时器/计数器 T1 的外部信号输入端。

P3.6（$\overline{WR}$）——写片外 RAM 的控制信号输出端。

P3.7（$\overline{RD}$）——读片外 RAM 的控制信号输出端。

P0、P1、P2、P3 端口具有多种功能，具体应用哪一种功能，由单片机根据内部程序自动确定。需要注意的是，在某一时刻，端口的某一引脚只能用作一种功能。

3. 控制引脚

控制引脚的功能主要有：当单片机外接存储器（RAM 或 ROM）时，通过控制引脚控制外接存储器，使单片机能像使用内部存储器一样使用外接存储器；在向单片机编程（即向单片机内部写入编好的程序）时，编程器通过有关控制引脚使单片机进入编程状态，然后将程序写入单片机。

8051 单片机的控制引脚的功能说明如下。

$\overline{EA}$ **/ VPP**（31 脚）：内、外部 ROM（程序存储器）选择控制端/编程电压输入端。

当 EA=1（高电平）时，单片机使用内、外部 ROM，先使用内部 ROM，超出范围时再使用外部 ROM；当 EA=0（低电平）时，单片机只使用外部 ROM，不会使用内部 ROM。在用编程器往单片机写入程序时，要在该脚加 12～25V 的编程电压，才能将程序写入单片机内部 ROM。

$\overline{PSEN}$（29 脚）：片外 ROM 选通控制端。当单片机需要从外部 ROM 读取程序时，会从该脚输出低电平到外部 ROM，外部 ROM 才允许单片机从中读取程序。

ALE/$\overline{\textbf{PROG}}$（30 脚）：片外低 8 位地址锁存控制端/编程脉冲输入端。单片机在读写片外 RAM 或读片外 ROM 时，该引脚会送出 ALE 脉冲信号，将 P0.0～P0.7 引脚输出低 8 位地址锁存在外部的锁存器中，然后让 P0.0～P0.7 引脚输出 8 位数据，即让 P0.0～P0.7 引脚先作地址输出端，再作数据输出端。在通过编程器将程序写入单片机时，编程器会通过该脚往单片机输入编程脉冲。

2.1.2　单片机与片外存储器的连接与控制

8051 单片机内部 RAM（可读写存储器，也称数据存储器）的容量为 256B（含特殊功能寄存器），内部 ROM（只读存储器，也称程序存储器）的容量为 4KB，如果单片机内部的 RAM 或 ROM 容量不够用，可以外接 RAM 或 ROM。在 8051 单片机与片外 RAM 或片外 ROM 连接时，使用 P0.0～P0.7 和 P2.0～P2.7 引脚输出 16 位地址，可以最大寻址 $2^{16}=65536=64K$ 个存储单元，每个存储单元可以存储 1 个字节（1Byte），也就是 8 位二进制数（8bit），即 1Byte=8bit，故 8051 单片机外接 RAM 或 ROM 容量最大不要超过 64KB，超出范围的存储单元无法识别。

8051 单片机与片外 RAM 连接如图 2-2 所示。

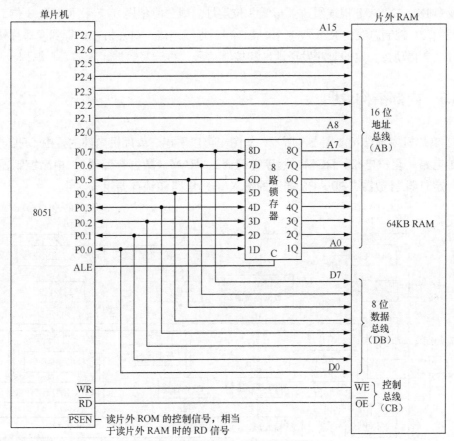

图2-2　单片机读写片外RAM的连接

当单片机需要从片外 RAM 读写数据时，会从 P0.0～P0.7 引脚输出低 8 位地址（如 00000011），再通过 8 路锁存器送到片外 RAM 的 A0～A7 引脚，它与 P2.0～P2.7 引脚输出并送到片外 RAM 的 A8～A15 引脚的高 8 位地址一起拼成 16 位地址，从 2^{16} 个存储单元中选中某个存储单元。如果单片机要往片外 RAM 写入数据，会从 WR 引脚送出低电平到片外 RAM 的 WE 脚，片外 RAM 被选中的单元准备接收数据，与此同时，单片机的 ALE 端送出 ALE 脉冲信号去锁存器的 C 端，将 1Q～8Q 端与 1D～8D 端隔离开，并将 1Q～8Q 端的地址锁存起来（保持输出不变），单片机再从 P0.0～P0.7 引脚输出 8 位数据，送到片外 RAM 的 D0～D7 引脚，存入内部选中的存储单元。如果单片机要从片外 RAM 读取数据，同样先发出地址选中片外 RAM 的某个存储单元，并让 RD 端输出低电平去片外 RAM 的 OE 端，再将 P0.0～P0.7 引脚输出低 8 位地址锁存起来，然后让 P0.0～P0.7 引脚接收片外 RAM 的 D0～D7 引脚送来的 8 位数据。

如果外部存储器是 ROM（只读存储器），单片机不使用 WR 端和 RD 端，但会用到 PSEN 端，并将 PSEN 引脚与片外 ROM 的 OE 引脚连接起来，在单片机从片外 ROM 读数据时，会从 PSEN 引脚送出低电平到片外 ROM 的 OE 引脚，除此以后，单片机读片外 ROM 的过程与片外 RAM 基本相同。

图 2-2 所示的 8051 单片机与片外存储器连接线有地址总线（AB）、数据总线（DB）和控制总线（CB），地址总线由 A0～A15 共 16 根线组成，最大可寻址 2^{16}=65536 个存储单元，数据总线由 D0～D7 共 8 根线组成（与低 8 位地址总线分时使用），一次可存取 8 位二进制数（即一个字节），控制总线由 RD、WR 和 ALE 共 3 根线组成。单片机在执行到读写片外存储器的程序时，会自动按一定的时序发送地址和控制信号，再读写数据，无需人工编程参与。

2.1.3　内部结构说明

8051 单片机内部结构如图 2-3 所示，从图中可以看出，单片机内部主要由 CPU、电源电路、时钟电路、复位电路、ROM（程序存储器）、RAM（数据存储器）、中断控制器、串行通信口、定时器/计数器、P0～P3 端口的输入/输出电路和锁存器组成。

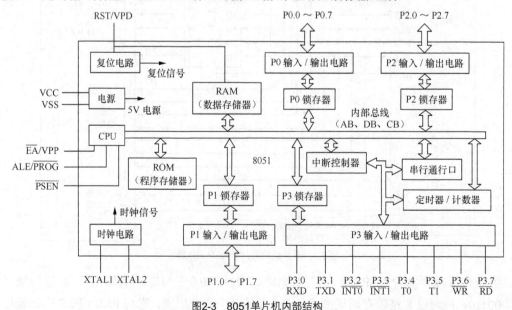

图2-3　8051单片机内部结构

1．CPU

CPU 又称中央处理器（Central Processing Unit），主要由算术/逻辑运算器（ALU）和控制器组成。单片机在工作时，CPU 会按先后顺序从 ROM（程序存储器）的第一个存储单元（0000H 单元）开始读取程序指令和数据，然后按指令要求对数据进行算术（如加运算）或逻辑运算（如与运算），运算结果存入 RAM（数据存储器），在此过程中，CPU 的控制器会输出相应的控制信号，以完成指定的操作。

2．时钟电路

时钟电路的功能是产生时钟信号送给单片机内部各电路，控制这些电路使之有节拍地工作。时钟信号频率越高，内部电路工作速度越快。

时钟信号的周期称为时钟周期（也称振荡周期）。两个时钟周期组成一个状态周期（S），它分为 P1、P2 两个节拍，P1 节拍完成算术、逻辑运算，P2 节拍传送数据。6 个状态周期组成一个机器周期（12 个时钟周期），而执行一条指令一般需要 1～4 个机器周期（12～48 个时钟周期）。如果单片机的时钟信号频率为 12MHz，那么时钟周期为 $1/12\mu s$，状态周期为 $1/6\mu s$，机器周期为 $1\mu s$，指令周期为 1～4μs。

3．ROM（程序存储器）

ROM（程序存储器）又称只读存储器，是一种具有存储功能的电路，断电后存储的信息不会消失。ROM 主要用来存储程序和常数，用编程软件编写好的程序经编译后写入 ROM。

ROM 主要有下面几种。

（1）Mask ROM（掩膜只读存储器）

Mask ROM 中的内容由厂家生产时一次性写入，以后不能改变。这种 ROM 成本低，适用于大批量生产。

（2）PROM（可编程只读存储器）

新的 PROM 没有内容，可将程序写入内部，但只能写一次，以后不能更改。如果 PROM 在单片机内部，PROM 中的程序写错了，整个单片机便不能使用。

（3）EPROM（紫外线可擦写只读存储器）

EPROM 是一种可擦写的 PROM，采用 EPROM 的单片机上面有一块透明的石英窗口，平时该窗口被不透明的标签贴封，当需要擦除 EPROM 内部的内容时，可撕开标签，再用紫外线照射透明窗口 15～30min，即可将内部的信息全部擦除，然后重新写入新的信息。

（4）EEPROM（电可擦写只读存储器）

EEPROM 也称作 E2PROM 或 E^2PROM，是一种可反复擦写的只读存储器，但它不像 EPROM 需要用紫外线来擦除信息，这种 ROM 只要加适当的擦除电压，就可以轻松快速地擦除其中的信息，然后重新写入信息。EEPROM 反复擦写可达 1000 次以上。

（5）Flash Memory（快闪存储器）

Flash Memory 简称闪存，是一种长寿命的非易失性（在断电情况下仍能保持所存储的数据信息）的存储器，数据删除不是以单个字节为单位，而是以固定的区块（扇区）为单位，区块大小一般为 256KB 到 20MB。

Flash Memory 是 EEPROM 的变种，两者的区别主要在于，EEPROM 能在字节水平上进行删除和重写，而大多数 Flash Memory 需要按区块擦除或重写。由于 Flash Memory 断电时仍能保存数据，且数据擦写方便，故使用非常广泛（如手机、数码相机使用的存储卡）。STC89C5x 系列 51 单片机就采用 Flash Memory 作为程序存储器。

4. RAM（数据寄存器）

RAM（数据寄存器）又称随机存取存储器，也称可读写存储器）。RAM 的特点是：可以存入信息（称作写），也可以将信息取出（称作读），断电后存储的信息会全部消失。RAM 可分为 DRAM（动态存储器）和 SRAM（静态存储器）。

DRAM 的存储单元采用了 MOS 管，它利用 MOS 管的栅极电容来存储信息，由于栅极电容容量小且漏电，故栅极电容保存的信息容易消失，为了避免存储的信息丢失，必须定时给栅极电容重写信息，这种操作称为"刷新"，故 DRAM 内部要有刷新电路。DRAM 虽然要有刷新电路，但其存储单元结构简单、使用元件少、功耗低，且集成度高、单位容量价格低，因此需要大容量 RAM 的电路或电子产品（如计算机的内存条）一般采用 DRAM 作为 RAM。

SRAM 的存储单元由具有记忆功能的触发器构成，它具有存取速度快、使用简单、不需刷新、静态功耗极低等优点，但元件数多、集成度低、运行时功耗大，单位容量价格高，因此需要小容量 RAM 的电路或电子产品（如单片机）一般采用 SRAM 作为 RAM。

5. 中断控制器

当 CPU 正在按顺序执行 ROM 中的程序时，若 INT0（P3.2）或 INT1（P3.3）端送入一个中断信号（一般为低电平信号），如果编程时又将中断设为允许，中断控制器马上发出控制信号让 CPU 停止正在执行的程序，转而去执行 ROM 中已编写好的另外的某段程序（中断程序），中断程序执行完成后，CPU 又返回执行先前中断的程序。

8051 单片机中断控制器可以接受 5 个中断请求：INT0 和 INT1 端发出的两个外部中断请求、T0、T1 定时器/计数器发出的两个中断请求和串行通信口发出的中断请求。

要让中断控制器响应中断请求，先要设置允许总中断，再设置允许某个或某些中断请求有效，若允许多个中断请求有效，还要设置优先级别（优先级别高的中断请求先响应），这些都是通过编程来设置，另外还需要为每个允许的中断编写相应的中断程序，比如允许 INT0 和 T1 的中断请求，就需要编写 INT0 和 T1 的中断程序，以便 CPU 响应 INT0 请求马上执行 INT0 中断程序、响应 T1 请求马上执行 T1 中断程序。

6. 定时器/计数器

定时器/计数器是单片机内部具有计数功能的电路，可以根据需要将它设为定时器或计数器。如果要求 CPU 在一段时间（如 5ms）后执行某段程序，可让定时器/计数器工作在定时状态，定时器/计数器开始计时，当计到 5ms 后马上产生一个请求信号送到中断控制器，中断控制器则输出信号让 CPU 停止正在执行的程序，转而去执行 ROM 中特定的某段程序。

如果让定时器/计数器工作在计数状态，可以从单片机的 T0 或 T1 引脚输入脉冲信号，定时器/计数器开始对输入的脉冲进行计数,当计数到某个数值(如 1000)时,马上输出一个信号送到中断控制器,让中断控制器控制 CPU 去执行 ROM 中特定的某段程序(如让 P0.0 引脚输出低电平点亮外接 LED 灯的程序)。

7. 串行通信口

串行通信口是单片机与外部设备进行串行通信的接口。当单片机要将数据传送给外部设备时,可以通过串行通信口将数据由 TXD 端输出;外部设备送来的数据可以从 RXD 端输入,通过串行通信口将数据送入单片机。

串行是指数据传递的一种方式,串行传递数据时,数据是按一位一位传送的。

8. P0 ~ P3 输入/输出电路和锁存器

8051 单片机有 P0~P3 4 组端口,每组端口有 8 个输入/输出引脚,每个引脚内部都有一个输入电路、一个输出电路和一个锁存器。以 P0.0 引脚为例,当 CPU 根据程序需要读取 P0.0 引脚输入信号时,会往 P0.0 端口发出读控制信号,P0.0 端口的输入电路工作,P0.0 引脚的输入信号经输入电路后,分作两路,一路进入 P0.0 锁存器保存下来,另一路送给 CPU;当 CPU 根据程序需要从 P0.0 引脚输出信号时,会往 P0.0 端口发出写控制信号,同时往 P0.0 锁存器写入信号,P0.0 锁存器在保存信号的同时,会将信号送给 P0.0 输出电路(写 P0.0 端口时其输入电路被禁止工作),P0.0 输出电路再将信号 P0.0 引脚送出。

P0~P3 端口的每个引脚都有两个或两个以上的功能,在同一时刻一个引脚只能用作一个功能,用作何种功能由程序决定。例如,当 CPU 执行到程序的某条指令时,若指令是要求读取某端口引脚的输入信号,CPU 执行该指令时会发出读控制信号,让该端口电路切换到信号输入模式(输入电路允许工作,输出电路被禁止),再读取该端口引脚输入的信号。

|2.2 8051 单片机 I/O 端口的结构与工作原理|

单片机的 I/O 端口是输入信号和输出信号的通道。8051 单片机有 P0、P1、P2、P3 4 组 I/O 端口,每组端口有 8 个引脚。要学好单片机技术,应了解这些端口内部电路结构与工作原理。

2.2.1 P0 端口

P0 端口有 P0.0~P0.7 共 8 个引脚,这些引脚除了可用作输入引脚和输出引脚外,在外接存储器时,还可用作地址/数据总线引脚。P0 端口每个引脚的内部电路结构都相同,其内部电路结构如图 2-4 所示。

(1) P0 端口用作输出端口的工作原理

以单片机需要从 P0.x 引脚输出高电平"1"为例。单片机内部相关电路通过控制线送出"0(低电平)"到与门的一个输入端和电子开关的控制端,控制线上的"0"一方面使与门关闭(即与门的一端为"0"时,不管另一端输入何种信号,输出都为"0"),晶体管 VT1 栅极为"0"处于截止，地址/数据线送来的信号无法通过与门和晶体管 VT1；控制线上的"0"另一方面控制电子开关，让电子开关与锁存器的 $\overline{Q}$ 端连接。CPU 再从内部总线送高电平"1"到锁存器的 D 端，同时往锁存器的 CL 端送写锁存器信号，D 端的"1"马上存入锁存器并从 Q 和 $\overline{Q}$ 端输出，D 端输入"1"，Q 端输出"1"，$\overline{Q}$ 端则输出"0"，$\overline{Q}$ 端输出"0"经电子开关送到晶体管 VT2 的栅极，VT2 截止，由于 VT1 也处于截止，P0.x 引脚处于悬浮状态，因此需要在 P0.x 引脚上接上拉电阻，在 VT2 截止时，P0.x 引脚输出高电平。

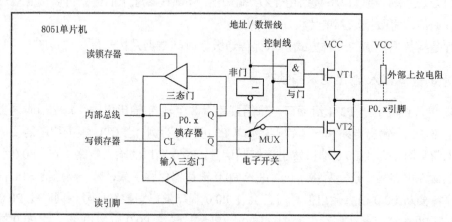

图2-4　P0端口的内部电路结构

也就是说，当单片机需要将 P0 端口用作输出端口时，内部 CPU 会送控制信号"0"到与门和电子开关，与门关闭（上晶体管 VT1 同时截止，将地址/数据线与输出电路隔开），电子开关将锁存器与输出电路连接，然后 CPU 通过内部总线往 P0 端口锁存器送数据和写锁存器信号，数据通过锁存器、电子开关和输出电路从 P0 端口的引脚输出。

在 P0 端口用作输出端口时，内部输出电路的上晶体管处于截止（开路）状态，下晶体管的漏极处于开路状态（称为晶体管开漏），因此需要在 P0 端口引脚接外部上拉电阻，否则无法可靠输出"1"或"0"。

（2）P0 端口用作输入端口的工作原理

当单片机需要将 P0 端口用作输入端口时，内部 CPU 会先往 P0 端口锁存器写入"1"（往锁存器 D 端送"1"，同时给 CL 端送写锁存器信号），让 $\overline{Q}$=0，VT2 截止，关闭输出电路。P0 端口引脚输入的信号送到输入三态门的输入端，此时 CPU 再给三态门的控制端送读引脚控制信号，输入三态门打开，P0 端口引脚输入的信号就可以通过三态门送到内部总线。

如果单片机的 CPU 需要读取 P0 端口锁存器的值（或称读取锁存器存储的数据），会送读锁存器控制信号到三态门（上方的三态门），三态门打开，P0 锁存器的值（Q 值）给三态门送到内部总线。

（3）P0 端口用作地址/数据总线的工作原理

如果要将 P0 端口用作地址/数据总线，单片机内部相关电路会通过控制线发出"1"，让与门打开，让电子开关和非门输出端连接。当内部地址/数据线为"1"时，"1"一方面通过与门送到 VT1 的栅极，VT1 导通，另一方面送到非门，反相后变为"0"，经电子开关送到VT2 的栅极，VT2 截止，VT1 导通，P0 端口引脚输出为"1"；当内部地址/数据线为"0"时，

VT1 截止，VT2 导通，P0 端口引脚输出 "0"。

也就是说，当单片机需要将 P0 端口用作地址/数据总线时，CPU 会给与门和电子开关的控制端送 "1"，与门打开，将内部地址/数据线与输出电路的上晶体管 VT1 接通，电子开关切断输出电路与锁存器的连接，同时将内部地址/数据线经非门反相后与输出电路的下晶体管 VT1 接通，这样 VT1、VT2 状态相反，让 P0 端口引脚能稳定输出数据或地址信号（1 或 0）。

2.2.2　P1 端口

P1 端口有 P1.0～P1.7 共 8 个引脚，这些引脚可作输入引脚和输出引脚。P1 端口每个引脚的内部电路结构都相同，其内部电路结构如图 2-5 所示。P1 端口的结构较 P0 端口简单很多，其输出电路采用了一个晶体管，在晶体管的漏极接了一只内部上拉电阻，所以在 P1 端口引脚外部可以不接上拉电阻。

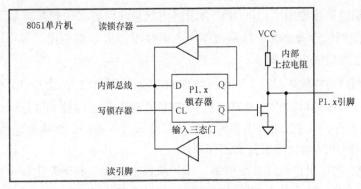

图2-5　P1端口内部电路结构

（1）P1 端口用作输出端口的工作原理

当需要将 P1 端口用作输出端口时，单片机内部相关电路除了会往锁存器的 D 端送数据外，还会往锁存器 CL 端送写锁存器信号，内部总线送来的数据通过 D 端进入锁存器并从 Q 和 $\overline{Q}$ 端输出，如 D 端输入 "1"，则 $\overline{Q}$ 端输出 "0"（Q 端输出 "1"），$\overline{Q}$ 端的 "0" 送到晶体管的栅极，晶体管截止，从 P1 端口引脚输出 "1"。

（2）P1 端口用作输入端口的工作原理

当需要将 P1 端口用作输入端口时，单片机内部相关电路会先往 P1 锁存器写 "1"，让 Q=1、$\overline{Q}$=0，$\overline{Q}$=0 会使晶体管截止，关闭 P1 端口的输出电路，然后 CPU 往输入三态门控制端送一个读引脚控制信号，输入三态门打开，从 P1 端口引脚输入的信号经输入三态门送到内部总线。

2.2.3　P2 端口

P2 端口有 P2.0～P2.7 共 8 个引脚，这些引脚除了可用作输入引脚和输出引脚外，在外接存储器时，还可用作地址总线（高 8 位）引脚。P2 端口每个引脚的内部电路结构都相同，其内部电路结构如图 2-6 所示。

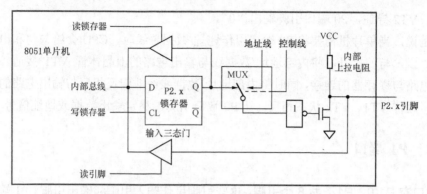

图2-6 P2端口内部电路结构

（1）P2 端口用作输入/输出（I/O）端口的工作原理

当需要将 P2 端口用作 I/O 端口时，单片机内部相关电路会送控制信号到电子开关的控制端，让电子开关与 P2 锁存器的 Q 端连接。

若要将 P2 端口用作输出端口，CPU 会通过内部总线将数据送到锁存器的 D 端，同时给锁存器的 CL 端送写锁存器信号，D 端数据存入锁存器并从 Q 端输出，再通过电子开关、非门和晶体管从 P2 端口引脚输出。

若要将 P2 端口用作输入端口，CPU 会先往 P2 锁存器写"1"，让 Q=1、$\overline{Q}$=0，Q=1 会使晶体管截止，关闭 P2 端口的输出电路，然后 CPU 往输入三态门控制端送一个读引脚控制信号，输入三态门打开，从 P2 端口引脚输入的信号经输入三态门送到内部总线。

（2）P2 端口用作地址总线引脚的工作原理

如果要将 P2 端口用作地址总线引脚，单片机内部相关电路会发出一个控制信号到电子开关的控制端，让电子开关与内部地址线接通，地址总线上的信号就可以通过电子开关、非门和晶体管后从 P2 端口引脚输出。

2.2.4 P3 端口

P3 端口有 P3.0～P3.7 共 8 个引脚，P3 端口除了可用作输入引脚和输出引脚外，还具有第二功能。P3 端口每个引脚的内部电路结构都相同，其内部电路结构如图 2-7 所示。

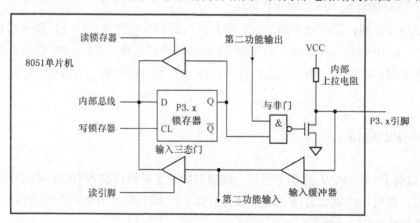

图2-7 P3端口内部电路结构

（1）P3 端口用作 I/O 端口的工作原理

当需要将 P3 端口用作 I/O 端口时，单片机内部相关电路会送出"1"到与非门的一个输入端（第二功能输出端），打开与非门（与非门的特点是：一个输入端为"1"时，输出端与另一个输入端状态始终相反）。

若要将 P3 端口用作输出端口，CPU 给锁存器的 CL 端送写锁存器信号，内部总线送来的数据通过 D 端进入锁存器并从 Q 端输出，再通过与非门和晶体管两次反相后从 P3 端口引脚输出。

若要将 P2 端口用作输入端口，CPU 会先往 P3 锁存器写"1"，让 Q=1，与非门输出"0"，晶体管截止，关闭 P3 端口的输出电路，然后 CPU 往输入三态门控制端送一个读引脚控制信号，输入三态门打开，从 P3 端口引脚输入的信号经过输入缓冲器和输入三态门送到内部总线。

（2）当 P3 端口用作第二功能时

P3 端口的每个引脚都有第二功能，具体见表 2-1。P0 端口用作第二功能（又称复用功能）时，实际上也是在该端口输入或输出信号，只不过输入、输出的是一些特殊功能的信号。

表 2-1   8051 单片机 P3 端口各引脚的第二功能

端口引脚	第二功能名称及说明	端口引脚	第二功能名称及说明
P3.0	RXD：串行数据接收	P3.4	T0：定时器/计数器 0 输入
P3.1	TXD：串行数据发送	P3.5	T1：定时器/计数器 1 输入
P3.2	$\overline{INT0}$：外部中断 0 申请	P3.6	$\overline{WR}$：外部 RAM 写选通
P3.3	$\overline{INT1}$：外部中断 1 申请	P3.7	$\overline{RD}$：外部 RAM 读选通

当单片机需要将 P3 端口用作第二功能输出信号（如 RD、WR 信号）时，CPU 会先往 P3 锁存器写"1"，Q=1，它送到与非门的一个输入端，与非门打开，内部的第二功能输出信号送到与非门的另一个输入端，反相后输出去晶体管的栅极，经晶体管再次反相后从 P0 端口引脚输出。

当单片机需要将 P3 端口用作第二功能输入信号（如 T0、T1 信号）时，CPU 也会往 P3 锁存器写"1"，Q=1，同时第二功能输出端也为"1"，与非门输出为"0"，晶体管截止，关闭输出电路，P0 端口引脚输入的第二功能信号经输入缓冲器送往特定的电路（如 T0、T1 计数器）。

2.3　8051 单片机的存储器

2.3.1　存储器的存储单位与编址

1. 常用存储单位

位（bit）：它是计算机中最小的数据单位。由于计算机采用二进制数，所以 1 位二进制数称作 1bit，如 101011 为 6bit。

字节（Byte，单位简写为 B）：8 位二进制数称为一个字节，1B=8bit。

字（Word）：两个字节构成一个字，即 1Word=2Byte。

在单片机中还有一个常用术语：字长。**所谓字长是指单片机一次能处理的二进制数的位数**。51 单片机一次能处理 8 位二进制数，所以 51 单片机的字长为 8 位。

2. 存储器的编址与数据的读写说明

图 2-8 是一个容量为 256B 的存储器，内部有 256 个存储单元，每个存储单元可以存放 8 位二进制数，为了存取数据方便，需要对每个存储单元进行编号，也即对存储单元编址，编址采用二进制数，对 256 个存储单元全部编址至少要用到 8 位二进制数，第 1 个存储单元编址为 00000000，编写程序时为了方便，一般用十六进制数表示，二进制数 00000000 用十六进制表示就是 00H，H 表示十六制数，第二个存储单元编址为 01H，第 256 个存储单元编址为 FFH（也可以写成 0FFH）。

要对 256B 存储器的每个存储单元进行读写，需要 8 根地址线和 8 根数据线，先送 8 位地址选中某个存储单元，再根据读控制或写控制，将选中的存储单元的 8 位数据从 8 根数据线送出，或通过 8 根数据线将 8 位数据存入选中的存储单元中。以图 2-8 为例，当地址总线 A7～A0 将 8 位地址 0001111（1FH）送入存储器时，会选中内部编址为 1FH 的存储单元，这时再从读控制线送入一个读控制信号，1FH 存储单元中的数据 00010111 从 8 根数据总线 D7～D0 送出。

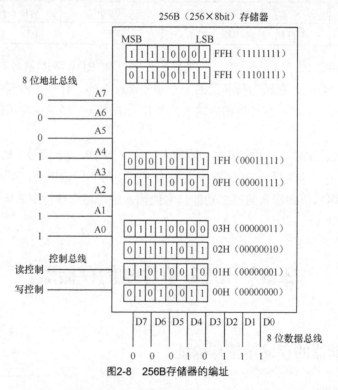

图2-8 256B存储器的编址

2.3.2 片内外程序存储器的使用与编址

单片机的程序存储器主要用来存储程序、常数和表格数据。8051 单片机内部有 4KB 的程序存储器（8052 单片机内部有 8KB 的程序存储器，8031 单片机内部没有程序存储器，需要外接程序存储器），如果内部程序存储器不够用（或无内部程序存储器），可以外接程序存储器。

8051 单片机最大可以外接容量为 64KB 的程序存储器（ROM），它与片内 4KB 程序存储器统一编址，当单片机的 EA 端接高电平（接电源正极）时，片内、片外程序存储器都可以使用，片内 4KB 程序存储器的编址为 0000H～0FFFH，片外 64KB 程序存储器的编址为 1000H～FFFFH，片外程序存储器低 4KB 存储空间无法使用，如图 2-9（a）所示，当单片机的 EA 端接低电平（接地）时，只能使用片外程序存储器，其编址为 0000H～FFFFH；片内 4KB 程序存储器无法使用，如图 2-9（b）所示。

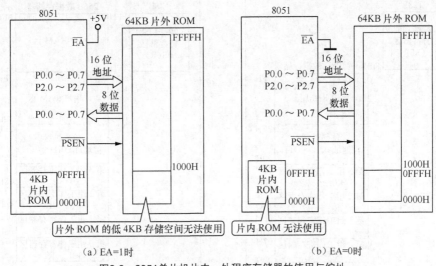

图2-9　8051单片机片内、外程序存储器的使用与编址

2.3.3　片内外数据存储器的使用与编址

单片机的数据存储器主要用来存储运算的中间结果和暂存数据、控制位和标志位。8051 单片机内部有 256B 的数据存储器，如果内部数据存储器不够用，可以外接数据存储器。

8051 单片机最大可以外接容量为 64KB 的数据存储器（RAM），它与片内 256B 数据存储器分开编址，如图 2-10 所示。当 8051 单片机连接片外 RAM 时，片内 RAM 的 00H～FFH 存储单元地址与片外 RAM 的 0000H～00FFH 存储单元地址相同，为了区分两者，在用汇编语言编程时，读写片外 RAM 时要用 "MOVX" 指令（读写片内 RAM 时要用 "MOV" 指令），在用 C 语言编程时，读写 RAM 时须先声明数据类型（内部数据或外部数据），若读写的数据存放在片内 RAM 中，要声明数据类型为内部数据类型（如用

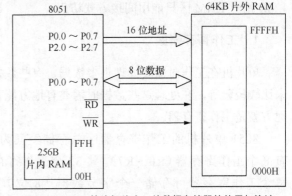

图2-10　8051单片机片内、外数据存储器的使用与编址

"data"声明），若读写的数据存放在片外 RAM 中，应声明数据类型为外部数据类型（如用"xdata"声明），单片机会根据声明的数据类型自动选择读写片内或片外 RAM。

2.3.4 数据存储器的分区

8051 单片机内部有 128B 的数据存储器（地址为 00H～7FH）和 128B 的特殊功能寄存器区（地址为 80H～FFH），8052 单片机内部有 258B 的数据存储器（地址为 00H～FFH）和 128B 的特殊功能寄存器区（地址为 80H～FFH），如图 2-11 所示。

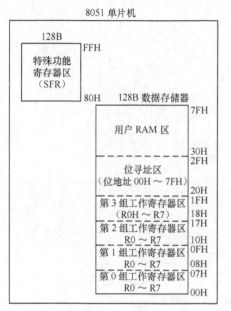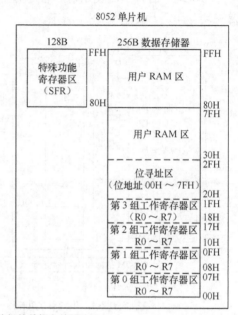

图2-11　8051、8052单片机的数据存储器分区

根据功能不同，8051、8052 单片机的数据存储器可分为工作寄存器区（0～3 组）、位寻址区和用户 RAM 区，从图 2-11 可以看出，8052 单片机的用户 RAM 区空间较 8051 单片机多出 128B，该 128B 存储区地址与特殊功能寄存器区（SFR）的地址相同，但两者是两个不同的区域。特殊功能寄存器区的每个寄存器都有一个符号名称，如 P0（即 P0 锁存器）、SCON（串行通信控制寄存器），特殊功能寄存器区只能用直接寻址方式访问，8052 单片机的新增的 128B 用户 RAM 区只能用间接方式访问。

1. 工作寄存器区

单片机在工作时需要处理很多数据，有些数据要用来运算，有些要反复调用，有些要用来比较校验等，在处理这些数据时需要有地方能暂时存放这些数据，单片机提供暂存数据的地方就是工作寄存器。

8051 单片机的工作寄存器区总存储空间为 32B，由 0～3 组工作寄存器组成，每组有 8 个工作寄存器（R0～R7），共 32 个工作寄存器（存储单元），地址编号为 00H～1FH，每个工作寄存器可存储一个字节数据（8 位）。4 组工作寄存器的各个寄存器地址编号如下。

组号	R0	R1	R2	R3	R4	R5	R6	R7
0	00H	01H	02H	03H	04H	05H	06H	07H
1	08H	09H	0AH	0BH	0CH	0DH	0EH	0FH
2	10H	11H	12H	13H	14H	15H	16H	17H
3	18H	19H	1AH	1BH	1CH	1DH	1EH	1FH

单片机上电复位后，默认使用第 0 组工作寄存器，可以通过编程设置 PSW（程序状态字寄存器）的 RS1、RS0 位的值来换成其他组工作寄存器。当 PSW 的 RS1 位=0、RS0 位=0 时，使用第 0 组工作寄存器；RS1 位=0、RS0 位=1 时，使用第 1 组工作寄存器；RS1 位=1、RS0 位=0 时，使用第 2 组工作寄存器；RS1 位=1、RS0 位=1 时，使用第 3 组工作寄存器，如图 2-12 所示。不使用的工作寄存器可当作一般的数据存储器使用。

RS1	RS0	工作寄存器组
0	0	第 0 组
0	1	第 1 组
1	0	第 2 组
1	1	第 3 组

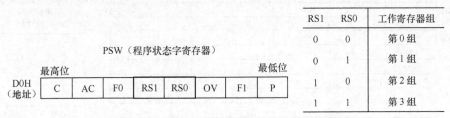

图2-12　PSW 的RS1、RS0位决定使用的工作寄存器组号

2. 位寻址区

位寻址区位于工作寄存器区之后，总存储空间为 16B，有 16 个字节存储单元，字节地址为 20H～2FH，每个字节存储单元有 8 个存储位，一共有 16×8=128 个存储位，每个位都有地址，称为位地址，利用位地址可以直接对位进行读写。

位寻址区的 16 个字节存储单元与 128 个存储位的地址编号如图 2-13 所示，从图中可以看出，字节存储单元和存储位有部分相同的地址编号，单片机是以指令类型来区分访问地址为字节存储单元还是位单元，比如用字节指令访问地址 20H 时，访问的为 20H 字节单元，可以同时操作该字节单元的 8 位数，用位指令访问地址 20H 时，访问的为 24H 字节单元的 D0 位，只能操作该位的数据。

3. 用户 RAM 区

用户 RAM 区又称为数据缓存区，8051 单片机的用户 RAM 区有 80 个存储单元（字节），地址编号为 30H～7FH，8052 单片机的用户 RAM 区有 208 个存储单元（字节），地址编号为 30H～FFH。用户 RAM 区一般用来存储随机数据和运算中间结果等。

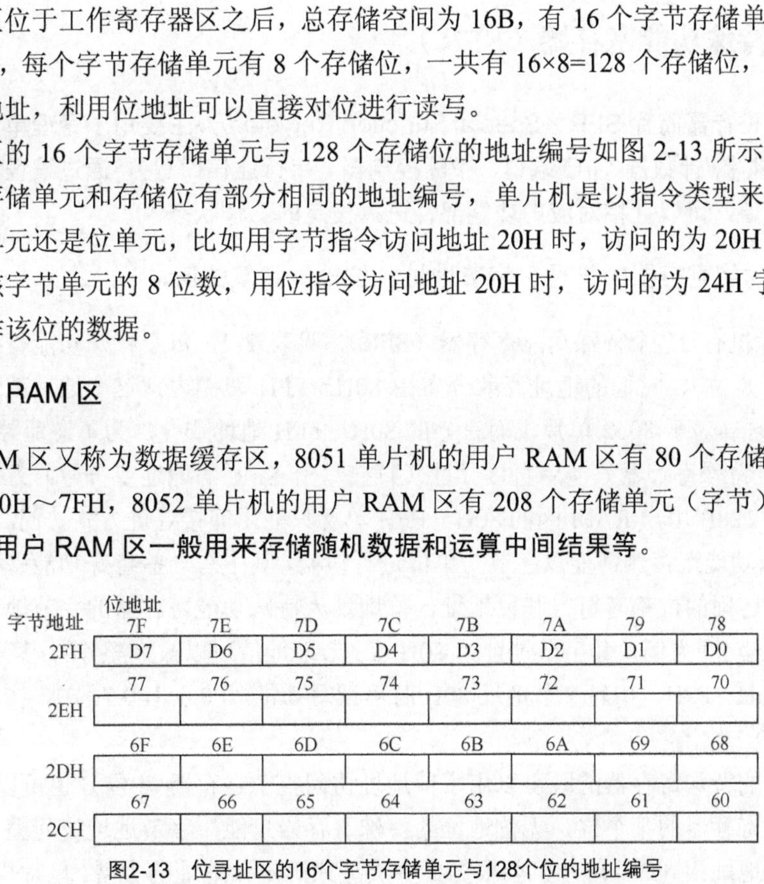

图2-13　位寻址区的16个字节存储单元与128个位的地址编号

图2-13　位寻址区的16个字节存储单元与128个位的地址编号（续）

2.3.5　特殊功能寄存器（SFR）

特殊功能寄存器简称 SFR（Special Function Register），主要用于管理单片机内部各功能部件（如定时器/计数器、I/O 端口、中断控制器、串行通信口等），通过编程设定一些特殊功能寄存器的值，可以让相对应的功能部件进入设定的工作状态。

1.　特殊功能寄存器的符号、字节地址、位地址和复位值

8051 单片机有 21 个特殊功能寄存器（SFR），见表 2-2，每个特殊功能寄存器都是一个字节单元（有 8 位），它们的地址离散分布在 80H～FFH 范围内，这个地址范围与数据存储器用户 RAM 区（对于 8052 单片机而言）的 80H～FFH 地址重叠，为了避免寻址产生混乱，51 单片机规定特殊寄存器只能用直接寻址（直接写出 SFR 的地址或符号）方式访问，8052 单片机新增的 128B 用户 RAM 区的 80H～FFH 单元只能用间接寻址方式访问。

21 个特殊功能寄存器都能以字节为单位进行访问，其中有一些特殊功能寄存器还可以进行位访问，能访问的位都有符号和位地址，位地址为特殊功能寄存器的字节地址加位号。以特殊功能寄存器 P0 为例，其字节地址为 80H（字节地址值可以被 8 整除），其 P0.0～P0.7 位的位地址为 80H～87H，访问字节地址 80H 时可读写 8 位（P0.0～P0.7 位），访问位地址 82H 时仅可读写 P0.2 位。

有位地址的特殊寄存器的既可以用字节地址访问整个寄存器（8 位），也可以用位地址（或位符号）访问寄存器的某个位，无位地址的特殊寄存器只能用字节地址访问整个寄存器。当位地址和字节地址相同时，单片机会根据指令类型来确定该地址的类型。单片机上电复位后，

各特殊功能寄存器都有个复位初始值，具体见表 2-2，x 表示数值不定（或 1 或 0）。

表 2-2　　　　　　　　　8051 单片机的 21 个特殊功能寄存器（SFR）

符号		名称	字节地址	位符号与位地址								复位值
P0		P0 锁存器	80H	87H P0.7	P0.6	P0.5	P0.4	P0.3	P0.2	P0.1	80H P0.0	1111 1111B
SP		堆栈指针	81H									0000 0111B
DPTR	DPL	数据指针（低）	82H									0000 0000B
	DPH	数据指针（高）	83H									0000 0000B
PCON		电源控制寄存器	87H	SMOD	SMOD0	–	POF	GF1	GF0	PD	IDL	00×1 0000B
TCON		定时器控制寄存器	88H	8FH TF1	TR1	TF0	TR0	IE1	IT1	IE0	88H IT0	0000 0000B
TMOD		定时器工作方式寄存器	89H	GATE	C/$\overline{T}$	M1	M0	GATE	C/$\overline{T}$	M1	M0	0000 0000B
TL0		定时器 0 低 8 位寄存器	8AH									0000 0000B
TL1		定时器 1 低 8 位寄存器	8BH									0000 0000B
TH0		定时器 0 高 8 位寄存器	8CH									0000 0000B
TH1		定时器 1 高 8 位寄存器	8DH									0000 0000B
P1		P1 锁存器	90H	97H P1.7	P1.6	P1.5	P1.4	P1.3	P1.2	P1.1	90H P1.0	1111 1111B
SCON		串口控制寄存器	98H	9FH SM0	SM1	SM2	REN	TB8	RB8	T1	98H R1	0000 0000B
SBUF		串口数据缓冲器	99H									××××, ××××
P2		P2 锁存器	A0H	A7H P2.7	P2.6	P2.5	P2.4	P2.3	P2.2	P2.1	A0H P2.0	1111 1111B
IE		中断允许寄存器	A8H	AFH EA	–	ET2	ES	ET1	EX1	ET0	A8H EX0	00×0 0000B
P3		P3 锁存器	B0H	B7H P3.7	P3.6	P3.5	P3.4	P3.3	P3.2	P3.1	B0H P3.0	1111 1111B
IP		中断优先级寄存器	B8H	BFH –	–	PT2	PS	PT1	PX1	PT0	B8H PX0	××00 0000B
PSW		程序状态字寄存器	D0H	D7H CY	AC	F0	RS1	RS0	OV	F1	D0H P	0000 0000B
ACC		累加器	E0H									0000 0000B
B		B 寄存器	F0H									0000 0000B

2. 部分特殊功能寄存器介绍

单片机的特殊功能寄存器很多，可以分为特定功能型和通用型。对于特定功能型特殊功能寄存器，当往某些位写入不同的值时，可以将其控制的功能部件设为不同工作方式，读取某些位的值，可以了解相应功能部件的工作状态；通用型特殊功能寄存器主要用于运算、寻址和反映运算结果状态。

特定功能型特殊功能寄存器将在后面介绍功能部件的章节说明，下面介绍一些通用型特殊功能寄存器。

（1）累加器（ACC）

累加器又称 ACC，简称 A，是一个 8 位寄存器，其字节地址为 E0H。**累加器是单片机中**

使用最频繁的寄存器，在进行算术或逻辑运算时，数据大多数先进入 ACC，运算完成后，结果也大多数也送入 ACC。

（2）寄存器 B

寄存器 B 主要用于乘、除运算，其字节地址是 F0H。在乘法运算时，一个数存放在 A（累加器）中，另一个数存放在 B 中，运算结果得到的积（16 位），积的高字节存放在 B 中，低字节存放在 A 中；在除法运算时，被除数存取自 A，除数取自 B，运算结果得到的商（8 位）和余数（8 位），商存放在 A 中，余数存放在 B 中。

（3）数据指针寄存器（DPTR）

数据指针寄存器（DPTR）简称数据指针，是一个 16 位寄存器，由 DPH 和 DPL 两个 8 位寄存器组成，地址分别为 83H、82H。DPTR 主要在单片机访问片外 RAM 时使用，用于存放片外 RAM 的 16 位地址，DPH 保存高 8 位地址，DPL 保存低 8 位地址。

（4）堆栈指针寄存器（SP）

人们在洗碗碟时，通常是将洗完的碗碟一只一只由下往上堆起来，使用时则是将碗碟从上往下一只一只取走。这个过程有两个要点：一是这些碗碟的堆放是连续的；二是先堆放的后取走，后堆放的先取走。单片机的堆栈与上述情况类似。**堆栈是指在单片机数据存储器中划分出的一个连续的存储空间，这个存储空间存取数据时具有"先进后出，后进先出"的特点。**

在存储器存取数据时，首先根据地址选中某个单元，再将数据存入或取出。如果有一批数据要连续存入存储器，例如，将 5 个数据（每个数据为 8 位）依次存入地址为 30H～34H 的 5 个存储单元中，按一般的操作方法是：先选中地址为 30H 的存储单元，再将第 1 个数据存入该单元，然后选中地址为 31H 的存储单元，再将第 2 个数据存入该单元，……显然这样存取数据比较麻烦，采用堆栈可以很好地解决这个问题。

在数据存储器中划分堆栈的方法是：通过编程的方法设置堆栈指针寄存器（SP）的值，如让 SP=2FH，SP 就将存储器地址为 2FH 的存储单元设为堆栈的栈顶地址，2FH 单元后面的连续存储单元就构成了堆栈，如图 2-14 所示。堆栈设置好后，就可以将数据按顺序依次存入堆栈或从堆栈中取出，在堆栈中存取数据按照"先进后出，后进先出"的规则进行。

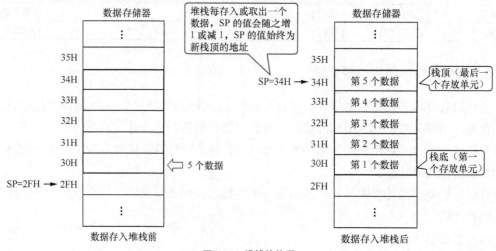

图2-14　堆栈的使用

需要注意的是，堆栈指针寄存器（SP）中的值并不是堆栈的第一个存储单元的地址，而是前一个单元的地址。例如，SP=2FH，那么堆栈的第一个存储单元的地址是 30H，第 1 个数据存入 30H 单元。单片机通电复位后，SP 的初始值为 07H，这样堆栈第一个存储单元的地址就为 08H，由于 08H～1FH 地址已划分给 1～3 组工作寄存器，在需要用到堆栈时，通常在编程时设 SP=2FH，这样就将堆栈设置在数据存储器的用户 RAM 区（30H～7FH）。

（5）程序状态字寄存器（PSW）

程序状态字寄存器（PSW）的地址是 D0H，它是一个状态指示寄存器（又称标志寄存器），用来指示系统的工作状态。 PSW 是一个 8 位寄存器，可以存储 8 位数，各位代表不同的功能。程序状态字寄存器（PSW）的字节地址、各位地址和各位功能如图 2-15 所示。

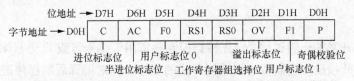

图2-15 程序状态字寄存器（PSW）的字节地址、各位地址和各位功能

D7 位（C）：进位标志位。当单片机进行加、减运算时，若运算结果最高位有进位或借位时，C 位置 1，无进位或借位时，C 位置 0。在进行位操作时，C 用作位操作累加器。

D6 位（AC）：半进位标志位。单片机进行加、减运算时，当低半字节的 D3 位向高半字节的 D4 位有进位或借位时，AC 位置 1，否则 AC 位置 0。

D5 位（F0）：用户标志位 0。用户可设定的标志位，可置 1 或置 0。

D4 位（RS1）、D3 位（RS0）：工作寄存器组选择位。这两位有 4 种组合状态，用来控制工作寄存器区（00H～1FH）4 组中的某一组寄存器进入工作状态，具体见图 2-12。

D2 位（OV）：溢出标志位。在进行有符号数运算时，若运算结果超出-128～+127 范围，OV=1，否则 OV=0；当进行无符号数乘法运算时，若运算结果超出 255，OV=1，否则 OV=0；当进行无符号数除法运算时，若除数为 0，OV=1，否则 OV=0。

D1 位（F1）：用户标志位 1。同 F0 位，用户可设定的标志位，可置 1 或置 0。

D0 位（P）：奇偶校验位。该位用于对累加器 A 中的数据进行奇偶校验，当累加器 A 中"1"的个数为奇数值时，P=1；若累加器 A 中的"1"的个数为偶数值时，P=0。51 系列单片机总是保持累加器 A 与 P 中"1"的总个数为偶数值，比如累加器 A 中有 3 个"1"，即"1"的个数为奇数值，那么 P 应为"1"，这样才能让两者"1"的总个数为偶数值，这种校验方式称作偶校验。

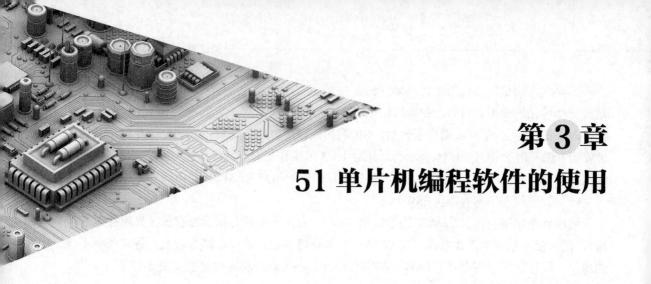

第3章
51 单片机编程软件的使用

单片机软件开发的一般过程是：先根据控制要求用汇编语言或 C 语言编写程序，然后对程序进行编译，转换成二进制或十六进制形式的程序，再对编译后的程序进行仿真调试，程序满足要求后用烧录软件将程序写入单片机。Keil C51 软件是一款最常用的 51 系列单片机编程软件，它由 Keil 公司（已被 ARM 公司收购）推出，使用该软件不但可以编写和编译程序，还可以仿真和调试程序，编写程序时既可以使用汇编语言，也可以使用 C 语言。

|3.1 Keil C51 软件的安装|

3.1.1 Keil C51 软件的版本及获取

Keil C51 软件的版本很多，主要有 Keil μVision2、Keil μVision3、Keil μVision4 和 Keil μVision5，Keil μVision3 是在 Keil 公司被 ARM 公司收购后推出，故该版本及之后版本除了支持 51 系列单片机外，还增加了对 ARM 处理器的支持。如果仅对 51 系列单片机编程，可选用 Keil μVision2 版本，本章也以该版本进行介绍。

如果读者需要获得 Keil C51 软件，可到 Keil 公司网站下载 Eval（评估）版本，也可登录易天电学网索取下载。

3.1.2 Keil C51 软件的安装

Keil C51 软件下载后是一个压缩包，将压缩包解压打开后，可看到一个 setup 文件夹，如图 3-1（a）所示，双击打开 setup 文件夹，文件夹中有一个 Setup.exe 文件，如图 3-1（b）所示，双击该文件开始安装软件，先弹出一个图 3-1（c）所示的对话框，若选择 "Eval Version（评估版本）"，无需序列号即可安装软件，但软件只能编写不大于 2KB 的程序，初级用户基本够用，若选择 "Full Version（完整版本）"，在后续安装时需要输入软件序列号，软件使用不受限制，这里选择 "Full Version（完整版本）"，软件安装开始，在安装过程中会弹出图 3-1

（d）所示对话框，要求选择 Keil 软件的安装位置，点击"Browse（浏览）"可更改软件的安装位置，这里保持默认位置（C:\keil），点击"Next（下一步）"，会出现图 3-1（e）所示对话框，在"Serial Number"项输入软件的序列号，在"安装说明"文件（如图 3-1（a）所示）中可找到序列号，其他各项可随意填写，填写完成后，点击"Next"，软件安装过程继续，如图 3-1（f）所示，在后续安装对话框中出现选择项时均保持默认选择，最后出现图 3-1（g）所示对话框，点击"Finish（完成）"则完成软件的安装。

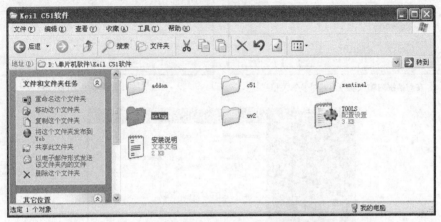

（a）在Keil C51软件文件夹中打开setup文件夹

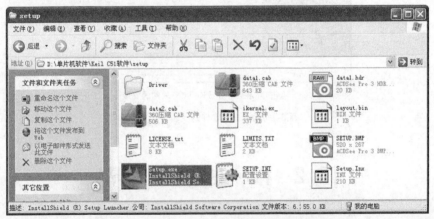

（b）在setup文件夹中双击Setup.exe文件开始安装Keil C51软件

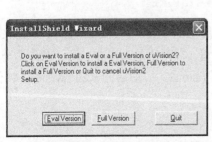

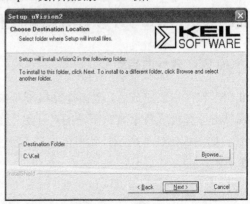

（c）选择安装版本（评估版和完整版）对话框　　　　（d）选择软件的安装位置（安装路径）

图3-1　Keil C51软件的安装

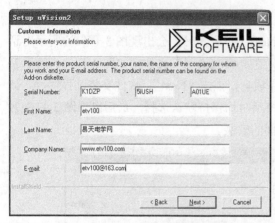
（e）在对话框内输入软件系列号及有关信息

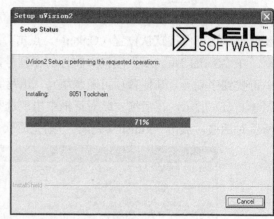
（f）软件安装进度条

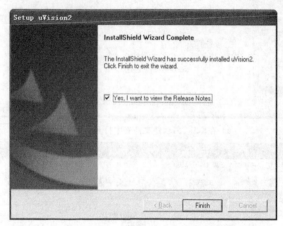
（g）点击"Finish"完成Keil C51软件的安装

图3-1　Keil C51软件的安装（续）

3.2　程序的编写与编译

3.2.1　启动 Keil C51 软件并新建工程文件

1. Keil C51 软件的启动

Keil C51 软件安装完成后，双击计算机屏幕桌面上的"Keil μVision2"图标，如图 3-2（a）所示，或单击计算机屏幕桌面左下角的"开始"按钮，在弹出的菜单中执行"程序"→"Keil μVision2"，如图 3-2（b）所示，就可以启动 Keil μVision2，启动后的 Keil μVision2 软件窗口如图 3-3 所示。

2. 新建工程文件

在用 Keil μVision2 软件进行单片机程序开发时，为了便于管理，需要先建立一个项目文件，用于管理本项目中的所有文件。

（a）双击桌面上的图标启动软件　　　　（b）用开始菜单启动软件

图3-2　Keil C51软件的两种启动方法

图3-3　启动后的Keil μVision2软件窗口

在 Keil μVision2 软件新建工程文件的操作过程见表 3-1。

表 3-1　　　　　　　在 Keil μVision2 软件新建工程文件的操作说明

序号	操 作 说 明	操 作 图
1	执行菜单命令"Project"→"New Project"，如图（a）所示，会弹出图（b）所示的对话框	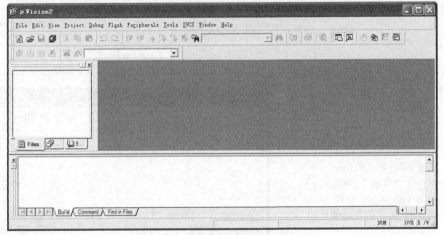 图（a）

序号	操 作 说 明	操 作 图
2	在图（b）所示的"Create New Project"对话框中选择新工程的保存位置，这里先打开 D 盘的"Book_C51 程序"文件夹，然后在该文件夹中新建一个"3_1"文件夹	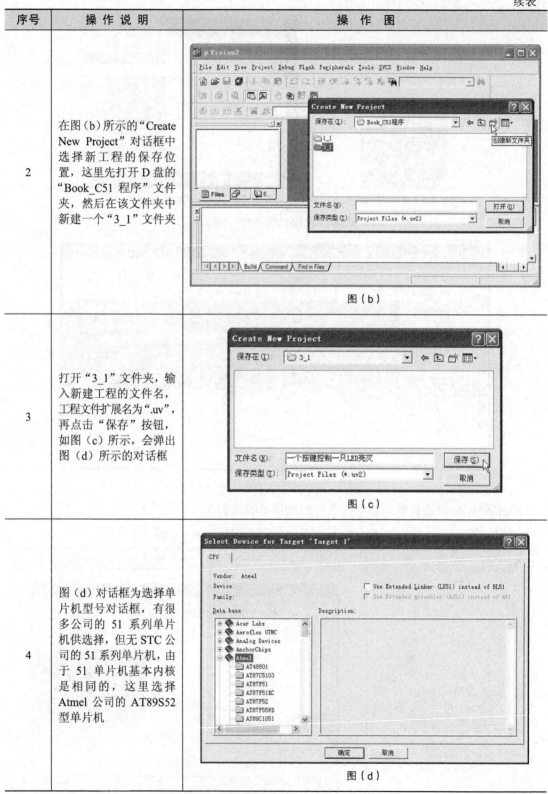图（b）
3	打开"3_1"文件夹，输入新建工程的文件名，工程文件扩展名为".uv"，再点击"保存"按钮，如图（c）所示，会弹出图（d）所示的对话框	图（c）
4	图（d）对话框为选择单片机型号对话框，有很多公司的 51 系列单片机供选择，但无 STC 公司的 51 系列单片机，由于 51 单片机基本内核是相同的，这里选择 Atmel 公司的 AT89S52 型单片机	图（d）

续表

序号	操 作 说 明	操 作 图
5	在单片机型号对话框中找到 Atmel 公司的 AT89S52 型单片机,选中后点击"确定"按钮,如图(e)所示,弹出如图(f)所示询问对话框	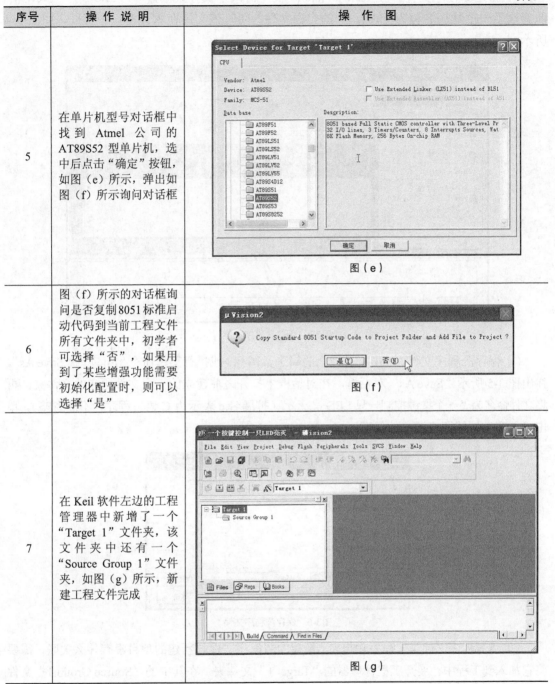 图(e)
6	图(f)所示的对话框询问是否复制8051标准启动代码到当前工程文件所有文件夹中,初学者可选择"否",如果用到了某些增强功能需要初始化配置时,则可以选择"是"	图(f)
7	在 Keil 软件左边的工程管理器中新增了一个"Target 1"文件夹,该文件夹中还有一个"Source Group 1"文件夹,如图(g)所示,新建工程文件完成	图(g)

3.2.2 新建源程序文件并与工程关联起来

新建工程完成后,还要在工程中建立程序文件,并将程序文件保存后再与工程关联到一起,然后就可以在程序文件中用 C 语言或汇编语言编写程序。

新建源程序文件并与工程关联起来的操作过程如下。

① 新建源程序文件。在 Keil μVision2 软件窗口中执行菜单命令"File"→"New"，即新建了一个默认名称为"Text 1"的空白文件，同时该文件在软件窗口中打开，如图 3-4 所示。

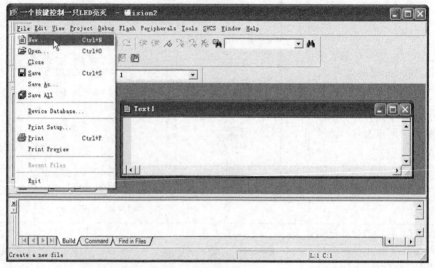

图3-4　新建源程序文件

② 保存源程序文件。单击工具栏上的 ![]工具图标，或执行菜单命令"File"→"Save As"，弹出图 3-5 所示"Save As"对话框。在对话框中打开之前建立的工程文件所在的文件夹，再将文件命名为"一个按键控制一只 LED 亮灭.c"（扩展名.c 表示为 C 语言程序，不能省略），单击"保存"按钮即将该文件保存下来。

图3-5　保存源程序文件

③ 将源程序文件与工程关联起来。新建的源程序文件与新建的项目没有什么关联，需要将它加入到工程中。展开工程管理器的"Target 1"文件夹，在其中的"Source Group 1"文件夹上右击，弹出图 3-6 所示的快捷菜单，选择其中的"Add Files to Group'Source Group 1'"项，会出现图 3-7 所示的加载文件对话框，在该对话框中选文件类型为"C Source file（*.c）"，找到刚新建的"一个按键控制一只 LED 亮灭.c"文件，再单击"Add"按钮，该文件即被加入到项目中，此时对话框并不会消失，可以继续加载其他文件，单击"Close"按钮关闭对话框。在 Keil 软件工程管理器的"Source Group1"文件夹中可以看到新加载的"一个按键控制一只 LED 亮灭.c"文件，如图 3-8 所示。

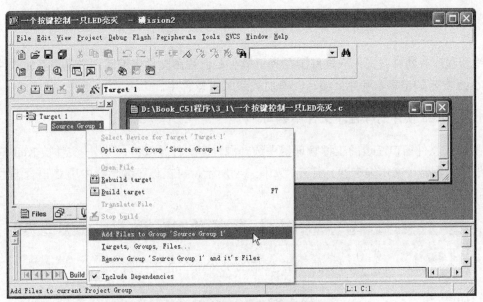

图3-6　用快捷菜单执行加载文件命令

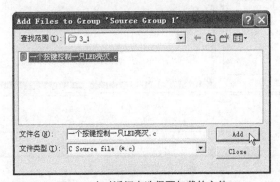

图3-7　在对话框中选择要加载的文件

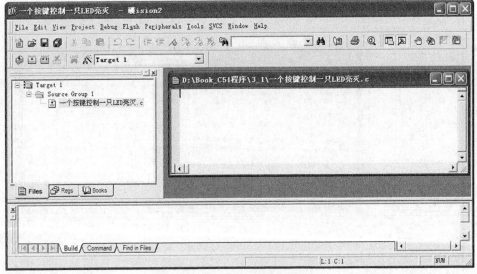

图3-8　程序文件被加载到工程中

3.2.3 编写程序

编写程序有两种方式：一是直接在 Keil 软件的源程序文件中编写；二是用其他软件（如 Windows 自带的记事本程序）编写，再加载到 Keil 软件中。

1. 在 Keil 软件的源程序文件中编写

在 Keil 软件窗口左边的工程管理器中选择源程序文件并双击，源程序文件被 Keil 软件自带的程序编辑器（文本编辑器）打开，如图 3-9 所示，再在程序编辑器中用 C 语言编写单片机控制程序，如图 3-10 所示。

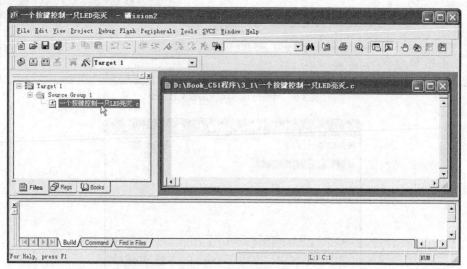

图3-9　打开源程序文件

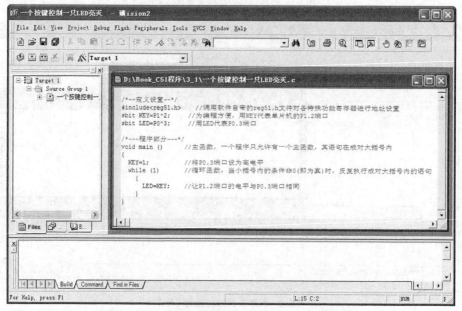

图3-10　在Keil软件自带的程序编辑器中用C语言编写程序

2. 用其他文本工具编写程序

Keil 软件的程序编辑器实际上是一种文本编辑器，它对中文的支持不是很好，在输入中文时，有时会出现文字残缺现象。编程时也可以使用其他文本编辑器（如 Windows 自带的记事本）编写程序，再将程序加载到 Keil 软件中进行编译、仿真和调试。

用其他文本工具编写并加载程序的操作如下。

① 用文本编辑器编写程序。打开 Windows 自带的记事本，在其中用 C 语言（或汇编语言）编写程序，如图 3-11 所示。编写完后将该文件保存下来，文件的扩展名为.c（或.asm），这里将文件保存为"1KEY_1LED.c"。

② 将程序文件载入 Keil 软件与工程关联。打开 Keil 软件并新建一个工程（如已建工程，本步骤忽略），再将"1KEY_1LED.c"文件加载进 Keil 软件与工程关联起来，加载程序文件的过程可参见前图 3-6～图 3-8 所示。程序载入完成后，在 Keil 软件的工程管理器的 Source Group 1 文件夹中可看到加载进来的"1KEY_1LED.c"文件，如图 3-12 所示，双击可以打开该文件。

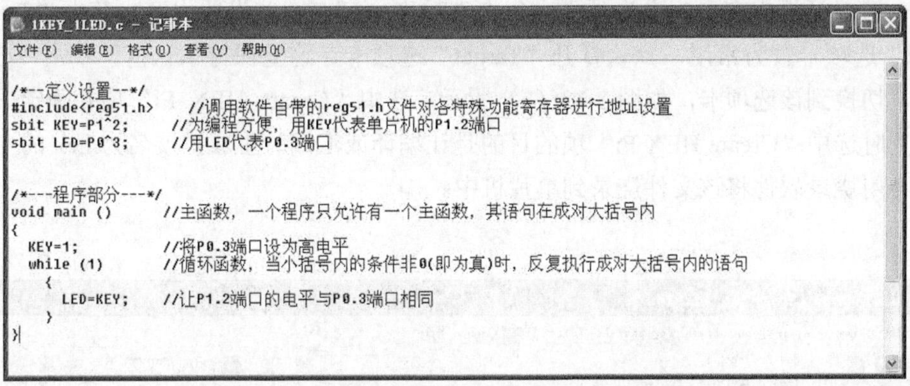

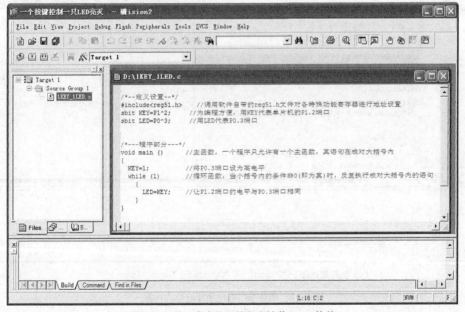

图3-11　用Windows自带的记事本编写单片机控制程序

图3-12　用记事本编写的程序被载入Keil软件

3.2.4 编译程序

用 C 语言（或汇编语言）编写好程序后，程序还不能直接写入单片机，因为单片机只接受二进制数，所以要将 C 语言程序转换成二进制或十六进制代码。**将 C 语言程序（或汇编语言程序）转换成二进制或十六进制代码的过程称为编译（或汇编）。**

C 语言程序的编译要用到编译器，汇编语言程序要用到汇编器，51 系列单片机对 C 语言程序编译时采用 C51 编译器，对汇编语言程序汇编时采用 A51 汇编器。Keil C51 软件本身带有编译器和汇编器，在对程序进行编译或汇编时，会自动调用相应的编译器或汇编器。

1. 编译或汇编前的设置

在 Keil C51 软件中编译或汇编程序前需要先进行一些设置。设置时，执行菜单命令"Project"→"Options for Target'Target 1'"，如图 3-13（a）所示，弹出图 3-13（b）所示的对话框，该对话框中有 10 个选项卡，每个选项卡中都有一些设置内容，其中"Target"和"Output"选项卡较为常用，默认打开"Target"选项卡，这里保持默认值。单击"Output"选项卡，切换到该选项卡，如图 3-13（c）所示，选中"Create HEX Fi"项并确定关闭对话框。设置时选中"Create HEX Fi"项的目的是让编译或汇编时生成扩展名为.hex 的十六进制文件，再用烧录软件将该文件烧录到单片机中。

（a）执行菜单命令"Project"→"Options for Target'Target 1'"

图3-13 编译或汇编程序前进行的设置

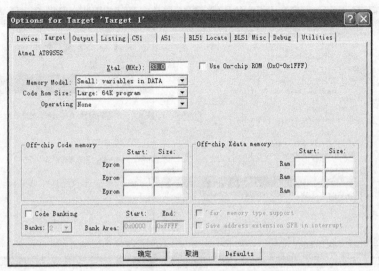

（b）"Options for Target 'Target 1'"对话框

（c）在对话框中切换到 Output 选项卡并选中"Create HEXFi"项

图3-13　编译或汇编程序前进行的设置（续）

2. 编译或汇编程序

编译设置结束后，在 Keil 软件窗口执行菜单命令"Project"→"Rebuild all target files（重新编译所有的目标文件）"，如图 3-14（a）所示，也可以直接单击工具栏上的 🔲 图标，Keil 软件自动调用 C51 编译器将"一个按键控制一只 LED 亮灭.c"文件中的程序进行编译，编译完成后，在软件窗口下方的输出窗口中可看到有关的编信息，如果出现"0 Error(s)，0 Warning(s)"，如图 3-14（b）所示，表示程序编译没有问题（至少在语法上不存在问题）；如果存在错误或警告，要认真检查程序，修改后再编译，直到通过为止。

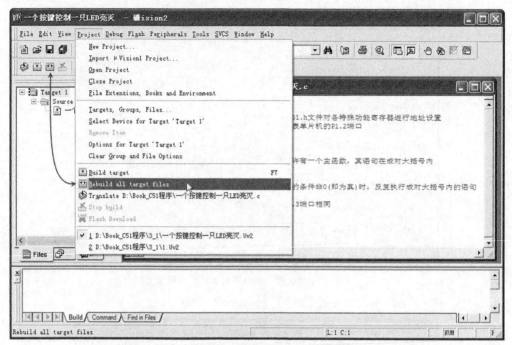

（a）执行编译命令

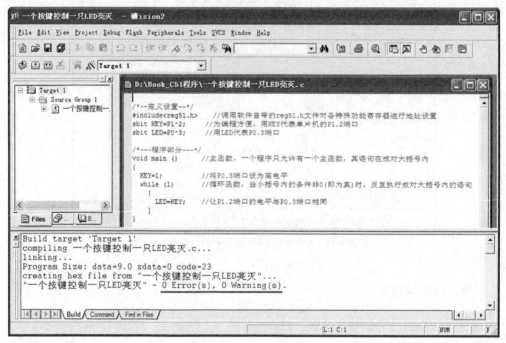

（b）编译完成

图3-14 编译程序

程序编译完成后，打开工程文件所在的文件夹，会发现生成了一个"一个按键控制一只LED 亮灭.hex"文件。如图 3-15 所示，该文件是由编译器将 C 语言程序"一个按键控制一只LED 亮灭.c"编译成的十六进制代码文件，双击该文件系统会调用记事本程序打开它，可以看见该文件的具体内容,如图 3-16 所示,在单片机烧录程序时,用烧录软件载入该文件并转换成二进制代码写入单片机。

图3-15 程序编译后在工程文件所有文件夹中会生成一个扩展名为".hex"的十六进制文件

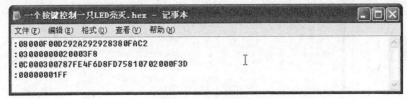

图3-16 "一个按键控制一只LED亮灭.hex"文件的内容

|3.3 程序的仿真与调试|

编写的程序能顺利编译成功,只能说明程序语法上没有问题,但却不能保证该程序写入单片机后一定能达到预定的效果。为了让程序写入单片机后能达到预定的效果,需要对程序进行仿真和调试。当然如果认为编写的程序没有问题,也可以不进行仿真、调试,而直接用编程器将程序写入单片机。

仿真有软件仿真和硬件仿真两种。软件仿真是指在软件中(如 Keil μVision2)运行编写的程序,再在软件中观察程序运行的情况来分析、判断程序是否正常。硬件仿真是指将实验板(取下单片机芯片)、仿真器(代替单片机芯片)和 PC 连接起来,在软件中将程序写入仿真器,让程序在仿真器中运行,同时观察程序在软件中的运行情况和在实验板上是否实现了预定的效果。由于软件仿真直接在软件中操作,无需硬件仿真器,故为广大单片机开发者使用,本节主要介绍软件仿真调试。

在仿真的过程中,如果发现程序出现了问题,就要找出问题的所在,并改正过来,然后再编译、仿真,有问题再改正,如此反复,直到程序完全达到要求,这个过程称为仿真、调试程序。因为这两个步骤是交叉进行的,所以一般将它们放在一起说明。由于仿真、调试程序涉及的知识很广,如果阅读时理解有困难,可稍微浏览一下本部分内容再去学习后面的知识,待掌握后面一些章节的知识后再重学习本节内容。

3.3.1　编写或打开程序

单片机在执行程序时，一般会改变一些数据存储器（含特殊功能寄存器）的值。软件仿真就是让软件模拟单片机来逐条执行程序，再在软件中观察相应寄存器的值的变化，以此来分析判断程序能否达到预定的效果。如果在 Keil μVision2 软件中已编写好了程序（图 3-17 为已编写好待仿真的 Test1.c 程序），要对该程序进行软件仿真，应先进行软件仿真设置，再编译程序，然后对程序进行仿真调试。

图3-17　已编写好待仿真的文件

3.3.2　仿真设置

软件仿真是指用软件模拟单片机逐条执行程序。为了让软件仿真更接近真实的单片机，要求在仿真前对软件进行一定的设置。

软件仿真设置的操作过程如下。

① 在 Keil C51 软件的工程管理器中选中"Target1"文件夹，再执行菜单命令"Project→Options for Target'Target 1'"，弹出图 3-18 所示的对话框，默认显示"Target"选项卡，将其中的"Xtal(MHz)（单片机时钟频率）"项设为 12.0MHz，然后点击"Output"选项卡，切换到图 3-19 所示的对话框。

② 在图 3-19 所示的对话框中将"Create HEX Fi（建立 HEX 文件）"项选中，这样在编译时可以生成扩展名为.hex 的十六进制的文件，然后单击"Debug"选项卡，切换到图 3-20 所示对话框。

③ 在图 3-20 所示的对话框中选中"Use Simulator（使用仿真）"项，再单击"确定"按钮，退出设置对话框。

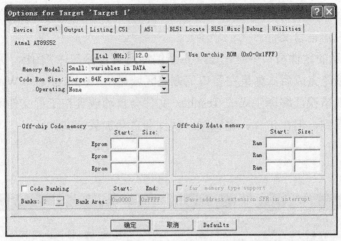

图3-18　在对话框的"Target"选项卡中将时钟频率设为12MHz

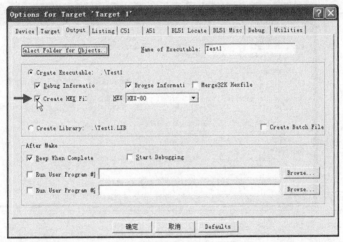

图3-19　切换到"Output"选项卡并选中"Create HE**X** Fi"项

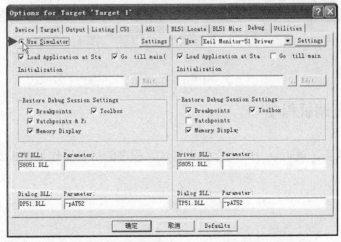

图3-20　切换到"Debug"选项卡并选中"Use Simulator（使用仿真）"项

3.3.3 编译程序

软件设置好后，还要将程序文件（.c 格式）编译成十六进制.hex 格式的文件，因为仿真器只能识别这种机器语言文件。

在图 3-21 所示的软件窗口中点击 （重新编译所有目标文件）图标，系统开始对 Test1.c 文件进行编译，编译完成后，如果在窗口下方的区域显示 "0 Error(s), 0 Warning(s)"，表明程序编译时没有发现错误。编译生成的 Test.hex 文件会自动放置在工程文件所在的文件夹中，在软件窗口无法看到，但在仿真、调试时，软件会自动加载该文件。

图3-21　在工具栏上单击编译工具图标

3.3.4 仿真调试程序

程序编译完成后，就可以开始进行仿真调试。程序的仿真操作见表 3-2。

表 3-2　　　　　　　　　　　　　　　　　　程序的仿真

序号	操作说明	操作图
1	启动仿真。点击工具栏上的工具图标，或执行菜单命令"Debug"→"Start/Stop Debug Session"，软件马上进入右图所示的仿真等待状态。 软件窗口左侧的工程管理器自动由文件管理器切换成寄存器显示器，在窗口中间还悬浮着 P0 端口寄存器显示器（若该显示框没有出现，可以执行菜单命令"Peripherals"→"I/O Ports"→"Port 0"，将它调出来）。 软件窗口右下角为变量显示器（点击工具栏上的可以显示或关闭该显示器），显示程序中出现的变量名及变量值。 在中间的程序区，有一个黄色箭头指向第一个待执行的命令。在左侧的寄存器区，显示常用寄存器名及值，如累加器 a 的值为 0x00，PSW 寄存器的值为 0x00	
2	开始进行仿真。单击工具栏上的（单步仿真）工具图标，软件开始执行程序仿真。 第 1 次单击工具时，软件执行"ACC= 0xd5"，该行程序执行后，黄色箭头移到下一行，如右图所示，"ACC=0xd5"执行后，软件窗口左侧寄存器显示器的累加器 a 的数据变为 0xd5（这里 0x 表示后面 d5 是十六进制数），同时 psw 寄存器中的数据变为 0x01，它的奇偶校验位 P 由"0"变为"1"	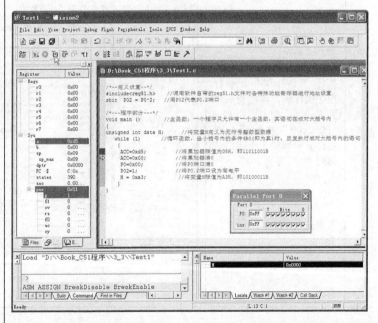

续表

序号	操作说明	操作图
3	第2次单击 工具，软件执行"ACC=0x00"，该行程序执行后，黄色箭头移到下一行，如右图所示，"ACC=0x00"执行后，寄存器显示器中的累加器 a 的数据变为 0x00，同时 psw 寄存器中的数据变为 0x00，它的奇偶校验位 P 由"1"变为"0"	
4	第3次单击 工具，软件执行"P0=0x00"，该行程序执行后，黄色箭头移到下一行，如右图所示，"P0=0x00"执行后，P0端口显示器的 8 个端口全部由"1"变为"0"	

续表

序号	操作说明	操作图
5	第4次单击 工具，软件执行"P02=1"，该行程序执行后，黄色箭头移到下一行，如右图所示，"P02=1"执行后，P0端口显示器的P0.2端口的"0"变为"1"。 P端口显示器有上下两组，上组用于显示端口的值，下组用于手动给端口输入值，选中表示输入为"1"	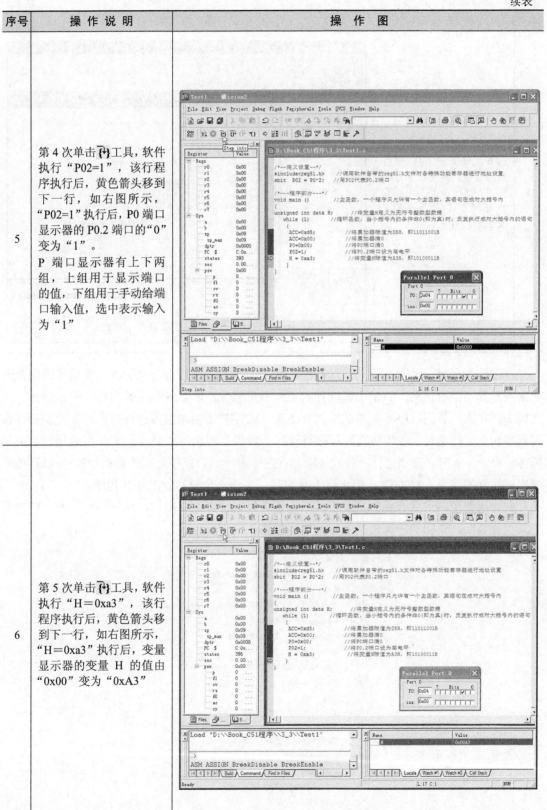
6	第5次单击 工具，软件执行"H=0xa3"，该行程序执行后，黄色箭头移到下一行，如右图所示，"H=0xa3"执行后，变量显示器的变量 H 的值由"0x00"变为"0xA3"	

续表

序号	操 作 说 明	操 作 图
7	第6次单击🖐工具，软件结束程序，黄色箭头返回到"ACC= 0xd5"，不断点击🖐工具，软件不断重复上述过程	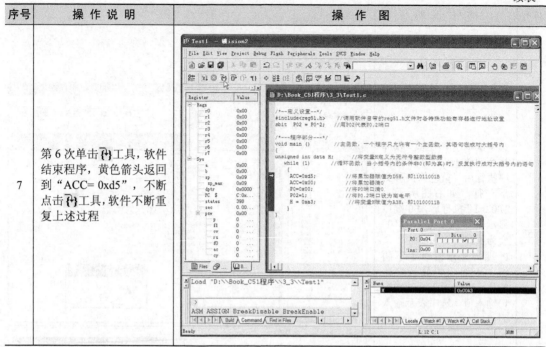

在程序仿真时，用🖐工具可以让程序一步一步执行，通过查看寄存器、变量等的值及变化来判断程序是否正常，如果仿真执行到某步不正常时，可点击🔍工具图标，停止仿真，返回到编程状态，找到程序不正常的原因并改正，然后重新编译，再进行仿真，如此反复，直到程序仿真运行通过。单步仿真时程序每执行一步都会停止，如果点击🗏↓（全速运行）工具图标，程序仿真时会全速运行不停止（除非程序中有断点，程序无法往后执行），可以直接看到程序运行的结果，点击⊗（停止）工具图标，可停止全速运行的仿真程序。

前面用到了与仿真有关的几个工具，为了更好地进行仿真操作，这里再对其他一些仿真工具进行说明。常用的仿真工具图标及说明如图3-22所示。

图3-22　各仿真工具功能说明

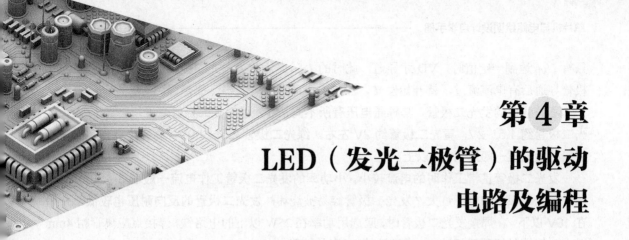

第4章
LED（发光二极管）的驱动电路及编程

|4.1 LED（发光二极管）介绍|

4.1.1 外形与符号

发光二极管简称 LED（Light Emitting Diode），是一种电—光转换器件，能将电信号转换成光。图 4-1（a）是一些常见的发光二极管的实物外形，图 4-1（b）为发光二极管的电路符号。

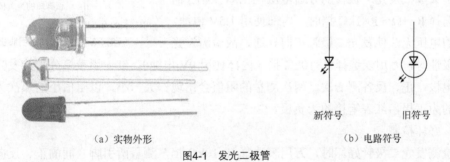

（a）实物外形

新符号　　旧符号

（b）电路符号

图4-1　发光二极管

4.1.2 性质

发光二极管在电路中需要正接才能工作。下面以图 4-2 所示的电路来说明发光二极管的性质。

在图 4-2 中，可调电源 E 通过电阻 R 将电压加到发光二极管 VD 两端，电源正极对应 VD 的正极，负极对应 VD 的负极。将电源 E 的电压由 0 开始慢慢调高，发光二极管两端电压 U_{VD} 也随之升高，在电压较低时发光二极管并不导通，

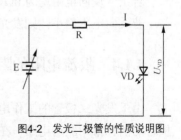

图4-2　发光二极管的性质说明图

只有 U_{VD} 达到一定值时，VD 才导通，此时的 U_{VD} 电压称为发光二极管的导通电压。发光二极管导通后有电流流过，就开始发光，流过的电流越大，发出光线越强。

不同颜色的发光二极管，其导通电压有所不同，红外线发光二极管最低，略高于 1V，红光二极管约 1.5～2V，黄光二极管约 2V 左右，绿光二极管 2.5～2.9V，高亮度蓝光、白光二极管导通电压一般达到 3V 以上。

发光二极管正常工作时的电流较小，小功率的发光二极管工作电流一般在 3～20mA，若流过发光二极管的电流过大，发光二极管容易被烧坏。**发光二极管的反向耐压也较低，一般在 10V 以下**。在焊接发光二极管时，应选用功率在 25W 以下的电烙铁，焊接点应离管帽 4mm 以上。焊接时间不要超过 4s，最好用镊子夹住管脚散热。

4.1.3　检测

发光二极管的检测包括极性判别和好坏检测。

（1）从外观判别极性

对于未使用过的发光二极管，引脚长的为正极，引脚短的为负极，也可以通过观察发光二极管内电极来判别引脚极性，内电极大的引脚为负极，如图 4-3 所示。

（2）万用表检测极性

发光二极管与普通二极管一样具有单向导电性，即正向电阻小，反向电阻大。根据这一点可以用万用表检测发光二极管的极性。

由于大多数发光二极管的导通电压在 1.5V 以上，而万用表选择 R×1Ω～R×1kΩ 挡时，内部使用 1.5V 电池，其提供的电压无法使发光二极管正向导通，故检测发光二极管极性时，万用表选择 R×10kΩ 挡（内部使用 9V 电池），红、黑表笔分别接发光二极管的两个电极，正、反各测一次，两次测量的阻值会出现一大一小，以阻值小的那次为准，黑表笔接的为正极，红表笔接的为负极。

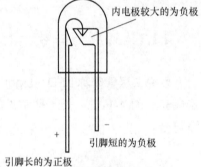

图4-3　从外观判别引脚极性

（3）好坏检测

在检测发光二极管好坏时，万用表选择 R×10kΩ 挡，测量两引脚之间的正、反向电阻。若发光二极管正常，正向电阻小，反向电阻大（接近∞）。

若正、反向电阻均为∞，则发光二极管开路。

若正、反向电阻均为 0Ω，则发光二极管短路。

若反向电阻偏小，则发光二极管反向漏电。

4.1.4　限流电阻的阻值计算

由于发光二极管的工作电流小、耐压低，故使用时需要连接限流电阻，图 4-4 是发光二极管的两种常用驱动电路，在采用图 4-4（b）所示的晶体管驱动时，晶体管相当于一个开关

（电子开关），当基极为高电平时三极管会导通，相当于开关闭合，发光二极管有电流通过而发光。

发光二极管的限流电阻的阻值可按 $R=(U-U_F)/I_F$ 计算，U 为加到发光二极管和限流电阻两端的电压，U_F 为发光二极管的正向导通电压（1.5～3.5V，可用数字万用表二极管测量获得），I_F 为发光二极管的正向工作电流（3～20mA，一般取 10mA）。

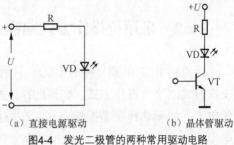

(a) 直接电源驱动　　(b) 晶体管驱动

图4-4　发光二极管的两种常用驱动电路

|4.2　单片机点亮单个 LED 的电路与程序详解|

4.2.1　单片机点亮单个 LED 的电路

图 4-5 是单片机（STC89C51）点亮单个 LED 的电路，当单片机 P1.7 端为低电平时，LED（发光二极管）VD8 导通，有电流流过 LED，LED 点亮，此时 LED 的工作电流 $I_F=(U-U_F)/R=(5-1.5)/510≈0.007A=7mA$。

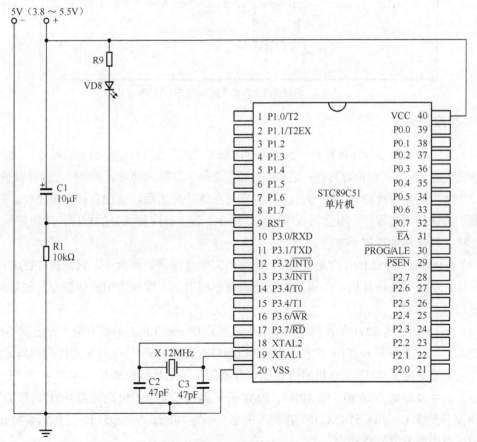

图4-5　单片机点亮单个LED的电路

4.2.2 采用位操作方式编程点亮单个 LED 的程序及详解

要点亮 P1.7 引脚外接的 LED，只需让 P1.7 引脚为低电平即可。点亮单个 LED 可采用位操作方式或字节操作方式，如果选择位操作方式，在编程时直接让 P1.7=0，即让 P1.7 引脚为低电平，如果选择字节操作方式，在编程时让 P1=7FH=01111111B，也可以让 P1.7 引脚为低电平。

图 4-6 是用 Keil C51 软件编写的采用位操作方式点亮单个 LED 的程序。

1. 现象

接通电源后，单片机 P1.7 引脚连接的 LED 点亮。

```
/*点亮单个LED的程序，采用直接
  将某位置0或置1的位操作方式编程*/
#include<reg51.h>        //调用reg51.h文件对单片机各特殊功能寄存器进行地址定义
sbit LED7=P1^7;          //用位定义关键字sbit将LED7代表P1.7端口，
                         //LED7是自己任意定义且容易记忆的符号

/*以下为主程序部分*/
void main (void)         //main为主函数，main前面的void表示函数无返回值(输出参数)，
                         //后面小括号内的void(也可不写)表示函数无输入参数，一个程序
                         //只允许有一个主函数，其语句要写在main首尾大括号内，不管程序
                         //多复杂，单片机都会从main函数开始执行程序
{                        //main函数首大括号
    LED7=1;              //将P1.7端口赋值1，让P1.7引脚输出高电平
  while (1)              //while为循环控制语句，当小括号内的条件非0(即为真)时，
                         //反复执行while首尾大括号内的语句
  {                      //while语句首大括号
    LED7=0;              //将P1.7端口赋值0，让P1.7引脚输出低电平
  }                      //while语句尾大括号
}                        //main函数尾大括号
```

图4-6 采用位操作方式点亮单个LED的程序

2. 程序说明

（1）"/* */" 为多行注释符号（也可单行注释），"/*" 为多行注释的开始符号，"*/" 为多行注释的结束符号，注释内容写在开始和结束符号之间，注释内容可以是单行，也可以是多行。

（2）"//" 为单行注释开始符号，注释内容写在该符号之后，换行自动结束注释。注释部分有助于阅读和理解程序，不会写入单片机，图 4-7 是去掉注释部分的程序，其功能与图 4-6 程序一样，只是阅读理解不方便。

（3）#include<reg51.h>中 "#include" 是一个文件包含预处理命令，它是软件在编译前要做的工作，不会写入单片机，C 语言的预处理命令相当于汇编语言中的伪指令，预处理命令之前要加一个 "#"。

（4）"reg51.h" 是 8051 单片机的头文件，在程序的 reg51.h 上单击右键，弹出图 4-8 所示的右键菜单，选择打开 reg51.h 文件，即可将 reg51.h 文件打开，reg51.h 文件的内容如图 4-9 所示，它主要是定义 8051 单片机特殊功能寄存器的字节地址或位地址，如定义 P0 端口（P0 锁存器）的字节地址为 0x80（即 80H），PSW 寄存器的 CY 位的位地址为 0xD7（即 D7H）。reg51.h 文件位于 C\Keil\C51\INC 中。在程序中也可不写 "#include<reg51.h>"，但需要将 reg51.h 文件中所有内容复制到程序中。

```
#include<reg51.h>
sbit LED7=P1^7;
void main ()
{
    LED7=1;
    while (1)
    {
      LED7=0;
    }
}
```

图4-7　去掉注释部分的程序

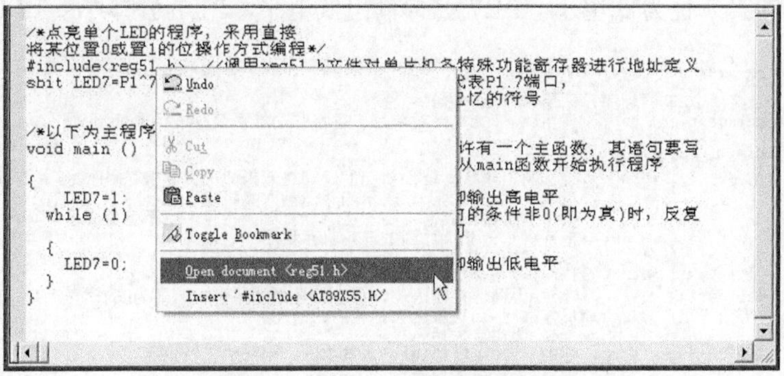

```
/*点亮单个LED的程序，采用直接
将某位置0或置1的位操作方式编程*/
#include<reg51.h>    //调用reg51.h文件对单片机各特殊功能寄存器进行地址定义
sbit LED7=P1^7;                        表P1.7端口，
                      Undo              忆的符号
                      Redo
/*以下为主程序
void main ()          Cut            许有一个主函数，其语句要写
                      Copy           从main函数开始执行程序
{                     Paste
    LED7=1;
    while (1)         Toggle Bookmark    即输出高电平
                                         的条件非0(即为真)时，反复
    {                 Open document <reg51.h>
      LED7=0;         Insert '#include <AT89X55.H>'    即输出低电平
    }
}
```

图4-8　在程序的reg51.h上单击右键用菜单打开该文件

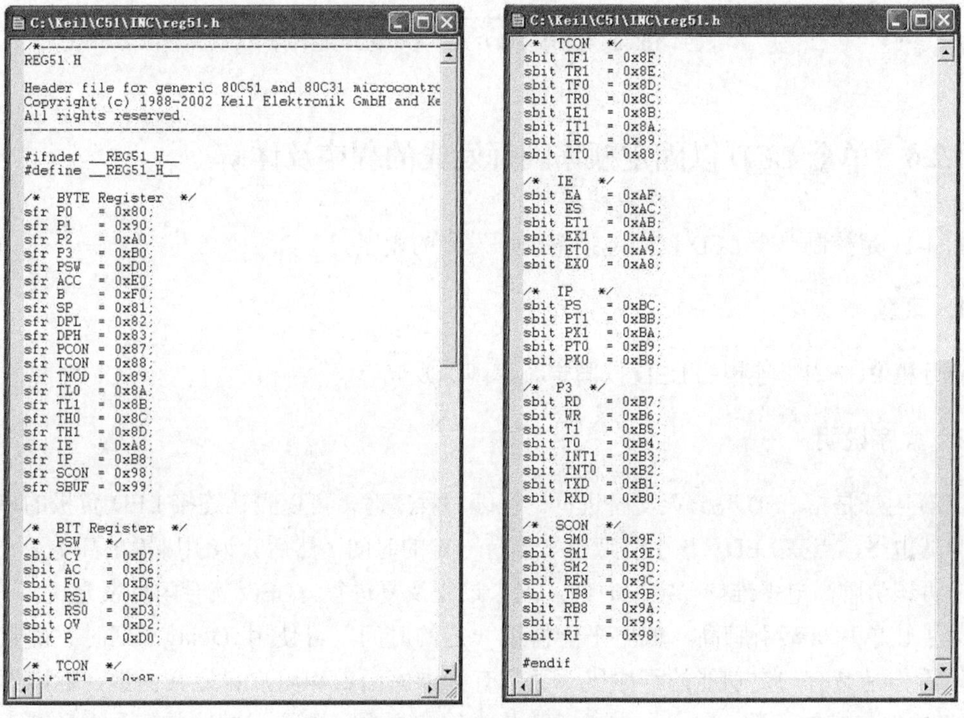

```
C:\Keil\C51\INC\reg51.h              C:\Keil\C51\INC\reg51.h
REG51.H                              /*   TCON   */
                                     sbit TF1  = 0x8F;
Header file for generic 80C51 and 80C31 microcontro   sbit TR1  = 0x8E;
Copyright (c) 1988-2002 Keil Elektronik GmbH and Ke   sbit TF0  = 0x8D;
All rights reserved.                 sbit TR0  = 0x8C;
                                     sbit IE1  = 0x8B;
                                     sbit IT1  = 0x8A;
#ifndef __REG51_H__                  sbit IE0  = 0x89;
#define __REG51_H__                  sbit IT0  = 0x88;

/*  BYTE Register  */                /*   IE   */
sfr P0   = 0x80;                     sbit EA   = 0xAF;
sfr P1   = 0x90;                     sbit ES   = 0xAC;
sfr P2   = 0xA0;                     sbit ET1  = 0xAB;
sfr P3   = 0xB0;                     sbit EX1  = 0xAA;
sfr PSW  = 0xD0;                     sbit ET0  = 0xA9;
sfr ACC  = 0xE0;                     sbit EX0  = 0xA8;
sfr B    = 0xF0;
sfr SP   = 0x81;                     /*   IP   */
sfr DPL  = 0x82;                     sbit PS   = 0xBC;
sfr DPH  = 0x83;                     sbit PT1  = 0xBB;
sfr PCON = 0x87;                     sbit PX1  = 0xBA;
sfr TCON = 0x88;                     sbit PT0  = 0xB9;
sfr TMOD = 0x89;                     sbit PX0  = 0xB8;
sfr TL0  = 0x8A;
sfr TL1  = 0x8B;                     /*   P3   */
sfr TH0  = 0x8C;                     sbit RD   = 0xB7;
sfr TH1  = 0x8D;                     sbit WR   = 0xB6;
sfr IE   = 0xA8;                     sbit T1   = 0xB5;
sfr IP   = 0xB8;                     sbit T0   = 0xB4;
sfr SCON = 0x98;                     sbit INT1 = 0xB3;
sfr SBUF = 0x99;                     sbit INT0 = 0xB2;
                                     sbit TXD  = 0xB1;
                                     sbit RXD  = 0xB0;

/*  BIT Register  */                 /*   SCON   */
/*  PSW   */                         sbit SM0  = 0x9F;
sbit CY   = 0xD7;                    sbit SM1  = 0x9E;
sbit AC   = 0xD6;                    sbit SM2  = 0x9D;
sbit F0   = 0xD5;                    sbit REN  = 0x9C;
sbit RS1  = 0xD4;                    sbit TB8  = 0x9B;
sbit RS0  = 0xD3;                    sbit RB8  = 0x9A;
sbit OV   = 0xD2;                    sbit TI   = 0x99;
sbit P    = 0xD0;                    sbit RI   = 0x98;

/*   TCON   */                       #endif
sbit TF1  = 0x8F;
```

图4-9　reg51.h文件的内容

4.2.3　采用字节操作方式编程点亮单个 LED 的程序及详解

图 4-10 是采用字节操作方式编写点亮单个 LED 的程序。

1. 现象

接通电源后，单片机 P1.7 引脚连接的 LED 点亮。

2. 程序说明

程序采用一次 8 位赋值（以字节为单位），先让 P1=0xFF=FFH=11111111B，即让 P1 锁存器 8 位全部为高电平，P1 端口 8 个引脚全部输出高电平，然后让 P1=0x7F=FFH=01111111B，即让 P1 锁存器的第 7 位为低电平，P1.7 引脚输出低电平，P1.7 引脚外接 LED 导通发光。

```
/*点亮单个LED的程序，采用字节操作方式编程*/
#include<reg51.h>   //调用reg51.h文件对单片机各特殊功能寄存器进行地址定义

/*以下为主程序部分*/
void main ()        //main为主函数，main前面的void表示函数无返回值(输出参数)，
                    //后面小括号内的void表示函数无输入参数，一个程序只允许有
                    //一个主函数，其语句要写在main首尾大括号内，不管程序多复杂，
                    //单片机都会从main函数开始执行程序
{                   //main函数首大括号
  P1=0xFF;          //让P1=FFH=11111111B，即让P1所有引脚都输出高电平
  while (1)         //while为循环控制语句，当小括号内的条件非0(即为真)时，
                    //反复执行while首尾大括号内的语句
  {                 //while语句首大括号
    P1=0x7F;        //让P1=7FH=01111111B，其中P1.7引脚输出低电平
  }                 //while语句尾大括号
}                   //main函数尾大括号
```

图4-10　采用字节操作方式点亮单个LED的程序

4.2.4　单个 LED 以固定频率闪烁发光的程序及详解

图 4-11 是控制单个 LED 以固定频率闪烁发光的程序。

1. 现象

单片机 P1.7 引脚连接的 LED 以固定频率闪烁发光。

2. 程序说明

LED 闪烁是指 LED 亮、灭交替进行。在编写程序时，可以先让连接 LED 负极的单片机引脚为低电平，点亮 LED，该引脚低电平维持一定的时间，然后让该引脚输出高电平，熄灭 LED，再该引脚高电平维持一定的时间，这个过程反复进行，LED 就会闪烁发光。

为了让单片机某引脚高、低电平能持续一定的时间，可使用 Delay（延时）函数。函数可以看作是具有一定功能的程序段，函数有标准库函数和用户自定义函数，标准库函数是 Keil 软件自带的函数，用户自定义函数是由用户根据需要自己编写的。不管标准库函数还是用户自定义函数，都可以在 main 函数中调用执行，在调用函数时，可以赋给函数输入值（输入参数），函数执行后可能会输出结果（返回值）。图 4-11 程序用到了 Delay 函数，它是一个自定义函数，只有输入参数 t，无返回值，执行 Delay 函数需要一定时间，故起延时作用。

　　主函数 main 是程序执行的起点，如果将被调用的函数写在主函数 main 后面，该函数必须要在 main 函数之前声明，若将被调用函数写在 main 主函数之前，可以省略函数声明，但在执行函数多重调用时，编写顺序是有先后的。比如在主函数中调用函数 A，而函数 A 又去调用函数 B，如果函数 B 编写在函数 A 的前面，就不会出错，相反就会出错。也就是说，在使用函数之前，必须告诉程序有这个函数，否则程序就会报错，故建议所有的函数都写在主函数后面，再在主函数前面加上函数声明，这样可以避免出错且方便调试，直观性也很强，很容易看出程序使用了哪些函数。图 4-11 中的 Delay 函数内容写在 main 函数后面，故在 main 函数之前对 Delay 函数进行了声明。

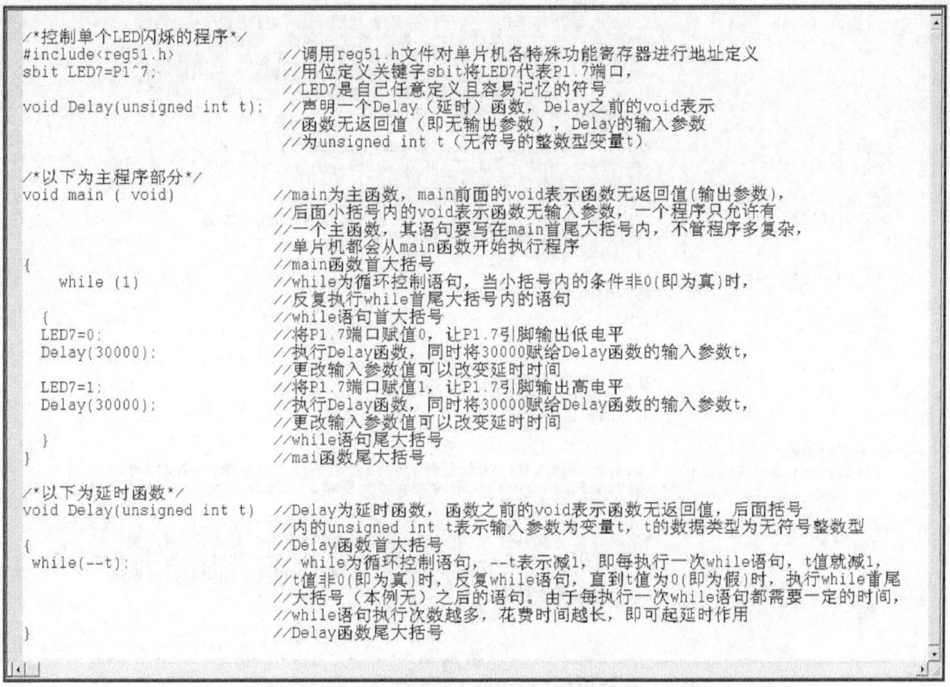

```
/*控制单个LED闪烁的程序*/
#include<reg51.h>              //调用reg51.h文件对单片机各特殊功能寄存器进行地址定义
sbit LED7=P1^7;               //用位定义关键字sbit将LED7代表P1.7端口，
                              //LED7是自己任意定义且容易记忆的符号
void Delay(unsigned int t);   //声明一个Delay（延时）函数，Delay之前的void表示
                              //函数无返回值（即无输出参数），Delay的输入参数
                              //为unsigned int t（无符号的整数型变量t）

/*以下为主程序部分*/
void main ( void)             //main为主函数，main前面的void表示函数无返回值(输出参数)，
                             //后面小括号内的void表示函数无输入参数，一个程序只允许有
                             //一个主函数，其语句要写在main首尾大括号内，不管程序多复杂，
                             //单片机都会从main函数开始执行程序
{                            //main函数首大括号
    while (1)                //while为循环控制语句，当小括号内的条件非0(即为真)时，
                             //反复执行while首尾大括号内的语句
    {                        //while语句首大括号
    LED7=0;                  //将P1.7端口赋值0，让P1.7引脚输出低电平
    Delay(30000);            //执行Delay函数，同时将30000赋给Delay函数的输入参数t，
                             //更改输入参数值可以改变延时时间
    LED7=1;                  //将P1.7端口赋值1，让P1.7引脚输出高电平
    Delay(30000);            //执行Delay函数，同时将30000赋给Delay函数的输入参数t，
                             //更改输入参数值可以改变延时时间
    }                        //while语句尾大括号
}                            //mai函数尾大括号

/*以下为延时函数*/
void Delay(unsigned int t)   //Delay为延时函数，函数之前的void表示函数无返回值，后面括号
                             //内的unsigned int t表示输入参数为变量t，t的数据类型为无符号整数型
{                            //Delay函数首大括号
 while(--t);                 // while为循环控制语句，--t表示减1，即每执行一次while语句，t值就减1，
                             //t值非0(即为真)时，反复while语句，直到t值为0(即为假)时，执行while首尾
                             //大括号（本例无）之后的语句。由于每执行一次while语句都要一定的时间，
                             //while语句执行次数越多，花费时间越长，即可起延时作用
}                            //Delay函数尾大括号
```

图4-11　控制单个LED闪烁发光的程序

4.2.5　单个 LED 以不同频率闪烁发光的程序及详解

图 4-12 是控制单个 LED 以不同频率闪烁发光的程序

1. 现象

单片机 P1.7 引脚的 LED 先以高频率快速闪烁 10 次，再发光以低频率慢速闪烁 10 次，该过程不断重复进行。

2. 程序说明

该程序第一个 for 循环语句使 LED 以高频率快速闪烁 10 次，第二个 for 循环语句使 LED 以低频率慢速闪烁 10 次，while 循环语句使其首尾大括号内的两个 for 语句不断重复执行，即让 LED 快闪 10 次和慢闪 10 次不断重复进行。

```
/*控制单个LED以不同频率闪烁的程序*/
#include<reg51.h>                   //调用reg51.h文件对单片机各特殊功能寄存器进行地址定义
sbit LED7=P1^7;                     //用位定义关键字sbit将LED7代表P1.7端口,
                                    //LED7是自己任意定义且容易记忆的符号
void Delay(unsigned int t);         //声明一个Delay（延时）函数,Delay之前的void表示函数
                                    //无返回值（即无输出参数）,Delay的输入参数为无符号(unsigned)
                                    //整数型（int）变量t,t值为16位,取值范围 0~65535

/*以下为主程序部分*/
void main (void)                    //main为主函数,main前面的void表示函数无返回值(输出参数),
                                    //后面小括号内的void表示函数无输入参数,可省去不写,一个程序
                                    //只允许有一个主函数,其语句要写在main首尾大括号内,不管程序
                                    //多复杂,单片机都会从main函数开始执行程序
{                                   //main函数首大括号
unsigned char i;                    //定义一个无符号(unsigned)字符型(char)变量i,i的取值范围 0～255
while (1)                           //while为循环控制语句,当小括号内的条件非0(即为真)时,
                                    //反复执行while首尾大括号内的语句
  {                                 //while语句首大括号
    for(i=0; i<10; i++)             // for也是循环语句,执行时先用表达式一i=0对i赋初值0,然后
                                    //判断表达式二i<1是否成立,若表达式二成立,则执行for语句
                                    //首尾大括号内的内容,再执行表达式三i++将i值加1,接着又判断
                                    //表达式二i<1是否成立,如此反复进行,直到表达式二不成立时,
                                    //才跳出for语句,去执行for语句尾大括号之后的内容,这里的i
                                    //for语句大括号内容会循环执行10次
    {                               //for语句首大括号
     LED7=0;                        //将P1.7端口赋值0,让P1.7引脚输出低电平
     Delay(6000);                   //执行Delay函数,同时将6000赋给Delay函数的输入参数t,
                                    //更改输入参数值可以改变延时时间
     LED7=1;                        //将P1.7端口赋值1,让P1.7引脚输出高电平
     Delay(6000);                   //执行Delay函数,同时将6000赋给Delay函数的输入参数t,
                                    //更改输入参数值可以改变延时时间
    }                               //for语句尾大括号
    for(i=0; i<10; i++)
    {                               //第二个for语句首大括号
     LED7=0;
     Delay(50000);
     LED7=1;
     Delay(50000);
    }                               //第二个for语句尾大括号
  }                                 //while语句尾大括号
}                                   //main函数尾大括号

/*以下为延时函数*/
void Delay(unsigned int t)          //Delay为延时函数,函数之前的void表示函数无返回值,后面括号
                                    //内的unsigned int t表示输入参数为变量t,t的数据类型为无符号整数型
{                                   //Delay函数首大括号
 while(--t);                        // while为循环控制语句,--t表示减1,即每执行一次while语句,t值就减1,
                                    //t值非0(即为真)时,反复执行while语句,直到t值为0(即为假)时,执行while
                                    //首尾大括号（本例无）之后的语句。由于每执行一次while语句都需要一定
                                    //的时间,while语句执行次数越多,花费时间越长,即可起延时作用
}                                   //Delay函数尾大括号
```

图4-12　控制单个LED以不同频率闪烁发光的程序

|4.3　单片机点亮多个 LED 的电路与程序详解|

4.3.1　单片机点亮多个 LED 的电路

图 4-13 是单片机（STC89C51）点亮多个 LED 的电路，当单片机 P1 端某个引脚为低电平时，LED 导通，有电流流过 LED，LED 点亮，此时每一路 LED 的工作电流 $I_F=(U-U_F)/R=(5-1.5)/510\approx0.007A=7mA$。

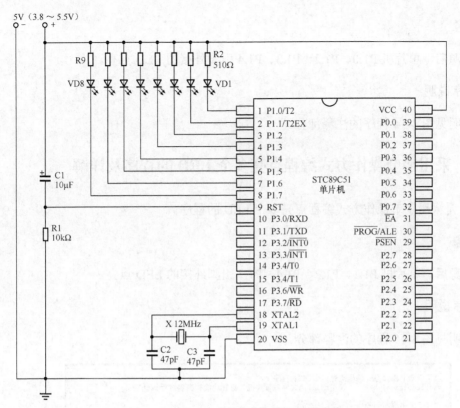

图4-13　单片机点亮多个LED的电路

4.3.2　采用位操作方式编程点亮多个 LED 的程序及详解

图 4-14 是采用位操作方式编程点亮多个 LED 的程序。

```
/*采用位操作方式编程点亮多个LED的程序 */
#include<reg51.h>     //调用reg51.h文件对单片机各特殊功能寄存器进行地址定义
sbit LED0=P1^0;       //用位定义关键字sbit将容易记忆的符号LED0代表P1.0端口
sbit LED1=P1^1;       //用位定义关键字sbit将容易记忆的符号LED1代表P1.1端口
sbit LED2=P1^2;
sbit LED3=P1^3;
sbit LED4=P1^4;
sbit LED5=P1^5;
sbit LED6=P1^6;
sbit LED7=P1^7;

/*以下为主程序部分*/
void main (void)      //main为主函数，main前面的void表示函数无返回值(输出参数)，
                      //后面小括号内的void(也可不写)表示函数无输入参数，一个程序
                      //只允许有一个主函数，其语句要在main首尾大括号内，不管
                      //程序多复杂，单片机都会从main函数开始执行程序
{                     //main函数首大括号
    LED0=0;           //将LED0(P1.0)端口赋值0，让P1.0引脚输出低电平
    LED1=1;           //将LED1(P1.1)端口赋值1，让P1.0引脚输出高电平
    LED2=0;
    LED3=0;
    LED4=0;
    LED5=1;
    LED6=1;
    LED7=1;
    while (1)         //while为循环控制语句，当小括号内的条件非0(即为真)时，
                      //反复执行while首尾大括号内的语句
    {                 //while语句首大括号
                      //可在while首尾大括号内写需要反复执行的语句，如果
                      //首尾大括号内的内容为空，可用分号取代首尾大括号
    }                 //while语句尾大括号
}                     //main函数尾大括号
```

图4-14　采用位操作方式编程点亮多个LED的程序

1. 现象

接通电源后，单片机 P1.0、P1.2、P1.3、P1.4 引脚外接的 LED 点亮。

2. 程序说明

程序说明见图 4-14 程序的注释部分。

4.3.3　采用字节操作方式编程点亮多个 LED 的程序及详解

图 4-15 是采用字节操作方式编程点亮多个 LED 的程序。

1. 现象

接通电源后，单片机 P1.1、P1.2、P1.4、P1.7 引脚外接的 LED 点亮。

2. 程序说明

程序说明见图 4-15 程序的注释部分。

```
/*采用字节操作方式编程点亮多个LED的程序 */
#include<reg51.h>       //调用reg51.h文件对单片机各特殊功能寄存器进行地址定义

/*以下为主程序部分*/
void main (void)       //main为主函数，main前面的void表示函数无返回值(输出参数)，
                       //后面小括号内的void(也可不写)表示函数无输入参数，一个程序
                       //只允许有一个主函数，其语句要写在main首尾大括号内，不管
                       //程序多复杂，单片机都会从main函数开始执行程序
{                      //main函数首大括号
  P1=0xFF;             //让P1=FFH=11111111B，即让P1所有引脚都输出高电平
  while (1)            //while为循环控制语句，当小括号内的条件非0(即为真)时，
                       //反复执行while首尾大括号内的语句
  {                    //while语句首大括号
   P1=0x69;            //让P1=69H=01101001B，即P1.7、P1.4、P1.2、P1.1引脚输出低电平
  }                    //while语句尾大括号
}                      //main函数尾大括号
```

图4-15　采用字节操作方式编程点亮多个LED的程序

4.3.4　多个 LED 以不同频率闪烁发光的程序及详解

图 4-16 是控制多个 LED 以不同频率闪烁发光的程序。

1. 现象

单片机 P1.7、P1.5、P1.3、P1.1 引脚的 4 个 LED 先以高频率快速闪烁 10 次，然后以低频率慢速闪烁 10 次，该过程不断重复进行。

2. 程序说明

图 4-16 程序的第一个 for 循环语句使单片机 P1.7、P1.5、P1.3、P1.1 引脚连接的 4 个 LED 以高频率快速闪烁 10 次，第二个 for 循环语句使这些 LED 以低频率慢速闪烁 10 次，主程序中的 while 循环语句使其首尾大括号内的两个 for 语句不断重复执行，即让 LED 快闪 10 次和

慢闪 10 次不断重复进行。该程序是以字节操作方式编程，也可以使用位操作方式对 P1.7、P1.5、P1.3、P1.1 端口赋值来编程，具体编程方法可参见图 4-13 所示的程序。

```
/*控制多个 LED 以不同频率闪烁的程序*/
#include<reg51.h>                    //调用 reg51.h 文件对单片机各特殊功能寄存器进行地址定义
void Delay(unsigned int t);          //声明一个 Delay（延时）函数，Delay 之前的 void 表示函数
                                     //无返回值（即无输出参数），Delay 的输入参数为无符号 (unsigned)
                                     //整数型（int）变量 t，t 值为 16 位，取值范围 0~65535
/*以下为主程序部分*/
void main (void)                     //main 为主函数，一个程序只允许有一个主函数不管程序多复杂，
                                     //单片机都会从 main 函数开始执行程序
{                                    //main 函数首大括号
unsigned char i;                     //定义一个无符号(unsigned)字符型(char)变量 i，i 的取值范围 0~255
while (1)                            //while 为循环控制语句，当小括号内的条件非 0（即为真）时，反复
                                     //执行 while 首尾大括号内的语句
{                                    //while 语句首大括号
  for(i=0; i<10; i++)               // for 也是循环语句，执行时先用表达式一 i=0 对 i 赋初值 0，然后
                                     //判断表达式二 i<1 是否成立，若表达式二成立，则执行 for 语句
                                     //首尾大括号的内容，再执行表达式三 i++将 i 加上 1，接着又判断
                                     //表达式二 i<1 是否成立，如此反复进行，直到表达式二不成立时，
                                     //才跳出 for 语句，去执行 for 语句尾大括号之后的内容，这里的
                                     //for 语句大括号内容会循环执行 10 次
  {                                  //for 语句首大括号
    P1=0x55;                         //让 P1=55H=01010101B，即 P1.7、P1.5、P1.3、P1.1 引脚输出低电平
    Delay(6000);                     //执行 Delay 函数，同时将 6000 赋给 Delay 函数的输入参数 t，
                                     //更改输入参数值可以改变延时时间
    P1=0xFF;                         //让 P1=FFH=11111111B，即 P1.7、P1.5、P1.3、P1.1 引脚输出高电平
    Delay(6000);                     //执行 Delay 函数，同时将 6000 赋给 Delay 函数的输入参数 t，
                                     //更改输入参数值可以改变延时时间
  }                                  //for 语句尾大括号
  for(i=0; i<10; i++)
  {                                  //第二个 for 语句首大括号
    P1=0x55;                         //让 P1=55H=01010101B，即 P1.7、P1.5、P1.3、P1.1 引脚输出低电平
    Delay(50000);
    P1=0xFF;                         //让 P1=FFH=11111111B，即 P1.7、P1.5、P1.3、P1.1 引脚输出高电平
    Delay(50000);
  }                                  //第二个 for 语句尾大括号
 }                                   //while 语句尾大括号
}                                    //main 函数尾大括号
/*以下为延时函数*/
void Delay(unsigned int t)           //Delay 为延时函数，函数之前的 void 表示函数无返回值，后面括号
                                     //内的 unsigned int t 表示输入参数为变量 t，t 的数据类型为无符
                                     //号整数型
{                                    //Delay 函数首大括号
  while(--t);                        //while 为循环控制语句，--t 表示 t 减 1，即每执行一次 while 语句，
                                     //t 值就减 1，t 值非 0（即为真）时，重复 while 语句，直到 t 值为 0
                                     //（即为假）时，执行 while 首尾大括号（本例无）之后的语句。由于每执行
                                     //一次 while 语句都需要一定的时间，while 语句执行次数越多，花费时
                                     //间越长，即可起延时作用
}                                    //Delay 函数尾大括号
```

图4-16　控制多个LED以不同频率闪烁发光的程序

4.3.5　多个 LED 左移和右移的程序及详解

1．控制多个 LED 左移的程序

图 4-17 控制多个 LED 左移的程序。

（1）现象

接通电源后，单片机 P1.0 引脚的 LED 先亮，然后 P1.1～P1.7 引脚的 LED 按顺序逐个亮起来，最后 P1.0～P1.7 引脚所有 LED 全亮。

（2）程序说明

程序首先给 P1 赋初值，让 P1=FEH=11111110B，P1.0 引脚输出低电平，P1.0 引脚连接的 LED 点亮，然后执行 for 循环语句，在 for 语句中，用位左移运算符 "<<1" 将 P1 端口数据（8 位）左移一位，右边空出的位值用 0 补充，for 语句会执行 8 次，第 1 次执行后，P1=11111100B，P1.0、P1.1 引脚的 LED 点亮、第 2 次执行后，P1=11111000B，P1.0、P1.1、P1.2 引脚的 LED 点亮、第 8 次执行后，P1=00000000B，P1 所有引脚的 LED 都会点亮。

单片机程序执行到最后时，又会从头开始执行，如果希望程序运行到某处时停止，可使用 "while(1){}" 语句（或使用 "while(1);"），如果 while(1){}之后还有其它语句，空{}可省掉，否则空{}不能省掉。图 4-17 中的主程序最后用 while(1){}语句来停止主程序，使之不会从头重复执行，因此 P1 引脚的 8 个 LED 全亮后不会熄灭，如果删掉主程序最后的 while(1){}语句，LED 逐个点亮（左移）到全亮这个过程会不断重复。

```
/*控制多个 LED 左移的程序*/
#include<reg51.h>              //调用 reg51.h 文件对单片机各特殊功能寄存器进行地址定义
void Delay(unsigned int t);    //声明一个 Delay（延时）函数，Delay 之前的 void 表示函数
                               //无返回值（即无输出参数），Delay 的输入参数为无符号(unsigned)
                               //整数型（int）变量 t，t 值为 16 位，取值范围 0～65535
/*以下为主程序部分*/
void main (void)               //main 为主函数，一个程序只允许有一个主函数不管程序多复杂，
                               //单片机都会从 main 函数开始执行程序
{                              //main 函数首大括号
   unsigned char i;            //定义一个无符号(unsigned)字符型(char)变量 i，i 的取值范围 0～255
   P1=0xfe;                    //给 P1 端口赋初值，让 P1=FEH=11111110B
   for(i=0;i<8;i++)            //for 是循环语句，执行时先用表达式一 i=0 对 i 赋初值 0，然后
                               //判断表达式二 i<8 是否成立，若表达式二成立，则执行 for 语句
                               //首尾大括号的内容，再执行表达式三 i++将 i 值加 1，接着又判断
                               //表达式二 i<8 是否成立，如此反复进行，直到表达式二不成立时，
                               //才跳出 for 语句，去执行 for 语句尾大括号之后的内容，这里的
                               //for 语句大括号内的内容会循环执行 8 次
   {                           //for 语句首大括号
   Delay(60000);              //执行 Delay 函数，同时将 6000 赋给 Delay 函数的输入参数 t，
                               //更改输入参数值可以改变延时时间
   P1=P1<<1;                   //将 P1 端口数值（8 位）左移一位，"<<"表示左移，"1"为移动的位数
                               //P1=P1<<1 也可写作 P1<<=1
   }                           //for 语句尾大括号
```

图4-17　控制多个LED左移的程序

`    while (1)`	//while 为循环控制语句，当小括号内的条件非 0（即为真）时，反复 //执行 while 首尾大括号内的语句
`    {`	//while 语句首大括号
	//可在 while 首尾大括号内写需要反复执行的语句，如果首尾大括号 //内的内容为空，也可用分号取代首尾大括号
`    }`	//while 语句尾大括号
`}`	//main 函数尾大括号
`/*以下为延时函数*/`	

`void Delay(unsigned int t)`	//Delay 为延时函数，函数之前的 void 表示函数无返回值，后面括号
	//内的 unsigned int t 表示输入参数为变量 t，t 的数据类型为无符
	//号整数型

`{`	//Delay 函数首大括号

`    while(--t);`	//while 为循环控制语句，--t 表示 t 减 1，即每执行一次 while 语
	//句，t 值就减 1，t 值非 0（即为真）时，反复 while 语句，直到 t 值
	//为 0（即为假）时，执行 while 首尾大括号（本例无）之后的语句。由于
	//每执行一次 while 语句都需要一定的时间，while 语句执行次数越多，
	//花费时间越长，即可起延时作用

`}`	//Delay 函数尾大括号

图4-17　控制多个LED左移的程序（续）

2. 多个 LED 右移的程序

图 4-18 是控制多个 LED 右移的程序。

（1）现象

接通电源后，单片机 P1.7 引脚的 LED 先亮，然后 P1.6～P1.0 引脚的 LED 按顺序逐个亮起来，最后 P1.7～P1.0 引脚所有 LED 全亮。

（2）程序说明

该程序结构与左移程序相同，右移采用了位右移运算符 ">>1"，程序首先赋初值 P1=7FH=01111111B，P1.7 引脚的 LED 点亮，然后让 for 语句执行 8 次，第 1 次执行后，P1=00111111B，P1.7、P1.6 引脚的 LED 点亮，第 2 次执行后，P1=0001111B，P1.7、P1.6、P1.5 引脚的 LED 点亮、第 8 次执行后，P1=00000000B，P1 所有引脚的 LED 都会点亮。由于主程序最后有 "while(1);" 语句，故 8 个 LED 始终处于点亮状态。若删掉 "while(1);" 语句，多个 LED 右移过程会不断重复。

```
/*控制多个LED右移的程序*/
#include<reg51.h>
void Delay(unsigned int t);
/*以下为主程序部分*/
void main (void)
{
    unsigned char i;
    P1=0x7f;                //给P1端口赋初值，让P1=7FH=01111111B
    for(i=0;i<8;i++)
    {
    Delay(60000);
    P1=P1>>1;               //将P1端口数值(8位)左移一位，">>"表示右移，"1"为移动
                            //的位数，P1=P1>>1也可写作P1>>=1
    }
    while (1);
}
/*以下为延时函数*/
void Delay(unsigned int t)
{
    while(--t);
}
```

图4-18　控制多个LED右移的程序

4.3.6 LED 循环左移和右移的程序及详解

1．控制 LED 循环左移的程序

图 4-19 是控制 LED 循环左移的程序。

（1）现象

单片机 P1.7～P1.0 引脚的 8 个 LED 从最右端（P1.0 端）开始，逐个往左（往 P1.7 端方向）点亮（始终只有一个 LED 亮），最左端（P1.7 端）的 LED 点亮再熄灭后，最右端 LED 又点亮，如此周而复始。

（2）程序说明

LED 循环左移是指 LED 先往左移，移到最左边后又返回最右边重新开始往左移，反复循环进行。图 4-19 是控制 LED 循环左移的程序，该程序先用 P1=P1<<1 语句让 LED 左移一位，然后用 P1=P1|0x01 语句将左移后的 P1 端口的 8 位数与 00000001 进行位或运算，目的是将左移后最右边空出的位用 1 填充，左移 8 次后，最右端（最低位）的 0 从最左端（最高位）移出，程序马上用 P1=0xfe 赋初值，让最右端值又为 0，然后 while 语句使上述过程反复进行。"|"为"位或"运算符，在计算机键盘的回车键下方。

```
/*控制 LED 循环左移的程序*/
#include<reg51.h>              //调用 reg51.h 文件对单片机各特殊功能寄存器进行地址定义
void Delay(unsigned int t);    //声明一个 Delay（延时）函数
/*以下为主程序部分*/
void main (void)               //main 为主函数，一个程序只允许有一个主函数,不管程序
                               //多复杂，单片机都会从 main 函数开始执行程序
{                              //main 函数首大括号
  unsigned char i;             //定义一个无符号(unsigned)字符型(char)变量 i，i 的取值范围 0~255
  P1=0xfe;                     //给 P1 端口赋初值，让 P1=FEH=11111110B
  while (1)                    //while 为循环控制语句，当小括号内的条件非 0（即为真）时，反复
                               //执行 while 首尾大括号内的语句
  {                            //while 语句首大括号
  for(i=0;i<8;i++)             //for 是循环语句，for 语句首尾大括号内的内容会循环执行 8 次
    {                          //for 语句首大括号
     Delay(60000);            //执行 Delay 函数进行延时
     P1=P1<<1;                //将 P1 端口数值(8 位)左移一位，"<<"表示左移，"1"为移动的位数，
     P1=P1|0x01;              //将 P1 端口数值(8 位)与 00000001 进行位或运算，即给 P1 端口最低位补 1
    }                          //for 语句尾大括号
  P1=0xfe;                     //P1 端口赋初值，让 P1=FEH=11111110B
  }                            //while 语句尾大括号
}                              //main 函数尾大括号
/*以下为延时函数*/
void Delay(unsigned int t)     //Delay 为延时函数，unsigned int t 表示输入参数为无符号整数型
                               //变量 t
 {                             //Delay 函数首大括号
  while(--t){};                //while 为循环语句，每执行一次 while 语句，t 值就减 1，直到 t 值
                               //为 0 时才执行尾大括号之后的语句，在主程序中可以为 t 赋值，t 值越大，
                               //while 语句执行次数越多，延时时间越长
 }                             //Delay 函数尾大括号
```

图4-19 控制LED循环左移的程序

2. 控制 LED 循环右移的程序

图 4-20 是控制 LED 循环右移的程序。

（1）现象

单片机 P1.7～P1.0 引脚的 8 个 LED 从最左端（P1.7 端）开始，逐个往右（往 P1.0 端方向）点亮（始终只有一个 LED 亮），最右端（P1.0 端）的 LED 点亮再熄灭后，最左端 LED 又点亮，如此周而复始。

（2）程序说明

在右移（高位往低位移动）前，先用 P1=0x7f 语句将最高位的 LED 点亮，然后用 P1=P1>>1 语句将 P1 的 8 位数右移一位，执行 8 次，每次执行后用 P1=P1|0x80 语句给 P1 最高位补 1，8 次执行完后，又用 P1=0x7f 语句将最高位的 LED 点亮，接着又执行 for 语句，如此循环反复。

```
/*控制LED循环右移的程序*/
#include<reg51.h>
void Delay(unsigned int t);
/*以下为主程序部分*/
void main (void)
{
  unsigned char i;
  P1=0x7f;                   //给P1端口赋初值，让P1=7FH=01111111B，最高位的LED点亮
  while (1)                  //while为循环语句，当小括号内的值不是0时，反复执行首尾大括号内的语句
  {
  for(i=0;i<8;i++)           //for为循环语句，其首尾大括号内的语句会执行8次
  {
    Delay(60000);            //执行Delay延时函数延时
    P1=P1>>1;                //将P1端口数值(8位)右移一位，">>"表示右移，"1"为移动的位数
    P1=P1|0x80;              //将P1端口数值(8位)与10000000进行或运算，即给P1最高位补1
  }
    P1=0x7f;                 //给P1端口赋初值，让P1=7FH=01111111B，最高位的LED点亮
  }
}
/*以下为延时函数*/
void Delay(unsigned int t)
{
  while(--t){};
}
```

图4-20　控制LED循环右移的程序

4.3.7　LED 移动并闪烁发光的程序及详解

图 4-21 是一种控制 LED 左右移动并闪烁发光的程序

（1）现象

接通电源后，两个 LED 先左移（即单片机 P1.0、P1.1 引脚的两个 LED 先点亮，接着 P1.1、P1.2 引脚的 LED 点亮（P1.0 引脚的 LED 熄灭），最后 P1.6、P1.7 引脚的 LED 点亮，此时 P1.0～P1.5 引脚的 LED 都熄灭），然后两个 LED 右移（即从 P1.6、P1.7 引脚的 LED 点亮变化到 P1.0、P1.1 引脚的 LED 点亮），之后 P1.0～P1.7 引脚的 8 个 LED 同时亮、灭闪烁 3 次，以上过程反复进行。

（2）程序说明

在图 4-21 程序中，第一个 for 语句是使两个 LED 从右端移到左端，第二个 for 语句使两个 LED 从左端移到右端，第三个 for 语句使 8 个 LED 亮、灭闪烁 3 次，三个 for 语句都处于

while(1)语句的首尾大括号内，故三个 for 语句反复循环执行。

```
/*控制 LED 左右移动再闪烁的程序*/
#include<reg52.h>              //调用 reg51.h 文件对单片机各特殊功能寄存器进行地址定义
void Delay(unsigned int t);   //声明一个 Delay（延时）函数，其输入参数为无符号(unsigned)
                              //整数型(int)变量 t，t 值为 16 位，取值范围 0~65535


/*以下为主程序部分*/
void main (void)              //main 为主函数，一个程序只允许有一个主函数,不管程序
                              //多复杂，单片机都会从 main 函数开始执行程序
{                             //main 函数首大括号
  unsigned char i;            //定义一个无符号(unsigned)字符型(char)变量 i，i 的取值范围 0~255
  unsigned char temp;         //定义一个无符号字符型变量 temp，temp 的取值范围 0~255
  while (1)                   //while 为循环语句，当小括号内的值不是 0 时，反复执行首尾大括号内的语句
   {                          //while 语句首大括号
    temp=0xfc;               //让变量 temp=FCH=11111100
    P1=temp;                 //将变量 temp 的值（11111100）赋给 P1，让 P1.0、P1.1 引脚的两个 LED 亮
   for(i=0;i<7;i++)          //第一个 for 语句，其首尾大括号内的语句会执行 7 次，两个 LED 从右端亮
                              //到左端
     {                        //第一个 for 语句首大括号
     Delay(60000);           //执行 Delay 延时函数延时，同时将 60000 赋给 Delay 的输入参数 t
     temp=temp<<1;           //也可写作 temp<<=1，让变量 temp 的值（8 位数）左移一位
     temp=temp|0x01;         //也可写作 temp|=0x01，将变量 temp 的值与 00000001 进行位或运算，
                              //即给 temp 最低位补 1
     P1=temp;                //将 temp 的值赋给 P1，采用 temp 作为中间变量，可避免直接操作 P1 端口，
                              //导致端口外接的 LED 短暂闪烁
     }                        //第一个 for 语句尾大括号
    temp=0x3f;               //让变量 temp=3FH=00111111
    P1=temp;                 //将变量 temp 的值（00111111）赋给 P1，即让 P1.7、P1.6 引脚的 LED 亮
   for(i=0;i<7;i++)          //第二个 for 语句，其首尾大括号内的语句会执行 7 次，两个 LED 从左端亮
                              //到右端
     {                        //第二个 for 语句首大括号
     Delay(60000);           //执行 Delay 延时函数延时，同时将 60000 赋给 Delay 的输入参数 t
     temp=temp >>1;          //也可写作 temp >>=1，让变量 temp 的值（8 位数）右移一位
     temp=temp|0x80;         //也可写作 temp|=0x01，将变量 temp 的值与 10000000 进行位或运算，
                              //即给 temp 最高位补 1
     P1=temp;                //将 temp 的值赋给 P1，采用 temp 作为中间变量，可避免直接操作 P1 端口，
                              //导致端口外接的 LED 短暂闪烁
     }                        //第二个 for 语句尾大括号
   for(i=0;i<3;i++)          //第三个 for 语句，使首尾大括号内的语句会执行 3 次，使 8 个 LED 同时闪
                              //烁 3 次
     {                        //第三个 for 语句首大括号
     P1=0xff;                //让 P1=FFH=11111111B，让 P1 端口所有 LED 熄灭
     Delay(60000);           //执行 Delay 延时函数延时，同时将 60000 赋给 Delay 的输入参数 t
     P1=0x00;                //让 P1=00H=00000000B，即让 P1 端口所有 LED 变亮
     Delay(60000);           //执行 Delay 延时函数延时，同时将 60000 赋给 Delay 的输入参数 t
     }                        //第三个 for 语句尾大括号
   }                          //while 语句尾大括号
}                             //main 语句尾大括号


/*以下为延时函数*/
void Delay(unsigned int t)   //Delay 为延时函数，unsigned int t 表示输入参数为无符号整数型变量 t
 {                            //Delay 函数首大括号
  while(--t);                //while 为循环语句，每执行一次 while 语句，t 值就减 1，直到 t 值为 0 时
                              //才执行 while 尾大括号之后的语句，在主程序中可以为 t 赋值，t 值越大，
                              //while 语句执行次数越多，延时时间越长
 }                            //Delay 函数尾大括号
```

图4-21 控制LED左右移动并闪烁的程序

4.3.8 用查表方式控制 LED 多样形式发光的程序及详解

图 4-22 用查表方式控制 LED 多样形式发光的程序。

```
/*按表格的代码来显示LED的程序*/
#include<reg52.h>                //调用reg51.h文件对单片机各特殊功能寄存器进行地址定义
void Delay(unsigned int t);      //声明一个Delay（延时）函数
unsigned char code table[]={0x1f,0x45,0x3e,0x68,   //定义一个无符号(unsigned)字符型(char)表格(table),
                0xa7,0xf3,0x46,0x33,   //code表示表格数据存在单片机的代码区(ROM中),
                0xff,0xaa,0x08,0x60,   //表格按顺序存放16个代码,每个代码8位,第0个
                0x88,0x11,0xa5,0xda};  //代码为为1FH,即00011111B
/*以下为主程序部分*/
void main (void)
{
 unsigned char i;                //定义一个无符号(unsigned)字符型(char)变量i,i的取值范围 0~255
while (1)                        //while为循环语句,当小括号内的值不是0时,反复执行首尾大括号内的语句
{
 for(i=0;i<16;i++)               //for是循环语句,for语句首尾大括号内的内容会循环执行16次,每执行一次,
                                 // i加1,这样可将table表格中的16个代码按顺序依次赋给P1端口
{
   P1=table[i];                  //将table表格中的第i个代码（8位）赋给P1
   Delay(60000);                 //执行Delay延时函数延时,同时将60000赋给Delay的输入参数t
  }
}
}
/*以下为延时函数*/
void Delay(unsigned int t)       //Delay为延时函数,unsigned int t表示输入参数为无符号整数型变量t
{
 while(--t);                     //while为循环语句,每执行一次while语句,t值就减1,直到t值为0时
                                 //才执行while尾大括号之后的语句
}
```

图4-22 用查表方式控制LED多样形式发光的程序

1. 现象

单片机 P1.0～P1.7 引脚的 8 个 LED 以 16 种形式变化发光。

2. 程序说明

程序首先用关键字 code 定义一个无符号字符型表格 table（数组），在表格中按顺序存放 16 个数据（编号为 0～15）。程序再让 for 语句循环执行 16 次，每执行一次将 table 数据的序号 i 值加 1，并将选中序号的数据赋值给 P1 端口，P1 端口外接 LED 按表格数值发光，比如 for 语句第一次执行时，i=0，将表格中第 1 个位置（序号为 0）的数据 1FH（即 00011111）赋给 P1 端口，P1.7、P1.6、P1.5 引脚外接的 LED 发光，for 语句第二次执行时，i=1，将表格中第 2 个位置（序号为 1）的数据 45H（即 01000101）赋给 P1 端口，P1.7、P1.5～P1.3 和 P1.1 引脚外接的 LED 发光。

关键字 code 定义的表格数据存放在单片机的 ROM 中，这些数据主要是一些常量或固定不变的参数，放置在 ROM 中可以节省大量 RAM 空间。table[]表格实际上是一种一维数组，table [n]表示表格中第 n+1 个元素（数据），比如 table [0]表示表格中第 1 个位置的元素，table [15]表示表格中第 16 个位置的元素，只要 ROM 空间允许，表格的元素数量可自由增加。在使用 for 语句查表时，要求循环次数与表格元素的个数相等，若次数超出个数，则越出表格范围，查到的将是随机数。

4.3.9 LED 花样发光的程序及详解

图 4-23 是 LED 花样发光的程序。

1. 现象

单片机 P1.7～P1.0 引脚的 8 个 LED 先往左（往 P1.7 方向）逐个点亮，全部 LED 点亮后再熄灭右边的 7 个 LED，接着 8 个 LED 往右（往 P1.0 方向）逐个点亮，全部 LED 点亮后再熄灭左边的 7 个 LED，然后单个 LED 先左移点亮再右移点亮（始终只有 1 个 LED 亮），之后 8 个 LED 按 16 种形式变化发光。

2. 程序说明

程序的第一个 for 语句将 LED 左移点亮（最后全部 LED 都亮），第二个 for 语句将 LED 右移点亮（最后全部 LED 都亮），第三、四个 for 语句先将一个 LED 左移点亮再右移点亮（左、右移时始终只有一个 LED 亮），第五个 for 语句以查表方式点亮 P1 端口的 LED。本例综合应用了 LED 的左移、右移、循环左右移和查表点亮 LED。

```
/*花样显示 LED 的程序*/
#include<reg51.h>              //调用 reg51.h 文件对单片机各特殊功能寄存器进行地址定义
void Delay(unsigned int t); //声明一个 Delay（延时）函数
unsigned char code table[]={0x1f,0x45,0x3e,0x68,
                            //定义一个无符号(unsigned)字符型(char) 表格(table)
                            0xa7,0xf3,0x46,0x33,
                            //code 表示表格数据存在单片机的代码区(ROM 中)
                            0xff,0xaa,0x08,0x60,//表格按顺序存放 16 个代码，每个代码 8 位，第 0 个
                            0x88,0x11,0xa5,0xda}; //代码为为 1FH，即 00011111B
/*以下为主程序部分*/
void main (void)
{
 unsigned char i;            //定义一个无符号(unsigned)字符型(char)变量 i，i 的取值范围 0~255
 while(1)
  {
  P1=0xfe;                   //让 P1=FEH=11111110B，点亮 P1.0 端口的 LED
   for(i=0;i<8;i++)          //第一个 for 语句执行 8 次，LED 往左点亮，最后 8 个 LED 全亮
    {
     Delay(60000);
     P1 <<=1;
    }
  P1=0x7f;                   //让 P1=7FH=01111111B，熄灭 7 个 LED，仅点亮 P1.7 端口的 LED
  for(i=0;i<8;i++)           //第二个 for 语句执行 8 次，LED 往右点亮，最后 8 个 LED 全亮
    {
     Delay(60000);
     P1 >>=1;
    }
  P1=0xfe;                   //让 P1=FEH=11111110B，点亮 P1.0 端口的 LED
  for(i=0;i<8;i++)           //第三个 for 语句执行 8 次，LED 逐个往左点亮（始终只有一个 LED 亮）
    {
     Delay(60000);
     P1 <<=1;
     P1 |=0x01;
    }
   P1=0x7f;                  //让 P1=7FH=01111111B，点亮 P1.7 端口的 LED
   for(i=0;i<8;i++)          //第四个 for 语句执行 8 次，LED 逐个往右点亮（始终只有一个 LED 亮）
```

图4-23　LED花样发光的程序

```
      {
        Delay(60000);
        P1 >>=1;
        P1 |=0x80;
      }
    for(i=0;i<16;i++)          //第五个 for 语句执行 16 次，依次将表格 table 中的 16 个数据赋给 P1 端口
                               //让外接 LED 按数据显示
      {
        Delay(20000);
        P1= table [i];
      }
    }
}
/*以下为延时函数*/
void Delay(unsigned int t) //Delay 为延时函数，unsigned int t 表示输入参数为无符号整数型变量 t
  {
    while(--t);                //while 为循环语句，每执行一次 while 语句，t 值就减 1，直到 t 值为 0 时
                               //才执行 while 尾大括号之后的语句
  }
```

图4-23　LED花样发光的程序（续）

4.4　采用 PWM（脉宽调制）方式调节 LED 亮度的原理与程序详解

4.4.1　采用 PWM 方式调节 LED 亮度的原理

调节 LED 亮度可采取两种方式：一是改变 LED 流过的电流大小来调节亮度，流过 LED 的电流越大，LED 亮度越高；二是改变 LED 通电时间长短来调节亮度，LED 通电时间越长，亮度越高。单片机的 P 端口只能输出 5V 和 0V 两种电压，无法采用改变 LED 电流大小的方法来调节亮度，只能采用改变 LED 通电时间长短来调节亮度。

如果让单片机的 P1.7 引脚（LED7 端）输出图 4-24（a）所示的脉冲信号，在脉冲信号的第 1 个周期内，LED7=0 使 LED 亮，但持续时间很短，故亮度暗，LED7=1 使 LED 无电流通过，但会使 LED 具有一定的亮度，该时间持续越长，LED 亮度越暗；在脉冲信号的第 2 个周期内，LED7=0 持续时间略有变长，LED7=1 持续时间略有变短，LED 稍微变亮；当脉冲信号的第 499 个周期来时，LED7=0 持续时间最长，LED7=1 持续时间最短，LED 最亮。也就是说，如果单片机输出图 4-24（a）所示的脉冲宽度逐渐变窄的脉冲信号（又称 PWM 脉冲）时，LED 会逐渐变亮。

如果让单片机输出图 4-24（b）所示的脉冲宽度逐渐变宽的脉冲信号（又称 PWM 脉冲）时，脉冲信号第 1 个周期内 LED7=0 持续时间最长，LED7=1 持续时间最短，LED 最亮，在后面周期内，LED7=0 持续时间越来越短，LED7=1 持续时间越来越长，LED 越来越暗，在脉冲信号第 499 个周期来时，LED7=0 持续时间最短，LED7=1 持续时间最长，LED 最暗。

如果脉冲信号的宽度不变，LED 的亮度也就不变。

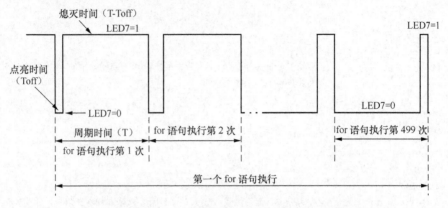

（a）LED 逐渐变亮(LED7=0 持续时间逐渐变长，LED7=1 持续时间逐渐变短)

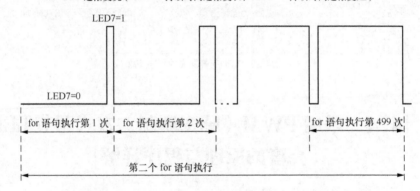

（b）LED 逐渐变暗（LED7=0 持续时间逐渐变短，LED7=1 持续时间逐渐变长)

图4-24　采用PWM（脉宽调制）方式调节LED亮度的原理说明图

4.4.2　采用 PWM 方式调节 LED 亮度的程序及详解

图 4-25 是采用 PWM（脉宽调制）方式调节 LED 亮度的程序。

1. 现象

单片机 P1.7 引脚外接的 LED 先慢慢变亮，然后慢慢变暗。

2. 程序说明

程序中的第一个 for 语句会执行 499 次，每执行一次，P1.7 引脚输出的 PWM 脉冲变窄一些，如图 4-24（a）所示，即 LED7=0 待续时间越来越长，LED7=1 待续时间越来越短，LED 越来越亮，在 for 语句执行第 499 次时，LED7=0 待续时间最长，LED7=1 待续时间最短，LED 最亮。程序中的第二个 for 语句也会执行 499 次，每执行一次，P1.7 引脚输出的 PWM 脉冲变宽一些，如图 4-24（b）所示，即 LED7=0 待续时间越来越短，LED7=1 待续时间越来越长，LED 越来越暗，在 for 语句执行第 499 次时，LED7=0 待续时间最短，LED7=1 待续时间最长，LED 最暗。

```
/*用 PWM（脉冲宽度调制）方式调节 LED 亮度的程序。*/
#include<reg51.h>              //调用 reg51.h 文件对单片机各特殊功能寄存器进行地址定义
sbit LED7=P1^7;               //用位定义关键字 sbit 定义 LED7 代表 P1.7 端口，
void Delay(unsigned int t);   //声明一个 Delay（延时）函数
/*以下为主程序部分*/
void main (void)
{
unsigned int T=500,Toff=0;    //定义两个无符号整数型，变量 T 和 Toff，T 为 LED 发光周期
                              //时间值，赋初值 500，Toff 为 LED 点亮时间值，赋初值 0，
 while (1)                    //while 小括号内的值不是 0 时，反复执行 while 首尾大括号内的语句
  {
    for(Toff=1;Toff<T;Toff++)  //第一个 for 循环语句执行，赋值 Toff=1，再判断 Toff<T 是否成立，
                              //成立执行 for 首尾大括号内的语句，执行完后执行 Toff++将 Toff 加 1，
                              //然后又判断 Toff<T 是否成立，如此反复，直到 Toff<T 不成立才跳出
                              //for 语句，for 语句首尾大括号内的语句会循环执行 499 次
     {
      LED7=0;                 //点亮 LED7
      Delay(Toff);           //执行 Delay 延时函数延时，同时将 Toff 值作为 Delay 的输入参数，
                              //第一次执行时 Toff=1，第二次执行时 Toff=2，最后一次执行时
                              //Toff=499，即 LED7=0 持续时间越来越长
      LED7=1;                 //熄灭 LED7
      Delay(T-Toff);         //执行 Delay 延时函数延时，同时将 T-Toff 值作为 Delay 的输入参数，
                              //第一次执行时 T-Toff=500-1=499，第二次执行时 T-Toff=498，
                              //最后一次执行时 T-Toff=1，即 LED7=1 持续时间越来越短
     }
    for(Toff=T-1;Toff>0;Toff--)  //第二个 for 循环语句执行，赋值 Toff=T-1，再判断 Toff>0 是否成立，
                              //成立则执行 for 首尾大括号内的语句，执行完后执行 Toff--将 Toff 减 1，
                              //然后又判断 Toff>0 是否成立，如此反复，直到 Toff>0 不成立，
                              //才跳出 for 语句。/for 语句首尾大括号内的语句会循环执行 499 次
     {
      LED7=0;                 //点亮 LED7
      Delay(Toff);           //执行 Delay 延时函数延时，同时将 Toff 值作为 Delay 的输入参数，
                              //第一次执行时 Toff=499，第二次执行时 Toff=498，最后一次
                              //执行时 Toff=1，即 LED7=0 持续时间越来越短
      LED7=1;                 //熄灭 LED7
      Delay(T-Toff);         //执行 Delay 延时函数延时，同时将 T-Toff 值作为 Delay 的输入参数，
                              //第一次执行时 T-Toff=500-499=1，第二次执行时 T-Toff=2，
                              //最后一次执行时，T-Toff=499，即 LED7=1 持续时间越来越长
     }
  }
}
/*以下为延时函数*/
void Delay(unsigned int t) //Delay 为延时函数，unsigned int t 表示输入参数为无符号整数型，变量 t
 {
 while(--t);                //while 为循环语句，每执行一次 while 语句，t 值就减 1，直到 t 值为 0 时
                           //才跳出 while 语句
 }
```

图4-25　采用PWM方式调节LED亮度的程序

第5章
LED 数码管的驱动电路及编程

|5.1 单片机驱动 1 位 LED 数码管的电路与程序详解|

5.1.1 1 位 LED 数码管的外形、结构与检测

LED 数码管是将发光二极管做成段状，通过让不同段发光来组合成各种数字。

1. 外形、结构与类型

1 位 LED 数码管如图 5-1 所示，它将 a、b、c、d、e、f、g、dp 共 8 个发光二极管排成图示的 "🔢." 字形，通过让 a、b、c、d、e、f、g 不同的段发光来显示数字 0～9。

（a）外形

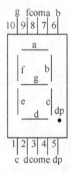

（b）段与引脚的排列

图5-1 1位LED数码管

由于 8 个发光二极管共有 16 个引脚，为了减少数码管的引脚数，在数码管内部将 8 个发光二极管正极或负极引脚连接起来，接成一个公共端（COM 端），根据公共端是发光二极管正极还是负极，可分为共阳极接法（正极相连）和共阴极接法（负极相连），如图 5-2 所示。

对于共阳极接法的数码管，需要给发光二极管加低电平才能发光；对于共阴极接法的数码管，需要给发光二极管加高电平才能发光。如果图 5-1 是一个共阳极接法的数码管，如果让它显示一个"5"字，那么需要给 a、c、d、f、g 引脚加低电平，b、e 引脚加高电平，这样 a、c、d、f、g 段的发光二极管有电流通过而发光，b、e 段的发光二极管不发光，数码管就会显示出数字"5"。

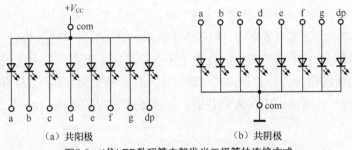

（a）共阳极　　　　　　　　　　　　（b）共阴极

图5-2　1位LED数码管内部发光二极管的连接方式

LED 数码管各段电平与显示字符的关系见表 5-1，比如对于共阴数码管，如果 dp～a 为 00111111（十六进表示为 3FH）时，数码管显示字符"0"，对于共阳数码管，如果 dp～a 为 11000000（十六进表示为 C0H）时，数码管显示字符"0"。

表 5-1　　　　　　　　　LED 数码管各段电平与显示字符的关系

显示字符	共阴数码管各段电平值（共阳数码管各段电平正好相反）								字符码（十六进制）	
	dp	g	f	e	d	e	b	a	共阴	共阳
0	0	0	1	1	1	1	1	1	3FH	C0H
1	0	0	0	0	0	1	1	0	06H	F9H
2	0	1	0	1	1	0	1	1	5BH	A4H
3	0	1	0	0	1	1	1	1	4FH	B0H
4	0	1	1	0	0	1	1	0	66H	99H
5	0	1	1	0	1	1	0	1	6DH	92H
6	0	1	1	1	1	1	0	1	7DH	82H
7	0	0	0	0	0	1	1	1	07H	F8H
8	0	1	1	1	1	1	1	1	7FH	80H
9	0	1	1	0	1	1	1	1	6FH	90H
A	0	1	1	1	0	1	1	1	77H	88H
B	0	1	1	1	1	1	0	0	7CH	83H
C	0	0	1	1	1	0	0	1	39H	C6H
D	0	1	0	1	1	1	1	0	5EH	A1H
E	0	1	1	1	1	0	0	1	79H	86H
F	0	1	1	1	0	0	0	1	71H	8EH
·	1	0	0	0	0	0	0	0	80H	7FH
全灭	0	0	0	0	0	0	0	0	00H	FFH

2. 类型与引脚检测

检测 LED 数码管使用万用表的 R×10kΩ挡。从图 5-2 所示的数码管内部发光二极管的连接方式可以看出：对于共阳极数码管，黑表笔接公共极、红表笔依次接其他各极时，会出现 8 次阻值小；对于共阴极多位数码管，红表笔接公共极、黑表笔依次接其他各极时，也会出现 8 次阻值小。

（1）类型与公共极的判别

在判别 LED 数码管类型及公共极（com）时，万用表拨至 R×10kΩ挡，测量任意两引脚之间的正反向电阻，当出现阻值小时，如图 5-3 所示，说明黑表笔接的为发光二极管的正极，红表笔接的为负极，然后黑表笔不动，红表笔依次接其它各引脚，若出现阻值小的次数大于 2 次时，则黑表笔接的引脚为公共极，被测数码管为共阳极类型，若出现阻值小的次数仅有 1 次，则该次测量时红表笔接的引脚为公共极，被测数码管为共阴极。

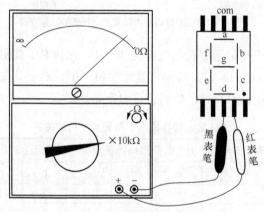

图5-3　1位LED数码管的检测

（2）各段极的判别

在检测 LED 数码管各引脚对应的段时，万用表选择 R×10kΩ挡。对于共阳极数码管，黑表笔接公共引脚，红表笔接其他某个引脚，这时会发现数码管某段会有微弱的亮光，如 a 段有亮光，表明红表笔接的引脚与 a 段发光二极管负极连接；对于共阴极数码管，红表笔接公共引脚，黑表笔接其他某个引脚，会发现数码管某段会有微弱的亮光，则黑表笔接的引脚与该段发光二极管正极连接。

如果使用数字万用表检测 LED 数码管，应选择二极管测量挡。在测量 LED 两个引脚时，若显示超出量程符号"1"或"OL"时，表明数码管内部发光二极管未导通，红表笔接的为 LED 数码管内部发光二极管的负极，黑表笔接的为正极，若显示 1500～3000（或 1.5～3.0）中的数字，同时数码管的某段发光，表明数码管内部发光二极管已导通，数字值为发光二极管的导通电压（单位为 mV 或 V），红表笔接的为数码管内部发光二极管的正极，黑表笔接的为负极。

5.1.2　单片机连接1位 LED 数码管的电路

单片机连接 1 位共阳极 LED 数码管的电路如图 5-4 所示。

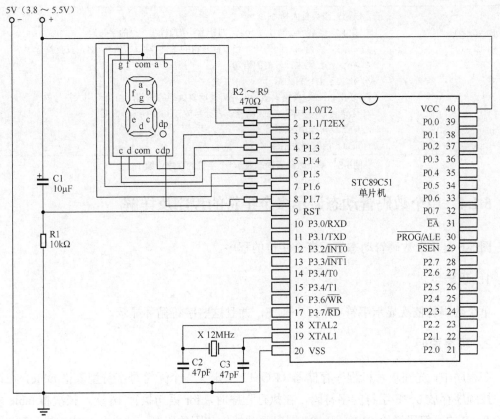

图5-4 单片机连接1位共阳极LED数码管的电路

5.1.3 单个数码管静态显示1个字符的程序及详解

图 5-5 是单个数码管静态显示 1 个字符的程序。

1. 现象

单个数码管显示 1 个字符 "2"。

2. 程序说明

程序运行时，数码管会显示字符 "2"，如果将程序中 P1=0xa4 换成其他字符码，比如让 P1=0x83，数码管会显示字符 "b"，其他字符的字符码见表 5-1。

```
/*单个数码管静态显示一个字符的程序*/
#include<reg51.h>         //调用 reg51.h 文件对单片机各特殊功能寄存器进行地址定义

/*以下为主程序部分*/
void main (void)         //main 为主函数，main 前面的 void 表示函数无返回值(输出参数)，
                         //后面小括号内的 void(也可不写)表示函数无输入参数，一个程序
                         //只允许有一个主函数，其语句要写在 main 首尾大括号内，不管程序
                         //多复杂，单片机都会从 main 函数开始执行程序
```

图5-5 单个数码管静态显示1个字符的程序

```
{                         //main 函数首大括号
  P1=0xa4;                //让 P1=A4H=10100100B，即让 P1 端口输出"2"的字符码
  while(1)                //while 为循环控制语句，当小括号内的条件非 0（即为真）时，反复执行
                          //while 首尾大括号内的语句
  {                       //while 语句首大括号
                          //可在 while 首尾大括号内写需要反复执行的语句，如果首尾大括号内
                          //无语句，可去掉首尾大括号，将分号放在 while(1)之后
  }                       //while 语句尾大括号
}                         //main 函数尾大括号
```

图5-5　单个数码管静态显示1个字符的程序（续）

5.1.4　单个数码管动态显示多个字符的程序及详解

图 5-6 是单个数码管动态显示多个字符的程序。

1.　现象

单个数码管依次显示字符 0、1、…、F，并且这些字符循环显示。

2.　程序说明

在程序中，先在单片机程序存储器（ROM）中定义一个无符号字符型表格 table，在该表格中按顺序存放 0～F 字符的字符码，在执行程序时，for 语句执行 16 次，依次将 table 表格中的 0～F 的字符码送给 P1 端口，P1 端口驱动外接共阳数码管，使之从 0 依次显示到 F，并且该显示过程循环进行。

```
/*单个数码管动态显示多个字符的程序*/
#include<reg51.h>                 //调用 reg51.h 文件对单片机各特殊功能寄存器进行地址定义
void Delay(unsigned int t);      //声明一个 Delay（延时）函数，其输入参数为无符号 (unsigned)
                                 //整数型 (int) 变量 t，t 值为 16 位，取值范围 0~65535
unsigned char code table[]={0xc0,0xf9,0xa4,0xb0,  //定义一个无符号 (unsigned)字符型 (char)
                                 //表格 (table)，
                 0x99,0x92,0x82,0xf8,  //code 表示表格数据存在单片机的代码区 (ROM 中)
                 0x80,0x90, 0x88,0x83, //表格按顺序存放 0～F 的字符码，每个字符码 8 位，
                 0xc6,0xa1,0x86,0x8e}; //0 的字符码为 C0H，即 11000000B

/*以下为主程序部分*/
void main (void)
{
 unsigned char i;        //定义一个无符号 (unsigned)字符型 (char)变量 i，i 的取值范围 0~255
 while (1)               //while 为循环语句，当小括号内的值不是 0 时，反复执行首尾大括号内的语句
 {
  for(i=0;i<16;i++)      //for 是循环语句，for 语句首尾大括号内的内容会循环执行 16 次，每执行一次，
                         //i 加 1，这样可将 table 表格中的 16 个代码按顺序依次赋给 P1 端口
   {
    P1=table[i];         //将 table 表格中的第 i 个代码（8 位）赋给 P1
    Delay(60000);        //执行 Delay 延时函数延时，同时将 60000 赋给 Delay 的输入参数 t
   }
 }
}
```

图5-6　单个数码管动态显示多个字符的程序

```
}
/*以下为延时函数*/
void Delay(unsigned int t)          //Delay 为延时函数，unsigned int t 表示输入参数为无符号整数型
                                    //变量 t
 {
 while(--t);                        // while 为循环语句，每执行一次 while 语句，t 值就减 1，直到 t 值为 0 时
                                    //才执行 while 尾大括号之后的语句
 }
```

图5-6　单个数码管动态显示多个字符的程序（续）

5.1.5　单个数码管环形转圈显示的程序及详解

图 5-7 是单个数码管环形转圈显示的程序。

1. 现象

单个数码管的 a～f 段依次逐段显示（环形转圈），且循环进行。

2. 程序说明

程序运行时会使数码管的 a～f 段依次逐段显示，并且循环进行。该程序与 LED 循环左移程序基本相同，先用 P1=0xfe 点亮数码管的 a 段，再用 P1=P1<<1 语句让 P1 数值左移一位，以点亮数码管的下一段，同时用 P1=P1｜0x01 语句将左移后的 P1 端口的 8 位数值与 00000001 进行位或运算，目的是将左移后右端出现的 0 用 1 取代，以熄灭数码管的上一段，左移 6 次后又用 P1=0xfe 点亮数码管的 a 段，如此反复进行。

```
/*单个数码管环形转圈显示的程序*/
#include<reg51.h>                   //调用 reg51.h 文件对单片机各特殊功能寄存器进行地址定义
void Delay(unsigned int t);         //声明一个 Delay（延时）函数，其输入参数为无符号(unsigned)
                                    //整数型(int)变量 t，t 值为 16 位，取值范围 0~65535
/*以下为主程序部分*/
void main (void)
{
 unsigned char i;                   //定义一个无符号(unsigned)字符型(char)变量 i，i 的取值范围 0~255
 while (1)                          //while 为循环语句，当小括号内的值不是 0 时，反复执行首尾大括号内的语句
  {
  P1=0xfe;                          //给 P1 端口赋初值，让 P1＝FEH＝11111110B，即让数码管的 a 段亮
  for(i=0;i<6;i++)                  //for 是循环语句，for 语句首尾大括号内的内容会循环执行 6 次
   {
   Delay(20000);                    //执行 Delay 函数进行延时
   P1<<=1;                          //将 P1 端口数值(8 位)左移一位，"<<"表示左移，"1"为移动的位数，
   P1=P1|0x01;                      //也可写作 P1|=0x01，将 P1 端口数值(8 位)与 00000001 进行位或运算，
                                    //即给 P1 端口最低位补 1
   }
  }
}
/*以下为延时函数*/
void Delay(unsigned int t)          //Delay 为延时函数，unsigned int t 表示输入参数为无符号整数型
                                    //变量 t
 {
 while(--t);                        //while 为循环语句，每执行一次 while 语句，t 值就减 1，直到 t 值为 0 时
                                    //才执行 while 尾大括号之后的语句
 }
```

图5-7　单个数码管环形转圈显示的程序

5.1.6 单个数码管显示逻辑电平的程序及详解

图 5-8 是单个数码管显示逻辑电平的程序。

1. 现象

数码管显示单片机 P3.3 端口的电平,高电平显示字符"H",低电平显示字符"L"。

2. 程序说明

图 5-8 程序检测 P3.3 端口的电平,并通过 P1 端口外接的数码管将电平直观显示出来,若 P3.3 端口为高电平,数码管显示"H",若 P3.3 端口为低电平,数码管显示"L"。程序中使用了选择语句"if(表达式){语句组一}else{语句组二}",在执行该选择语句时,如果(if)表达式成立,执行语句组一,否则(else,即表达式不成立)执行语句组二。

```
/*单个数码管显示逻辑电平的程序*/
#include<reg51.h>   //调用reg51.h文件对单片机各特殊功能寄存器进行地址定义
sbit TestIn=P3^3;   //用位定义关键字sbit将P3.3端口定义为TestIn,
                    // TestIn是自己任意定义且容易记忆的符号
/*以下为主程序部分*/
void main (void)
{
 while (1)          //while为循环语句,当小括号内的值不是0时,反复执行首尾大括号内的语句
 {
  if(TestIn==1)     //如果(if)TestIn为高电平,即P3.3端口输入为高电平
  {
   P1=0x89;         //让P1端口输出"H"的字符码89H (10001001)
  }
  else              //否则(else)
  {
   P1=0xc7;         //让P1端口输出"L"的字符码C7H (11000111)
  }
 }
}
```

图5-8 单个数码管显示逻辑电平的程序

|5.2 单片机驱动 8 位 LED 数码管的电路与程序详解|

5.2.1 多位 LED 数码管外形、结构与检测

1. 外形与类型

图 5-9 是 4 位 LED 数码管,它有两排共 12 个引脚,其内部发光二极管有共阳极和共阴极两种连接方式,如图 5-10 所示,12、9、8、6 脚分别为各位数码管的公共极(又称位极),11、7、4、2、1、10、5、3 脚同时连接各位数码管的相应段,称为段极。

2. 多位 LED 数码管显示多位字符的显示原理

多位 LED 数码管采用了扫描显示方式,又称动态驱动方式。为了让大家理解该显示原理,这里以在图 5-9 所示的 4 位 LED 数码管上显示"1278"为例来说明,假设其内部发光二极管

为图 5-10（b）所示的共阴极连接方式。

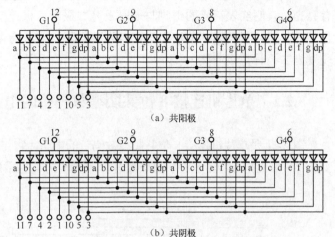

（a）共阳极

（b）共阴极

图5-10　4位LED数码管内部发光二极管的连接方式

图5-9　4位LED数码管

先给数码管的 12 脚加一个低电平（9、8、6 脚为高电平），再给 7、4 脚加高电平（11、2、1、10、5 脚均低电平），结果第一位的 b、c 段发光二极管点亮，第一位显示"1"，由于 9、8、6 脚均为高电平，故第二、三、四位中的所有发光二极管均无法导通而不显示；然后给 9 脚加一个低电平（12、8、6 脚为高电平），给 11、7、2、1、5 脚加高电平（4、10脚为低电平），第二位的 a、b、d、e、g 段发光二极管点亮，第二位显示"2"，同样原理，在第三位和第四位分别显示数字"7"、"8"。

多位数码管的数字虽然是一位一位地显示出来的，但除了 LED 有余辉效应（断电后 LED还能亮一定时间）外，人眼还具有视觉暂留特性（所谓视觉暂留特性是指当人眼看见一个物体后，如果物体消失，人眼还会觉得物体仍在原位置，这种感觉约保留 0.04s 的时间），当数码管显示到最后一位数字"8"时，人眼会感觉前面 3 位数字还在显示，故看起来好像是一下子显示"1278"4 位数。

3. 检测

检测多位 LED 数码管使用万用表的 R×10kΩ 挡。从图 5-10 所示的多位数码管内部发光二极管的连接方式可以看出：对于共阳极多位数码管，黑表笔接某一位极、红表笔依次接其他各极时，会出现 8 次阻值小；对于共阴极多位数码管，红表笔接某一位极、黑表笔依次接其他各极时，也会出现 8 次阻值小。

（1）类型与某位的公共极的判别

在检测多位 LED 数码管类型时，万用表拨至 R×10kΩ 挡，测量任意两引脚之间的正反向电阻，当出现阻值小时，说明黑表笔接的为发光二极管的正极，红表笔接的为负极，然后黑表笔不动，红表笔依次接其他各引脚，若出现阻值小的次数等于 8 次，则黑表笔接的引脚为某位的公共极，被测多位数码管为共阳极，若出现阻值小的次数等于数码管的位数（4 位数码管为 4 次）时，则黑表笔接的引脚为段极，被测多位数码管为共阴极，红表笔接的引脚为某位的公共极。

（2）各段极的判别

在检测多位 LED 数码管各引脚对应的段时，万用表选择 R×10kΩ 挡。对于共阳极数码管，黑表笔接某位的公共极，红表笔接其他引脚，若发现数码管某段有微弱的亮光，如 a 段有亮光，表明红表笔接的引脚与 a 段发光二极管负极连接；对于共阴极数码管，红表笔接某位的公共极，黑表笔接其他引脚，若发现数码管某段有微弱的亮光，则黑表笔接的引脚与该段发光二极管正极连接。

5.2.2 单片机连接 8 位共阴型数码管的电路

图 5-11 是单片机连接 8 位共阴型数码管的电路，它将两个 4 位共阴型数码管的 8 个段极引脚外部并联而拼成一个 8 位共阴型数码管，该 8 位共阴型数码管有 8 个段极引脚和 8 个位极引脚。

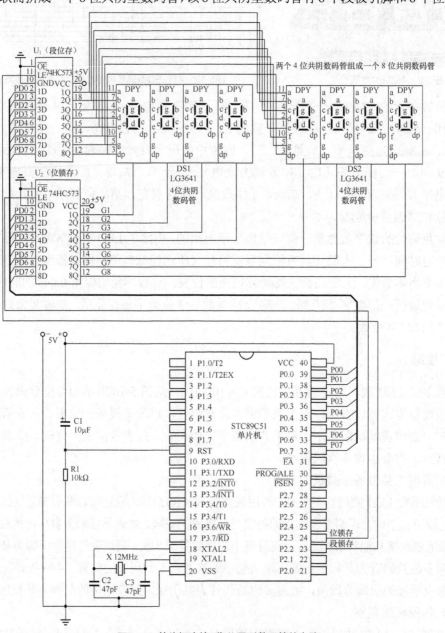

图5-11 单片机连接8位共阴型数码管的电路

单片机要采用 P0 端口 8 个引脚来驱动 16 个引脚的 8 位数码管显示字符，P0 端口既要输出位码，又要输出段码，这需要采用分时输出功能，电路中采用了两个 8 路锁存器芯片 74HC573，并配合单片机的 P2.2 引脚（段锁存）和 P2.3 引脚（位锁存）来实现分时输出驱动 8 位数码管。

图 5-12 为 74HC573 的功能表，从表中可以看出，当 OE（输出使能）端为低电平（L）、LE（锁存使能）端为高电平（H）时，Q 端随 D 端变化而变化；当 OE 为低电平、LE 端也为低电平时，Q 端输出不变化（输出状态被锁定）。在图 5-12 中，两个 74HC573 的 OE 端都接地固定为低电平（L），当 LE 端为高电平时，Q 端状态与 D 端保持一致（即 Q=D），一旦 LE 端为低电平时，Q 端输出状态马上被锁定，D 端变化时 Q 端保持不变。

	输入		输出
OE（输出使能）	LE（锁存使能）	D	Q
L	H	H	H
L	H	L	L
L	L	X	不变
H	X	X	Z

H- 高电平；L- 低电平；X- 无论何值；
Z- 高阻抗（输出端与内部电路之间相当于断开）

图5-12　8路锁存芯片74HC573的功能表

5.2.3　8 位数码管显示 1 个字符的程序及详解

图 5-13 是 8 位数码管显示 1 个字符的程序。

1. 现象

8 位数码管的最低位显示字符 "2"。

2. 程序说明

程序在运行时，先让单片机从 P0.7～P0.0 引脚输出位码 11111110（FEH）送到 U2 的 8D～1D 端，然后从 P2.3 引脚输出高电平到 U2 的 LE 端，U2（锁存器 74HC573）开通，输出端状态随输入端变化而变化，接着 P2.3 引脚的高电平变成低电平，U2 的 LE 端也为低电平，U2 被封锁，8Q～1Q 端的值 11111110 被锁定不变（此时 D 端变化，Q 端不变），11111110 送到 8 位共阴型数码管的位极，最低位数码管位极为低电平，等待显示；单片机再从 P0.7～P0.0 引脚输出 "2" 的段码 01011011（5BH）送到 U1 的 8D～1D 端，然后从 P2.2 引脚输出高电平到 U1（锁存器 74HC573）的 LE 端，U1 开通，输出端状态随输入端变化而变化，接着 P2.2 引脚的高电平变成低电平，U1 的 LE 端也为低电平，U1 被封锁，8Q～1Q 端的值 01011011 被锁定不变，01011011 送到 8 位共阴型数码管的各个数码管的段极，由于只有最低位数码管的位极为低电平，故只有最低位数码管显示字符 "2"。

```
/*8位数码管显示1个字符的程序*/
#include<reg51.h>      //调用reg51.h文件对单片机各特殊功能寄存器进行地址定义
#define WDM P0         //用define（宏定义）命令将WDM代表P0，程序中WDM与P0等同，
                       // define与include一样，都是预处理命令，前面需加一个"#"
sbit DuanSuo=P2^2;     //用关键字sbit将DuanSuo代表P2.2端口
sbit WeiSuo=P2^3;      //用关键字sbit将WeiSuo代表P2.3端口
/*以下为主程序部分*/
main()
{
 while(1)
  {
    WDM=0xfe;          //让P0端口输出位码FEH（11111110），选择数码管最低位显示
    WeiSuo=1;          //让P2.3端口输出高电平，开通位码锁存器，锁存器输入变化时输出会随之变化
    WeiSuo=0;          //让P2.3端口输出低电平，位码锁存器被封锁，锁存器的输出值被锁定不变

    WDM=0x5b;          //让P0端口输出字符"2"的段码（共阴字符码）5BH（01011011）
    DuanSuo=1;         //让P2.2端口输出高电平，开通段码锁存器，锁存器输入变化时输出会随之变化
    DuanSuo=0;         //让P2.2端口输出低电平，段码锁存器被封锁，锁存器的输出值被锁定不变
  }
}
```

图5-13　8位数码管显示1个字符的程序

5.2.4　8位数码管逐位显示8个字符的程序及详解

图5-14是8位数码管逐位显示8个字符的程序。

1．现象

8位数码管从最低位开始到最高位，逐位显示字符"0"、"1"、"2"、"3"、"4"、"5"、"6"、"7"，并且不断循环显示。

2．程序说明

程序在运行时，单片机先从WMtable表格中选择第1个位码（i=0时），并从P0.7～P0.0引脚输出位码去位码锁存器，位码从锁存器输出后到8位数码管的位引脚，选中第1位（该位引脚为高电平）使之处于待显状态，然后单片机从P2.3引脚输出位码锁存信号去位锁存器，锁定其输出端位码不变，接着单片机从DMtable表格中选择第1个段码（i=0时），并从P0.7～P0.0引脚输出段码去段码锁存器，段码从锁存器输出后到8位数码管的段引脚，已被位码选中的数码管第1位则显示出与段码相对应的字符，然后单片机从P2.2引脚输出段码锁存信号去段锁存器，锁定其输出端段码不变，之后用i++语句将i值加1，程序再返回让单片机从WMtable、DMtable表格中选择第2个位码和第2个段码（i=1时），在8位数码管的第2位显示与段码对应的字符。当i增加到8时，8位数码管显示到最后一位，程序用i=0让i由8变为0，程序返回到前面后单片机又重新开始从WMtable、DMtable表格中选择第1个位码和段码，让8位数码管又从最低位开始显示，以后不断重复上述过程，结果可看到8位数码管从最低位到最高位逐位显示0～7，并且不断循环反复。

```
/*8位数码管逐位显示8个字符的程序*/
#include<reg51.h>      //调用reg51.h文件对单片机各特殊功能寄存器进行地址定义
#define WDM P0         //用define（宏定义）命令定义WDM代表P0，程序中WDM与P0等同，
                       //define与include一样，都是预处理命令，前面需加一个"#"
sbit DuanSuo=P2^2;     //用关键字sbit定义DuanSuo代表P2.2端口
sbit WeiSuo =P2^3;     //用关键字sbit定义WeiSuo代表P2.3端口
```

图5-14　8位数码管逐位显示8个字符的程序

```
void Delay(unsigned int t);      //声明一个 Delay（延时）函数,输入参数为无符号整数型变量 t
unsigned char code DMtable[]={0x3f,0x06,0x5b,0x4f,    //在 ROM 中定义一个无符号字符型表格
                                                      //DMtable 表格中存放字符 0～7 的段码
                      0x66,0x6d,0x7d,0x07};
unsigned char code WMtable[]={0xfe,0xfd,0xfb,0xf7,    //在 ROM 中定义一个无符号字符型表格
                                                      //WMtable 表格中存放与 0～7 字符段码
                      0xef,0xdf,0xbf,0x7f};   //一一对应的位码
/*以下为主程序部分*/
main()
{
 unsigned char i=0;      //定义一个无符号(unsigned)字符型(char)变量 i, i 的初值为 0
 while(1)
  {
   WDM=WMtable [i];      //从 WMtable 表格中取出第 i+1 个位码,并从 P0 端口输出
   WeiSuo=1;             //让 P2.3 端口输出高电平,开通位码锁存器,锁存器输入变化时输出会随之变化
   WeiSuo=0;             //让 P2.3 端口输出低电平,位码锁存器被封锁,锁存器的输出值被锁定不变

   WDM=DMtable [i];      //从 DMtable 表格中取出第 i+1 个段码,并从 P0 端口输出
   DuanSuo=1;            //让 P2.2 端口输出高电平,开通段码锁存器,锁存器输入变化时输出会随之变化
   DuanSuo=0;            //让 P2.2 端口输出低电平,段码锁存器被封锁,锁存器的输出值被锁定不变
   Delay(60000);        //执行 Delay 延时函数延时,同时将 60000 赋给 Delay 的输入参数 t
   i++;                 //将 i 值加 1
   if(i==8)             //如果 i 值等于 8,则执行首尾大括号内的语句,否则执行尾大括号之后的语句
    {
      i=0;               //将 0 赋给 i,这样显示最后 1 个字符返回时又能从表格中取出第 1 个字符的位、段码
    }
  }
}
/*以下为延时函数*/
void Delay(unsigned int t)    //Delay 为延时函数,unsigned int t 表示输入参数为无符号整数型变量 t
 {
 while(--t);             //while 为循环语句,每执行一次 while 语句,t 值就减 1,直到 t 值为 0
 }
```

图5-14　8位数码管逐位显示8个字符的程序（续）

5.2.5　8 位数码管同时显示 8 个字符的程序及详解

图 5-15 是 8 位数码管同时显示 8 个字符的程序。

1. 现象

8 位数码管同时显示字符"01234567"。

2. 程序说明

本程序与图 5-14 程序基本相同,仅是将 Delay 延时函数的输入参数 t 的值由 60000 改成 100,这样显示一个字符后隔很短时间就显示下一个字符,只要显示第一个字符到显示最后一个字符的时间不超过 0.04s（人眼视觉暂留时间）,人眼就会感觉这几个逐位显示的字符是同时显示出来的。人眼具有视觉暂留特性,当人眼看见一个物体时,如果该物体突然消失,

人眼还会觉得该物体仍在，这种物体仍在的感觉可以维持 0.04 秒，超过该时间物体仍在的感觉会消失。8 位数码管是利用人眼视觉暂留特性快速逐位显示多个字符，并且在人眼视觉暂留时间内显示印象还未消失时再次重新显示，这样人眼就会感觉这些逐位显示的字符是同时显示出来。

```
/*8位数码管同时显示8个字符的程序*/
#include<reg51.h>
#define WDM P0
sbit DuanSuo=P2^2;
sbit WeiSuo =P2^3;
void Delay(unsigned int t);
unsigned char code DMtable[]={0x3f,0x06,0x5b,0x4f,0x66,0x6d,0x7d,0x07};
unsigned char code WMtable[]={0xfe,0xfd,0xfb,0xf7, 0xef,0xdf,0xbf,0x7f};
/*以下为主程序部分*/
main()
{
 unsigned char i=0;
 while(1)
  {
   WDM=WMtable [i];
   WeiSuo=1;
   WeiSuo=0;

   WDM=DMtable [i];
   DuanSuo=1;
   DuanSuo=0;
   Delay(100);    //将Delay函数的输入参数t的值由60000改成100,可使每个字符显示的时间间隔
                  //大大缩短,这样多个字符实际是逐位显示的,但看起来多个字符像同时显示出来的
                  //如果t值不是很小,如t值为600,多个字符看起来也像同时显示,但字符会闪烁

   i++;
   if(i==8)
    {
     i=0;
    }
  }
}
/*以下为延时函数*/
void Delay(unsigned int t)
 {
  while(--t);
 }
```

图5-15 8位数码管同时显示8个字符的程序

5.2.6 8位数码管动态显示 8 个以上字符的程序及详解

图 5-16 是 8 位数码管动态显示 8 个以上字符的程序。

1. 现象

8 位数码管动态依次显示 "01234567"、"12345678"、"23456789"、…、"89AbCdEF"、"01234567"、…，并且不断循环显示。

2. 程序说明

程序先定义了两个表格，一个表格按顺序存放 0~F 的段码，另一表格按低位到高位的顺序存放 8 位数码管的各位位码。程序运行时，先显示第一屏字符 "01234567"，第一次显示完后，i=8、j=8，第一个 if 语句执行让 i=0，第二、三个 if 语句都不会执行，因为 j 不等于 600，无法执行第二个 if 语句，又因为第三个 if 语句嵌在第二个 if 语句内，所以第三个 if 语句也不会执行，程序返回前面又执行显示 "01234567" 程序段，第二次显示完后，i=8、j=16，程序再返回前面执行显示 "01234567" 程序段，这种不断重复显示相同内容字符的过程称为刷新。当 i=8、j=600 时，第一、二个 if 语句都执行，第一个 if 语句让 i=0，第二个 if 语句让

j=0、num 加 1（由 0 变为 1），第三个 if 语句还不会执行（因为 num 不等于 9），程序返回前面，由于 num+i 变成了 1+i，故从段码表格取第 2 个字符"1"，该字符又与位码表格最低位段码对应，故数码管显示"12345678"程序段，再不断刷新，直到第二次 j=600，第二个 if 语句又执行，让 j=0、num 加 1 变成 2，程序又回到前面显示"23456789"，如此反复工作，当 num 加 1 变成 8 时，8 位数码管显示"89AbCdEF"，当 num 加 1 变成 9 时，第三个 if 语句执行，让 num=0，程序返回到前面又重新开始使数码管显示"01234567"（因为 num+i=i）。以上过程不断重复。

```
/*8 位数码管动态显示 8 个以上字符的程序*/
#include<reg51.h>          //调用 reg51.h 文件对单片机各特殊功能寄存器进行地址定义
#define WDM P0             //用 define（宏定义）命令定义 WDM 代表 P0，程序中 WDM 与 P0 等同，
                           //define 与 include 一样，都是预处理命令，前面需加一个"#"
sbit DuanSuo=P2^2;         //用关键字 sbit 定义 DuanSuo 代表 P2.2 端口
sbit WeiSuo =P2^3;         //用关键字 sbit 定义 WeiSuo 代表 P2.3 端口

unsigned char code DMtable[]={0x3f,0x06,0x5b,0x4f,    //在 ROM 中定义（使用了关键字 code）
                   0x66,0x6d,0x7d,0x07,               //一个无符号字符型表格 DMtable,
                   0x7f,0x6f,0x77,0x7c,               //表格中存放着字符 0～F 的段码
                   0x39,0x5e,0x79,0x71};
unsigned char code WMtable[]={0xfe,0xfd,0xfb,0xf7,    //在 ROM 中定义一个无符号字符型表格
                                                      //WMtable
                   0xef,0xdf,0xbf,0x7f};              //表格按低位到高位依次存放 8 位数码管
                                                      //各位的位码
void Delay(unsigned int t);   //声明一个 Delay（延时）函数
/*以下为主程序部分*/
main()
{                          //main 函数的首大括号
 unsigned char i=0,num;    //定义两个无符号字符型变量 i 和 num，i 赋初值 0，num 初值默认也为 0
 unsigned int j;           //定义一个无符号(unsigned)整数型(int)变量 j，j 初值默认也为 0，
                           //无符号整数型变量和无符号字符型变量取值范围分别为 0～65535 和 0～255
 while(1)
 {                         //whilef 语句的首大括号
  WDM= WMtable [i];        //从 WMtable 表格中取出第 i+1 个位码，并从 P0 端口输出
  WeiSuo=1;                //让 P2.3 端口输出高电平，开通位码锁存器，锁存器输入变化时输出会随之变化
  WeiSuo=0;                //让 P2.3 端口输出低电平，位码锁存器被封锁，锁存器的输出值被锁定不变
  WDM = DMtable [num+i];   //从 DMtable 表格中取出第 num+i+1 个段码，并从 P0 端口输出
  DuanSuo=1;               //让 P2.2 端口输出高电平，开通段码锁存器，锁存器输入变化时输出会随之变化
  DuanSuo=0;               //让 P2.2 端口输出低电平，段码锁存器被封锁，锁存器的输出值被锁定不变
  Delay(100);             //执行 Delay 延时函数延时，同时将 100 赋给 Delay 的输入参数 t
  i++;j++;                 //将变量 i 和 j 的值都加 1
  if(i ==8)                //如果 i 值等于 8，执行第一个 if 首尾大括号内的语句，否则执行其尾大括号之后
                           //的语句
  {                        //第一个 if 语句的首大括号
   i=0;                    //将 0 赋给 i（让 i=0）
  }                        //第一个 if 语句的尾大括号
  if(j==600)               //如果 j 值等于 600，执行第二个 if 首尾大括号内的语句，否则执行其尾大
                           //括号之后的语句
  {                        //第二个 if 语句的首大括号
   j=0;                    //将 0 赋给 j（让 j=0）
```

图5-16　8位数码管动态显示8个以上字符的程序

```
     num++;                   //将变量 num 的值加 1
   if(num==9)                 //如果 num 值等于 9, 执行第三个 if 首尾大括号内的语句, 否则执行其尾大
                              //括号之后的语句
     {                        //第三个 if 语句的首大括号
       num=0;                 //将 0 赋给 num (让 num=0)
     }                        //第三个 if 语句的尾大括号
   }                          //第二个 if 语句的尾大括号
  }                           //while 语句的尾大括号
}                             //main 函数的尾大括号
/*以下为延时函数*/
void Delay(unsigned int t) //Delay 为延时函数, unsigned int t 表示输入参数为无符号整数型变量 t
 {
 while(--t);                 //while 为循环语句, 每执行一次 while 语句, t 值就减 1, 直到 t 值为 0 时
                              //才执行 while 尾大括号之后的语句
  }
```

图5-16   8位数码管动态显示8个以上字符的程序（续）

第 6 章
中断与中断编程

|6.1 中断的基本概念与处理过程|

6.1.1 什么是中断

在生活中经常会遇到这样的情况：正在书房看书时，突然客厅的电话响了，人们往往会停止看书，转而去接电话，接完电话后又回书房接着看书。这种停止当前工作，转而去做其他工作，做完后又返回来做先前工作的现象称为中断。

单片机也有类似的中断现象，当单片机正在执行某程序时，如果突然出现意外情况，它就需要停止当前正在执行的程序，转而去执行处理意外情况的程序（又称中断子程序），执行处理完后又接着执行原来的程序。

6.1.2 中断的基本概念

1. 中断源

要让单片机的 CPU 中断当前正在执行的程序转而去执行中断子程序，需要向 CPU 发出中断请求信号。让 CPU 产生中断的信号源称为中断源（又称中断请求源）。

8051 单片机有 5 个中断源，分别是 2 个外部中断源、2 个定时器/计数器中断源和 1 个串行通信口中断源。如果这些中断源向 CPU 发出中断请求信号，CPU 就会产生中断，停止执行当前的程序，转而去执行相应的中断子程序（又称中断服务程序），执行完后又返回来执行原来的程序。

2. 中断的优先级别

单片机的 CPU 在工作时，如果一个中断源向它发出中断请求信号，它就会产生中断，如果同时有两个或两个以上的中断源同时发出中断请求信号，CPU 会怎么办呢？CPU 会先响应优先级别高的中断源的请求，然后再响应优先级别低的中断源的请求。8051 单片机 5 个中断源的优先级别顺序见表 6-1。

表 6-1　　　　　　　　　5 个中断源的优先级别顺序及中断入口地址

中断源编号	中 断 源	自然优先级别	中断入口地址（矢量地址）
0	$\overline{INT0}$（外部中断 0）	高	0003H
1	T0（定时器中断 0）		000BH
2	$\overline{INT1}$（外部中断 1）	↓	0013H
3	T1（定时器中断 1）		001BH
4	RI 或 TI（串行通信口中断）	低	0023H

6.1.3　中断的处理过程

在前面的例子中，当正在看书时，电话铃响了，这里的电话就是中断源，它发出的铃声就是中断请求信号。在处理这个中断时，可采取这样的做法：记住书中刚看完的页码（记住某行可能比较困难），然后再去客厅接电话，接完电话后，返回到书房阅读已看完页码的下一页内容。

单片机处理中断的过程与上述情况类似，具体过程如下。

① 响应中断请求。当 CPU 正在执行主程序时，如果接收到中断源发出的中断请求信号，就会响应中断请求，停止主程序，准备执行相应的中断子程序。

② 保护断点。为了在执行完中断子程序后能返回主程序，在准备执行中断子程序前，CPU 会将主程序中已执行的最后一条指令的下一条指令的地址（又称断点地址）保存到 RAM 的堆栈中。

③ 寻找中断入口地址。保护好断点后，CPU 开始寻找中断入口地址（又称矢量地址），中断入口地址存放着相应的中断子程序，不同的中断源对应着不同的中断入口地址。8051 单片机 5 个中断源对应的中断入口地址见表 6-1。

④ 执行中断子程序。CPU 寻找到中断入口地址后，就开始执行中断入口地址处的中断子程序。由于几个中断入口地址之间只有 8 个单元空间（见表 6-1，如 0003H～000BH 相隔 8 个单元），较小的中断子程序（程序只有一两条指令）可以写在这里，较大的中断子程序无法写入，通常的做法是将中断子程序写在其他位置，而在中断入口地址单元只写一条跳转指令，执行该指令时马上跳转到写在其他位置的中断子程序。

⑤ 中断返回。执行完中断子程序后，就会返回到主程序，返回的方法是从 RAM 的堆栈中取出之前保存的断点地址，然后执行该地址处的主程序，从而返回到主程序。

|6.2　8051 单片机的中断系统结构与控制寄存器|

6.2.1　中断系统的结构

8051 单片机中断系统的结构如图 6-1 所示。

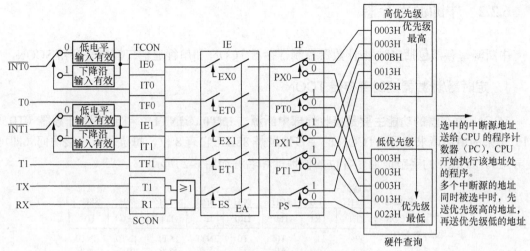

图6-1 8051单片机中断系统的结构

1. 中断系统的组成

8051 单片机中断系统的主要组成部分有以下几个。

① **5 个中断源**。分别为外部中断源 $\overline{\text{INT0}}$、外部中断源 $\overline{\text{INT1}}$、定时器/计数器中断源 T0、定时器/计数器中断源 T1 和串行通信口中断源（TX 和 RX）。

② **中断源寄存器**。分定时器/计数器控制寄存器 TCON 和串行通信口控制寄存器 SCON。

③ **中断允许寄存器 IE**。

④ **中断优先级控制寄存器 IP**。

2. 中断系统的工作原理

单片机的中断系统默认是关闭的，如果要使用某个中断，需要通过编程的方法设置有关控制寄存器某些位的值将该中断打开，并为该中断编写相应的中断子程序。

以外部中断 $\overline{\text{INT0}}$ 为例，如果需要使用该中断，应进行以下设置。

① 将定时器/计数器控制寄存器 TCON 的 IT0 位设为 0（IT0=0），中断请求信号输入方式被设为低电平输入有效。

② 将中断允许寄存器 IE 的 EA 位设为 1（EA=1），允许所有的中断（总中断允许）。

③ 将中断允许寄存器 IE 的 EX0 位设为 1（EX0=1），允许外部中断 0 $\overline{\text{INT0}}$ 的中断。

工作过程：当单片机的 $\overline{\text{INT0}}$ 端（P3.2 引脚）输入一个低电平信号时，由于寄存器 TCON 的 IT0=0，输入开关选择位置 0，低电平信号被认为是 INT0 的中断请求信号，该信号将 TCON 的外部中断 0 的标志位 IE0 置 1（IE0=1），IE0 位的"1"先经过 INT0 允许开关（IE 的 EX0=1 使 INT0 开关闭合），然后经过中断总开关（IE 的 EA=1 使中断总开关闭合），再经过优先级开关（只使用一个中断时无需设置，寄存器 IP 的 PX0 位默认为 0，开关选择位置 0），进入硬件查询，选中外部中断 0 的入口地址（0003H）并将其送给 CPU 的程序计数器 PC，CPU 开始执行该处的中断子程序。

6.2.2 中断源寄存器

中断源寄存器包括定时器/计数器控制寄存器 TCON 和串行通信口控制寄存器 SCON。

1. 定时器/计数器控制寄存器 TCON

TCON 寄存器的功能主要是接收外部中断源（$\overline{INT0}$、$\overline{INT1}$）和定时器/计数器（T0、T1）送来的中断请求信号。TCON 的字节地址是 88H，它有 8 位，每位均可直接访问（即可位寻址）。TCOM 的字节地址、各位的位地址和名称如图 6-2 所示。

	最高位							最低位
位地址 ►	8FH	8EH	8DH	8CH	8BH	8AH	89H	88H
TCON	TF1	TR1	TF0	TR0	IE1	IT1	IE0	IT0
字节地址 ► 88H	T1溢出中断请求标志位	T1启停控制位	T0溢出中断请求标志位	T0启停控制位	INT1中断请求标志位	INT1触发方式设定位	INT0中断请求标志位	INT0触发方式设定位

图6-2　定时器/计数器控制寄存器TCON的字节地址、各位的位地址和名称

TCON 寄存器各位的功能说明如下。

① IE0 位和 IE1 位：分别为外部中断 0（$\overline{INT0}$）和外部中断 1（$\overline{INT1}$）的中断请求标志位。当外部有中断请求信号输入单片机的 $\overline{INT0}$ 引脚（即 P3.2 引脚）或 $\overline{INT1}$ 引脚（即 P3.3 引脚）时，TCON 的 IE0 和 IE1 位会被置"1"。

② IT0 位和 IT1 位：分别为外部中断 0 和外部中断 1 的输入方式控制位。当 IT0=0 时，外部中断 0 端输入低电平有效（即 $\overline{INT0}$ 端输入低电平时才表示输入了中断请求信号），当 IT0=1 时，外部中断 0 端输入下降沿有效。当 IT1=0 时，外部中断 1 端输入低电平有效 1，当 IT1=1 时，外部中断 1 端输入下降沿有效。

③ TF0 位和 TF1 位：分别是定时器/计数器 0 和定时器/计数器 1 的中断请求标志。当定时器/计数器工作产生溢出时，会将 TF0 或 TF1 位置"1"，表示定时器/计数器有中断请求。

④ TR0 和 TR1：分别是定时器/计数器 0 和定时器/计数器 1 的启动/停止位。在编写程序时，若将 TR0 或 TR1 设为"1"，那么相应的定时器/计数器开始工作；若设置为"0"，定时器/计数器则会停止工作。

注意：如果将 IT0 位设为 1，则把 IE0 设为下降沿置"1"，中断子程序执行完后，IE0 位自动变为"0"（硬件置"0"）；如果将 IT0 位设为 0，则把 IE0 设置为低电平置"1"，中断子程序执行完后，IE0 位仍是"1"，所以在退出中断子程序前，要将 INT0 端的低电平信号撤掉，再用指令将 IE0 置"0"（软件置"0"），若退出中断子程序后，IE0 位仍为"1"，将会产生错误的再次中断。IT1、IE1 位的情况与 IT0、IE0 位一样。在单片机复位时，TCON 寄存器的各位均为"0"。

2. 串行通信口控制寄存器 SCON

SCON 寄存器的功能主要是接收串行通信口送到的中断请求信号。SCON 的字节地址是

98H，它有 8 位，每位均可直接访问（即可位寻址），SCOM 的字节地址、各位的位地址和名称如图 6-3 所示。

	最高位							最低位
位地址→	9FH	9EH	9DH	9CH	9BH	9AH	99H	98H
SCON 字节地址→98H	SM0	SM1	SM2	REN	TB8	RB8	TI	RI

图6-3 TCOM的字节地址、各位的位地址和名称

SCON 寄存器的 TI 位和 RI 位与中断有关，其他位用作串行通信控制，将在后面说明。

① TI 位：串行通信口发送中断标志位。在串行通信时，每发送完一帧数据，串行通信口会将 TI 位置“1”，表明数据已发送完成，向 CPU 发送中断请求信号。

② RI 位：串行通信口接收中断标志位。在串行通信时，每接收完一帧数据，串行通信口会将 RI 位置“1”，表明数据已接收完成，向 CPU 发送中断请求信号。

注意：单片机执行中断子程序后，TI 位和 RI 位不能自动变为“0”，需要在退出中断子程序时，用软件指令将它们清 0。

6.2.3 中断允许寄存器 IE

IE 寄存器的功能用来控制各个中断请求信号能否通过。IE 的字节地址是 A8H，它有 8 位，每位均可直接访问（即可位寻址），IE 的字节地址、各位的位地址和名称如图 6-4 所示。

	最高位							最低位
位地址→	AFH	AEH	ADH	ACH	ABH	AAH	A9H	A8H
IE 字节地址→A8H	EA	—	—	ES	ET1	EX1	ET0	EX0
	总中断允许位			串行通信口中断允许位	T1中断允许位	INT1中断允许位	T0中断允许位	INT0中断允许位

图6-4 IE的字节地址、各位的位地址和名称

IE 寄存器各位（有 2 位不可用）的功能说明如下。

① EA 位：总中断允许位。当 EA=1 时，总中断开关闭合；当 EA=0 时，总中断开关断开，所有的中断请求信号都不能接受。

② ES 位：串行通信口中断允许位。当 ES=1 时，允许串行通信口的中断请求信号通过；当 ES=0 时，禁止串行通信口的中断请求信号通过。

③ ET1 位：定时器/计数器 1 中断允许位。当 ET1=1 时，允许定时器/计数器 1 的中断请求信号通过；当 ET1=0 时，禁止定时器/计数器 1 的中断请求信号通过。

④ EX1 位：外部中断 1 允许位。当 EX1=1 时，允许外部中断 1 的中断请求信号通过；当 EX1=0 时，禁止外部中断 1 的中断请求信号通过。

⑤ ET0 位：定时器/计数器 0 中断允许位。当 ET0=1 时，允许定时器/计数器 0 的中断请求信号通过；当 ET0=0 时，禁止定时器/计数器 0 的中断请求信号通过。

⑥ EX0 位：外部中断 0 允许位。当 EX0=1 时，允许外部中断 0 的中断请求信号通过；

当 EX0=0 时，禁止外部中断 0 的中断请求信号通过。

6.2.4 中断优先级控制寄存器 IP

IP 寄存器的功能是设置每个中断的优先级。其字节地址是 B8H，它有 8 位，每位均可进行位寻址，IP 的字节地址、各位的位地址和名称如图 6-5 所示。

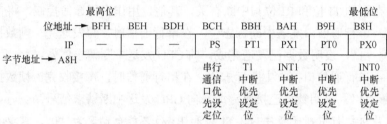

图6-5 IP的字节地址、各位的位地址和名称

IP 寄存器各位（有 3 位不可用）的功能说明如下。

① PS 位：串行通信口优先级设定位。当 PS=1 时，串行通信口为高优先级；当 PS=0 时，串行通信口为低优先级。

② PT1 位：定时器/计数器 1 优先级设定位。当 PT1=1 时，定时器/计数器 1 为高优先级；当 PT1=0 时，定时器/计数器 1 为低优先级。

③ PX1 位：外部中断 1 优先级设定位。当 PX1=1 时，外部中断 1 为高优先级；当 PX1=0 时，外部中断 1 为低优先级。

④ PT0 位：定时器/计数器 0 优先级设定位。当 PT0=1 时，定时器/计数器 0 为高优先级；当 PT0=0 时，定时器/计数器 0 为低优先级。

⑤ PX0 位：外部中断 0 优先级设定位。当 PX0=1 时，外部中断 0 为高优先级；当 PX0=0 时，外部中断 0 为低优先级。

通过设置 IP 寄存器相应位的值，可以改变 5 个中断源的优先顺序。若优先级一高一低的两个中断源同时发出请求，CPU 会先响应优先级高的中断请求，再响应优先级低的中断请求；若 5 个中断源有多个高优先级或多个低优先级中断源同时发出请求，CPU 会先按自然优先级顺序依次响应高优先级中断源，再按自然优先级顺序依次响应低优先级中断源。

|6.3 中断编程举例|

6.3.1 中断编程使用的电路例图

本节以图 6-6 所示电路来说明单片机中断的使用，当按键 S3 或 S4 按下时，给单片机的 INT0（P3.2）端或 INT1（P3.3）输入外部中断请求信号。

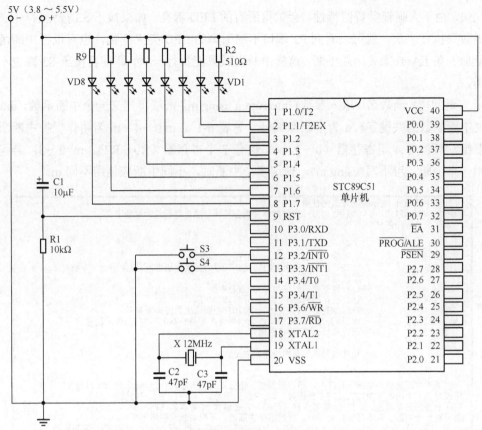

图6-6 中断使用的电路例图

6.3.2 外部中断 0 以低电平方式触发中断的程序及详解

图 6-7 是外部中断 0 以低电平方式触发中断的程序。

1. 现象

在未按下 P3.2 引脚外接的 S3 按键时，P1.0、P1.1 和 P1.4、P1.5 引脚外接 LED 会亮，按下 S3 再松开，这些引脚外接 LED 熄灭，P1.2、P1.3、P1.6、P1.7 引脚外接 LED 则变亮，如果 S3 一直按下不放，P1.0～P1.7 引脚所有外接 LED 均变亮。

2. 程序说明

在程序中，先初始化 P1 端口，然后将 IP 寄存器、IE 寄存器和 TCON 寄存器有关位的值设为 1，让 INT0 为高优先级，打开总中断和 INT0 中断，并将 INT0 中断输入方式设为低电平有效，再用 while(1)语句进入中断等持。一旦 P3.2 引脚外接的 S3 按键按下，P3.2 引脚（即 INT0 端）输入低电平，触发单片机的 INT0 中断，马上执行中断函数（也可称中断子程序），中断函数中只有一条语句 P1= ~P1，将 P1 端口各位值变反（P1=0xcc），中断函数执行后，又返回 while(1)语句等待。如果 S3 按键未松开，仍处于按下状态，中断函数又一次执行，P1 端口各位值又变反，由于中断函数两次执行时间间断短，P1 端口值变化快，其外接 LED 亮灭变化快，由于人眼视觉暂留特性，会觉得所有的 LED 都亮。如果按下 S3 按键后马上松开，中断函数只执行一次，就可以看到 P1 端口不同引脚的 LED 亮灭变化，也可以在中断函数内部最后加一条 EA=0 来关闭总中断，这样中断函数只能执行一次，即使再按压 S3 键也不会引起中断。

用"(返回值) 函数名 (输入参数) interrupt n using m"语法可定义一个中断函数，interrupt 为定义中断函数的关键字，n 为中断源编号（见表 6-1），n=0~4，m 为用作保护中断断点的寄存器组，可使用 4 组寄存器（0~3），每组有 7 个寄存器（R0~R7），m=0~3，若程序中只使用一个中断，可不写"using m"，使用多个中断时，不同中断应使用不同 m。

```
/*外部中断0的低电平触发方式的使用举例*/
#include<reg51.h>    //调用reg51.h文件对单片机各特殊功能寄存器进行地址定义
/*以下为主程序部分*/
main()
{
 P1=0x33;          //让P1端口输出00110011，外接LED四亮四灭
 IP=0x01;          //让IP寄存器的PX0位为1，将INT0设为高优先级中断，仅使用一个中断时，
                   //本条语句可不写
 EA=1;             //让IE寄存器的EA位为1，开启总中断
 EX0=1;            //让IE寄存器的EX0位为1，开启INT0中断
 IT0=0;            //让TCON寄存器IT0位为1，设INT0中断请求为低电平有效
 while(1)          //while为循环控制语句，当小括号内的条件非0(即为真)时，反复
                   //执行while大括号内的语句
 {
                   //在此处可添加其他程序或为空
 }
}
/*以下为中断函数（中断子程序），用"(返回值) 函数名 (输入参数) interrupt n using m"
格式定义一个函数名为INT0_L的中断函数，n为中断源编号，n=0~4，m为用作保护
中断断点的寄存器组，可使用4组寄存器（0~3），每组有7个寄存器（R0~R7），m=0~3，
若只有一个中断，可不写"using  m"，使用多个中断时，不同中断应使用不同m*/
void INT0_L(void) interrupt 0 using 1  //INT0_L为中断函数(用interrupt定义)，其返回值
                                       //和输入参数均为void(空)，并且为中断源0的中断
                                       //函数(编号n=0)，断点保护使用第1组寄存器(using 1)
{
 P1=~P1;           //将P1端口值各位取反，~表示位取反
                   //此处可写语句EA=0关闭中断，让中断只仅行一次
}
```

图6-7　外部中断0以低电平方式触发中断的程序

6.3.3　外部中断 1 以下降沿方式触发中断的程序及详解

图 6-8 是外部中断 1 以下降沿方式触发中断的程序。

1. 现象

在未按下 P3.3 引脚外接的 S4 按键时，P1.0、P1.1 和 P1.4、P1.5 引脚外接 LED 会亮，按下 S4 再松开，这些引脚外接 LED 熄灭，P1.2、P1.3、P1.6、P1.7 引脚外接 LED 则变亮，如果 S4 一直按下不放，P1.0~P1.7 引脚外接 LED 保持四亮四灭不变。

2. 程序说明

在程序中，与使用外部中断 0 一样，先初始化 P1 端口，然后将 IP 寄存器、IE 寄存器和 TCON 寄存器有关位的值设为 1，让 INT1 为高优先级，打开总中断和 INT1 中断，并将 INT1 中断输入方式设为下降沿有效，再用 while(1)语句进入中断等持。一旦 P3.3 引脚外接的 S4

按键按下，P3.3 引脚（即 INT1 端）输入下降沿，触发单片机的 INT1 中断，马上执行中断函数（也可称中断子程序）。由于按键按下时的抖动可能会出现多个下降沿，可能会使中断函数多次执行，故在中断函数中采用了按键防抖程序，当 S4 按键按下产生第一个下降沿后，马上触发中断执行中断函数，在中断函数中检测到 INT1 端为低电平后，执行延时函数延时10ms，避开按键抖动时间，再检测 INT1 端状态，一旦 INT1 端变为高电平（S4 键松开），马上执行 P1 端口值取反语句（P1＝~P1）。

　　由于本例中采用按键输入模拟中断请求输入，而按键操作时易产生抖动信号，使输入的中断请求信号比较复杂，故在程序中加入了按键防抖语句，有关按键抖动与防抖内容在后面有专门的章节介绍。

```
/*外部中断1的下降沿触发方式的使用举例*/
#include<reg51.h>                    //调用reg51.h文件对单片机各特殊功能寄存器进行地址定义
void DelayUs(unsigned char tu);      //声明一个DelayUs（微秒级延时）函数，输入参数为unsigned
                                     //（无符号）char(字符型)变量tu，tu为8位，取值范围 0～255
void DelayMs(unsigned char tm);      //声明一个DelayMs（毫秒级延时）函数

/*以下为主程序部分*/
main()
{
 P1=0x33;        //让P1端口输出00110011，外接LED两亮两灭
 IP=0x04;        //让IP寄存器的PX1位为1，将INT1设为高优先级中断，只使用一个中断时，
                 //可不设置IP寄存器
 EA=1;           //让IE寄存器的EA位为1，开启总中断
 EX1=1;          //让IE寄存器的EX1位为1，开启INT1中断
 IT1=1;          //让TCON寄存器IT1位为1，设INT1中断请求为下降沿有效
 while(1)        //while为循环控制语句，当小括号内的条件非0(即为真)时，反复
                 //执行while大括号内的语句

 {
                 //在此处可添加其他程序或为空
 }
}
/*以下为中断函数（中断子程序），用"(返回值) 函数名 (输入参数) interrupt n using m"
格式定义一个函数名为INT1_HL的中断函数，n为中断源编号，n=0～4，m为用作保护
中断断点的寄存器组，可使用4组寄存器（0～3），每组有7个寄存器(R0～R7)，m=0～3，
若只使用一个中断，可不写"using  m"，使用多个中断时，不同中断应使用不同*/
void INT1_HL(void) interrupt 2 using 1   // INT1_HL为中断函数(用interrupt定义)，其返回值
                                         //和输入参数均为void(空)，并且为中断源1的中断
                                         //函数(编号n=2)，断点保护使用第1组寄存器(using 1)

{
 if(!INT1)       // !INT1可写成INT1!=1, if(如果) INT1端口反值为1，表示S4键按下，
                 //则执行if大括号内的语句，若S4键未按下，执行if尾大括号之后的语句

 {
  DelayMs(10);   //执行DelayMs延时函数进行按键防抖，输入参数为10时可延时约10ms
  while(!INT1);  //若未松开S4键，!INT1为1，反复执行while语句，一旦按键释放，往下执行
  P1=~P1;        //将P1端口各位值取反
 }
}

/*以下DelayUs为微秒级延时函数，其输入参数为unsigned char tu（无符号字符型变量tu），
tu值为8位，取值范围 0～255，如果单片机的晶振频率为12M，本函数延时时间可用
T= (tu×2+5) us 计算，比如tu=248，T=501 us≈0.5ms */
void DelayUs (unsigned char tu)   //DelayUs为微秒级延时函数，其输入参数为无符号字符型变量tu

 {
  while(--tu);                    //while为循环语句，每执行一次while语句，tu值就减1，
                                  //直到tu值为0时才执行while尾大括号之后的语句
 }


/*以下DelayMs为毫秒级延时函数，其输入参数为unsigned char tm（无符号字符型变量tm），
该函数内部调用两个DelayUs (248)函数，它们共延时1002us（约1ms），
由于tm值最大为255，故本DelayMs函数最大延时时间为255ms，若将输入参数
定义为unsigned int tm，则最长可获得65535ms的延时时间*/
void DelayMs(unsigned char tm)

 {
  while(tm--)
  {
  DelayUs (248);
  DelayUs (248);
  }
 }
```

图6-8　外部中断1以下降沿方式触发中断的程序

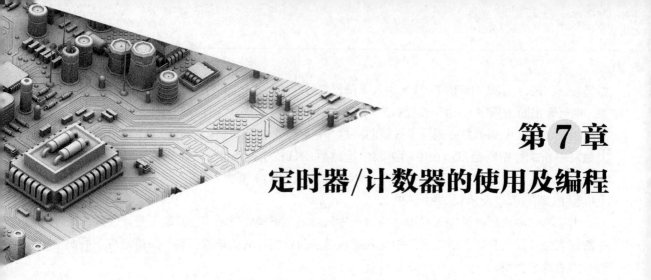

第7章
定时器/计数器的使用及编程

|7.1 定时器/计数器的定时与计数功能|

8051 单片机内部有 T0 和 T1 两个定时器/计数器。它们既可用作定时器，也可用作计数器，可以通过编程来设置其使用方法。

7.1.1 定时功能

1. 定时功能的用法

当定时器/计数器用作定时器时，可以用来计算时间。如果要求单片机在一定的时间后产生某种控制，可将定时器/计数器设为定时器。单片机定时器/计数器的定时功能用法如图 7-1 所示。

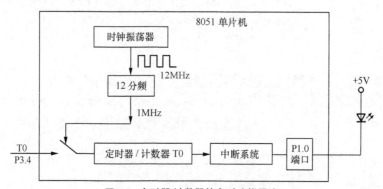

图7-1 定时器/计数器的定时功能用法

要将定时器/计数器 T0 设为定时器，实际上就是将定时器/计数器与外部输入断开，而与内部信号接通，对内部信号计数来定时。单片机的时钟振荡器可产生 12MHz 的时钟脉冲信号，经 12 分频后得到 1MHz 的脉冲信号，1MHz 信号每个脉冲的持续时间为 1μs，如果定时器 T0 对 1MHz 的信号进行计数，若从 0 计到 65536，将需要 65536μs，也即 65.536ms。65.536ms 后定时器计数达到最大值，会溢出而输出一个中断请求信号去中断系统，中断系统接收中断请求后，执行中断子程序，子程序的运行结果将 P1.0 端口置 "0"，该端口外接的发光二极管点亮。

2. 任意定时的方法

在图 7-1 中，定时器只有在 65.536ms 后计数达到最大值时才会溢出，如果需要不到 65.536ms 定时器就产生溢出，比如 1ms 后产生溢出，可以对定时器预先进行置数。将定时器初始值设为 64536，这样定时器就会从 64536 开始计数，当计到 65536 时，定时器定时时间就为 1ms 而产生一个溢出信号。

7.1.2　计数功能

1. 计数功能的用法

当定时器/计数器用作计数器时，可以用来计数。如果要求单片机计数达到一定值时产生某种控制，可将定时器/计数器设为计数器。单片机定时器/计数器的计数功能用法如图 7-2 所示。

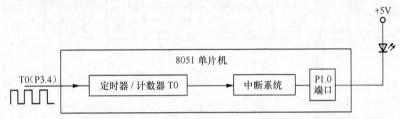

图7-2　定时器/计数器的计数功能用法

用编程的方法将定时器/计数器 T0 设为一个 16 位计数器，它的最大计数值为 2^{16}=65536。T0 端（即 P3.4 引脚）用来输入脉冲信号。当脉冲信号输入时，计数器对脉冲进行计数，当计到最大值 65536 时，计数器溢出，会输出一个中断请求信号到中断系统，中断系统接受中断请求后，执行中断子程序，子程序的运行结果将 P1.0 端口置 "0"，该端口外接的发光二极管点亮。

2. 任意计数的方法

在图 7-2 中，只有在 T0 端输入 65536 个脉冲时，计数器计数达到最大值才会溢出，如果希望输入 100 个脉冲时计数器就能溢出，可以在计数前对计数器预先进行置数，将计数器初始值设为 65436，这样计数器就会从 65436 开始计数，当输入 100 个脉冲时，计数器的计数值就达到 65536 而产生一个溢出信号。

|7.2　定时器/计数器的结构原理|

7.2.1　定时器/计数器的结构

8051 单片机内部定时器/计数器的结构如图 7-3 所示。单片机内部与定时器/计数器有关的部件主要有以下几种。

① 两个定时器/计数器（T0 和 T1）。每个定时器/计数器都是由两个 8 位计数器构成的 16 位计数器。

② TCON 寄存器。TCON 为控制寄存器，用来控制两个定时器/计数器的启动/停止。

③ TMOD 寄存器。TMOD 为工作方式控制寄存器，用来设置定时器/计数器的工作方式。

两个定时器/计数器在内部还通过总线与 CPU 连接，CPU 可以通过总线对它们进行控制。

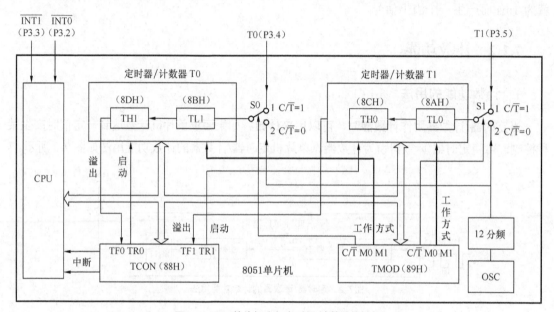

图7-3　8051单片机内部定时器/计数器的结构

7.2.2　定时器/计数器的工作原理

由于定时器/计数器是在寄存器 TCON 和 TMOD 的控制下工作的，要让定时器/计数器工作，必须先设置寄存器 TCON 和 TMOD（可编写程序来设置）。单片机内部有 2 个定时器/计数器，它们的工作原理是一样的，这里以定时器/计数器 T0 为例进行说明。

1. 定时器/计数器 T0 用作计数器

要将定时器/计数器 T0 当作计数器使用，须设置寄存器 TCON 和 TMOD，让它们对定时器/计数器 T0 进行相应的控制，然后定时器/计数器 T0 才开始以计数器的形式工作。

（1）寄存器 TCON 和 TMOD 的设置

将 T0 用作计数器时 TCON、TMOD 寄存器的设置内容主要有以下几个。

① 将寄存器 TMOD 的 C/$\overline{\text{T}}$ 位置"1"，如图 7-3 所示，该位发出控制信号让开关 S0 置"1"，定时器/计数器 T0 与外部输入端 T0（P3.4）接通。

② 设置寄存器 TMOD 的 M0、M1 位，让它控制定时器/计数器 T0 的工作方式，比如让 M0=1、M1=0，可以将定时器/计数器 T0 设为 16 位计数器。

③ 将寄存器 TCON 的 TR0 位置 "1"，启动定时器/计数器 T0 开始工作。

（2）定时器/计数器 T0 的工作过程

定时器/计数器 T0 用作计数器的工作过程有以下几步。

① 计数。定时器/计数器 T0 启动后，开始对外部 T0 端（P3.4）输入的脉冲进行计数。

② 计数溢出，发出中断请求信号。当定时器/计数器 T0 计数达到最大值 65536 时，会溢出产生一个信号，该信号将寄存器 TCON 的 TF0 位置 "1"，寄存器 TCON 立刻向 CPU 发出中断请求信号，CPU 便执行中断子程序。

2. 定时器/计数器 T0 用作定时器

要将定时器/计数器 T0 当作定时器使用，同样也要设置寄存器 TCON 和 TMOD，然后定时器/计数器 T0 才开始以定时器形式工作。

（1）寄存器 TCON 和 TMOD 的设置

将 T0 用作定时器时 TCON、TMOD 寄存器的设置内容主要有以下几个。

① 将寄存器 TMOD 的 C/$\overline{\text{T}}$ 位置 "0"，如图 7-3 所示，该位发出控制信号让开关 S0 置 "2"，定时器/计数器 T0 与内部振荡器接通。

② 设置寄存器 TMOD 的 M0、M1 位，让它控制定时器/计数器 T0 的工作方式，如让 M0=0、M1=0，可以将定时器/计数器 T0 设为 13 位计数器。

③ 将寄存器 TCON 的 TR0 位置 "1"，启动定时器/计数器 T0 开始工作。

（2）定时器/计数器 T0 的工作过程

定时器/计数器 T0 用作定时器的工作过程有以下几步。

① 计数。定时器/计数器 T0 启动后，开始对内部振荡器产生的信号（要经 12 分频）输入的脉冲进行计数。

② 计数溢出，发出中断请求信号。定时器/计数器 T0 对内部脉冲进行计数，由 0 计到最大值 8192（2^{13}）时需要 8.192ms 的时间，8.192ms 后定时器/计数器 T0 会溢出而产生一个信号，该信号将 TCON 寄存器的 TF0 位置 "1"，TCON 寄存器马上向 CPU 发出中断请求信号，CPU 便执行中断子程序。

|7.3　定时器/计数器的控制寄存器与 4 种工作方式|

定时器/计数器是在 TCON 寄存器和 TMOD 寄存器的控制下工作的，设置这两个寄存器相应位的值，可以对定时器/计数器进行各种控制。

7.3.1　定时器/计数器控制寄存器 TCON

TCON 寄存器的功能主要是接收外部中断源（INT0、INT1）和定时器/计数器（T0、T1）送来的中断请求信号，并对定时器/计数器进行启动/停止控制。TCON 的字节地址是 88H，它有 8 位，每位均可直接访问（即可位寻址）。TCON 的字节地址、各位的位地址和名称功能如图 7-4 所示。

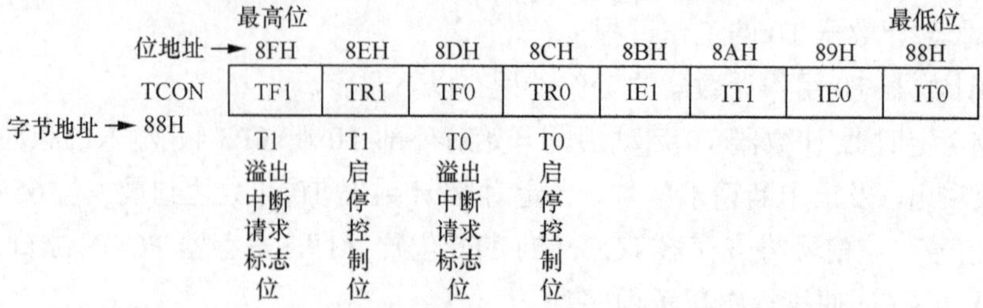

位地址 → | 8FH | 8EH | 8DH | 8CH | 8BH | 8AH | 89H | 88H

TCON | TF1 | TR1 | TF0 | TR0 | IE1 | IT1 | IE0 | IT0

字节地址 → 88H

最高位 / 最低位

| T1溢出中断请求标志位 | T1启停控制位 | T0溢出中断请求标志位 | T0启停控制位 |

图7-4　TCON寄存器的字节地址、各位的位地址和名称功能

TCON 寄存器的各位功能在前面已介绍过，这里仅对与定时器/计数器有关的位进行说明。

① TF0 位和 TF1 位：分别为定时器/计数器 0 和定时器/计数器 1 的中断请求标志。当定时器/计数器工作产生溢出时，会将 TF0 或 TF1 位置 "1"，表示定时器/计数器 T0 或 T1 有中断请求。

② TR0 和 TR1：分别为定时器/计数器 0 和定时器/计数器 1 的启动/停止位。在编写程序时，若将 TR0 或 TR1 设为 "1"，那么 T0 或 T1 定时器/计数器开始工作；若设置为 "0"，T0 或 T1 定时器/计数器则会停止工作。

7.3.2　工作方式控制寄存器 TMOD

TMOD 寄存器的功能是控制定时器/计数器 T0、T1 的功能和工作方式。TMOD 寄存器的字节地址是 89H，不能进行位操作。在上电（给单片机通电）复位时，TMOD 寄存器的初始值为 00H。TMOD 的字节地址和各位名称功能如图 7-5 所示。

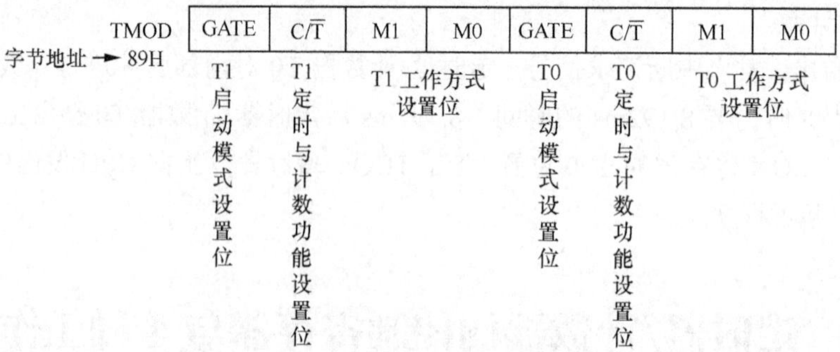

TMOD | GATE | C/$\overline{\text{T}}$ | M1 | M0 | GATE | C/$\overline{\text{T}}$ | M1 | M0

字节地址 → 89H

| T1启动模式设置位 | T1定时与计数功能设置位 | T1工作方式设置位 | T0启动模式设置位 | T0定时与计数功能设置位 | T0工作方式设置位 |

图7-5　TMOD的字节地址和各位名称功能

在 TMOD 寄存器中，高 4 位用来控制定时器/计数器 T1，低 4 位用来控制定时器/计数器 T0，两者对定时器/计数器的控制功能一样，下面以 TMOD 寄存器高 4 位为例进行说明。

① GATE 位：门控位，用来控制定时器/计数器的启动模式。

当 GATE=0 时，只要 TCON 寄存器的 TR1 位置 "1"，就可启动 T1 开始工作；当 GATE=1 时，除了需要将 TCON 寄存器的 TR1 位置 "1" 外，还要使 $\overline{\text{INT1}}$ 引脚为高电平，才能启动 T1 工作。

② C/$\overline{\text{T}}$ 位：定时、计数功能设置位。

当 C/$\overline{\text{T}}$=0 时，将定时器/计数器设置为定时工作模式；当 C/$\overline{\text{T}}$=1 时，将定时器/计数器设置为计数器工作方式。

③ M1、M0 位：定时器/计数器工作方式设置位。

M1、M0 位取不同值，可以将定时器/计数器设置为不同的工作方式。TMOD 寄存器高 4 位中的 M1、M0 用来控制 T1 的工作方式，低 4 位中的 M1、M0 用来控制 T0 的工作方式。M1、M0 位不同取值与定时器/计数器工作方式的关系见表 7-1。

表 7-1　　　　　　　　TMOD 寄存器的 M1、M0 位值与定时器/计数器工作方式

M1	M0	工作方式	功　　能
0	0	方式 0	设成 13 位计数器。T0 用 TH0（8 位）和 TL0 的低 5 位，T1 用 TH1（8 位）和 TL1 的低 5 位。最大计数值为 2^{13}=8192
0	1	方式 1	设成 16 位计数器。T0 由 TH0 和 TL0 构成，T1 由 TH1 和 TL1 构成。最大计数值为 2^{16}=65536
1	0	方式 2	设成带自动重装载功能的 8 位计数器。TL0 和 TL1 为 8 位计数器，TH0 和 TH1 存储自动重装载的初值
1	1	方式 3	只用于 T0。把 T0 分为两个独立的 8 位定时器 TH0 和 TL0，TL0 占用 T0 的全部控制位，TH0 占用 T1 的部分控制位，此时 T1 用作波特率发生器

7.3.3　定时器/计数器的工作方式

在 TMOD 寄存器的 M1、M0 位的控制下，定时器/计数器可以工作在 4 种不同的方式下，不同的工作方式适用于不同的场合。

1. 方式 0

当 M1=0、M0=0 时，定时器/计数器工作在方式 0，它被设成 13 位计数器。在方式 0 时，定时器/计数器由 TH、TL 两个 8 位计数器组成，使用 TH 的 8 位和 TL 的低 5 位。

（1）定时器/计数器工作在方式 0 时的电路结构与工作原理

定时器/计数器 T0、T1 工作在方式 0 时的电路结构与工作原理相同。以 T0 为例，将 TMOD 寄存器的低 4 位中的 M1、M0 位均设为"0"，T0 工作在方式 0。定时器/计数器 T0 工作在方式 0 时的电路结构如图 7-6 所示。

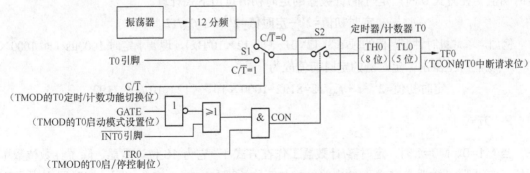

图7-6　定时器/计数器T0工作在方式0时的电路结构

当 T0 工作在方式 0 时，T0 是一个 13 位计数器（TH0 的 8 位+TL0 的低 5 位）。C/$\overline{\text{T}}$ 位通过控制开关 S1 来选择计数器的计数脉冲来源。当 C/$\overline{\text{T}}$=0 时，计数脉冲来自单片机内部振荡

器（经 12 分频）；当 C/$\overline{T}$=1 时，计数脉冲来自单片机 T0 引脚（P3.4 引脚）。

GATE 位控制 T0 的启动方式。GATE 位与 $\overline{INT0}$ 引脚、TR0 位一起经逻辑电路后形成 CON 电平，再由 CON 电平来控制开关 S2 的通断。当 CON=1 时，S2 闭合，T0 工作；当 CON=0 时，S2 断开，T0 停止工作（S2 断开后无信号送给 T0）。GATE、$\overline{INT0}$ 和 TR0 形成 CON 电平的表达式是：

$$CON=TR0 \cdot (\overline{GATE}+\overline{INT0})$$

从上式可知：

若 GATE=0，则（$\overline{GATE}+\overline{INT0}$）=1，CON=TR0，即当 GATE=0 时，CON 的值与 TR0 的值一致，TR0 可直接控制 T0 的启动/停止。

若 GATE=1，则 CON=TR0 $\cdot$（$\overline{INT0}$），即 CON 的值由 TR0、$\overline{INT0}$ 两个值决定，其中 TR0 的值由编程来控制（软件控制），而 $\overline{INT0}$ 的值由外部 $\overline{INT0}$ 引脚的电平控制，只有当它们的值都为"1"时，CON 的值才为"1"，定时器/计数器 T0 才能启动。

（2）定时器/计数器初值的计算

若定时器/计数器工作在方式 0，当其与外部输入端（T0 引脚）连接时，可以用作 13 位计数器；当与内部振荡器连接时，可以用作定时器。

① 计数初值的计算。当定时器/计数器用作 13 位计数器时，它的最大计数值为 8192（2^{13}），当 T0 引脚输入 8192 个脉冲时，计数器就会产生溢出而发出中断请求信号。如果希望不需要输入 8192 个脉冲，计数器就能产生溢出，可以给计数器预先设置数值，这个预先设置的数值称为计数初值。在方式 0 时，定时器/计数器的计数初值可用下式计算：

$$计数初值=2^{13}-计数值$$

例如，希望输入 1000 个脉冲计数器就能产生溢出，计数器的计数初值应设置为 7192（8192-1000）。

② 定时初值的计算。当定时器/计数器用作定时器时，它对内部振荡器产生的脉冲（经 12 分频）进行计数，该脉冲的频率为 $f_{osc}/12$，脉冲周期为 $12/f_{osc}$，定时器的最大定时时间为 $2^{13} \cdot 12/f_{osc}$，若振荡器的频率 f_{osc} 为 12MHz，定时器的最大定时时间为 8192μs。如果不希望定时这么长，定时器就能产生溢出，可以给定时器预先设置数值，这个预先设置的数值称为定时初值。在方式 0 时，定时器/计数器的定时初值可用下式计算：

$$定时初值=2^{13}-定时值=2^{13}-t \cdot f_{osc}/12$$

例如，单片机时钟振荡器的频率为 12MHz（即 12×10^6Hz），现要求定时 1000μs（即 1000×10^{-6}s）就能产生溢出，定时器的定时初值应为

$$定时初值=2^{13}-t \cdot f_{osc}/12=8192-1000 \times 10^{-6} \times 12 \times 10^6/12=7192$$

2. 方式 1

当 M1=0、M0=1 时，定时器/计数器工作在方式 1，它为 16 位计数器。除了计数位数不同外，定时器/计数器在方式 1 的电路结构与工作原理与方式 0 完全相同。定时器/计数器工作在方式 1 时的电路结构（以定时器/计数器 T0 为例）如图 7-7 所示。

定时器/计数器工作在方式 1 时的计数初值和定时初值的计算公式分别如下：

$$计数初值=2^{16}-计数值$$

$$定时初值=2^{16}-定时值=2^{16}-t \cdot f_{osc}/12$$

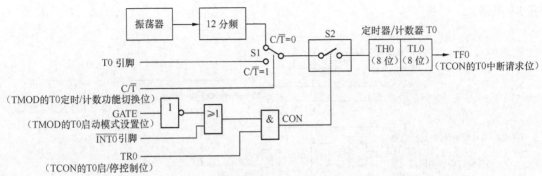

图7-7　定时器/计数器在方式1时的电路结构

3. 方式 2

定时器/计数器工作方式 0 和方式 1 时适合进行一次计数或定时，若要进行多次计数或定时，可让定时器/计数器工作在方式 2。当 M1=1、M0=0 时，定时器/计数器工作在方式 2，它为 8 位自动重装计数器。定时器/计数器工作在方式 2 时的电路结构（以定时器/计数器 T0为例）如图 7-8 所示。

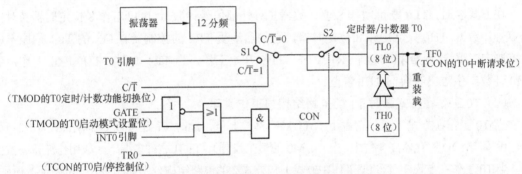

图7-8　定时器/计数器T0在方式2时的电路结构

工作在方式 2 时，16 位定时器/计数器 T0 分成 TH0、TL0 两个 8 位计数器，其中 TL0用来对脉冲计数，TH0 用来存放计数器初值。在计数时，当 TL0 计数溢出时会将 TCON 寄存器的 TF0 位置 "1"，同时也控制 TH0 重装开始，将 TH0 中的初值重新装入 TL0 中，然后TL0 又开始在初值的基础上对输入脉冲进行计数。

定时器/计数器工作在方式 2 时的计数初值和定时初值的计算分别如下：

$$计数初值=2^{8}-计数值$$
$$定时初值=2^{8}-定时值=2^{8}-t \cdot f_{osc}/12$$

4. 方式 3

定时器/计数器 T0 有方式 3，而 T1 没有（T1 只有方式 0～2）。当 TMOD 寄存器低 4 位中的 M1=1、M0=1 时，T0 工作在方式 3。在方式 3 时，T0 用作计数器或定时器。

（1）T0 工作在方式 3 时的电路结构与工作原理

在方式 3 时，定时器/计数器 T0 用作计数器或定时器，在该方式下 T0 的电路结构如图 7-9 所示。

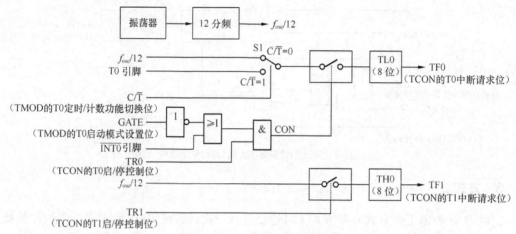

图7-9　T0工作在方式3时的电路结构

在方式 3 时，T0 被分成 TL0、TH0 两个独立的 8 位计数器，其中 TL0 受 T0 的全部控制位控制（即原本控制整个 T0 的各个控制位，在该方式下全部用来控制 T0 的 TL0 计数器），而 TH0 受 T1 的部分控制位（TCON 的 TR1 位和 TF1 位）控制。

在方式 3 时，TL0 既可用作 8 位计数器（对外部信号计数），也可用作 8 位定时器（对内部信号计数）；TH0 只能用作 8 位定时器，它的启动受 TR1 的控制（TCON 的 TR1 位原本用来控制定时器/计数器 T1），当 TR1=1 时，TH0 开始工作，当 TR1=0 时，TH0 停止工作，当 TH0 计数产生溢出时会向 TF1 置位。

（2）T0 工作在方式 3 时 T1 的电路结构与工作原理

当 T0 工作在方式 3 时，它占用了 T1 的一些控制位，此时 T1 还可以工作在方式 0～2（可通过设置 TMOD 寄存器高 4 位中的 M1、M0 的值来设置），T1 在这种情况下一般用作波特率发生器。当 T0 工作在方式 3 时，T1 工作在方式 1 和方式 2 的电路结构分别如图 7-10（a）、（b）所示。

图 7-10（a）是 T0 在方式 3 时 T1 工作在方式 1（或方式 0）时的电路结构。在该方式下，T1 是一个 16 位计数器，由于 TR1 控制位已被借用来控制 T0 的高 8 位计数器 TH0，所以 T1 在该方式下无法停止，一直处于工作状态，另外由于 TF1 位也借给了 TH0，所以 T1 溢出后也不能对 TF1 进行置位产生中断请求信号，T1 溢出的信号只能输出到串行通信口，此方式下的 T1 为波特率发生器。

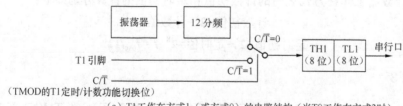

（a）T1工作在方式1（或方式0）的电路结构（当T0工作在方式3时）

图7-10　T0在方式3时T1工作在方式1和方式2的电路结构

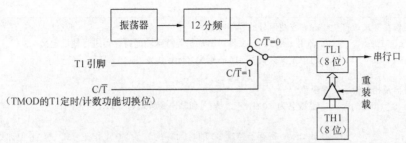

（b）T1工作在方式2的电路结构（当T0工作在方式3时）

图7-10　T0在方式3时T1工作在方式1和方式2的电路结构（续）

图 7-10（b）是 T0 在方式 3 时 T1 工作在方式 2 时的电路结构。在该方式下，T1 是一个 8 位自动重装计数器，除了具有自动重装载功能外，其他与方式 1 相同。

|7.4　定时器/计数器的应用及编程|

7.4.1　产生 1kHz 方波信号的程序及详解

（1）确定初值

1kHz 方波信号的周期 $T=1/f=1/1000=1ms$，高、低电平各为 0.5ms（500μs），要产生 1kHz 方波信号，只需让定时器/计数器每隔 0.5ms 产生一次计数溢出中断，中断后改变输出端口的值，并重复进行该过程即可。定时器/计数器 T0 工作在方式 1 时为 16 位计数器，最大计数值 65536 时，T0 从 0 计到 65536 需要耗时 65.536ms（单片机时钟频率为 12MHz 时），要 T0 每隔 0.5ms 产生一次计数溢出，必须给 T0 设置定时初值。定时器/计数器工作在方式 1 时的定时初值的计算公式如下：

$$定时初值=2^{16}-定时值=2^{16}-t \cdot f_{osc}/12=65536-500\times10^{-6}\times12\times10^{6}\div12=65036$$

定时初值放在 TH0 和 TL0 两个 8 位寄存器中，TH0 存放初值的高 8 位，TL0 存放初值的低 8 位，65036 是一个十进制数，存放时需要转换成十六进制数，65036 转换成十六进制数为 0xFE0C，TH0 存放 FE，TL0 存放 0C。由于 65036 数据较大，转换成十六制数运算较麻烦，可采用 65036/256 得到 TH0 值，"/"为相除取商，结果 TH0=254，软件编译时自动将十进制数 254 转换成十六进制数 0xFE，TL0 值可采用(65536−500)%256 计算得到，"%"为相除取余数，结果 TL0=12，十进制数 12 转换成十六进制数为 0x0C。

（2）程序说明

图 7-11 是一种让定时器/计数器 T0 工作在方式 1 时产生 1kHz 方波信号的程序。在程序中，先声明一个定时器及相关中断设置函数 T0Int_S，在该函数中，设置 T0 的工作方式（方式 1），设置 T0 的计数初值（65036，TH0、TL0 分别存放高、低 8 位），将信号输出端口 P1.0 赋初值 1，再打开总中断和 T0 中断，然后让 TCON 的 TR0 位为 1 启动 T0 开始计数。在图 7-11 程序中还编写一个定时器中断函数（子程序）T0Int_Z，在该函数中先给 T0 赋定时初值，再让输出端口 P1.0 值变反。

```
/*让定时器工作在方式1产生1kHz方波信号的程序*/
#include<reg51.h>            //调用reg51.h文件对单片机各特殊功能寄存器进行地址定义
sbit Xout=P1^0;             //用位定义关键字sbit定义Xout代表P1.0端口

/*以下为定时器及相关中断设置函数*/
void T0Int_S (void)         //函数名为T0Int_S，输入和输出参数均为void（空），
{
  TMOD=0x01;               //让TMOD寄存器控制T0的M1M0=01，设T0工作在方式1（16位计数器）
  TH0=(65536-500)/256;     //将定时初值的高8位放入TH0，"/"为除法运算符号
  TL0=(65536-500)%256;     //将定时初值的低8位放入TL0，"%"为相除取余数符号
  Xout=1;                  //赋P1.0端口初值为1
  EA=1;                    //让IE寄存器的EA=1，打开总中断
  ET0=1;                   //让IE寄存器的ET0=1，允许T0的中断请求
  TR0=1;                   //让TCON寄存器的TR0=1，启动T0在TH0、TL0初值基础上开始计数
}

/*以下为主程序部分*/
main()                     //main为主函数，一个程序只允许有一个主函数，其语句要写在main
                           //首尾大括号内，不管程序多复杂，单片机都会从main函数开始执行程序
{
  T0Int_S ();              //执行T0Int_S函数（定时器及相关中断设置函数）
  while(1);                //当while小括号内的条件非0（即为真）时，反复执行while语句，即程序在此处
                           //原地踏步，直到T0计到65536时产生中断请求才去执行T0Int_Z中断函数
}

/*以下T0Int_Z为定时器中断函数，用"(返回值)函数名(输入参数) interrupt n using m"格式定义一个
函数名T0Int_Z的中断函数，n为中断源编号，n=0~4，m为用作保护中断断点的寄存器组，可使用4组寄存器
(0~3)，每组有7个寄存器（R0~R7），m=0~3，若只有一个中断，可不写"using m"，使用多个中断时，不
同中断应使用不同m*/
void T0Int_Z (void)  interrupt 1 using 1      //T0Int_Z为中断函数(用interrupt定义)，其返回值
                                              //和输入参数均为void(空)，并且为T0的中断函数
                                              //(中断源编号n=1)，断点保护使用第1组寄存器(using 1)
{
  TH0=(65536-500)/256;     //将定时初值的高8位放入TH0，"/"为除法运算符号
  TL0=(65536-500)%256;     //将定时初值的低8位放入TL0，"%"为相除取余数符号
  Xout =~Xout;             //将P1.0端口值取反
}
```

图7-11　定时器/计数器T0工作在方式1时产生1kHz方波信号的程序

　　main函数是程序的入口，main函数之外的函数只能被main函数调用。图7-11程序运行时进入main函数，在main函数中先执行中断设置函数T0Int_S，设置定时器工作方式和定时初值，将输出端口赋值1，并打开总中断和T0中断，并启动T0开始计数，然后执行while(1)语句原地踏步等待，0.5ms（此期间输出端口P1.0为高电平）后T0计数达到65536溢出，产生一个T0中断请求信号触发定时器中断函数T0Int_Z执行，T0Int_Z函数重新给T0定时器赋定时初值，再将输出端口P1.0值取反（T0Int_Z函数第一次执行后，P1.0变为低电平），中断函数T0Int_Z执行完后又返回到main函数的while(1)语句原地踏步等待，T0则从中断函数设置的定时初值基础上重新计数，直到计数到65536产生中断请求再次执行中断函数，如此

反复进行，P1.0 端口的高、低电平不断变化，一个周期内高、低电平持续时间都为 0.5ms，即 P1.0 端口有 1kHz 的方波信号输出。

用频率计（也可以用带频率测量功能的数字万用表）可以在 P1.0 端口测得输出方波信号的频率，用示波器则还能直观查看到输出信号的波形。由于单片机的时钟频率可能会飘移，另外程序语句执行需要一定时间，所以输出端口的实际输出信号频率与理论频率可能不完全一致，适当修改定时初值大小可使输出信号频率尽量接近需要输出的频率，输出信号频率偏低时可适合调大定时初值，这样计数时间更短就能产生溢出，从而使输出频率升高。

7.4.2　产生 50kHz 方波信号的程序及详解

定时器/计数器工作在方式 1 时执行程序中的重装定时初值语句需要一定的时间，若让定时器/计数器工作在方式 1 来产生频率高的信号，得到的高频信号频率与理论频率差距很大。定时器/计数器工作在方式 2 时，一旦计数溢出，定时初值会自动重装，无需在程序中编写重新初值语句，故可以产生频率高且频率较准确的信号。

图 7-12 是一种让定时器/计数器 T1 工作在方式 2 时产生 50kHz 方波信号的程序。在程序的中断设置函数 T1Int_S 中，在 TL1 和 TH1 寄存器中分别设置了计数初值和重装初值，由于单片机会自动重装计数初值，故在定时器中断函数 T1Int_Z 中无需再编写重装初值的语句。定时器/计数器从 246 计到 256 需要 10μs，然后执行定时器中断函数 T1Int_Z 使输出端口电平变反，即输出方波信号周期为 20μs，频率为 50kHz。

```
/*让定时器工作在方式2产生50kHz方波信号的程序*/
#include<reg51.h>          //调用reg51.h文件对单片机各特殊功能寄存器进行地址定义
sbit Xout=P1^0;            //用位定义关键字sbit将Xout代表P1.0端口

/*以下为定时器及相关中断设置函数*/
void T1Int_S (void)        //函数名为T1Int_S，输入和输出参数均为void(空)
{
    TMOD=0x20;             //让TMOD寄存器控制T1的M1M0=10，设T1工作在方式2(8位重装计数器)
    TH1=246;               //在TH1寄存器中设置计数重装值
    TL1=246;               //在TL1寄存器装入计数初值
    Xout=1;                //赋P1.0端口初值为1
    EA=1;                  //让IE寄存器的EA=1，打开总中断
    ET1=1;                 //让IE寄存器的ET1=1，允许T1的中断请求
    TR1=1;                 //让TCON寄存器的TR1=1，启动T1开始计数
}
/*以下为主程序部分*/
main()                     //main为主函数，一个程序只允许有一个主函数，其语句要写在main
                           //首尾大括号内，不管程序多复杂，单片机都会从main函数开始执行程序
{
    T1Int_S ();            //执行T1Int_S函数（定时器及相关中断设置函数）
    while(1);              //当while小括号内的条件非0(即为真)时，反复执行while语句，即程序在此处
                           //原地踏步，直到T1计到256时产生中断请求才去执行T1Int_Z中断函数
}

/*以下T1Int_Z为定时器中断函数，用"(返回值) 函数名 (输入参数) interrupt n using m"格式
定义一个函数名T1Int_Z的中断函数，n为中断源编号，n=0～4，m为用作保护中断断点的
寄存器组，可使用4组寄存器(0～3)，每组有7个寄存器(R0～R7)，m=0～3，若只有
一个中断，可不写"using m"，使用多个中断时，不同中断应使用不同m*/
void T1Int_Z (void)  interrupt 3 using 1    //  T1Int_Z为中断函数(用interrupt定义)，其返回值
                                            //和输入参数均为void(空)，并且为T1的中断函数
                                            //(中断源编号n=3)，断点保护使用第1组寄存器(using 1)
{
    Xout =~Xout;          //将P1.0端口值取反
}
```

图7-12　定时器/计数器T1工作在方式2时产生50kHz方波信号的程序

7.4.3　产生周期为 1s 方波信号的程序与长延时的方法

定时器/计数器的最大计数值为 65536，当单片机时钟频率为 12MHz 时，定时器/计数器从 0 计到 65536 产生溢出中断需要 65.536ms，若采用每次计数溢出就转换一次信号电平的方法，只能产生周期最长约为 131ms 的方波信号，如果要产生周期更长的信号，可以让定时器/计数器溢出多次后再转换信号电平，这样就可以产生周期为 ($2 \times 65.536 \times n$)ms 的方波信号，n 为计数溢出的次数。

图 7-13 是一种让定时器/计数器 T0 工作在方式 1 时产生周期为 1s 方波信号的程序。该程序与图 7-11 程序的区别主要在于定时器中断函数的内容不同，本程序将定时器的定时初值设为（66536-50000），这样计到 65536 溢出需要 50ms，即每隔 50ms 会执行一次定时器中断函数 T0Int_Z，用 i 值计算 T0Int_Z 的执行次数，当第 11 次执行时 i 值变为 11，if 大括号内的语句执行，将 i 值清 0，同时将输出端口值变反。也就是说，定时器/计数器执行 10 次（每次需要 50ms）时输出端口电平不变，第 11 次执行时输出端口电平变反，i 值变为 0，又开始保持电平不变进行 10 次计数，结果输出端口得到 1s(1000ms) 的方波信号。

如果在 T0Int_Z 函数的 "Xout =~Xout;" 语句之后增加一条 "TR0=0" 语句，T0Int_Z 函数仅会执行一次，并且会让定时器/计数器 T0 计数停止，即单片机上电后，P1.0 端口输出低电平，500ms 后，P1.0 端口输出变为高电平，此后该高电平一直保持。若需要获得较长的延时，可以增大程序中的 i 值（最大取值为 65535），比如 i=60000，可以得到 50ms×60000=3000s 的定时，如果要获得更长的延时，可以将 "unsigned int i" 改成 "unsigned long int i"，这样 i 由 16 位整数型变量变成 32 位整数型变量，取值范围由 0～65535 变成 0～4294967295。

```
/*让定时器工作在方式1产生周期为1s的方波信号的程序*/
#include<reg51.h>              //调用reg51.h文件对单片机各特殊功能寄存器进行地址定义
sbit Xout=P1^0;               //用位定义关键字sbit将Xout代表P1.0端口

/*以下为定时器及相关中断设置函数*/
void T0Int_S (void)           //函数名为T0Int_S，输入和输出参数均为void（空）
{
    TMOD=0x01;               //让TMOD寄存器的M1M0=01，设T0工作在方式1（16位计数器）
    TH0=(65536-50000)/256;   //将定时初值的高8位放入TH0，"/"为除法运算符号
    TL0=(65536-50000)%256;   //将定时初值的低8位放入TL0，"%"为相除取余数符号
    Xout=0;                  //赋P1.0端口初值为1
    EA=1;                    //让IE寄存器的EA=1，打开总中断
    ET0=1;                   //让IE寄存器的ET0=1，允许T0的中断请求
    TR0=1;                   //让TCON寄存器的TR0=1，启动T0在TH0、TL0初值基础上开始计数

/*以下为主程序部分*/
main()                        //main为主函数，一个程序只允许有一个主函数，其语句要写在main
                              //首尾大括号内，不管程序多复杂，单片机都会从main函数开始执行程序
{
    T0Int_S ();              //执行T0Int_S函数（定时器及相关中断设置函数）
    while(1);                //当while小括号内的条件非0(即为真)时，反复执行while语句，即程序在此处
                             //原地踏步，直到T0计到65536时产生中断请求才去执行T0Int_Z中断函数
}

/*以下T0Int_Z为定时器中断函数，用"(返回值) 函数名 (输入参数) interrupt n using m"格式
定义一个函数名T0Int_Z的中断函数，n为中断源编号，n=0～4，m为用作保护中断断点的
寄存器组，可使用4组寄存器（0～3），每组有7个寄存器（R0～R7），m=0～3，若只有
一个中断，可不写"using m"，使用多个中断时，不同中断应使用不同m*/
void T0Int_Z (void)  interrupt 1 using 1   //T0Int_Z为中断函数(用interrupt定义)，其返回值
                                           //和输入参数均为void(空)，并且为T0的中断函数
                                           //(中断源编号为1)，断点保护使用第1组寄存器(using 1)
{
    unsigned int i;          //声明一个无符号(unsigned)整数型(int)变量,i=0～65535
    TH0=(65536-50000)/256;   //将定时初值的高8位放入TH0，"/"为除法运算符号
    TL0=(65536-50000)%256;   //将定时初值的低8位放入TL0，"%"为相除取余数符号
    i++;                     //将i值增1，T0Int_Z函数需执行11次才会使i=11
    if(i==11)                //如果i=11，执行if大括号的语句，否则跳到大括号之后，
                             //T0Int_Z函数需执行11次才会执行if大括号内的语句
    {
        i=0;                 //将i值置0
        Xout =~Xout;         //将P1.0端口值取反
    }
}
```

图7-13　定时器/计数器T0工作在方式1时产生周期为1s方波信号的程序

第8章
按键电路及编程

|8.1 独立按键输入电路与程序详解|

8.1.1 开关输入产生的抖动及软、硬件解决方法

1. 开关输入电路与开关的抖动

图 8-1（a）是一种简单的开关输入电路。在理想状态下，当按下开关 S 时，给单片机输入一个"0"（低电平）；当 S 断开时，则给单片机输入一个"1"（高电平）。但实际上，当按下开关 S 时，由于手的抖动，S 会断开、闭合几次，然后稳定闭合，所以按下开关时，给单片机输入的低电平不稳定，而是高、低电平变化几次（持续 10~20ms），再保持为低电平，同样在 S 弹起时也有这种情况。开关通断时产生的开关输入信号如图 8-1（b）所示。开关抖动给单片机输入不正常的信号后，可能会使单片机产生误动作，应设法消除开关的抖动。

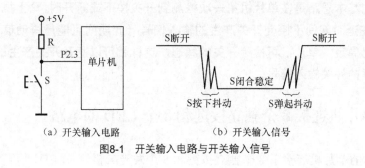

（a）开关输入电路　　　　　（b）开关输入信号

图8-1　开关输入电路与开关输入信号

2. 开关输入抖动的解决方法

开关输入抖动的解决方法有硬件防抖法和软件防抖法。

（1）硬件防抖

硬件防抖的方法很多，图 8-2 是两种常见的硬件防抖电路。

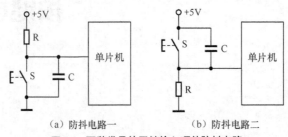

（a）防抖电路一　　　　　　（b）防抖电路二

图8-2　两种常见的开关输入硬件防抖电路

在图 8-2（a）中，当开关 S 断开时，+5V 电压经电阻 R 对电容 C 充电，在 C 上充得+5V 电压，当按下开关，S 闭合时，由于开关电阻小，电容 C 通过开关迅速将两端电荷放掉，两端电压迅速降低（接近 0V），单片机输入为低电平，在按下开关时，由于手的抖动导致会开关短时断开，+5V 电压经 R 对 C 充电，但由于 R 阻值大，短时间电容 C 充电很少，电容 C 两端电压基本不变，因此单片机输入仍为低电平，从而保证在开关抖动时仍可给单片机输入稳定的电平信号。图 8-2（b）所示防抖电路的工作原理可自己分析。

如果采用图 8-2 所示的防抖电路，选择 RC 的值比较关键，RC 元件的值可以用下式计算：

$$t<0.357 \cdot RC$$

因为抖动时间一般为 10～20ms，如果 $R=10\text{k}\Omega$，那么 C 可在 2.8～5.6μF 中选择，通常选择 3.3μF。

（2）软件防抖

用硬件可以消除开关输入的抖动，但会使输入电路变复杂且成本提高，为使硬件输入电路简单和降低成本，也可以通过软件编程的方法来消除开关输入的抖动。

软件防抖的基本思路是在单片机第一次检测到开关按下或断开时，马上执行延时程序（需 10～20ms），在延时期间不接受开关产生的输入信号（此期间可能是抖动信号），经延时时间后开关通断已稳定，单片机再检测开关的状态，这样就可以避开开关产生的抖动信号，而检测到稳定正确的开关输入信号。

8.1.2　单片机连接 8 个独立按键和 8 个 LED 的电路

图 8-3 所示的单片机连接了 8 个独立按键和 8 个发光二极管（LED），可以选择某个按键来控制 LED 的亮灭，具体由编写的程序来决定。

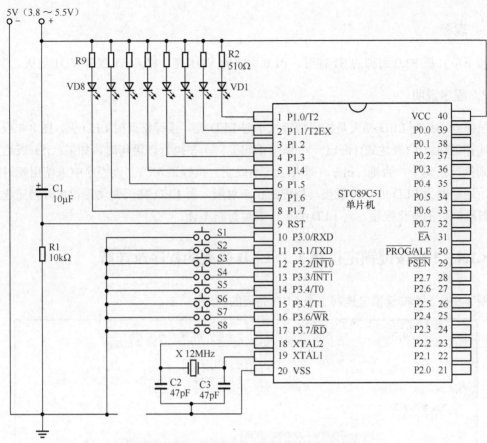

图8-3　单片机连接8个独立按键和8个LED的电路

8.1.3　1个按键点动控制1个LED亮灭的程序及详解

图 8-4 是 1 个按键点动控制 1 个 LED 亮灭的程序。

```
/*1个按键点动控制1个LED亮灭的程序*/
#include<reg51.h>   //调用reg51.h文件对单片机各特殊功能寄存器进行地址定义
sbit LED=P1^0;       //用位定义关键字sbit将LED代表P1.0端口，LED是自己任意
                     //定义且容易记忆的符号
sbit S1=P3^0;        //用位定义关键字sbit将S1代表P3.0端口
/*以下为主程序部分*/
void main (void)     //main为主函数，main前面的void表示函数无返回值(输出参数)，
                     //后面小括号内的void(也可不写)表示函数无输入参数，一个程序
                     //只允许有一个主函数，其语句要写在main首尾大括号内，不管
                     //程序多复杂，单片机都会从main函数开始执行程序
{                    //main函数首大括号
 LED=1;              //将P1.0端口赋值1，让P1.0引脚输出高电平
 while (1)           //while为循环控制语句，当小括号内的条件非0(即为真)时，反复
                     //执行while首尾大括号内的语句
 {                   //while语句首大括号
  if(S1!=1)          //if（意为如果）S1的反值为1，则执行LED=0，!表示取非
   {
    LED=0;           //将P1.0端口赋值0，让P1.0引脚输出低电平，点亮LED
   }
  else               //else（意为否则）执行LED=1
   {
    LED=1;           //将P1.0端口赋值1，让P1.0引脚输出高电平，熄灭LED
   }
                     //while语句尾大括号
 }
}                    //main函数尾大括号
```

图8-4　1个按键点动控制1个LED亮灭的程序

1. 现象

按下单片机 P3.0 引脚的 S1 键时，P1.0 引脚的 VD1 亮，松开 S1 键时 VD1 熄灭。

2. 程序说明

按键点动控制 LED 亮灭是指当按键按下时 LED 亮，按键松开时 LED 灭。图 8-4 程序使用了选择语句 "if (表达式){语句一} else {语句二}"，在执行该语句时，如果（if）表达式成立，则执行语句一，否则（else，即表达式不成立）执行语句二。该程序中未使用延时防抖程序，这是因为 LED 的状态直接与按键的状态对应，而 LED 亮灭变化需较长时间完成，而按键抖动产生的变化很短，对 LED 亮灭影响可忽略不计。

8.1.4　1 个按键锁定控制 1 个 LED 亮灭的程序及详解

图 8-5 是 1 个按键锁定控制 1 个 LED 亮灭的程序。

```
/*1个按键锁定控制1个LED亮灭的程序*/
#include<reg51.h>              //调用reg51.h文件对单片机各特殊功能寄存器进行地址定义
sbit LED=P1^0;                 //用位定义关键字sbit将LED代表P1.0端口，LED是自己任意
                               //定义且容易记忆的符号
sbit S1=P3^0;                  //用位定义关键字sbit将S1代表P3.0端口
void DelayUs(unsigned char tu); //声明一个DelayUs（微秒级延时）函数，输入参数为unsigned
                               //（无符号）char(字符型)变量tu，tu为8位，取值范围 0～255
void DelayMs(unsigned char tm); //声明一个DelayMs（毫秒级延时）函数

/*以下为主程序部分*/
void main (void)
{
 S1=1;                        //将按键输入端口P3.0赋值1
 while (1)                    //while为循环控制语句，当小括号内的条件非0(即为真)时，反复
                             //执行while大括号内的语句
 {                           //第一个while语句首大括号
  if(S1!=1)                  //if（如果）S1的反值为1，表示按键按下，则执行本if大括号内的语句，
                             //如果S1的反值不为1（按键未按下），则执行本if尾大括号之后的语句
  {                          //第一个if语句首大括号
   DelayMs(10);              //若按下按键，则执行DelayMs函数，DelayMs的输入参数tm被赋值10，
                             //延时约10ms，在此期间内按键产生的抖动信号不影响程序
   if(S1!=1)                 //再次检测按键是否按下，按下则执行本if大括号内的语句，未按下
                             //则执行本if尾大括号之后的语句
   {                         //第二个if语句首大括号
    while(S1!=1);            //检测按键的状态，按键处于闭合（S1!=1成立）时反复执行while语句，
                             //按键一旦释放断开马上执行while之后的语句
    LED=!LED;                //将P1.0端口的值取反
   }                         //第二个if语句尾大括号
  }                          //第一个if语句尾大括号
 }                           //第一while语句尾大括号
}

/*以下DelayUs为微秒级延时函数，其输入参数为unsigned char tu（无符号字符型变量tu），
tu值为8位，取值范围 0～255，如果单片机的晶振频率为12M，本函数延时时间可用
T=（tu×2+5）us 近似计算，比如tu=248，T=501 us≈0.5ms */
void DelayUs (unsigned char tu) //DelayUs为微秒级延时函数，其输入参数为无符号字符型变量tu
 {
  while(--tu);               //while为循环语句，每执行一次while语句，tu值就减1，
                             //直到tu值为0时才执行while尾大括号之后的语句

 }

/*以下DelayMs为毫秒级延时函数，其输入参数为unsigned char tm（无符号字符型变量tm），
该函数内部使用了两个DelayUs (248)函数，它们共延时1002us（约1ms），
由于tm值最大为255，故本DelayMs函数最大延时可为255ms，若将输入参数
定义为unsigned int tm，则最长可获得65535ms的延时时间*/
void DelayMs(unsigned char tm)
 {
  while(tm--)
 {
  DelayUs (248);
  DelayUs (248);
 }
 }
```

图8-5　1个按键锁定控制1个LED亮灭的程序

1. 现象

按下单片机 P3.0 引脚的 S1 键时，P1.0 引脚连接的 VD1 亮，松开 S1 键后 VD1 仍亮，再按下 S1 键时 VD1 熄灭，松开 S1 键后 VD1 仍不亮，即松开按键后 LED 的状态锁定，需要再次按压按键才能切换 LED 的状态。

2. 程序说明

在图 8-5 程序中，使用了 DelalyUs（tu）和 DelalyMs（tm）两个延时函数，DelalyUs（tu）为微秒级延时函数，如果单片机的时钟晶振频率为 12MHz，其延时时间可近似用 T=（tu× 2+5）μs 计算，DelalyUs（248）延时时间约为 0.5ms，DelalyMs（tm）为毫秒级延时函数，其内部使用了两次 DelalyUs（248），其总延时时间为（tu×2+5）×2×tm，当 tu=248、tm=10 时，DelalyMs（tm）函数延时时间约为 10ms。在程序中使用了"whle（S1！=1）;"语句，可以使"LED=!LED"语句只有在按键释放断开时才执行，若去掉"whle（S1!=1）;"语句，在按键按下期间，"LED=!LED"语句可能会执行多次，从而引起 P1.0 值不确定，按键操作结果不确定。

8.1.5　4 路抢答器的程序及详解

图 8-6 是 4 路抢答器的程序。

```
/*4路抢答器的程序*/
#include<reg51.h>    //调用reg51.h文件对单片机各特殊功能寄存器进行地址定义
sbit S1=P3^0;        //用关键字sbit将S1代表P3.0端口
sbit S2=P3^1;
sbit S3=P3^2;
sbit S4=P3^3;
sbit S5Rst=P3^4;
/*以下为主程序部分*/
main()
{
 bit Flag;       //用关键字bit将Flag定义为位变量，Flag默认初值为0
 while(!Flag)    //如果Flag的反值为1，则反复执行while大括号内的语句
  {
   if(!S1)       //如果按下S1键，让P1.0端口输出低电平，并将Flag置1
    {
     P1=0xFE;
     Flag=1;
    }
   else if(!S2)  //否则如果按下S2键，让P1.1端口输出低电平，并将Flag置1
    {
     P1=0xFD;
     Flag=1;
    }
   else if(!S3)  //否则如果按下S3键，让P1.2端口输出低电平，并将Flag置1
    {
     P1=0xFB;
     Flag=1;
    }
   else if(!S4)  //否则如果按下S4键，让P1.3端口输出低电平，并将Flag置1
    {
     P1=0xF7;
     Flag=1;
    }
  }
 while(Flag)     //检测Flag值，为1时反复执行while 大括号内的语句
  {
   Flag=S5Rst;   //将S5Rst值（P3.4端口值）赋给Flag，按下S5键时Flag=0
  }
 P1=0xFF;        //将P1端口置高电平，熄灭P1端口所有的外接灯
}
```

图8-6　4路抢答器的程序

1. 现象

按下 P3.0～P3.3 引脚的 S1～S4 中的某个按键时，P1.0～P1.3 引脚的对应 LED 会点亮，如果 S1～S4 按键均按下，最先按下的按键操作有效，按下 S5 键可以熄灭所有的 LED，重新开始下一轮抢答。

2. 程序说明

程序说明见图 8-6 的注释部分。

8.1.6　独立按键控制 LED 和 LED 数码管的单片电路

图 8-7 为独立按键控制 LED 和 LED 数码管的单片电路，S1～S8 按键分别接在 P3.0～P3.7 引脚与地之间，按键按下时，单片机相应的引脚输入低电平，松开按键时，相应引脚输入高电平，另外单片机的 P0 引脚和 P2.2、P2.3 引脚还通过段、位锁存器 74HC573 与 8 位共阴数码管连接。

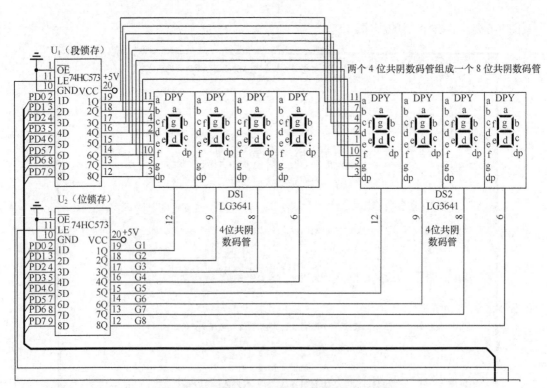

图8-7　独立按键控制LED和LED数码管的单片电路

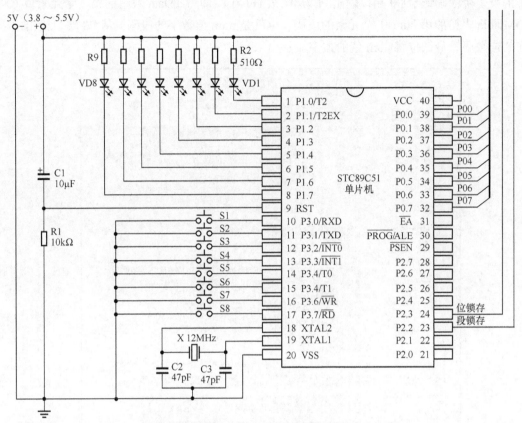

图8-7 独立按键控制LED和LED数码管的单片电路（续）

8.1.7 两个按键控制1位数字增、减并用8位数码管显示的程序及详解

图 8-8 是两个按键控制 1 位数字增、减并用 8 位数码管显示的程序。

1. 现象

接通电源后，8 位数码管在最低位显示一个数字"0"，每按一下增键（S1 键），数字就增 1，增到 9 后不再增大，每按一下减键（S2 键），数字就减 1，减到 0 后不再减小。

2. 程序说明

在图 8-8 的程序中，有一段程序检测增键是否按下，有一段程序检测减键是否按下，每按一下增键，num 就增 1，增到 num=9 后不再增大，每按一下减键，num 值就减 1，减到 num=0 后不再减小，num 值就是要显示的数字。增、减键检测程序执行后，用"TData [0]=DMtable [num%10];"语句将 DMtable 表格第 num+1 个数字的段码传送到 TData 数组的第一个位置（num%10 意为 num 除 10 取余数，当 num=0～9 时，num%10=num），再执行"Display(0,1);"语句将 num 值的数字在 8 位数码管的最低位显示出来。在执行"Display(0,1);"时，先让 P0 端口输出 0，清除上次段码显示输出，然后将 WMtable 表格中的第 1 个位码送给 P0 端口输出（i、ShiWei 均为 0，故 i+ShiWei+1=1）个，即让 8 位数码管的最低位显示，再将 TData 数组中的第 1 个段码送给 P0 端口输出（i 为 0，故 i+1=1），即将 TData 数组的第一个元素值（来自 DMtable 表格的第 num+1 个元素的段码，也就是 num 值数字的段码）从 P0 端口输出，从而在 8 位数码管最低位将 num 值的数字显示出来。

```
/*用两个按键分别控制8位数码管最低位数字增、减的程序*/
#include<reg51.h>              //调用reg51.h文件对单片机各特殊功能寄存器进行地址定义
sbit KeyAdd=P3^0;             //用位定义关键字sbit将KeyAdd(增键)代表P3.0端口
sbit KeyDec=P3^1;             //用位定义关键字sbit将KeyDec(减键)代表P3.1端口
#define WDM P0                //用define(宏定义)命令将WDM代表P0，程序中WDM与P0等同，
                             //  define与include一样，都是预处理命令，前面需加一个"#"
sbit DuanSuo=P2^2;            //用关键字sbit将DuanSuo代表P2.2端口
sbit WeiSuo =P2^3;            //用关键字sbit将WeiSuo代表P2.3端口
unsigned char code DMtable[]={0x3f,0x06,0x5b,      //在ROM中定义（使用了关键字code）
                    0x4f,0x66,0x6d,               //一个无符号字符型表格DMtable,
                    0x7d,0x07,0x7f,0x6f};         //表格中存放着0~9的段码
unsigned char code WMtable[]={0xfe,0xfd,0xfb,0xf7,  //定义一个无符号字符型表格WMtable,
                    0xef,0xdf,0xbf,0x7f};          //表格依次存放8位数码管低8位的位码
unsigned char TData[8];       //定义一个可存放8个元素的无符号字符型一维数组(表格)TData
void DelayUs(unsigned char tu);  //声明一个DelayUs(微秒级延时)函数，输入参数为
                             //(无符号)char(字符型)变量tu，tu为8位，取值范围 0~255
void DelayMs(unsigned char tm);  //声明一个DelayMs(毫秒延时)函数
void Display(unsigned char ShiWei,unsigned char WeiShu);  //声明一个Display(显示)函数，它有
                                                         //ShiWei和WeiShu两个输入参数，均为
                                                         //无符号字符型变量

/*以下为主程序部分*/
void main (void)
{
  unsigned char num=0;        //声明一个无符号字符型变量num, num初值赋0
  KeyAdd=1;                   //将增键的输入端口置高电平
  KeyDec=1;                   //将减键的输入端口置高电平
  while (1)                   //主循环
  {
   if(!KeyAdd)               //!KeyAdd可写成KeyAdd!=1, if(如果)KeyAdd的反值为1，表示增键按下，
                            //  则执行if大括号内的语句，否则(增键未按下)执行本if尾大括号之后的语句
    {                       //第一个if语首大括号
     DelayMs(10);           //执行DelayMs延时函数进行按键防抖，输入参数为10时可延时约10ms
     if(!KeyAdd)            //再次检测增键是否按下，未按下执行本if尾大括号之后的语句
      {                     //第二个if语首大括号
       while(!KeyAdd);      //检测增键的状态，增键处于闭合（!KeyAdd为1）反复执行while语句，
                           //  增键一旦释放断开马上执行while之后的语句
       if(num<9)           //如果num值小于9，则执行本if大括号内的语句，否则跳出此if语句
        {                   //第三个if语首大括号
         num++;            //将num值加1，每按一次增键，num值加1，num增到9时不再增大
        }                   //第三个if语尾大括号
      }                     //第二个if语尾大括号
    }                       //第一个if语尾大括号

   if(!KeyDec)               //检测减键是否按下，如果KeyDec反值为1(减键按下)，执行本if大括号内语句
    {
     DelayMs(10);           //执行DelayMs延时函数进行按键防抖，输入参数为10时可延时约10ms
     if(!KeyDec)            //再次检测减键是否按下，按下则执行本if大括号内语句，否则跳出本if语句
      {
       while(!KeyDec);      //检测减键的状态，减键处于闭合(!KeyDec为1)时反复执行while语句，
                           //  减键一旦释放断开马上执行while之后的语句
       if(num>0)           //如果num值大于0，则执行本if大括号内的语句，否则跳出此if语句
        {
         num--;            //将num值减1，每按一次减键，num值减1，num减到0时不再减小
        }
      }
    }
   TData [0]= DMtable [num%10];  //将DMtable表格第num+1个段码传送到TData数组的第一个位置
                              //  num%10意为num除10取余数，当num=0~9时，num%10=num
   Display(0,1);             //执行Display函数，同时将0、1分别赋给输入参数ShiWei和WeiShu
  }
}

/*以下DelayUs为微秒级延时函数，其输入参数为unsigned char tu（无符号字符型变量tu），
tu值为8位，取值范围 0~255，如果单片机的晶振频率为12M，本函数延时时间可用
T=(tu×2+5) us 近似计算，比如tu=248，T=501 us≈0.5ms */
void DelayUs (unsigned char tu)  //DelayUs为微秒级延时函数，其输入参数为无符号字符型变量tu
{
  while(--tu);                   //while为循环语句，每执行一次while语句, tu值就减1，
                               //  直到tu值为0时才执行while尾大括号之后的语句
}

/*以下DelayMs为毫秒级延时函数，其输入参数为unsigned char tm（无符号字符型变量tm），
该函数内部使用了两个DelayUs (248)函数，它们共延时1002us（约1ms），
由于tm值最大为255，故本DelayMs函数最大延时时间为255ms，若将输入参数
定义为unsigned int tm，则最长可获得65535ms的延时时间*/
void DelayMs(unsigned char tm)
{
  while(tm--)
  {
   DelayUs (248);
   DelayUs (248);
  }
}

/*以下为Display显示函数，用于驱动8位数码管动态扫描显示字符，输入参数 ShiWei 表示显示的开始位，
如ShiWei为0表示从第一个数码管开始显示，WeiShu表示显示的位数，如显示9个则WeiShu为2 */
void Display(unsigned char ShiWei,unsigned char WeiShu)  // Display(显示)函数有两个输入参数
                                                        //  分别为无符号字符型变量
                                                        //  ShiWei(开始位)和WeiShu(位数)
{
  unsigned char i;           //声明一个无符号字符型变量i
  for(i=0;i<WeiShu;i++)      //for为循环语句，先让i=0，再判断i<WeiShu是否成立，成立执行for尾
                           //  大括号的语句，执行完后执行i++将i加1，然后又判断i<WeiShu是否成立，
                           //  如此反复，直到i<WeiShu不成立，才跳出for语句，若WeiShu被赋值1，
                           //  for语句大括号内的语句只执行1次
  {
   WDM=WMtable[i+ShiWei];   //将WMtable表格中的第i+ShiWei +1个位码送给P0端口输出
   WeiSuo=1;                //让P2.3端口输出高电平，开通位码锁存器，位码寄存器输入变化时输出会随之变化
   WeiSuo=0;                //让P2.3端口输出低电平，位码锁存器被封锁，锁存器的输出值被锁定不变

   WDM= TData [i];          //将TData表格中的第i+1个段码送给P0端口输出
   DuanSuo=1;               //让P2.2端口输出高电平，开通段码锁存器，段码寄存器输入变化时输出会随之变化
   DuanSuo=0;               //让P2.2端口输出低电平，段码锁存器被封锁，锁存器的输出值被锁定不变

   DelayMs(2);              //执行DelayMs延时函数延时约2ms，时间太长会闪烁，太短会造成重影
  }
}
```

图8-8 两个按键控制1位数字增、减并用8位数码管显示的程序

|8.2 矩阵键盘输入电路与程序详解|

8.2.1 单片机连接 16 键矩阵键盘和 8 位数码管的电路

采用独立按键输入方式时，每个按键要占用一个端口，若按键数量很多时，会占用大量端口，即独立按键输入方式不适合用在按键数量很多的场合，如果确实需要用到大量的按键输入，可用扫描检测方式的矩阵键盘输入电路。图 8-9 是单片机连接 16 键矩阵键盘和 8 位数码管的电路，能在占用了 8 个端口情况下实现 16 键输入。

矩阵键盘扫描输入原理：单片机首先让 P1.7～P1.4 为高电平，P1.3～P1.0 为低电平，即 P1=11110000（0xf0），一旦有键按下，就会出现 P1≠11110000，单片机开始逐行检测按键，先检测第一行，让 P1.0 端口为低电平，P1 其他端口为高电平，即让 P1=11111110（0xfe），再读取 P1 的值，如果 S1 键按下，P1.7 端口的高电平被 P1.0 端口的低电平拉低，读取的 P1 值为 01111110（0x7e），单片机查询该值对应着数字"0"（即该值为"0"的键码），将数字"0"的段码送给数码管显示出"0"，S1 键的键值为 0（S1 键代表 0），如果第一行无任何键按下，读取的 P1=11111110（0xfe），再用同样的方法检测第二行（让 P1=11111101）、第三行（让 P1=11111011）和第四行（让 P1=11111000）。

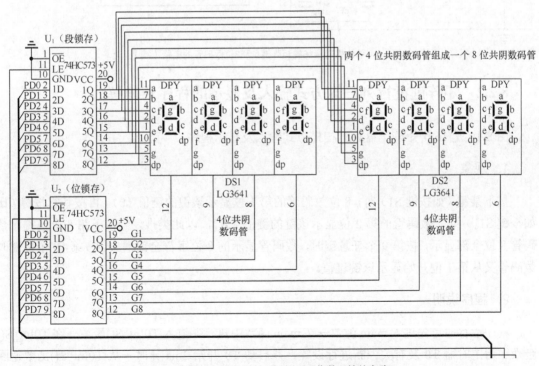

图8-9 单片机连接16键矩阵键盘和8位数码管的电路

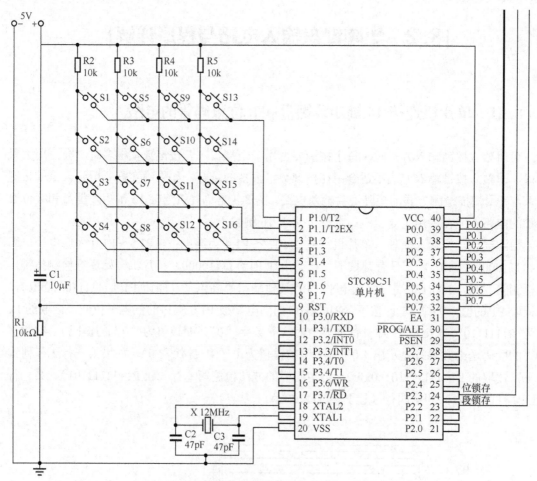

图8-9　单片机连接16键矩阵键盘和8位数码管的电路（续）

8.2.2　矩阵键盘行列扫描方式输入及显示的程序及详解

图 8-10 是 16 键矩阵键盘行列扫描方式输入及显示程序。

1．现象

按下某键（如按键 S1）时，8 位数码管的第 1 位显示该键的键值（0），再按其它按键（比如按键 S11）时，数码管的第 2 位显示该键的键值（A），以此类推，当按下第 8 个按键时数码管 8 位全部显示，按第 9 个任意键时，数码管显示的 8 位字符全部消失，按第 10 个按键时数码管又从第 1 位开始显示该键键值。

2．程序说明

程序运行时首先进入 main 函数→在 main 函数中执行并进入 T0Int_S()函数→在 T0Int_S()函数中对定时器 T0 及有关中断进行设置，并启动 T0 开始 2ms 计时→从 T0Int_S()函数返回到 main 函数，执行 while 循环语句（while 首尾大括号内的语句会反复循环执行）。

```
/*16 键矩阵键盘行列扫描的输入及显示程序*/
#include<reg51.h>          //调用 reg51.h 文件对单片机各特殊功能寄存器进行地址定义
sbit DuanSuo=P2^2;         //用位定义关键字 sbit 定义 DuanSuo 代表 P2.2 端口
sbit WeiSuo =P2^3;
#define WDM P0             //用 define（宏定义）命令定义 WDM 代表 P0，程序中 WDM 与 P0 等同
#define KeyP1 P1

unsigned char code DMtable[]={0x3f,0x06,0x5b,0x4f,0x66,0x6d,0x7d,0x07,
                           //定义一个 DMtable 表格，依次存放字符 0～F 的段码
                             0x7f,0x6f,0x77,0x7c,0x39,0x5e,0x79,0x71};
unsigned char code WMtable[]={0xfe,0xfd,0xfb,0xf7,0xef,0xdf,0xbf,0x7f};
                             //定义一个 WMtable 表格，依次存放 8 位数码管低位到高位的位码
unsigned char TData[8];     //定义一个可存放 8 个元素的一维数组（表格）TData

void DelayUs(unsigned char tu); //声明一个 DelayUs（微秒级延时）函数，输入参数 tu 取值范围 0～255
void DelayMs(unsigned char tm); //声明一个 DelayMs（毫秒级延时）函数，输入参数 tm 取值范围 0～255
void Display(unsigned char ShiWei,unsigned char WeiShu);
                             //声明一个 Display(显示)函数，两个输入参数
                             //ShiWei 和 WeiShu 分别为显示的起始位和显示的位数
void T0Int_S(void);         //声明一个 T0Int_S 函数，用来设置定时器及相关中断
unsigned char KeyS (void);  //声明一个 KeyS（键盘扫描）函数，用来检测矩阵按键及各按键的状态，并
                             //返回相应的键码
unsigned char KeyZ(void);   //声明一个 KeyZ（键码转键值）函数，用来将键码转换成相应的键值，并返
                             //回相应的键值

/*以下为主程序部分*/
void main (void)
{
 unsigned char num,i,j;     //声明 3 个变量 num（显示的字符）、i、j，三个变量的初值均为 0
 T0Int_S();                 //执行 T0Int_S 函数，对定时器 T0 及相关中断进行设置，启动 T0 计时
 while (1)                  //主循环
  {
   num=KeyZ();//将 KeyZ()函数的输出参数（返回值）赋给 num,执行该语句时会进入并执行 KeyZ 和 KeyS 函数
 if(num!=0xff)              //如果 num≠0xff 成立（即有键按下），执行本 if 大括号内的语句
   {
    if(i<8)                 //如果 i<8 成立，执行本 if 大括号内的语句，将按键字符的段码在 TData 表格中依次存放
     {
      TData[i]=DMtable[num];  //将 DMtable 表格第 num+1 个数据(num 字符的段码)存到 Temp 表格的
                             //第 i+1 个位置
     }
    i++;                    //将 i 增 1
    if(i==9)                //如果 i=9 成立，执行本 if 大括号内的语句，清除 8 位数码管所有位的显示
     {
     for(j=0;j<8;j++)       //for 为循环语句，大括号内的语句执行 8 次，依次将 TData 表格第 1～8 个位置
                             //的数据清 0，Display 显示函数无从读取字符的段码，数码管显示字符全部消失
      {
       TData[j]=0;          //将 TData 表格的第 j+1 个位置的数据清 0
      }
      i=0;                  //将 i 置 0
     }
   }
        //在此处可添加主循环中其他需要一直工作的程序
 }
```

图8-10　16键矩阵键盘行列扫描方式输入及显示程序

```
 }

/*以下 DelayUs 为微秒级延时函数，其输入参数为 unsigned char tu(无符号字符型变量 tu)，tu 值为 8 位，
取值范围 0～255，如果单片机的晶振频率为 12MHz，本函数延时时间可用 T=（tu×2+5）μs 近似计算，比如
tu=248，T=501 μs≈0.5ms */
void DelayUs (unsigned char tu)          //DelayUs 为微秒级延时函数，其输入参数为无符号字符型变量 tu
 {
  while(--tu);                           //while 为循环语句，每执行一次 while 语句，tu 值就减 1，
                                         //直到 tu 值为 0 时才执行 while 尾大括号之后的语句

 }

/*以下 DelayMs 为毫秒级延时函数，其输入参数为 unsigned char tm（无符号字符型变量 tm），该函数内部
使用了两个 DelayUs (248)函数，它们共延时 1002μs（约 1ms），由于 tm 值最大为 255，故本 DelayMs 函数
最大延时时间为 255ms，若将输入参数定义为 unsigned int tm，则最长可获得 65535ms 的延时时间*/
void DelayMs(unsigned char tm)
{
 while(tm--)
  {
   DelayUs (248);
   DelayUs (248);
  }
}


/*以下为 Display 显示函数，用于驱动 8 位数码管动态扫描显示字符，输入参数 ShiWei 表示显示的开始位，如
ShiWei 为 0 表示从第一个数码管开始显示，WeiShu 表示显示的位数，如显示 99 两位数应让 WeiShu 为 2 */
void Display(unsigned char ShiWei,unsigned char WeiShu)  // Display(显示)函数有两个输入参数，
                                                         //分别为 ShiWei(开始位)和 WeiShu(位数)
 {
  static  unsigned char i; //声明一个静态(static)无符号字符型变量 i(表示显示位，0 表示第 1 位)，
                           //静态变量占用的存储单元在程序退出前不会释放给变量使用
  WDM=WMtable[i+ShiWei];   //将 WMtable 表格中的第 i+ShiWei +1 个位码送给 P0 端口输出
 WeiSuo=1;                 //让 P2.3 端口输出高电平，开通位码锁存器，锁存器输入变化时输出会随之变化
  WeiSuo=0;                //让 P2.3 端口输出低电平，位码锁存器被封锁，锁存器的输出值被锁定不变

  WDM=TData[i];            //将 TData 表格中的第 i+1 个段码送给 P0 端口输出
  DuanSuo=1;               //让 P2.2 端口输出高电平，开通段码锁存器，锁存器输入变化时输出会随之变化
  DuanSuo=0;               //让 P2.2 端口输出低电平，段码锁存器被封锁，锁存器的输出值被锁定不变

  i++;                     //将 i 值加 1，准备显示下一位数字
  if(i==WeiShu)            //如果 i= WeiShu 表示显示到最后一位，执行 i=0
   {
    i=0;                   //将 i 值置 0，以便从数码管的第 1 位开始再次显示
   }
 }

/*以下为定时器及相关中断设置函数*/
void T0Int_S (void)       //函数名为 T0Int_S，输入和输出参数均为 void（空）
{
  TMOD=0x01;              //让 TMOD 寄存器的 M1M0 办 01，设 T0 工作在方式 1（16 位计数器）
  TH0=0;                  //将 TH0 寄存器清 0
  TL0=0;                  //将 TL0 寄存器清 0
  EA=1;                   //让 IE 寄存器的 EA=1，打开总中断
```

图8-10　16键矩阵键盘行列扫描方式输入及显示程序（续）

```
ET0=1;                          //让 IE 寄存器的 ET0=1，允许 T0 的中断请求
TR0=1;                          //让 TCON 寄存器的 TR0=1，启动 T0 在 TH0、TL0 初值基础上开始计数
}

/*以下 T0Int_Z 为定时器中断函数，用"(返回值) 函数名 (输入参数) interrupt n using m"格式定义一个
函数名为 T0Int_Z 的中断函数，n 为中断源编号，n=0～4，m 为用作保护中断断点的寄存器组，可使用 4 组寄存器(0～3)，
每组有 7 个寄存器（R0～R7），m=0～3，若只有一个中断，可不写"using m"，使用多个中断时，不同中断应使用不
同 m*/
void T0Int_Z (void)  interrupt 1   // T0Int_Z 为中断函数(用 interrupt 定义)，并且为 T0 的中断函数
                                   //(中断源编号 n=1)
{
THO=(65536-2000)/256;           //将定时初值的高 8 位放入 TH0，"/"为除法运算符号
TL0=(65536-2000)%256;           //将定时初值的低 8 位放入 TL0，"%"为相除取余数符号
Display(0,8);                    //执行 Display 显示函数，从第 1 位(0)开始显示，共显示 8 位(8)
}

/*以下 KeyS 函数用来检测矩阵键盘的 16 个按键，其输出参数得到按下的按键的编码值*/
unsigned char KeyS(void)        //KeyS 函数的输入参数为空，输出参数为无符号字符型变量
{
unsigned char KeyM;             //声明一个变量 KeyM，用于存放按键的编码值
KeyP1=0xf0;                     //将 P1 端口的高 4 位置高电平，低 4 位置低电平
if(KeyP1!=0xf0)                 //如果 P1≠0xf0 成立，表示有按键按下，执行本 if 大括号内的语句
 {
 DelayMs(10);                   //延时 10ms 防抖
  if(KeyP1!=0xf0)               //再次检测按键是否按下，按下则执行本 if 大括号内的语句
   {
   KeyP1=0xfe;                  //让 P1=0xfe，即让 P1.0 端口为低电平（P1 其他端口为高电平），检测第一行按键
    if(KeyP1!=0xfe)             //如果 P1≠0xfe 成立（比如 P1.7 与 P1.0 之间的按键 S1 按下时，P1.7 被
                                //P1.0 拉低，KeyP1=0x7e）
                                //表示第一行有按键按下，执行本 if 大括号内的语句
    {
      KeyM=KeyP1;               //将 P1 端口值赋给变量 KeyM
      DelayMs(10);              //延时 10ms 防抖
      while(KeyP1!=0xfe);       //若 P1≠0xfe 成立则反复执行本条语句，一旦按键释放，P1=0xfe(P1≠
                                //0xfe 不成立则往下执行
      return KeyM;              //将变量 KeyM 的值送给 KeyS 函数的输出参数，如按下 P1.6 与 P1.0 之间的按键时，
                                //KeyM=KeyP1=0xbe
     }
   KeyP1=0xfd;                  //让 P1=0xfd，即让 P1.1 端口为低电平（P1 其他端口为高电平），检测第二行按键
    if(KeyP1!=0xfd)
     {
     KeyM=KeyP1;
     DelayMs(10);
     while(KeyP1!=0xfd);
     return KeyM;
     }
   KeyP1=0xfb;                  //让 P1=0xfb，即让 P1.2 端口为低电平（P1 其他端口为高电平），检测第三行按键
    if(KeyP1!=0xfb)
     {
     KeyM=KeyP1;
     DelayMs(10);
     while(KeyP1!=0xfb);
     return KeyM;
     }
```

图8-10　16键矩阵键盘行列扫描方式输入及显示程序（续）

```
    KeyP1=0xf7;            //让 P1=0xf7，即让 P1.3 端口为低电平（P1 其他端口为高电平），检测第四行按键
      if(KeyP1!=0xf7)
        {
      KeyM=KeyP1; ;
      DelayMs(10);
      while(KeyP1!=0xf7);
      return KeyM;
      }
    }
  }
 return 0xff;                  //如果无任何键按下，将 0xff 送给 KeyS 函数的输出参数
}

/* 以下 KeyZ 函数用于将键码转换成相应的键值，其输出参数为按下的按键键值*/
unsigned char KeyZ(void)   //KeyS 函数的输入参数为空，输出参数为无符号字符型变量
{
 switch(KeyS())  // switch 为多分支选择语句，以 KeyS()函数的输出参数(按下的按键的编码值)作为选择依据
  {
  case 0x7e:return 0;break;   //如果 KeyS()函数的输出参数与常量 0x7e(0 的键码)相等，将 0 送给
                              //KeyZ 函数的输出参数，然后跳出 switch 语句，否则往下执行
  case 0x7d:return 1;break;   //如果 KeyS()函数的输出参数与常量 0x7d(1 的键码)相等，将 1 送给
                              //KeyZ 函数的输出参数，然后跳出 switch 语句，否则往下执行
  case 0x7b:return 2;break;
  case 0x77:return 3;break;
  case 0xbe:return 4;break;
  case 0xbd:return 5;break;
  case 0xbb:return 6;break;
  case 0xb7:return 7;break;
  case 0xde:return 8;break;
  case 0xdd:return 9;break;
  case 0xdb:return 10;break;
  case 0xd7:return 11;break;
  case 0xee:return 12;break;
  case 0xed:return 13;break;
  case 0xeb:return 14;break;
  case 0xe7:return 15;break;
  default:return 0xff;break;       //如果 KeyS()函数的输出参数与所有 case 后面的常量均不相等,执行 default
                                   //之后的语句组，将 0xff 送给 KeyS 函数的输出参数，然后跳出 switch 语句
  }
}
```

图8-10　16键矩阵键盘行列扫描方式输入及显示程序（续）

在 while 主循环语句中，先执行并进入 KeyZ 函数→在 KeyZ 函数（键码转键值函数）中，switch 语句需要读取 KeyS 函数的输出参数（键码），故需执行并进入 KeyS 函数→在 KeyS 函数中，检测矩阵键盘按下的按键，得到该键的键码→返回到 KeyZ 函数→在 KeyZ 函数中，switch 语句以从 KeyS 函数的输出参数读取的键码作为依据，找到其对应的键值赋给 KeyZ 函数的输出参数→程序返回到主程序的 while 语句→将 KeyZ 函数的输出参数（按键的键值）赋给变量 num→如果未按下任何键，num 值将为 0xff，第一个 if 语句不会执行,，其内嵌的两个 if 语句和 for 语句也不会执行→若按下某键，比如按下 S7 键（键值为 6），num 值为 6，num ≠0xff 成立→第一个 if 语句执行，由于 i 的初始值为 0，i<8 成立，第二个 if 语句也执行，先将 DMtable 表格第 7 个位置的段码（DMtable[6]，该位置存放着"6"的段码）存到 TData 表

格的第 1 个位置（TData [0]）→执行 i++，i 由 0 变成 1→如果按下第 2 个按键 S11（键值为 A），num 值为 A，num≠0xff 和 i<8 成立，第一个 if 语句及内嵌的第二个 if 语句先后执行→在第二个 if 语句中，先将 DMtable 表格第 11 个位置的段码（DMtable[10]，该位置存放着"A"的段码）存到 TData 表格的第 2 个位置（TData [1]）→执行 i++，i 由 1 变成 2，以后过程相同→当按下第 8 个按键，该键的字符段码存放到第 8 个位置（TData [7]），再执行 i++，i 由 7 变成 8→如果按下第 9 个按键，i<8 不成立，第二个 if 语句不会执行，i++ 又执行一次，i 由 8 变成 9→i=9 成立，第三个 if 语句和内嵌的 for 语句先后执行→for 语句会执行 8 次，从低到高将 TData 表格的第 1~8 位置的数据（按键字符的段码）清 0，数码管显示的 8 个字符会消失（数码管清屏）→再执行 i=0，将 i 值清 0，这样按第 10 个按键时，又从数码管的第 1 位开始显示。

在主程序中执行 T0Int_S() 函数对定时器 T0 及有关中断进行设置，并启动 T0 开始 2ms 计时后，T0 定时器每计时 2ms 就会溢出一次，触发 T0Int_Z 定时中断函数每隔 2ms 执行一次→T0Int_Z 每次执行时会执行一次 Display 显示函数→Display 函数第一次执行时，其静态变量 i=0（与主程序中变量 i 不是同一个变量），Display 函数从 WMtable 表格读取第 1 位位码（WMtable[i+ShiWei]=WMtable[0]），从 TData 表格读取第 1 个位置的段码（TData[i]=TData[0]），并通过 P0 端口先后发送到位码和段码锁存器，驱动 8 位数码管第 1 位显示字符→Display 函数第二次执行时，其静态变量 i=1，Display 函数从 WMtable 表格读取第 2 位位码，从 TData 表格读取第 2 个位置的段码，再通过 P0 端口先后发送到位码和段码锁存器，驱动 8 位数码管第 2 位显示字符，后面 6 位显示过程与此相同。

T0Int_S() 中断设置函数、T0Int_Z 中断函数和 Display 显示函数用于将按键字符显示出来，Display 函数是由定时器中断触发运行的，每隔一定的时间（2ms）执行一次（执行一次显示 1 位），由低到高逐个读取 TData 表格中的字符段码并驱动数码管显示出来。主程序、KeyS 键盘检测函数和 KeyZ 键码转键值函数负责检测按键、获得键值，再将按键键值（按键代表的字符）的段码送入 TData 表格，Display 函数每隔 2ms 从 TData 表格读取字符段码并显示出来。主程序与 Display 函数是并列关系，两者都独立运行，TData 表格是两者的关联点，前者根据按键改变 TData 表格中的数据，Display 函数则每隔一定时间从 TData 表格读取数据并显示出来。

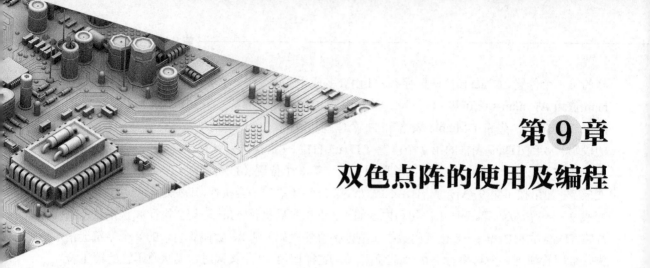

第9章
双色点阵的使用及编程

|9.1 双色点阵的结构原理与检测|

9.1.1 外形

LED 点阵是一种将大量 LED（发光二极管）按行列规律排列在一起的显示部件，每个 LED 代表一个点，通过控制不同的 LED 发光就能显示出各种各样的文字、图案和动画等内容。LED 点阵外形如图 9-1 所示。

LED 点阵可分为单色点阵、双色点阵和全彩点阵，单色点阵的 LED 只能发出一种颜色的光，双色点阵的单个 LED 实际由两个不同颜色的 LED 组成，可以发出两种本色光和一种混色光，全彩点阵的单个 LED 由三个不同颜色（红、绿、蓝）的 LED 组成，可以发出三种本色光和很多种类的混色光。

图9-1 LED点阵外形

9.1.2 共阳型和共阴型点阵的电路结构

双色点阵有共阳极和共阴极两种类型。图 9-2 是 8×8 双色点阵的电路结构，图 9-2（a）为共阳型点阵，有 8 行 16 列，每行的 16 个 LED（两个 LED 组成一个发光点）的正极接在一根行公共线上，共有 8 根行公共线，每列的 8 个 LED 的负极接在一根列公共线上，共有 16 根列公共线，共阳型点阵也称为行共阳列共阴型点阵；图 9-2（b）为共阴型点阵，有 8 行 16 列，每行的 16 个 LED 的负极接在一根行公共线上，有 8 根行公共线，每列的 8 个 LED 的正极接在一根列公共线上，共有 16 根列公共线，共阴型点阵也称为行共阴列共阳型点阵。

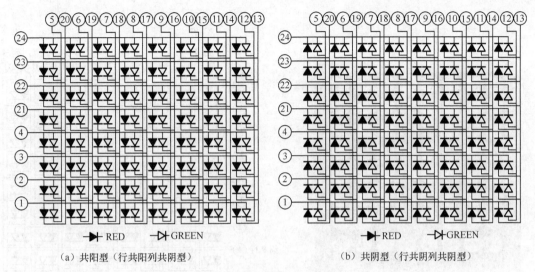

（a）共阳型（行共阳列共阴型）　　　　　　　　（b）共阴型（行共阴列共阴型）

图9-2　8×8双色点阵的电路结构

9.1.3　混色规律

双色点阵可以发出三种颜色的光，以红绿点阵为例，红色 LED 点亮时发出红光、绿色
LED 点亮时发出绿光，红色和绿色 LED 都点亮时发
出红、绿光的混合光—黄光，如果是全彩点阵（红绿
蓝三色点阵）则可以发出 7 种颜色的光。红、绿、蓝
是三种最基本的颜色，故称为三基色（或称三原色），
其混色规律如图 9-3 所示，圆重叠的部分表示颜色混
合。双色点阵和全彩点阵就是利用混色规律显示多种
颜色的。

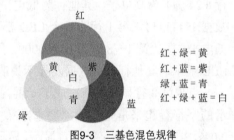

红＋绿＝黄
红＋蓝＝紫
绿＋蓝＝青
红＋绿＋蓝＝白

图9-3　三基色混色规律

9.1.4　点阵的静态字符或图形显示原理

LED 点阵与多位 LED 数码管一样，都是由很多 LED 组成，且均采用扫描显示方式。
以 8×8 LED 点阵和 8 位数码管为例，8 位数码管由 8 位字符组成，每位字符由 8 个构成
段码的 LED 组成，共有 8×8 个 LED，在显示时，让第 1～8 位字符逐个显示，由于人眼
具有视觉暂留特性，如果第 1 位显示到最后一位显示的时间不超过 0.04s，在显示最后一
位时人眼会觉得第 1～7 位还在显示，故会产生 8 位字符同时显示出来的感觉；8×8 LED
点阵由 8 行 8 列共 64 个 LED 组成，如果将每行点阵看作是一个字符，那么该行的 8 个 LED
则可当成是 8 个段 LED，如果将每列点阵看作是一个字符，那么该列的 8 个 LED 则为 8
个段 LED。

LED 点阵显示有逐行扫描显示（行扫描列驱动显示）和逐列扫描显示（列扫描行驱动显
示）两种方式，下面以图 9-4 所示的共阳型红绿双色点阵显示字符"1"为例来说明这两种显
示方式的工作原理。

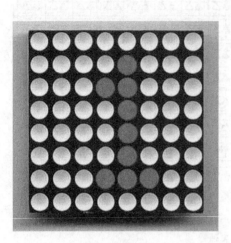

（a）外形

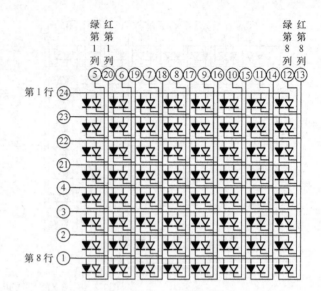

（b）结构

图9-4　8×8共阳型红绿双色点阵

（1）逐行扫描显示（行扫描列驱动显示）原理

若双色点阵采用逐行扫描显示（行扫描列驱动显示）方式显示红色字符"1"，先让第 1 行（24 脚）为高电平，其他行为低电平，即让第 1～8 行为 10000000，同时给红第 1～8 列送数据 11111111，第 1 行的 8 个 LED 都不显示，然后让第 2 行（23 脚）为高电平，其他行为低电平，即让第 1～8 行为 01000000，同时给红第 1～8 列送数据 11110111，第 2 行第 5 个红 LED 显示，其他行、列数据及显示说明见表 9-1。

点阵第 8 行显示后就完成了一屏内容的显示，点阵上显示出字符"1"，为了保证点阵显示的字符看起来是完整的，要求从第 1 行显示开始到最后一行显示结束的时间不能超过 0.04s，若希望相同的字符一直显示，显示完一屏后需要后续反复显示相同的内容（称作刷新），并且每屏显示的间隔时间不能超过 0.04s（即相邻屏的同行显示时间间隔不超过 0.04s），否则显示的字符会闪烁。

表 9-1　　　采用逐行扫描方式显示红色字符"1"的行、列数据及显示说明

行引脚数据 （㉔㉓㉒㉑④③②①）	红列引脚数据 （⑳⑲⑱⑰⑯⑮⑭⑬）	显示说明
10000000	11111111	第 1 行无 LED 显示
01000000	11110111	第 2 行第 5 个红 LED 显示
00100000	11100111	第 3 行第 4、5 个红 LED 显示
00010000	11110111	第 4 行第 5 个红 LED 显示
00001000	11110111	第 5 行第 5 个红 LED 显示
00000100	11110111	第 6 行第 5 个红 LED 显示
00000010	11100011	第 7 行第 4、5、6 个红 LED 显示
00000001	11111111	第 8 行无 LED 显示

如果要让红绿双色点阵显示绿色字符"1"，只需将送给红列引脚的数据送给绿列引脚，送给行引脚数据与显示红色字符"1"一样，具体见表 9-2。

表 9-2　　采用逐行扫描方式显示绿色字符"1"的行、列数据及显示说明

行引脚数据 (㉔㉓㉒㉑④③②①)	绿列引脚数据 (⑤⑥⑦⑧⑨⑩⑪⑫)	显示说明
10000000	11111111	第 1 行无 LED 显示
01000000	11110111	第 2 行第 5 个绿 LED 显示
00100000	11100111	第 3 行第 4、5 个绿 LED 显示
00010000	11110111	第 4 行第 5 个绿 LED 显示
00001000	11110111	第 5 行第 5 个绿 LED 显示
00000100	11110111	第 6 行第 5 个绿 LED 显示
00000010	11100011	第 7 行第 4、5、6 个绿 LED 显示
00000001	11111111	第 8 行无 LED 显示

如果要让红绿双色点阵显示黄色字符"1",则应将送给红列引脚的数据同时也送给绿列引脚,送给行引脚数据与显示红色字符"1"一样,具体见表 9-3。

表 9-3　采用逐行扫描方式显示黄色字符"1"的行、列数据及显示说明

行引脚数据 (㉔㉓㉒㉑④③②①)	红列引脚数据 (⑳⑲⑱⑰⑯⑮⑭⑬)	绿列引脚数据 (⑤⑥⑦⑧⑨⑩⑪⑫)	显示说明
10000000	11111111	11111111	第 1 行无 LED 显示
01000000	11110111	11110111	第 2 行第 5 个红绿双 LED 显示
00100000	11100111	11100111	第 3 行第 4、5 个红绿双 LED 显示
00010000	11110111	11110111	第 4 行第 5 个红绿双 LED 显示
00001000	11110111	11110111	第 5 行第 5 个红绿双 LED 显示
00000100	11110111	11110111	第 6 行第 5 个红绿双 LED 显示
00000010	11100011	11100011	第 7 行第 4、5、6 个红绿双 LED 显示
00000001	11111111	11111111	第 8 行无 LED 显示

(2)逐列扫描显示(列扫描行驱动显示)原理

如果双色点阵要采用逐列扫描显示(列扫描行驱动显示)方式显示红色字符"1",先让红第 1 列(20 脚)为低电平,其他红列为高电平,即让红第 1～8 列为 01111111,同时给第 1～8 行送数据 0000000,第 1 列的 8 个 LED 都不显示,第 2、3 列与第 1 列一样,LED 都不显示,显示第 4 列时,让红第 4 列(17 脚)为低电平,其他红列为高电平,即让红第 1～8 列为 11101111,同时给第 1～8 行送数据 0010010,红第 4 列的第 3、7 个 LED 显示,其他列、行数据及显示说明见表 9-4。

表 9-4　　采用逐列扫描方式显示红色字符"1"的行、列数据及显示说明

红列引脚数据 (⑳⑲⑱⑰⑯⑮⑭⑬)	行引脚数据 (㉔㉓㉒㉑④③②①)	显示说明
01111111	00000000	第 1 列无 LED 显示
10111111	00000000	第 2 列无 LED 显示
11011111	00000000	第 3 列无 LED 显示
11101111	00100010	第 4 列第 3、7 个 LED 显示
11110111	01111110	第 5 列第 2、3、4、5、6、7 个 LED 显示
11111011	00000010	第 6 列第 7 个 LED 显示
11111101	00000000	第 7 列无 LED 显示
11111110	00000000	第 8 列无 LED 显示

9.1.5 点阵的动态字符或图形显示原理

（1）字符的闪烁

要让点阵显示的字符闪烁，先显示字符，0.04s 之后该字符消失，再在相同位置显示该字符，这个过程反复进行，显示的字符就会闪烁，相邻显示的间隔时间越短，闪烁越快，间隔时间小于 0.04s 时，就难于察觉字符的闪烁，会觉得字符一直在亮。

如果希望字符变换颜色式的闪烁，应先让双色点阵显示一种颜色的字符，0.04s 之后该颜色的字符消失，再在相同位置显示另一种颜色的该字符，相邻显示的间隔时间越短，颜色变换闪烁越快，间隔时间小于 0.04s 时，就感觉不到字符颜色变换闪烁，而会看到静止发出双色的混合色光的字符。

（2）字符的移动

若点阵以逐行扫描方式显示，要让字符往右移动，先让点阵显示一屏字符，在显示第二屏时，将所有的列数据都右移一位再送到点阵的列引脚，点阵第二屏显示的字符就会右移一列（一个点的距离），表 9-5 点阵显示的红色字符"1"（采用逐行扫描方式）右移一列的行、列数据及显示说明，字符右移效果如图 9-5 所示。

表 9-5　点阵显示的红色字符"1"（采用逐行扫描方式）右移一列的行、列数据及显示说明

行引脚数据 （㉔㉓㉒㉑④③②①）	列引脚数据 （⑤⑥⑦⑧⑨⑩⑪⑫）		显示说明
	右移前	右移一列	
10000000	11111111	11111111	第 1 行无 LED 显示
01000000	11110111	11111011	第 2 行第 5 个点右移一列
00100000	11100111	11110011	第 3 行第 4、5 个点右移一列
00010000	11110111	11111011	第 4 行第 5 个点右移一列
00001000	11110111	11111011	第 5 行第 5 个点右移一列
00000100	11110111	11111011	第 6 行第 5 个点右移一列
00000010	11100011	11110001	第 7 行第 4、5、6 个点右移一列
00000001	11111111	11111111	第 8 行无 LED 显示

点阵显示的字符在右移时，如果列数据最右端的位移出，最左端空位用 1（或 0）填补，点阵显示的字符会往右移出消失，如果列数据最右端的位移出后又移到该列的最左端（循环右移），点阵显示的字符会往右移，往右移出的部分又会从点阵的左端移入。

图9-5　红色字符"1"右移一列

9.1.6 双色点阵的识别与检测

（1）引脚号的识别

8×8 双色点阵有 24 个引脚，8 个行引脚，8 个红列引却，8 个绿列引脚，24 个引脚一般

分成两排，引脚号识别与集成电路相似。若从侧面识别引脚号，应正对着点阵有字符且有引脚的一侧，左边第一个引脚为 1 脚，然后按逆时针依次是 2、3…、24 脚，如图 9-6（a）所示，若从反面识别引脚号，应正对着点阵底面的字符，右下角第一个引脚为 1 脚，然后按顺时针依次是 2、3…、24 脚，如图 9-6（b）所示，有些点阵还会在第一个和最后一个引脚旁标注引脚号。

（a）从侧面识别引脚号

（b）从反面识别引脚号

图9-6 点阵引脚号的识别

（2）行、列引脚的识别与检测

在购买点阵时，可以向商家了解点阵的类型和行列引脚号，最好让商家提供像图 9-2 一样的点阵电路结构引脚图，如果无法了解点阵的类型及行列引脚号，可以使用万用表检测判别，既可使用指针万用表，也可使用数字万用表。

点阵由很多 LED 组成，这些 LED 的导通电压一般为 1.5～2.5V。若使用数字万用表测量点阵，应选择二极管测量挡，数字万用表的红表笔接表内电源正极，黑表笔接表内电源负极，当红、黑表笔分别接 LED 的正、负极，LED 会导通发光，万用表会显示 LED 的导通电压，一般显示 1500～2500（mV），反之 LED 不会导通发光，万用表显示溢出符号"1"（或"OL"）。如果使用指针万用表测量点阵，应选择 R×10kΩ 挡（其他电阻挡提供电压只有 1.5V，无法使 LED 导通），指针万用表的红表笔接表内电源负极，黑表笔接表内电源正极，这一点与数字万用表正好相反，当黑、红表笔分别接 LED 的正、负极，LED 会导通发光，万用表指示的阻值很小，反之 LED 不会导通发光，万用表指示的阻值无穷大（或接近无穷大）。

以数字万用表检测红绿双色点阵为例，数字万用表选择二极管测量挡，红表笔接点阵的 1 脚不动，黑表笔依次测量其余 23 个引脚，会出现以下情况。

① 23 次测量万用表均显示溢出符号"1"（或"OL"），应将红、黑表笔调换，即黑表笔接点阵的 1 脚不动，红表笔依次测量其余 23 个引脚。

② 万用表 16 次显示"1500～2500"范围的数字且点阵 LED 出现 16 次发光，即有 16 个 LED 导通发光，如图 9-7（a）所示，表明点阵为共阳型，红表笔接的 1 脚为行引脚，16 个发光的 LED 所在的行，1 脚就是该行的行引脚，测量时 LED 发光的 16 个引脚为 16 个列引脚，根据发光 LED 所在的列和发光颜色，区分出各个引脚是哪列的何种颜色的列引脚。测量时万用表显示溢出符号"1"（或"OL"）的其他 7 个引脚均为行引脚，再将接 1 脚的红表笔接到其中一个引脚，黑表笔接已识别出来的 8 个红列引脚或 8 个绿列引脚，同时查看发光的 8 个 LED 为哪行则红表笔所接引脚则为该行的行引脚，其余 6 个行引脚识别与之相同。

③ 万用表 8 次显示"1500～2500"范围的数字且点阵 LED 出现 8 次发光（有 8 个 LED 导通发光），如图 9-7（b）所示，表明点阵为共阴型，红表笔接的 1 脚为列引脚，测量时黑表笔所接的 LED 会发光的 8 个引脚均为行引脚，发光 LED 处于哪行相应引脚则为该行的行引脚。在识别 16 个列引脚时，黑表笔接某个行引脚，红表笔依次测量 16 个列引脚，根据发光 LED 所在的列和发光颜色，区分出各个引脚是哪列的何种颜色的列引脚。

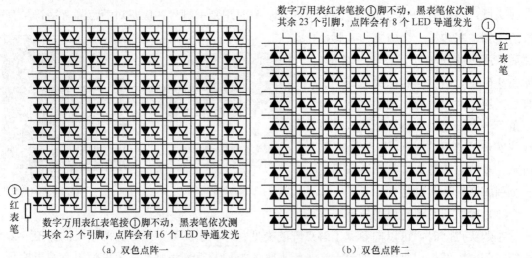

数字万用表红表笔接①脚不动，黑表笔依次测
其余 23 个引脚，点阵会有 8 个 LED 导通发光

红表笔

数字万用表红表笔接①脚不动，黑表笔依次测
其余 23 个引脚，点阵会有 16 个 LED 导通发光

红表笔

（a）双色点阵一　　　　　　　　　　　（b）双色点阵二

图9-7　双色点阵行、列引脚检测说明图

|9.2　双色点阵的驱动电路及编程|

9.2.1　单片机配合 74HC595 芯片驱动双色 LED 点阵的电路

1. 74HC595 芯片介绍

74HC595 芯片是一种串入并出（串行输入转并行输出）的芯片，内部由 8 位移位寄存器、8 位数据锁存器和 8 位三态门组成，其内部结构如图 9-8 所示。

8 位串行数据从 74HC595 芯片的 14 脚由低位到高位输入，同时从 11 脚输入移位脉冲，该脚每输入一个移位脉冲（脉冲上升沿有效），14 脚的串行数据就移入 1 位，第 1 个移位脉冲输入时，8 位串行数据（10101011）的第 1 位（最低位）数据"1"被移到内部 8 位移位寄存器的 Y0 端，第 2 个移位脉冲输入时，移位寄存器 Y0 端的"1"移到 Y1 端，8 位串行数据的第 2 位数据"1"被移到移位寄存器的 Y0 端，……，第 8 个移位脉冲输入时，8 位串行数据全部移入移位寄存器，Y7～Y0 端的数据为 10101011，这些数据（8 位并行数据）送到 8 位数据锁存器的输入端，如果芯片的锁存控制端（12 脚）输入一个锁存脉冲（一个脉冲上升沿），锁存器马上将这些数据保存在输出端，如果芯片的输出控制端（13 脚）为低电平，8 位并行数据马上从 Q7～Q0 端输出，从而实现了串行输入并行输出转换。

8 位串行数据全部移入移位寄存器后，如果移位脉冲输入端（11 脚）再输入 8 个脉冲，移位寄存器的 8 位数据将会全部从串行数据输出端（9 脚）移出。给 74HC595 的主复位端（10 脚）加低电平，移位寄存器输出端（Y7～Y0 端）的 8 位数据全部变成 0。

2. 单片机配合 74HC595 芯片驱动双色 LED 点阵的电路

单片机配合 74HC595 芯片驱动双色 LED 点阵的电路如图 9-9 所示，该电路采用了 3 个

74HC595 芯片，U1 用作行驱动，U2 用作绿列驱动，U3 用作红列驱动，该电路的工作原理在后面的程序中进行说明。

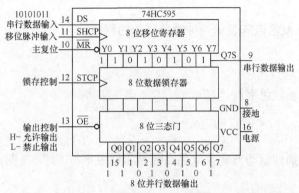

图9-8 74HC595（8位串并转换芯片）内部结构及引脚功能

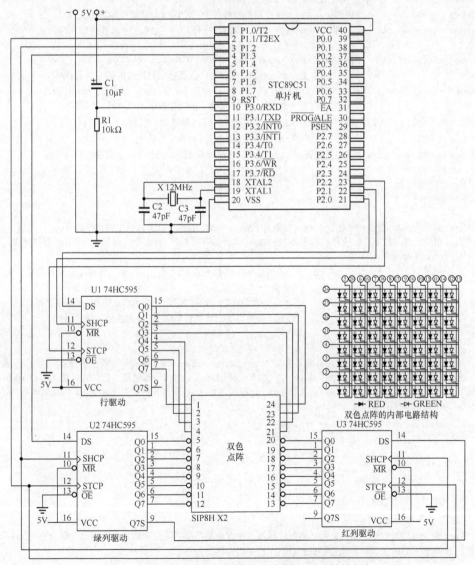

图9-9 单片机配合74HC595芯片驱动双色LED点阵的电路

9.2.2　双色点阵显示一种颜色字符的程序及详解

图 9-10 是一种让双色点阵显示一种颜色字符的程序。

1.　现象

红绿双色点阵显示红色字符"1"。

2.　程序说明

本程序采用行扫描列驱动方式让双色点阵显示红色字符"1"，与图 9-10 程序对应的电路如图 9-9 所示。

```
/*让红绿双色点阵显示一种颜色(红色)字符"1"的程序*/
#include<reg51.h>        //调用 reg51.h 文件对单片机各特殊功能寄存器进行地址定义
#include<intrins.h>     //调用 intrins.h 文件对本程序用到的"_nop_()"函数进行声明

unsigned char HMtable[8]={0x01,0x02,0x04,0x08,0x10,0x20,0x40,0x80};
                        //定义一个 HMtable 表格，依次存放扫描点阵的 8 行行码
unsigned char code LMtable[]={0xff,0xf7,0xe7,0xf7,0xf7,0xf7,0xe3,0xff };
                        //定义一个 LMtable 表格，依次存放字符"1"的 8 列列码
sbit LieSuo=P1^0;    //用位定义关键字 sbit 定义 LieSuo（列锁存）代表 P1.0 端口
sbit LieYi=P1^1;     //用位定义关键字 sbit 定义 LieYi（列移位）代表 P1.1 端口
sbit LieMa=P1^2;     //用位定义关键字 sbit 定义 LieMa（列码）代表 P1.2 端口
sbit HangSuo=P2^2;
sbit HangYi=P2^1;
sbit HangMa=P2^0;

/*以下 DelayUs 为微秒级延时函数，其输入参数为 unsigned char tu(无符号字符型变量 tu)，tu 值为 8 位，
取值范围为 0～255，若单片机的晶振频率为 12MHz，本函数延时时间可用 T=(tu×2+5) μs 近似计算，比如
tu=248，T=501 μs≈0.5ms */
void DelayUs (unsigned char tu)    //DelayUs 为微秒级延时函数，其输入参数为无符号字符型变量 tu
 {
  while(--tu);                     //while 为循环语句，每执行一次 while 语句，tu 值就减 1，
                                   //直到 tu 值为 0 时才执行 while 尾大括号之后的语句

 }

/*以下 DelayMs 为毫秒级延时函数，其输入参数为 unsigned char tm（无符号字符型变量 tm），该函数内部
使用了两个 DelayUs (248)函数，它们共延时 1002μs（约 1ms），由于 tm 值最大为 255，故本 DelayMs 函数
最大延时时间为 255ms，若将输入参数定义为 unsigned int tm，则最长可获得 65535ms 的延时时间*/
void DelayMs(unsigned char tm)
{
 while(tm--)
  {
   DelayUs (248);
   DelayUs (248);
  }
}

/*以下 SendByte 为发送单字节（8 位）函数，其输入参数为无符号字符型变量 dat，输出参数为空（void），
其功能是将变量 dat 的 8 位数据由高到低逐位从 P1.2 端口移出*/
```

图9-10　红绿双色点阵显示红色字符"1"的程序

```
void SendByte(unsigned char dat)
{
 unsigned char i;      //声明一个无符号字符型变量 i
 for(i=0;i<8;i++)      //for 为循环语句，大括号内的语句执行 8 次，将变量 dat 的 8 位数据由高到低逐位从
                       //P1.2 端口移出
  {
  LieYi=0;            //让 P1.1 端口输出低电平
  LieMa=dat&0x80;     //将变量 dat 的 8 位数据和 0x80(10000000)逐位相与运算(即保留 dat 数据的最高
                      //位，其他位全部清 0)，再将 dat 数据的最高位送到 P1.2 端口
  LieYi=1;            //让 P1.1 端口输出高电平，P1.1 端口由低电平变为高电平，即输出一个上升沿
                      //去 74HC595 的移位端，P1.2 端口的值被移入 74HC595
  dat<<=1;            //将变量 dat 的 8 位数左移一位
  }
}

/*以下 Send2Byte 为发送双字节（16 位）函数，有两个输入参数 dat1 和 dat2，均为无符号字符型变量*/
void Send2Byte(unsigned char dat1,unsigned char dat2)
{
 SendByte(dat1);  //执行 SendByte 函数，将变量 dat1 的 8 位数据从 P1.2 端口移出
 SendByte(dat2);  //执行 SendByte 函数，将变量 dat2 的 8 位数据从 P1.2 端口移出
}

/*以下 Out595 为输出锁存函数，其输入、输出参数均为空，该函数的功能是让单片机 P1.0 端口发出一个
锁存脉冲（上升沿）去 74HC595 芯片的锁存端，使之将已经移入的列码保存下来并输出给点阵的列引脚*/
void Out595(void)
{
 LieSuo=0;   //让 P1.0 端口输出低电平
 _nop_();    //_nop_()为空操作函数，不进行任何操作，用作短时间延时，单片机时钟频率为 12MHz 时延时
             //1μs 让 P1.0 端口输出高电平，P1.0 端口由低电平变为高电平，即输出一个上升沿去 74HC595
 LieSuo=1;   //的锁存端，使 74HC595 将已经移入的列码(8 位)保存下来并输出给点阵
}

/*以下 SendHM 为发送行码函数，其输入参数为无符号字符型变量 dat，其功能是将变量 dat 的 8 位数由高到低
逐位从 P2.0 端口移出，再让 74HC595 将移入的 8 位数（行码）保存下来并输出给点阵的行引脚*/
void SendHM(unsigned char dat)
{
 unsigned char i;      //声明一个无符号字符型变量 i
 for(i=0;i<8;i++)      //for 为循环语句，大括号内的语句执行 8 次，将变量 dat 的 8 位数由高到低逐位
                       //从 P2.0 端口移出
  {
  HangYi=0;           //让 P2.1 端口输出低电平
  HangMa=dat&0x80;    //将变量 dat 的 8 位数据和 0x80(10000000)逐位相与运算(即保留 dat 数据的最
                      //高位，其他位全部清 0)，再将 dat 数据的最高位送到 P2.0 端口
  HangYi=1;           //让 P2.1 端口输出高电平，P2.1 端口由低电平变为高电平，即输出一个上升沿
                      //去 74HC595 的移位端，P2.0 端口的值被移入 74HC595
  dat<<=1;            //将变量 dat 的 8 位数左移一位
  }
 HangSuo=0;           //让 P2.2 端口输出低电平
 _nop_();             //_nop_()为空操作函数，不进行任何操作，用作短时间延时，单片机晶振频率为
                      //12MHz 时延时 1μs
 HangSuo=1;           //让 P2.2 端口输出高电平，P1.2 端口由低电平变为高电平，即输出一个上升沿
                      //去 74HC595 的锁存端，使 74HC595 将已经移入的行码保存下来并送给点阵的行引脚
```

图9-10　红绿双色点阵显示红色字符"1"的程序（续）

```
}

/*以下为主程序部分*/
void main()
{
 unsigned char i;        //声明一个无符号字符型变量 i，i 的初值为 0
 while(1)                //主循环，while 小括号内为 1（真）时，大括号内的语句反复执行
  {
   for(i=0;i<8;i++)      //for 为循环语句，大括号内的语句执行 8 次，依次将 HMtable 表格的第 1～8 个行码
                         //和 LMtable 表格的第 1～8 个列码发送给点阵
   {
    SendHM(HMtable[i]);    //执行 SendHM（发送行码）函数，将 HMtable 表格的第 i+1 个行码
                         //赋给 SendHM 函数的输入参数(dat)，使之将该行码发送出去
    Send2Byte(LMtable[i],0xff);
                         //执行 Send2Byte（发送双字节）函数，将 LMtable 表格的第 i+1 个列码和数据
                         //0xff 分别赋给 SendLM 函数的两个输入参数（dat1、dat2），使之将该列码和
                         //数据发送出去，发送数据 0xff 可以让双色点阵中的一种颜色不显示
    Out595();            //执行 Out595(输出锁存)函数，将已经分别移入两个 74HC595 的列码和数据 0xff
                         //保存下来，同时发送给点阵的双色列引脚
    DelayMs(1);          //执行 DelayMs（毫秒级延时）函数，延时 1ms，让点阵每行显示持续 1ms
    Send2Byte(0xff,0xff); //执行 Send2Byte 函数，将数据 0xff 分别赋给 SendLM 函数的两个输入参
                         //数(dat1、dat2)，使之将 0xff 当作两种颜色的列码发送出去
    Out595();            //执行 Out595(输出锁存)函数，将移入两个 74HC595 的数据 0xff 保存下来并发送给
                         //点阵的双色列引脚，以清除列码停止当前行的显示，否则在发送下一行行码（下一行
                         //列码要在行码之后发送）时，未清除的上一行列码会使下一行短时显示与上一行
                         //相同的内容，从而产生重影
   }
  }
}
```

图9-10 红绿双色点阵显示红色字符"1"的程序（续）

程序在运行时首先进入主程序的 main 函数→在 main 函数中，先执行 while 语句，再执行 while 语句中的 for 语句→在 for 语句中，先执行并进入 SendHM 函数，同时将行码表格 HMtable 的第 1 个行码（0x01，即 00000001）赋给 SendHM 函数的 dat 变量→在 SendHM 函数中执行 for 语句中的内容，将 dat 变量的 8 位数（即 HMtable 表格第 1 个行码 0x01）由高到低逐位从单片机 P2.0 端口输出送入 74HC595（U1），再执行 for 语句尾括号之后的内容，让 P2.2 端口输出一个上升沿（即让 P2.2 端口先低电平再变为高电平）给 74HC595 锁存控制端（12 脚），使 74HC595 将第 1 行行码（0x01）从 Q7～Q0 端输出去双色点阵的 8 个行引脚，点阵的第 1 行行引脚为高电平，该行处于待显示状态→返回主程序，执行并进入 Send2Byte 函数→在 Send2Byte 函数中，执行两个 SendByte 函数，执行第一个时，将 LMtable 表格的第 1 个列码从单片机的 P1.2 端口输出送入 74HC595（U2），执行第二个 SendByte 函数时，将 0xff 从单片机的 P1.2 端口输出送入 74HC595（U2），先前送入 U2 的列码（8 位）从 9 脚输出进入 74HC595（U3）→返回主程序，执行并进入 Out595 函数→在 Out595 函数中，执行语句让单片机从 P1.0 端口输出一个上升沿，同时送给 U2、U3 的锁存控制端（STCP）→U2 从 Q7～Q0 端输出 11111111（0xff）去双色点阵的绿列引脚，绿列 LED 不发光，U3

从 Q7～Q0 端输出列码去双色点阵的红列引脚,由于 U1 已将第 1 行行码(0x01,即 00000001)送到点阵的 8 个行引脚,第 1 行行引脚为高电平,该行处于待显示状态,U3 从 Q7～Q0 端输出的列码决定该行哪些红 LED 发光,即让点阵显示第一行内容→返回主程序,延时 1ms 让点阵第一行内容显示持续 1ms,然后再次执行 Send2Byte 函数,让单片机往 U2、U3 都送入 0xff(11111111)→执行 Out595 函数,U2、U3 的 Q7～Q0 端都输出 11111111,点阵的第 1 行 LED 全部熄灭,这样做的目的是在发送第 2 行行码(第 2 行列码要在第 2 行行码之后发送)时,清除的第 1 行列码,否则会使第 2 行短时显示与第 1 行相同的内容,从而产生重影。

主程序 for 语句第 1 次执行结束后,i 值由 0 变成 1→for 语句的内容从头开始第 2 次执行,发送第 2 行行码和第 2 行列码,驱动点阵显示第 2 行内容→for 语句第 3 次执行,发送第 3 行行码和第 3 行列码,驱动点阵显示第 3 行内容,……,for 语句第 8 次执行,驱动点阵显示第 8 行内容,点阵在显示第 8 行时,第 1～7 行的 LED 虽然熄灭了,但人眼仍保留着这些行先前的显示印象(第 1 行到最后一行显示的时间不能超过 0.04s),故会感觉点阵上的字符是整体显示出来的。

9.2.3　双色点阵交替显示两种颜色字符的程序及详解

图 9-11 是一种让双色点阵交替显示两种颜色字符的程序。

1. 现象

红绿双色点阵正反交替显示红、绿字符"1"。

2. 程序说明

程序运行时,红绿双色点阵先正向显示红色字符"1"约 0.5s,然后反向显示绿色字符"1"约 0.5s,之后正反显示重复进行。该程序与图 9-10 程序大部分相同,区别主要在主程序的后半部分。

程序运行时首先进入主程序的 main 函数,在 main 函数中,有 4 个 for 语句,第 1 个 for 语句内嵌第 2 个 for 语句,第 3 个 for 语句内嵌第 4 个 for 语句。第 2 个 for 语句内的语句是让单片机驱动双色点阵以逐行扫描的方式正向显示红色字符"1",显示完一屏内容约需 8ms,第 2 个 for 语句嵌在第 1 个 for 语句内,第 1 个 for 语句使第 2 个 for 语句执行 60 次,让红色字符"1"刷新 60 次,红色字符"1"显示时间约为 0.5s。在第 2 个 for 语句中,使用 "SendHM(HMtable[i])"语句取 HMtable 表格的第 1 个行码选中点阵的第 1 行引脚,点阵的第 1 行先显示,而在第 4 个 for 语句中,使用 "SendHM(HMtable[7-i])"语句取 HMtable 表格的第 8 个行码选中点阵的第 8 行引脚,点阵的第 8 行先显示,在第 8 行显示时送给点阵列引脚的是 LMtable 表格的第 1 个列码,故字符反向显示。第 2 个 for 语句内的 "Send2Byte(LMtable[i],0xff)"语句是将列码送到红列引脚,绿列引脚送 11111111,显示红色字符"1", 第 4 个 for 语句内的 "Send2Byte(0xff, LMtable[i])"语句则是将列码送到绿列引脚,红列引脚送 11111111,显示绿色字符"1"。

```
/*红绿双色点阵正反交替显示红、绿字符"1"的程序*/
#include<reg51.h>      //调用 reg51.h 文件对单片机各特殊功能寄存器进行地址定义
#include <intrins.h>  //调用 intrins.h 文件对本程序用来的"_nop_()"函数进行声明

unsigned char HMtable[8]={0x01,0x02,0x04,0x08,0x10,0x20,0x40,0x80};  //定义一个 HMtable
                                    //表格,依次存放扫描点阵的 8 行行码
unsigned char code LMtable[]={0xff,0xf7,0xe7,0xf7,0xf7,0xf7,0xe3,0xff};  //定义一个
                                    //LMtable 表格,依次存放字符"1"的 8 列列码
sbit LieSuo=P1^0;      //用位定义关键字 sbit 定义 LieSuo(列锁存)代表 P1.0 端口
sbit LieYi=P1^1;       //用位定义关键字 sbit 定义 LieYi(列移位)代表 P1.1 端口
sbit LieMa=P1^2;       //用位定义关键字 sbit 定义 LieMa(列码)代表 P1.2 端口
sbit HangSuo=P2^2;
sbit HangYi=P2^1;
sbit HangMa=P2^0;

/*以下 DelayUs 为微秒级延时函数,其输入参数为 unsigned char tu(无符号字符型变量 tu),tu 值为 8 位,
取值范围为 0~255,若单片机的晶振频率为 12MHz,本函数延时时间可用 T=(tu×2+5) μs 近似计算,比如
tu=248,T=501 μs≈0.5ms */
void DelayUs (unsigned char tu)   //DelayUs 为微秒级延时函数,其输入参数为无符号字符型变量 tu
 {
  while(--tu);                    //while 为循环语句,每执行一次 while 语句,tu 值就减 1,
                                  //直到 tu 值为 0 时才执行 while 尾大括号之后的语句

 }

/*以下 DelayMs 为毫秒级延时函数,其输入参数为 unsigned char tm(无符号字符型变量 tm),该函数内部
使用了两个 DelayUs (248)函数,它们共延时 1002μs(约 1ms),由于 tm 值最大为 255,故本 DelayMs 函数
最大延时时间为 255ms,若将输入参数定义为 unsigned int tm,则最长可获得 65535ms 的延时时间*/
void DelayMs(unsigned char tm)
{
 while(tm--)
 {
   DelayUs (248);
   DelayUs (248);
  }
}

/*以下 SendByte 为发送单字节(8 位)函数,其输入参数为无符号字符型变量 dat,输出参数为空(void),
其功能是将变量 dat 的 8 位数据由高到低逐位从 P1.2 端口移出*/
void SendByte(unsigned char dat)
{
 unsigned char i;      //声明一个无符号字符型变量 i
 for(i=0;i<8;i++)      //for 为循环语句,大括号内的语句执行 8 次,将变量 dat 的 8 位数据由高到低逐
                       //位从 P1.2 端口移出
  {
   LieYi=0;            //让 P1.1 端口输出低电平
   LieMa=dat&0x80;     //将变量 dat 的 8 位数据和 0x80(10000000)逐位相与运算(即保留 dat 数据的最
                       //高位,其他位全部清 0),再将 dat 数据的最高位送到 P1.2 端口
   LieYi=1;            //让 P1.1 端口输出高电平,P1.1 端口由低电平变为高电平,即输出一个上升沿
                       //去 74HC595 的移位端,P1.2 端口的值被移入 74HC595
   dat<<=1;            //将变量 dat 的 8 位数左移一位
  }
}
```

图9-11　红绿双色点阵正反交替显示红、绿字符"1"的程序

```
/*以下 Send2Byte 为发送双字节（16 位）函数，有两个输入参数 dat1 和 dat2，均为无符号字符型变量*/
void Send2Byte(unsigned char dat1,unsigned char dat2)
{
 SendByte(dat1);          //执行 SendByte 函数，将变量 dat1 的 8 位数据从 P1.2 端口移出
 SendByte(dat2);          //执行 SendByte 函数，将变量 dat2 的 8 位数据从 P1.2 端口移出
}

/*以下 Out595 为输出锁存函数，其输入、输出参数均为空，该函数的功能是让单片机 P1.0 端口发出一个
锁存脉冲（上升沿）去 74HC595 芯片的锁存端，使之将已经移入的列码保存下来并输出给点阵的列引脚*/
void Out595(void)
{
 LieSuo=0;      //让 P1.0 端口输出低电平
 _nop_();       //_nop_()为空操作函数，不进行任何操作，用作短时间延时，单片机时钟频率为 12MHz 时延
                //时 1μs
 LieSuo=1;      //让 P1.0 端口输出高电平，P1.0 端口由低电平变为高电平，即输出一个上升沿去 74HC595 的锁存端，
                //使 74HC595 将已经移入的列码保存下来并输出给点阵

}

/*以下 SendHM 为发送行码函数，其输入参数为无符号字符型变量 dat，其功能是将变量 dat 的 8 位数由高到低
逐位从 P2.0 端口移出，再让 74HC595 将移入的 8 位数（行码）保存下来并输出给点阵的行引脚*/
void SendHM(unsigned char dat)
{
 unsigned char i;       //声明一个无符号字符型变量 i
 for(i=0;i<8;i++)       //for 为循环语句，大括号内的语句执行 8 次，将变量 dat 的 8 位数由高到低逐位
                        //从 P2.0 端口移出
  {
   HangYi=0;           //让 P2.1 端口输出低电平
   HangMa=dat&0x80;    //将变量 dat 的 8 位数据和 0x80(10000000)逐位相与运算(即保留 dat 数据的最
                       //高位，其他位全部清 0)，再将 dat 数据的最高位送到 P2.0 端口
   HangYi=1;           //让 P2.1 端口输出高电平，P2.1 端口由低电平变为高电平，即输出一个上升沿
                       //去 74HC595 的移位端，P2.0 端口的值被移入 74HC595
   dat<<=1;            //将变量 dat 的 8 位数左移一位
  }
 HangSuo=0;            //让 P2.2 端口输出低电平
 _nop_();              //_nop_()为空操作函数，不进行任何操作，用作短时间延时，单片机晶振频率为 12MHz
                       //时延时 1μs
 HangSuo=1;            //让 P2.2 端口输出高电平，P1.2 端口由低电平变为高电平，即输出一个上升沿
                       //去 74HC595 的锁存端，使 74HC595 将已经移入的行码保存下来并送给点阵的行引脚
}

/*以下为主程序部分*/
void main()
{
 unsigned char i,j;     //声明两个无符号字符型变量 i 和 j，i、j 的初值均为 0
 while(1)               //主循环，while 大括号内的语句反复执行，让两种颜色字符不断交替显示
  {

   for(j=0;j<60;j++)    //for 为循环语句，大括号内的语句执行 60 次，让一种颜色的整屏字符显示（刷新）60 次，
                        //该颜色的字符显示时间约为 0.5s（显示一次整屏字符约需 8ms）
    {
     for(i=0;i<8;i++)   //for 为循环语句，大括号内的语句执行 8 次，依次将 HMtable 表格的第 1～8 个
                        //行码和 LMtable 表格的第 1～8 个列码发送给点阵，使之显示出一整屏字符（约
```

图9-11　红绿双色点阵正反交替显示红、绿字符"1"的程序（续）

```
                              //需 8ms）
   {
     SendHM(HMtable[i]);      //执行 SendHM（发送行码）函数，同时将 HMtable 表格的第 i+1 个行码
                              //赋给 SendHM 函数的输入参数(dat)，使之将该行码发送出去
       Send2Byte(LMtable[i],0xff);  //执行 Send2Byte（发送双字节）函数，同时将 LMtable 表格的
                              //第 i+1 个列码和数据 0xff 分别赋给 SendLM 函数的两个输入参数(dat1、dat2)，
                              //使之将该列码和数据发送出去，发送数据 0xff 可以让双色点阵中的一种颜色不
                              //显示
     Out595();                //执行 Out595（输出锁存）函数，将已经分别移入两个 74HC595 的列码和数据 0xff
                              //保存下来，同时发送给点阵的双色列引脚
     DelayMs(1);              //执行 DelayMs（毫秒级延时）函数，延时 1ms，让点阵每行显示持续 1ms
     Send2Byte(0xff,0xff);    //执行 Send2Byte 函数，将数据 0xff 分别赋给 SendLM 函数的两个输入
                              //参数(dat1、dat2)，使之将 0xff 当作两种颜色的列码发送出去
     Out595();                //执行 Out595(输出锁存)函数，将移入两个 74HC595 的数据 0xff 保存下来并发送给
                              //点阵的双色列引脚，以清除列码停止当前行的显示，否则在发送下一行行码（下一行
                              //列码要在行码之后发送）时，未清除的上一行列码会使下一行短时显示与上一行
                              //相同的内容，从而产生重影
   }
 }

for(j=0;j<60;j++)  //for 为循环语句，大括号内的语句执行 60 次，让另一种颜色的整屏字符显示（刷
                   //新）60 次，该颜色的字符显示时间约为 0.5s（显示一次整屏字符约需 8ms）
 {
  for(i=0;i<8;i++)  //for 为循环语句，大括号内的语句执行 8 次，依次将 HMtable 表格的第 1～8 个
                    //行码和 LMtable 表格的第 1～8 个列码发送给点阵，使之显示出一整屏字符（约
                    //需 8ms）
  {
     SendHM(HMtable[7-i]);  //执行 SendHM(发送行码)函数，同时将 HMtable 表格的第(7-i+1)个行码
                            //(即先送第 8 行行码)赋给 SendHM 函数的输入参数(dat)，使之将该行码发
                            //送出去
      Send2Byte(0xff, LMtable[i]);  //执行 Send2Byte(发送双字节)函数，同时将数据 0xff 和
                            //LMtable 表格的第 i+1 个列码和分别赋给 SendLM 函数的两个
                            //输入参数（dat1、dat2），使之将该列码和数据发送出去，发
                            //送数据 0xff 可以让双色点阵中的一种颜色不显示
     Out595();              //执行 Out595(输出锁存)函数，将已经分别移入两个 74HC595 的列码和数据 0xff
                            //保存下来，同时发送给点阵的双色列引脚
     DelayMs(1);            //执行 DelayMs（毫秒级延时）函数，延时 1ms，让点阵每行显示持续 1ms
     Send2Byte(0xff,0xff);  //执行 Send2Byte 函数，将数据 0xff 分别赋给 SendLM 函数的两个输入
                            //参数(dat1、dat2)，使之将 0xff 当作两种颜色的列码发送出去
     Out595();              //执行 Out595(输出锁存)函数，将移入两个 74HC595 的数据 0xff 保存下来并发
                            //送给点阵的双色列引脚，以清除列码停止当前行的显示，否则在发送下一行行码
                            //（下一行列码要在行码之后发送）时，未清除的上一行列码会使下一行短时显示与上
                            //一行相同的内容，从而产生重影
  }
  }
 }
}
```

图9-11　红绿双色点阵正反交替显示红、绿字符"1"的程序（续）

9.2.4　字符移入和移出点阵的程序及详解

图 9-13 为字符移入和移出点阵的程序。

1. 现象

红色字符 0～9 由右往左逐个移入点阵，后一个字符移入点阵时，前一个字符从点阵中移出，如图 9-12（a）所示，最后一个字符 9 移出后，点阵清屏（空字符），接着翻转 180°的绿色字符 0～9 由左往右逐个移入点阵(掉转方向可以看到正向的绿色字符由右往左移入移出点阵)，如图 9-12（b）所示，字符 9 移出后，点阵清屏，然后重复上述过程。

（a）红色字符由右往左移入移出点阵　　　　（b）倒转的绿色字符由左往右移入移出点阵

图9-12　图9-13所示程序运行时字符移动情况

2. 程序说明

程序运行时首先进入主程序的 main 函数，在 main 函数中，有 6 个 for 语句，第 1～3 个 for 语句的内容用于使红色字符 0～9 由右往左逐个移入移出点阵，第 4～6 个 for 语句的内容用于使倒转的绿色字符 0～9 由左往右逐个移入移出点阵。

程序在首次执行时，依次执行第 1～3 个 for 语句，当执行到第 3 次 for 语句（内嵌在第 2 个 for 语句中）时，将 LMtable 表格第 1 个（首次执行时 i、k 均为 0，故 i+k+1=1）单元的值（0x00）取反后（变为 0xff）赋给变量 app，然后执行并进入 SendHM（发送行码）函数，将 HMtable 表格的第 1 个行码 0x01 发送给点阵的行引脚，再执行 Send2Byte（带方向发送双字节）函数，使之将变量 app 的值作为列码（字符 0 的第一行列码）从高到低位移入给 74HC595，接着执行 Out595（输出锁存）函数，将已经移入两个 74HC595 的列码和数据 0xff 分别发送到点阵的红列引脚和绿列引脚，点阵的第一行内容显示，执行"DelayMs(1)"让该行内容显示时间持续 1ms，执行"Send2Byte(0xff,0xff,0)"和"Out595()"清除该行显示，以免在发送下一行行码（下一行列码要在行码之后发送）时，未清除的上一行列码会使下一行短时显示与上一行相同的内容，从而产生重影，虽然第一行显示内容被清除，但由于人眼视觉暂留特性，会觉得第一行内容仍在显示。第 3 个 for 语句第 1 次执行后其 i 值由 0 变为 1，第 2 次执行时将 HMtable 表格的第 2 行行码（0x02）和 LMtable 表格的第 2 个单元的值（0x00）取反作为第 2 行列码发送给双色点阵，使之显示出第 2 行内容。当第 3 个 for 语句第 8 次执行时，点阵第 8 行显示，第 1～7 行内容虽然不显示，但先前显示内容在人眼的印象还未消失，故觉得点阵显示出一个完整的字符 0。第 3 个 for 语句执行 8 次使点阵显示一屏内容约需 8ms，第 3 个 for 语句嵌在第 2 个 for 语句内，第 2 个 for 语句执行 20 次，让点阵一屏相同的内容刷新 20 次，耗时约 160ms，即让点阵每屏相同的内容显示时间持续 160ms。

第 2 个 for 语句嵌在第 1 个 for 语句内，第 2 个 for 语句执行 20 次（第 3 个 for 语句执行

160 次）后，第 1 个 for 语句 k 值由 0 变为 1，当第 3 次 for 语句再次第 1 次执行时，将 LMtable 表格第 2 个（i+k+1=2）单元的值取反后作为第 1 行列码发送给点阵，第 8 次执行时将 LMtable 表格第 9 个单元的值（字符 1 的第 1 行列码）取反后作为第 8 行列码发送给点阵，结果点阵显示的字符 0 少了一列，字符 1 的一列内容进入点阵显示，这样就产生了字符 0 移出、字符 1 移入的感觉。

主程序中的第 4～6 个 for 语句的功能是使倒转的绿色字符 0～9 由左往右逐个移入移出点阵。其工作原理与第 1～3 个 for 语句基本相同，这里不再说明。

```
/*字符 0～9 按顺序从点阵移进移出的程序*/
#include<reg51.h>        //调用 reg51.h 文件对单片机各特殊功能寄存器进行地址定义
#include <intrins.h>   //调用 intrins.h 文件对本程序用到的"_nop_()"函数进行声明

unsigned char HMtable[8]={0x01,0x02,0x04,0x08,0x10,0x20,0x40,0x80};
                                    //定义一个 HMtable 表格，依次存放扫描点阵的 8 行行码
unsigned char code LMtable[96]={0x00,0x00,0x3e,0x41,0x41,0x41,0x3e,0x00,
                                    //字符 0 的 8 行列码
                        0x00,0x00,0x00,0x00,0x21,0x7f,0x01,0x00,   //字符 1 的 8 行列码
                        0x00,0x00,0x27,0x45,0x45,0x45,0x39,0x00,   //字符 2 的 8 行列码
                        0x00,0x00,0x22,0x49,0x49,0x49,0x36,0x00,   //字符 3 的 8 行列码
                        0x00,0x00,0x0c,0x14,0x24,0x7f,0x04,0x00,   //字符 4 的 8 行列码
                        0x00,0x00,0x72,0x51,0x51,0x51,0x4e,0x00,   //字符 5 的 8 行列码
                        0x00,0x00,0x3e,0x49,0x49,0x49,0x26,0x00,   //字符 6 的 8 行列码
                        0x00,0x00,0x40,0x40,0x40,0x4f,0x70,0x00,   //字符 7 的 8 行列码
                        0x00,0x00,0x36,0x49,0x49,0x49,0x36,0x00,   //字符 8 的 8 行列码
                        0x00,0x00,0x32,0x49,0x49,0x49,0x3e,0x00,   //字符 9 的 8 行列码
                        0x00,0x00,0x00,0x00,0x00,0x00,0x00,0x00};
                                    //空格列码（让 8 行都不显示的列码）
                    //定义一个 LMtable 表格，存放行共阴列共阳型点阵的字符 0～9 及空格的列码，
                    //若用作驱动行共阳列共阴型点阵，须将各列码值取反，
sbit LieSuo=P1^0;   //用位定义关键字 sbit 定义 LieSuo（列锁存）代表 P1.0 端口
sbit LieYi=P1^1;    //用位定义关键字 sbit 定义 LieYi（列移位）代表 P1.1 端口
sbit LieMa=P1^2;    //用位定义关键字 sbit 定义 LieMa（列码）代表 P1.2 端口
sbit HangSuo=P2^2;
sbit HangYi=P2^1;
sbit HangMa=P2^0;

/*以下 DelayUs 为微秒级延时函数，其输入参数为 unsigned char tu(无符号字符型变量 tu)，tu 值为 8 位，
取值范围为 0～255，若单片机的晶振频率为 12MHz，本函数延时时间可用 T=(tu×2+5) μs 近似计算，比如
tu=248，T=501 μs≈0.5ms */
void DelayUs (unsigned char tu)    //DelayUs 为微秒级延时函数，其输入参数为无符号字符型变量 tu
 {
  while(--tu);                 //while 为循环语句，每执行一次 while 语句，tu 值就减 1，
                              //直到 tu 值为 0 时才执行 while 尾大括号之后的语句
 }

/*以下 DelayMs 为毫秒级延时函数，其输入参数为 unsigned char tm（无符号字符型变量 tm），该函数内部
使用了两个 DelayUs (248)函数，它们共延时 1002μs（约 1ms），由于 tm 值最大为 255，故本 DelayMs 函数
最大延时时间为 255ms，若将输入参数定义为 unsigned int tm，则最长可获得 65535ms 的延时时间*/
void DelayMs(unsigned char tm)
```

图9-13 字符0～9移入和移出双色点阵的程序

```
{
 while(tm--)
  {
   DelayUs (248);
   DelayUs (248);
  }
}
```

/*以下 SendByte 为带方向发送单字节（8 位）函数，有两个输入参数，一个是为无符号字符型变量 dat，另一个为位变量 yixiang(移向)，其功能是根据 yixiang 值将 dat 的 8 位数据由高到低(yixiang=0)或由低到高(yixiang=1)逐位从 P1.2 端口移出*/

```
void SendByte(unsigned char dat,bit yixiang)
{
  unsigned char i,temp;      //声明两个无符号字符型变量 i 和 temp，i、temp 的初值都为 0
  if(yixiang==0)             //如果 yixiang=0，执行 if 大括号内的内容"temp=0x80"
   {
    temp=0x80;               //将 0x80(即 10000000)赋给变量 temp
   }
  else                       //否则（即 yixiang=1），执行 else 大括号内的内容"temp=0x01"
   {
    temp=0x01;               //将 0x01(即 00000001)赋给变量 temp
   }

  for(i=0;i<8;i++)           //for 为循环语句，大括号内的语句执行 8 次，将变量 dat 的 8 位数据逐位从
                             //P1.2 端口移出
   {
    LieYi=0;                 //让 P1.1 端口输出低电平
    LieMa=dat&temp;          //将变量 dat 的 8 位数据和变量 temp 的 8 位数据逐位相与运算，再将结果数
                             //据的最高位(temp=0x80 时)或最低位(temp=0x01 时)送到 P1.2 端口输出
    LieYi=1;                 //让 P1.1 端口输出高电平，P1.1 端口由低电平变为高电平，即输出一个上升沿
                             //去 74HC595 的移位端，P1.2 端口的值被移入 74HC595
    if(yixiang==0)           //如果 yixiang=0，执行 if 大括号内的内容"dat<<=1"
     {
      dat<<=1;               //将变量 dat 的 8 位数左移一位
     }
    else                     //否则（即 yixiang=1），执行 else 大括号内的内容"dat>>=1"
     {
      dat>>=1;               //将变量 dat 的 8 位数右移一位
     }
   }
}
```

/*以下 Send2Byte 为带方向发送双字节（16 位）函数，有两个无符号字符型变量输入参数 dat1、dat2 和一个位变量输入参数 yixiang */

```
void Send2Byte(unsigned char dat1,unsigned char dat2,bit yixiang)
{
 SendByte(dat1,yixiang);   //执行 SendByte 函数，根据 yixiang 的值将变量 dat1 的 8 位数据由高到
                           //低或由低到高逐位从 P1.2 端口移出
 SendByte(dat2,yixiang);   //执行 SendByte 函数，根据 yixiang 的值将变量 dat2 的 8 位数据由高到
                           //低或由低到高逐位从 P1.2 端口移出
```

图9-13　字符0～9移入和移出双色点阵的程序（续）

```
}

/*以下 Out595 为输出锁存函数，其输入、输出参数均为空，该函数的功能是让单片机 P1.0 端口发出一个
锁存脉冲（上升沿）去 74HC595 芯片的锁存端，使之将已经移入的列码保存下来并输出给点阵的列引脚*/
void Out595(void)
{
 LieSuo=0;    //让 P1.0 端口输出低电平
 _nop_();     //_nop_()为空操作函数，不进行任何操作，用作短时间延时，单片机时钟频率为 12MHz 时延时 1μs
 LieSuo=1;    //让 P1.0 端口输出高电平，P1.0 端口由低电平变为高电平，即输出一个上升沿去 74HC595 的锁
              //存端，使 74HC595 将已经移入的列码保存下来并输出给点阵
}

/*以下 SendHM 为发送行码函数，其输入参数为无符号字符型变量 dat，其功能是将变量 dat 的 8 位数据（行码）
由高到低逐位从 P2.0 端口移出，再让 74HC595 将移入的 8 位数据保存下来并输出送到点阵的行引脚*/
void SendHM(unsigned char dat)
{
 unsigned char i;        //声明一个无符号字符型变量 i
 for(i=0;i<8;i++)        //for 为循环语句，大括号内的语句执行 8 次，将变量 dat 的 8 位数由高到低逐位
                         //从 P2.0 端口移出
   {
    HangYi=0;            //让 P2.1 端口输出低电平
    HangMa=dat&0x80;     //将变量 dat 的 8 位数据和 0x80(10000000)逐位相与运算(即保留 dat 数据的最
                         //高位，其他位全部清 0)，再将 dat 数据的最高位送到 P2.0 端口
    HangYi=1;            //让 P2.1 端口输出高电平，P2.1 端口由低电平变为高电平，即输出一个上升沿
                         //去 74HC595 的移位端，P2.0 端口的值被移入 74HC595
    dat<<=1;             //将变量 dat 的 8 位数左移一位
   }
 HangSuo=0;             //让 P2.2 端口输出低电平
 _nop_();               //_nop_()为空操作函数，不进行任何操作，用作短时间延时，单片机晶振频率为
                        //12MHz 时延时 1μs
 HangSuo=1;             //让 P2.2 端口输出高电平，P1.2 端口由低电平变为高电平，即输出一个上升沿
                        //去 74HC595 的锁存端，使 74HC595 将已经移入的行码保存下来并送给点阵的行引脚
}

/*以下为主程序部分*/
void main()
{
 unsigned char i,k,l,app; //声明四个无符号字符型变量 i、k、l、app（初值均为 0）
 while(1)                //主循环，while 大括号内的语句反复执行
  {
   for(k=0;k<=87;k++)   //for 为循环语句，大括号内的语句执行 88 次，以将 LMtable 表格 88 个列码依次
                        //发送给点阵
    {
     for(l=20;l>0;l--)  //for 为循环语句，大括号内的语句执行 20 次，让点阵显示的每屏内容都刷新 20
                        //次，刷新次数越多，字符静止时间越长，字符移动速度越慢
      {
       for(i=0;i<=7;i++) //for 为循环语句，大括号内的语句执行 8 次，让点阵以逐行的方式显示出整屏
                        //内容
        {
```

图9-13　字符0~9移入和移出双色点阵的程序（续）

```
        app=~(*(LMtable+i+k));  //将 LMtable 表格第 i+k+1 个单元的值取反后赋给变量 app,*为指针
                                //运算符,~表示取反
        SendHM(HMtable[i]);    //执行 SendHM(发送行码)函数,同时将 HMtable 表格的第 i+1 个行码
                                //赋给 SendHM 函数的输入参数(dat),使之将该行码发送出去
        Send2Byte(app,0xff,0); //执行 Send2Byte(带方向发送双字节)函数,同时将 app 的值(列码)和
                                //数据 0xff 分别赋给 SendLM 函数的两个输入参数(dat1、dat2),使之将该列码和
                                //数据 0xff 发送出去,发送数据 0xff 可以让双色点阵中的一种颜色(绿色)不显示,
                                //将 0 赋给 yixiang 使列码按高位到低位发送
        Out595();              //执行 Out595(输出锁存)函数,将已经分别移入两个 74HC595 的列码和数据
                                //0xff 保存下来,同时发送给点阵的双色列引脚
        DelayMs(1);            //执行 DelayMs(毫秒级延时)函数,延时 1ms,让点阵每行显示持续 1ms
        Send2Byte(0xff,0xff,0); //执行 Send2Byte 函数,将数据 0xff 赋给该函数的 dat1 和 dat2,
                                //将 0 赋给 yixiang,使之将 0xff 当作两种颜色的列码发送出去,
                                //在发送 0xff 时按高位到低位进行
        Out595();              //执行 Out595(输出锁存)函数,将移入两个 74HC595 的数据 0xff 保存下来并发送给
                                //点阵的双色列引脚,以清除列码停止当前行的显示,否则在发送下一行行码(下一行
                                //列码要在行码之后发送)时,未清除的上一行列码会在下一行短时显示与上一行相同
                                //的内容,从而产生重影
      }
    }
  }

for(k=0;k<=87;k++)  //for 为循环语句,大括号内的语句执行 88 次,以将 LMtable 表格 88 个列码依次
                    //发送给点阵
{
  for(l=20;l>0;l--)  //for 为循环语句,大括号内的语句执行 20 次,让点阵显示的每屏内容都刷新 20
                     //次,刷新次数越多,字符静止时间越长,字符移动速度越慢
  {
    for(i=0;i<=7;i++)  //for 为循环语句,大括号内的语句执行 8 次,让点阵以逐行的方式显示出整屏内容
    {
      SendHM(HMtable[7-i]);   //执行 SendHM(发送行码)函数,同时将 HMtable 表格的第(7-i+1)个
                              //行码(即先送第 8 个行码)赋给 SendHM 函数的输入参数(dat),使之将
                              //该行码发送出去
      Send2Byte(0xff,~(*(LMtable+i+k)),1); //执行 Send2Byte(带方向发送双字节)函数,
                              //同时将 0xff 和 LMtable 表格第 i+k+1 个单元
                              //的列码反值分别赋给 SendLM 函数的 dat1 和
                              //dat2,使之将两者发送出去,先发送数据 0xff
                              //可以让双色点阵的红色不显示,将 1 赋给 yixiang
                              //让列码按低位到高位发送
      Out595();
      DelayMs(1);
      Send2Byte(0xff,0xff,0);
      Out595();
    }
  }
}
}
```

图9-13　字符0～9移入和移出双色点阵的程序（续）

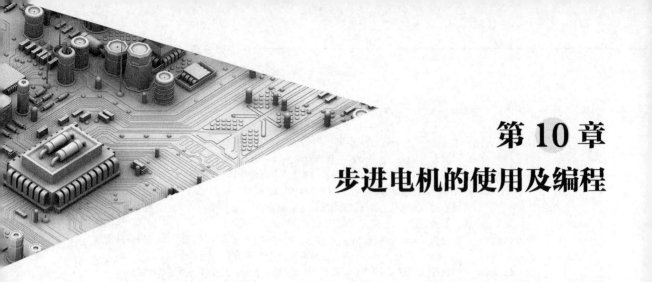

第 10 章
步进电机的使用及编程

|10.1　步进电机与驱动芯片介绍|

10.1.1　步进电机的结构与工作原理

步进电机是一种用电脉冲控制运转的电动机，每输入一个电脉冲，电机就会旋转一定的角度，因此步进电机又称为脉冲电机。步进电机的转速与脉冲频率成正比，脉冲频率越高，单位时间内输入电机的脉冲个数越多，旋转角度越大，即转速越快。步进电机广泛用在雕刻机、激光制版机、贴标机、激光切割机、喷绘机、数控机床、机器手等各种大、中型自动化设备和仪器中。

1. 外形

步进电机的外形如图 10-1 所示。

图10-1　步进电机的外形

2. 结构与工作原理

（1）与步进电机有关的实验

在说明步进电机工作原理前，先来分析图 10-2 所示的实验现象。

在图 10-2 所示实验中，一根铁棒斜放在支架上，若将一对磁铁靠近铁棒，N 极磁铁产生的磁感线会通过气隙、铁棒和气隙到达 S 极磁铁，如图 10-2（b）所示。由于磁感线总是力图通过磁阻最小的途径，它对铁棒产生作用力，使铁棒旋转到水平位置，如图 10-2（c）所示，此时磁感线所经磁路的磁阻最小（磁阻主要由 N 极与铁棒的气隙和 S 极与铁棒间的气隙大小决定，气隙越大，磁阻越大，铁棒处于图（c）位置时的气隙最小，因此磁阻也最小）。这时若顺时针旋转磁铁，为了保持磁路的磁阻最小，磁感线对铁棒产生作用力使之也顺时针旋转，如图 10-2（d）所示。

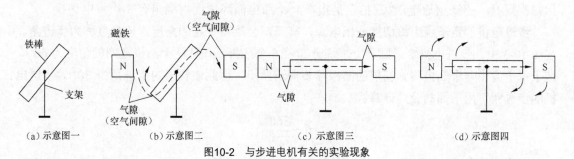

（a）示意图一　　　　（b）示意图二　　　　（c）示意图三　　　　（d）示意图四

图10-2　与步进电机有关的实验现象

（2）工作原理

步进电机种类很多，根据运转方式可分为旋转式、直线式和平面式，其中旋转式应用最为广泛。**旋转式步进电机又分为永磁式和反应式，永磁式步进电机的转子采用永久磁铁制成，反应式步进电机的转子采用软磁性材料制成。**由于反应式步进电机具有反应快、惯性小和速度高等优点，因此应用很广泛。下面以图 10-3 所示的三相六极式步进电机为例进行说明，其工作方式有单三拍、双三拍和单双六拍。

1）单三拍工作方式

图 10-3 是一种三相六极式步进电机，它主要由凸极式定子、定子绕组和带有 4 个齿的转子组成。

（a）示意图一　　　　　　（b）示意图二　　　　　　（c）示意图三

图10-3　三相六极式步进电机的单三拍工作方式说明图

三相六极式步进电机的单三拍工作方式说明如下。

① 当 A 相定子绕组通电时，如图 10-3（a）所示，A 相绕组产生磁场，由于磁场磁感线力图通过磁阻最小的路径，在磁场的作用下，转子旋转使齿 1、3 分别正对 A、A′极。

② 当 B 相定子绕组通电时，如图 10-3（b）所示，B 相绕组产生磁场，在绕组磁场的作用下，转子旋转使齿 2、4 分别正对 B、B′极。

③ 当 C 相定子绕组通电时，如图 10-3（c）所示，C 相绕组产生磁场，在绕组磁场的作用下，转子旋转使 3、1 齿分别正对 C、C′极。

从图 10-3 中可以看出，当 A、B、C 相按 A→B→C 顺序依次通电时，转子逆时针旋转，并且转子齿 1 由正对 A 极运动到正对 C′；若按 A→C→B 顺序通电，转子则会顺时针旋转。给某定子绕组通电时，步进电机会旋转一个角度；若按 A→B→C→A→B→C→…顺序依次不断给定子绕组通电，转子就会连续不断的旋转。

图 10-3 为三相单三拍反应式步进电机，其中"三相"是指定子绕组为三组，"单"是指每次只有一相绕组通电，"三拍"是指在一个通电循环周期内绕组有 3 次供电切换。

步进电机的定子绕组每切换一相电源，转子就会旋转一定的角度，该角度称为步进角。在图 10-3 中，步进电机定子圆周上平均分布着 6 个凸极，任意两个凸极之间的角度为 60°，转子每个齿由一个凸极移到相邻的凸极需要前进两步，因此该转子的步进角为 30°。**步进电机的步进角可用下面的公式计算：**

$$\theta = \frac{360°}{ZN}$$

式中，Z 为转子的齿数，N 为一个通电循环周期的拍数。

图 10-3 中的步进电机的转子齿数 $Z=4$，一个通电循环周期的拍数 $N=3$，则步进角 $\theta=30°$。

2）单双六拍工作方式

三相六极式步进电机以单三拍方式工作时，步进角较大，力矩小且稳定性较差；如果以单双六拍方式工作，步进角较小，力矩较大，稳定性更好。三相六极式步进电机的单双六拍工作方式说明如图 10-4 所示。

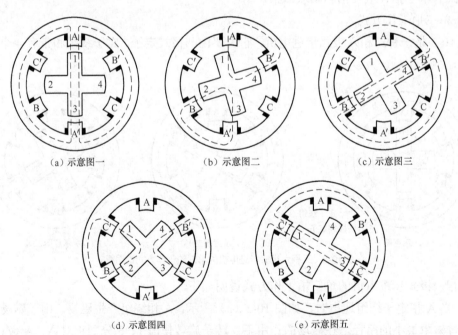

(a) 示意图一　　　　　　　(b) 示意图二　　　　　　　(c) 示意图三

(d) 示意图四　　　　　　　(e) 示意图五

图10-4　三相六极式步进电机的单双六拍工作方式说明图

三相六极式步进电机的单双六拍工作方式说明如下。

① 当 A 相定子绕组通电时，如图 10-4（a）所示，A 相绕组产生磁场，由于磁场磁感线力图通过磁阻最小的路径，在磁场的作用下，转子旋转使齿 1、3 分别正对 A、A′极。

② 当 A、B 相定子绕组同时通电时，A、B 相绕组产生图 10-4（b）所示的磁场，在绕组磁场的作用下，转子旋转使齿 2、4 分别向 B、B′极靠近。

③ 当 B 相定子绕组通电时，如图 10-4（c）所示，B 相绕组产生磁场，在绕组磁场的作用下，转子旋转使 2、4 齿分别正对 B、B′极。

④ 当 B、C 相定子绕组同时通电时，如图 10-4（d）所示，B、C 相绕组产生磁场，在绕组磁场的作用下，转子旋转使齿 3、1 分别向 C、C′极靠近。

⑤ 当 C 相定子绕组通电时，如图 10-4（e）所示，C 相绕组产生磁场，在绕组磁场的作用下，转子旋转使 3、1 齿分别正对 C、C′极。

从图中可以看出，当 A、B、C 相按 A→AB→B→BC→C→CA→A…顺序依次通电时，转子逆时针旋转，每一个通电循环分 6 拍，其中 3 个单拍通电，3 个双拍通电，因此这种工作方式称为三相单双六拍。三相单双六拍步进电机的步进角为 15°。

三相六极式步进电机还有一种双三拍工作方式，每次同时有两个绕组通电，按 AB→BC→CA→AB…顺序依次通电切换，一个通电循环分 3 拍。

3. 结构

三相六极式步进电机的步进角比较大，若用它们作为传动设备动力源时往往不能满足精度要求。为了减小步进角，实际的步进电机通常在定子凸极和转子上开很多小齿，这样可以大大减小步进角。步进电机的示意结构如图 10-5 所示。步进电机的实际结构如图 10-6 所示。

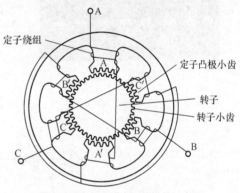

图10-5　三相步进电机的结构示意图

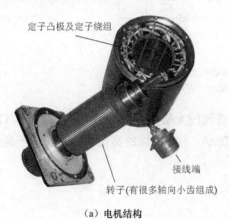

（a）电机结构

（b）定子结构

图10-6　步进电机的结构

10.1.2　驱动芯片 ULN2003

单片机的输出电流很小，不能直接驱动电机和继电器等功率较大的元件，需要用到驱动芯片进行功率放大。常用的驱动集成电路有 ULN2003、MC1413P、KA2667、KA2657、

KID65004、MC1416、ULN2803、TD62003、M5466P 等，它们都是 16 引脚的反相驱动集成电路，可以互换使用。下面以最常用的 ULN2003 为例进行说明。

1. 外形、结构和主要参数

ULN2003 的外形与内部结构如图 10-7 所示。ULN2003 内部有 7 个驱动单元，1～7 脚分别为各驱动单元的输入端，16～10 脚为各驱动单元件输出端，8 脚为各驱动单元的接地端，9 脚为各驱动单元保护二极管负极的公共端，可接电源正极或悬空不用。ULN2003 内部 7 个驱动单元是相同的，单个驱动单元的电路结构如图 10-7（c）所示，三极管 VT1、VT2 构成达林顿三极管（又称复合三极管），3 个二极管主要起保护作用。

（a）外形

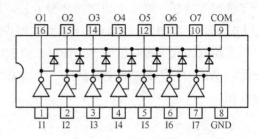

（b）内部结构

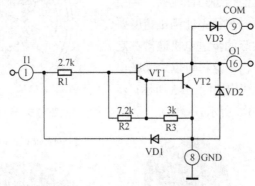

（c）单个驱动单元的电路结构

图10-7　ULN2003的外形和结构

ULN2003 驱动单元主要参数如下：①直流放大倍数可达 1000；②VT1、VT2 耐压最大为 50V；③VT2 的最大输出电流（I_{C2}）为 500mA；④输入端的高电平的电压值不能低于 2.8V；⑤输出端负载的电源推荐在 24V 以内。

2. 检测

ULN2003 内部有 7 个电路结构相同的驱动单元，其电路结构如图 10-7（c）所示，在检测时，三极管集电结和发射结均可当成二极管。ULN2003 驱动单元检测包括检测输入端与接地端（8 脚）之间的正反向电阻、输出端与接地端之间的正反向电阻、输入端与输出端之间正反向电阻、输出端与公共端（9 脚）之间的正反向电阻。

① 检测输入端与接地端（8 脚）之间的正反向电阻。万用表选择 R×100Ω 挡，红表笔接 1 脚、黑表笔接 8 脚，测得为二极管 VD1 的正向电阻与 R1～R3 总阻值的并联值，该阻值

较小，若红表笔接 8 脚、黑表笔接 1 脚，测得为 R1 和 VT1、VT2 两个 PN 结的串联阻值，该阻值较大。

② 检测输出端与接地端之间的正反向电阻。红表笔接 16 脚、黑表笔接 8 脚，测得为 VD2 的正向电阻值，该值很小，当黑表笔接 16 脚、红表笔接 8 脚，VD2 反向截止，测得阻值无穷大。

③ 检测输入端与输出端之间正反向电阻。黑表笔接 1 脚、红表笔接 16 脚，测得为 R1 与 VT 集电结正向电阻值，该值较小，当红表笔接 1 脚、黑表笔接 16 脚，VT1 集电结截止，测得阻值无穷大。

④ 检测输出端与公共端（9 脚）之间的正反向电阻。黑表笔接 16 脚、红表笔接 9 脚，VD3 正向导通，测得阻值很小，当红表笔接 16 脚、黑表笔接 9 脚，VD3 反向截止，测得阻值无穷大。

在测量 ULN2003 某个驱动单元时，如果测量结果与上述不符，则为该驱动单元损坏。由于 ULN2003 的 7 个驱动单元电路结构相同，正常各单元的相应阻值都是相同的，因此检测时可对比测量，当发现某个驱动单元某阻值与其他多个单元阻值有较大区别时，可确定该单元损坏，因为多个单元同时损坏可能性很小。

当 ULN2003 某个驱劝单元损坏时，如果一下子找不到新 ULN2003 代换，可以使用 ULN2003 空闲驱动单元来代替损坏的驱动单元。在代替时，将损坏单元的输入、输出端分别与输入、输出电路断开，再分别将输入、输出电路与空闲驱动单元的输入、输出端连接。

10.1.3 五线四相步进电机

1. 外形、内部结构与接线图

图 10-8 是一种较常见的小功率 5V 五线四相步进电机，A、B、C、D 四相绕组，对外接出 5 根线（4 根相线与 1 根接 5V 的电源线）。五线四相步进电机的外形与内部接线如图 10-8 所示，在电机上通常会标示电源电压。

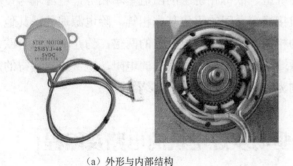
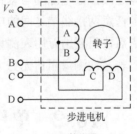

（a）外形与内部结构 　　　　　　　　（b）接线图

图10-8 五线四相步进电机

2. 工作方式

四相步进电机有 3 种工作方式，分别是单四拍方式、双四拍方式和单双八拍方式，其通电规律如图 10-9 所示，"1"表示通电，"0"表示断电。

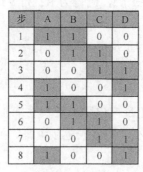

步	A	B	C	D
1	1	0	0	0
2	0	1	0	0
3	0	0	1	0
4	0	0	0	1
5	1	0	0	0
6	0	1	0	0
7	0	0	1	0
8	0	0	0	1

单四拍（1相励磁）

步	A	B	C	D
1	1	1	0	0
2	0	1	1	0
3	0	0	1	1
4	1	0	0	1
5	1	1	0	0
6	0	1	1	0
7	0	0	1	1
8	1	0	0	1

双四拍（2相励磁）

步	A	B	C	D
1	1	0	0	0
2	1	1	0	0
3	0	1	0	0
4	0	1	1	0
5	0	0	1	0
6	0	0	1	1
7	0	0	0	1
8	1	0	0	1

单双四拍（1-2相励磁）

图10-9　四相步进电机的3种工作方式

3. 接线端的区分

五线四相步进电机对外有 5 个接线端，分别是电源端、A 相端、B 相端、C 相端和 D 相端。五线四相步进电机可通过查看导线颜色来区分各接线，其颜色规律如图 10-10 所示。

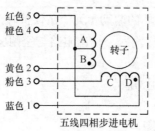

图10-10　五线四相步进电机接线端的一般颜色规律

4. 检测

五线四相步进电机有四组相同的绕组，故每相绕组的阻值基本相等，电源端与每相绕组的一端均连接，故电源端与每相绕组接线端之间的阻值基本相等，除电源端外，其他 4 个接线端中的任意两接线端之间的电阻均相同，为每相绕组阻值的两倍，约几十至几百欧。了解这些特点后，只要用万用表测量电源端与其他各接线端之间的电阻，正常 4 次测得的阻值基本相等，若某次测量阻值无穷大，则为该接线端对应的内部绕组开路。

|10.2　单片机驱动步进电机的电路及编程|

10.2.1　由按键、单片机、驱动芯片和数码管构成的步进电机驱动电路

由按键、单片机、驱动芯片和数码管构成的步进电机驱动电路如图 10-11 所示。

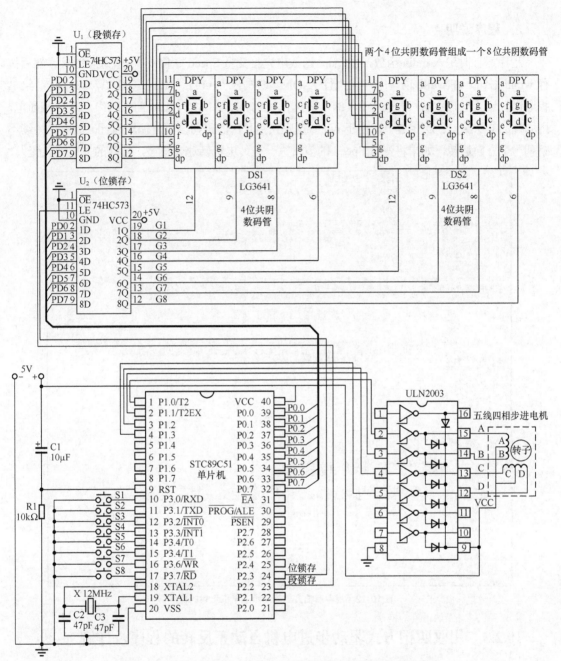

图10-11 按键、单片机、驱动芯片和数码管构成的步进电机驱动电路

10.2.2 用单四拍方式驱动步进电机正转的程序及详解

图 10-12 是用单四拍方式驱动步进电机正转的程序，其电路如图 10-11 所示。

1. 现象

步进电机一直往一个方向转动。

2. 程序说明

程序运行时进入 main 函数，在 main 函数中先将变量 Speed 赋值 6，设置通电时间，然后执行 while 语句，在 while 语句中，先执行 A_ON（即执行 "A1=1、B1=0、C1=0、D1=0"），给 A 相通电，然后延时 6ms，再执行 B_ON（即执行 "A1=0、B1=1、C1=0、D1=0"），给 B 相通电，用同样的方法给 C、D 相通电，由于 while 首尾大括号内的语句会反复循环执行，故电机持续不断朝一个方向运转。如果将变量 Speed 的值设大一些，电机转速会变慢，转动的力矩则会变大。

```
/*用单四拍方式驱动四相步进电机正转的程序*/
#include <reg51.h>        //调用reg51.h文件对单片机各特殊功能寄存器进行地址定义
sbit A1=P1^0;             //用位定义关键字sbit将A1代表P1.0端口
sbit B1=P1^1;
sbit C1=P1^2;
sbit D1=P1^3;
unsigned char Speed;      //声明一个无符号字符型变量Speed
#define A_ON {A1=1;B1=0;C1=0;D1=0;} //用define(宏定义)命令将A_ON代表"A1=1;B1=0;C1=0;D1=0;",可简化编程
#define B_ON {A1=0;B1=1;C1=0;D1=0;} //B_ON与"A1=0;B1=1;C1=0;D1=0;"等同
#define C_ON {A1=0;B1=0;C1=1;D1=0;}
#define D_ON {A1=0;B1=0;C1=0;D1=1;}
#define ABCD_OFF {A1=0;B1=0;C1=0;D1=0;}

/*以下DelayUs为微秒级延时函数,其输入参数为unsigned char tu(无符号字符型变量tu),tu值为8位,取值范围 0~255,
如果单片机的晶振频率为12M,本函数延时时间可用T=(tux2+5)us 近似计算,比如tu=248,T=501 us≈0.5ms */
void DelayUs (unsigned char tu)   //DelayUs为微秒级延时函数,其输入参数为无符号字符型变量tu
{
  while(--tu);                     //while为循环语句,每执行一次while语句,tu值就减1,
                                   //直到tu值为0时才执行while尾大括号之后的语句
}

/*以下DelayMs为毫秒级延时函数,其输入参数为unsigned char tm（无符号字符型变量tm）,该函数内部使用了两个
DelayUs (248)函数,它们共延时1002us（约1ms）,由于tm值最大为255,故本DelayMs函数最大延时时间为255ms,
若将输入参数定义为unsigned int tm,则最长可获得65535ms的延时时间*/
void DelayMs(unsigned char tm)
{
  while(tm--)
  {
    DelayUs (248);
    DelayUs (248);
  }
}

/*以下为主程序部分*/
void main()
{
  Speed=6;    //给变量Speed赋值6,设置每相通电时间
  while(1)    //主循环,while首尾大括号内的语句会反复执行
  {
    A_ON        //让A1=1、B1=0、C1=0、D1=0,即给A相通电,B、C、D均断电
    DelayMs(Speed); //延时6ms,让A相通电时间持续6ms,该值越大,转速越慢,但转矩(转动力矩)越大
    B_ON        //让A1=0、B1=1、C1=0、D1=0,即给B相通电,A、C、D均相断电
    DelayMs(Speed); //延时6ms,让B相通电时间持续6ms
    C_ON
    DelayMs(Speed);
    D_ON
    DelayMs(Speed);
  }
}
```

图10-12　用单四拍方式驱动步进电机正转的程序

10.2.3　用双四拍方式驱动步进电机自动正反转的程序及详解

图 10-13 是用双四拍方式驱动步进电机自动正反转的程序，其电路如图 10-11 所示。

1. 现象

步进电机正向旋转 4 周，再反向旋转 4 周，周而复始。

2. 程序说明

程序运行时进入 main 函数，在 main 函数中先声明一个变量 i，接着给变量 Speed 赋值 6，然后执行第 1 个 while 语句（主循环），先执行 ABCD_OFF（即执行 "A1=0、B1=0、C1=0、

D1=0"），让 A、B、C、D 相断电，再给 i 赋值 512，再执行第 2 个 while 语句，在第 2 个 while 语句中，先执行 AB_ON（即执行"A1=1、B1=1、C1=0、D1=0"），给 A、B 相通电，延时 8ms 后，执行 BC_ON（即执行"A1=0、B1=1、C1=10、D1=0"），给 B、C 相通电，用同样的方法给 C、D 相和 D、A 相通电，即按 AB→BC→CD→DA 顺序给步进电机通电，第 1 次执行后，i 值由 512 减 1 变成 511，然后又返回 AB_ON 开始执行第 2 次，执行 512 次后，i 值变为 0，步进电机正向旋转了 4 周，跳出第 2 个 while 语句，执行之后的 ABCD_OFF 和 i=512，让 A、B、C、D 相断电，给 i 赋值 512，再执行第 3 个 while 语句，在第 3 个 while 语句中，执行有关语句按 DA→CD→BC→AB 顺序给步进电机通电，执行 512 次后，i 值变为 0，步进电机反向旋转了 4 周，跳出第 2 个 while 语句。由于第 1、2 个 while 语句处于主循环第 1 个 while 语句内部，故会反复执行，故而步进电机正转 4 周、反转 4 周且反复进行。

```
/*用双拍方式驱动步进电机自动正反转的程序*/
#include <reg51.h>      //调用reg51.h文件对单片机各特殊功能寄存器进行地址定义
sbit A1=P1^0;           //用位定义关键字sbit将A1代表P1.0端口
sbit B1=P1^1;
sbit C1=P1^2;
sbit D1=P1^3;
unsigned char Speed;    //声明一个无符号字符型变量Speed

#define A_ON  {A1=1;B1=0;C1=0;D1=0;}   //用define(宏定义)命令将A_ON代表"A1=1;B1=0;C1=0;D1=0; ",可简化编程
#define B_ON  {A1=0;B1=1;C1=0;D1=0;}   //B_ON与"A1=0;B1=1;C1=0;D1=0;"等同
#define C_ON  {A1=0;B1=0;C1=1;D1=0;}
#define D_ON  {A1=0;B1=0;C1=0;D1=1;}
#define AB_ON {A1=1;B1=1;C1=0;D1=0;}
#define BC_ON {A1=0;B1=1;C1=1;D1=0;}
#define CD_ON {A1=0;B1=0;C1=1;D1=1;}
#define DA_ON {A1=1;B1=0;C1=0;D1=1;}
#define ABCD_OFF {A1=0;B1=0;C1=0;D1=0;}

/*以下DelayUs为微秒级延时函数,其输入参数为unsigned char tu(无符号字符型变量tu),tu值为8位,取值范围 0～255,
如果单片机的晶振频率为12M,本函数延时时间可用T=(tux2+5) us 近似计算,比如tu=248, T=501 us≈0.5ms */
void DelayUs (unsigned char tu)    //DelayUs为微秒级延时函数,其输入参数为无符号字符型变量tu
{
  while(--tu);                     //while为循环语句,每执行一次while语句, tu值减1,
                                   //直到tu值为0时才执行while尾大括号之后的语句
}

/*以下DelayMs为毫秒级延时函数,其输入参数为unsigned char tm (无符号字符型变量tm),该函数内部使用了两个
DelayUs (248)函数,它们共延时1002us (约1ms), 由于tm值最大为255, 故本DelayMs函数最大延时时间为255ms,
若将输入参数定义为unsigned int tm,则最长可获得65535ms的延时时间*/
void DelayMs(unsigned char tm)
{
  while(tm--)
  {
    DelayUs (248);
    DelayUs (248);
  }
}

/*以下为主程序部分*/
void main()
{
  unsigned int i;    //声明一个无符号整数型变量i
  Speed=8;           //给变量Speed赋值8,设置单相或双相通电时间
  while(1)           //主循环,while首尾大括号内的语句会反复执行
  {
    ABCD_OFF         //让A1=0、B1=0、C1=0、D1=0,即让A、B、C、D相均断电
    i=512;           //将i赋值512
    while(i--)       //while首尾大括号内的语句每执行一次,i值减1, i值由512减到0时,给步进电机提供了
                     //512个正向通电周期(电机正转4周),跳出本while语句

    {
      AB_ON          //让A1=1、B1=1、C1=0、D1=0,即给A、B相通电,C、D相断电
      DelayMs(Speed);//延时8ms,让A相通电时间持续8ms,该值越大,转速越慢,但力矩越大
      BC_ON
      DelayMs(Speed);
      CD_ON
      DelayMs(Speed);
      DA_ON
      DelayMs(Speed);
    }
    ABCD_OFF         //让A1=0、B1=0、C1=0、D1=0,即让A、B、C、D相均断电,电机停转
    i=512;           //将i赋初值512
    while(i--)       //while首尾大括号内的语句每执行一次,i值减1, i值由512减到0时,给步进电机提供了
                     //512个反向通电周期(电机反转4周),跳出本while语句

    {
      DA_ON          //让A1=1、B1=0、C1=0、D1=1,即给A、D相通电,B、C相断电
      DelayMs(Speed);//延时8ms,让D相通电时间持续8ms,该值越大,转速越慢,但力矩越大
      CD_ON
      DelayMs(Speed);
      BC_ON
      DelayMs(Speed);
      AB_ON
      DelayMs(Speed);
    }
  }
}
```

图10-13　用双四拍方式驱动步进电机自动正反转的程序

10.2.4 外部中断控制步进电机正反转的程序及详解

图 10-14 是用按键输入外部中断信号控制步进电机以单双八拍方式正反转的程序，其电路如图 10-11 所示。

```
/*用按键输入外部中断信号触发步进电机以单双 8 拍方式正、反转的程序*/
#include <reg51.h>          //调用 reg51.h 文件对单片机各特殊功能寄存器进行地址定义
sbit A1=P1^0;               //用位定义关键字 sbit 定义 A1 代表 P1.0 端口
sbit B1=P1^1;
sbit C1=P1^2;
sbit D1=P1^3;
unsigned char Speed;        //声明一个无符号字符型变量 Speed
bit Flag;                   //用关键字 bit 将 Flag 定义为位变量

#define A_ON {A1=1;B1=0;C1=0;D1=0;}   //用 define(宏定义)命令将 A_ON 代表"A1=1;B1=0;C1=0;
                                      //D1=0; ",可简化编程
#define B_ON {A1=0;B1=1;C1=0;D1=0;}   //B_ON 与"A1=0;B1=1;C1=0;D1=0;"等同
#define C_ON {A1=0;B1=0;C1=1;D1=0;}
#define D_ON {A1=0;B1=0;C1=0;D1=1;}
#define AB_ON {A1=1;B1=1;C1=0;D1=0;}
#define BC_ON {A1=0;B1=1;C1=1;D1=0;}
#define CD_ON {A1=0;B1=0;C1=1;D1=1;}
#define DA_ON {A1=1;B1=0;C1=0;D1=1;}
#define ABCD_OFF {A1=0;B1=0;C1=0;D1=0;}

/*以下 DelayUs 为微秒级延时函数,其输入参数为 unsigned char tu(无符号字符型变量 tu),tu 值为 8 位,
取值范围 0～255,如果单片机的晶振频率为 12MHz,本函数延时时间可用 T=(tu×2+5)μs 近似计算,比如
tu=248, T=501μs≈0.5ms */
void DelayUs (unsigned char tu)   //DelayUs 为微秒级延时函数,其输入参数为无符号字符型变量 tu
 {
  while(--tu);              //while 为循环语句,每执行一次 while 语句, tu 值就减 1,
                            //直到 tu 值为 0 时才执行 while 尾大括号之后的语句
 }

/*以下 DelayMs 为毫秒级延时函数,其输入参数为 unsigned char tm (无符号字符型变量 tm),该函数内部
使用了两个 DelayUs (248)函数,它们共延时 1002μs (约 1ms),由于 tm 值最大为 255,故本 DelayMs 函数
最大延时时间为 255ms,若将输入参数定义为 unsigned int tm,则最长可获得 65535ms 的延时时间*/
void DelayMs(unsigned char tm)
{
 while(tm--)
  {
   DelayUs (248);
   DelayUs (248);
  }
}

/*以下为外部 0 中断函数 (中断子程序),用"(返回值) 函数名 (输入参数) interrupt n using m"格式定
义一个函数名为 INT0_L 的中断函数, n 为中断源编号,n=0～4, m 为用作保护中断断点的寄存器组,可使用 4 组
寄存器 (0～3),每组有 8 个寄存器 (R0～R7), m=0～3,若只有一个中断,可不写"using m",使用多个中
断时,不同中断应使用不同 m*/
void INT0_Z(void) interrupt 0 using 0  //INT0_Z 为中断函数(用 interrupt 定义),其返回值和输
                                       //入参数均为空,并且为中断源 0 的中断函数(编号 n=0),断
```

图10-14　用按键输入外部中断信号控制步进电机以单双八拍方式正反转的程序

```
                                        //点保护使用第 1 组寄存器(using 0)
{
 DelayMs(10);        //延时 10ms，防止 INT0 端外接按键产生的抖动引起第二次中断
 Flag=!Flag;         //将位变量 Flag 值取反
}


/*以下为主程序部分*/
void main()
{
 unsigned int i;    //声明一个无符号整数型变量 i
 EA=1;              //让 IE 寄存器的 EA 位为 1，开启总中断
 EX0=1;             //让 IE 寄存器的 EX0 位为 1，开启 INT0 中断
 IT0=1;             //让 TCON 寄存器 IT0 位为 1，设 INT0 中断请求为下降沿触发有效
 Speed=10;          //给变量 Speed 赋值 10，设置单相或双相通电时间
 while(1)           //主循环,while 首尾大括号内的语句会反复执行
  {
  ABCD_OFF          //让 A1=0、B1=0、C1=0、D1=0，即让 A、B、C、D 相均断电
  i=512;            //给变量 i 赋值 512
  while((i--)&&Flag)  //当位变量 Flag=0 时，i 值与 Flag 值相与结果为 0，while 首尾大括号内的语
                      //句不会执行，若 Flag=1,while 首尾大括号内的语句循环执行 512 次，每执行
                      //一次 i 值减 1，i 值减到 0 时，i 值与 Flag 值相与结果也为 0，跳出 while 语句
   {
   A_ON             //让 A1=1、B1=0、C1=0、D1=0，即给 A 相通电，B、C、D 相断电
   DelayMs(Speed);   //延时 10ms，让 A 相通电时间持续 10ms，该值越大，转速越慢，但力矩越大
   AB_ON            //让 A1=1、B1=1、C1=0、D1=0，即给 A、B 相通电，C、D 相断电
   DelayMs(Speed);
   B_ON
   DelayMs(Speed);
   BC_ON
   DelayMs(Speed);
   C_ON
   DelayMs(Speed);
   CD_ON
   DelayMs(Speed);
   D_ON
   DelayMs(Speed);
   DA_ON
   DelayMs(Speed);
   }
  ABCD_OFF          //让 A1=0、B1=0、C1=0、D1=0，即让 A、B、C、D 相均断电
  i=512;            //给变量 i 赋值 512
  while((i--)&&(!Flag))  //当 Flag=0 时，Flag 反值为 1，i 值(512)与 Flag 反值相与结果不为 0，
                          //while 首尾大括号内的语句循环执行 512 次，直到 i 值减到 0 时，才跳出 while 语句，
                          //当 Flag=1 时，Flag 反值为 0,i 值与 Flag 反值相与结果为 0，直接跳出 while 语句
   {
   A_ON             //让 A1=1、B1=0、C1=0、D1=0，即给 A 相通电，B、C、D 相断电
   DelayMs(Speed);       //延时 10ms，让 A 相通电时间持续 10ms，该值越大，转速越慢，但力矩越大
   DA_ON
   DelayMs(Speed);
   D_ON
   DelayMs(Speed);
   CD_ON
```

图10-14　用按键输入外部中断信号控制步进电机以单双八拍方式正反转的程序（续）

```
    DelayMs(Speed);
    C_ON
    DelayMs(Speed);

    BC_ON
    DelayMs(Speed);
    B_ON
    DelayMs(Speed);
    AB_ON
    DelayMs(Speed);
    }
  }
}
```

图10-14　用按键输入外部中断信号控制步进电机以单双八拍方式正反转的程序（续）

1. 现象

步进电机一直正转，按下 INT0 端（P3.2 脚）外接的 S3 键，电机转为反转并一直持续，再次按压 S3 键时，电机又转为正转。

2. 程序说明

程序运行时进入 main 函数，在 main 函数中先声明一个无符号整数型变量 i，再执行"EA=1"开启总中断、执行"EX0=1"开启 INT0 中断、执行"IT0=1"将 INT0 中断请求为下降沿触发有效、执行"Speed=10"将单相或双相通电时间设为 10，然后进入第 1 个 while 语句（主循环）。

在第 1 个 while 语句（主循环）中，先执行 ABCD_OFF（即执行"A1=0、B1=0、C1=0、D1=0"），让 A、B、C、D 相断电，再给 i 赋值 512，再执行第 2 个 while 语句。在第 2 个 while 语句，由于位变量 Flag 初始值为 0，i 值与 Flag 值相与结果为 0，while 首尾大括号内的语句不会执行，跳出第 2 个 while 语句，执行之后的"ABCD_OFF"和"i=512"，再执行第 3 个 while 语句。在第 3 个 while 语句，i 值与 Flag 反值相与结果为 1，while 首尾大括号内的语句循环执行 512 次，每执行一次 i 值减 1，i 值减到 0 时，i 值与 Flag 反值相与结果为 0，跳出第 3 个 while 语句，返回执行第 2 个 while 语句前面的"ABCD_OFF"和"i=512"，由于 Flag 值仍为 0，故第 2 个 while 语句仍不会执行，第 3 个 while 语句的内容又一次执行，因此步进电机一直正转。

如果按下单片机 INT0 端（P3.2 脚）外接的 S3 键，INT0 端输入一个下降沿，外部中断 0 被触发，马上执行该中断对应的 INT0_Z 函数，在该函数中，延时 10ms 进行按键防抖后，将 Flag 值取反，Flag 值由 0 变为 1，这样主程序中的第 2 个 while 语句的内容被执行，第 3 个 while 语句的内容不会执行，步进电机变为反转。如果再次按下 S3 键，Flag 值由 1 变为 0，电机又会正转。

在第 2 个 while 语句中，程序是按"A→AB→B→BC→C→CD→D→DA→A"顺序给步进电机通电的，而在第 3 个 while 语句中，程序是按"A→DA→D→CD→C→BC→B→AB→A"顺序给步进电机通电的，两者通电顺序相反，故电机旋转方向相反。

10.2.5　用按键控制步进电机启动、加速、减速、停止的程序及详解

图 10-15 是用 4 个按键控制步进电机启动、加速、减速、停止并显示速度等级的程序。

```
/*用 4 个按键控制步进电机启动、加速、减速、停止并显示速度等级的程序*/
#include <reg51.h>            //调用 reg51.h 文件对单片机各特殊功能寄存器进行地址定义
sbit A1=P1^0;                 //用位定义关键字 sbit 定义 A1 代表 P1.0 端口
sbit B1=P1^1;
sbit C1=P1^2;
sbit D1=P1^3;

#define WDM P0                //用 define（宏定义）命令定义 WDM 代表 P0，程序中 WDM 与 P0 等同
#define KeyP3 P3
sbit DuanSuo=P2^2;            //用位定义关键字 sbit 定义 DuanSuo 代表 P2.2 端口
sbit WeiSuo =P2^3;
unsigned char Speed=1;        //声明一个无符号字符型变量 Speed，并将其初值设为 1
bit StopFlag=1;               //用关键字 bit 将 StopFlag 定义为位变量，并将其置 1

unsigned char code DMtable[]={0x3f,0x06,0x5b,0x4f,0x66,0x6d,0x7d,0x07,
                    //定义一个 DMtable 表格，依次存放字符 0～F 的段码
             0x7f,0x6f,0x77,0x7c,0x39,0x5e,0x79,0x71};
unsigned char code WMtable[]={0xfe,0xfd,0xfb,0xf7,0xef,0xdf,0xbf,0x7f};
                    //定义一个 WMtable 表格，依次存放 8 位数码管低位到高位的位码
unsigned char TData[8]; //定义一个可存放 8 个元素的一维数组(表格)TData

#define A_ON {A1=1;B1=0;C1=0;D1=0;}  //用 define(宏定义)命令将 A_ON 代表"A1=1;B1=0;C1=0;
                                     //D1=0;"，可简化程序编写

#define B_ON {A1=0;B1=1;C1=0;D1=0;}  //B_ON 与"A1=0;B1=1;C1=0;D1=0;"等同
#define C_ON {A1=0;B1=0;C1=1;D1=0;}
#define D_ON {A1=0;B1=0;C1=0;D1=1;}
#define AB_ON {A1=1;B1=1;C1=0;D1=0;}
#define BC_ON {A1=0;B1=1;C1=1;D1=0;}
#define CD_ON {A1=0;B1=0;C1=1;D1=1;}
#define DA_ON {A1=1;B1=0;C1=0;D1=1;}
#define ABCD_OFF {A1=0;B1=0;C1=0;D1=0;}

/*以下 DelayUs 为微秒级延时函数，其输入参数为 unsigned char tu(无符号字符型变量 tu)，tu 值为 8 位，
取值范围 0～255，如果单片机的晶振频率为 12MHz，本函数延时时间可用 T=（tu×2+5）μs 近似计算，比如
tu=248，T=501μs≈0.5ms */
void DelayUs (unsigned char tu)    //DelayUs 为微秒级延时函数，其输入参数为无符号字符型变量 tu
{
 while(--tu);                      //while 为循环语句，每执行一次 while 语句，tu 值就减 1，
                //直到 tu 值为 0 时才执行 while 尾大括号之后的语句

}
/*以下 DelayMs 为毫秒级延时函数，其输入参数为 unsigned char tm（无符号字符型变量 tm），该函数内部
使用了两个 DelayUs (248)函数，它们共延时 1002μs（约 1ms），由于 tm 值最大为 255，故本 DelayMs 函数
最大延时时间为 255ms，若将输入参数定义为 unsigned int tm，则最长可获得 65535ms 的延时时间*/
void DelayMs(unsigned char tm)
{
 while(tm--)
  {
   DelayUs (248);
```

图10-15　用按键控制步进电机启动、加速、减速、停止的程序

```
    DelayUs (248);
  }

}
```

/*以下为 Display 显示函数,用于驱动 8 位数码管动态扫描显示字符,输入参数 ShiWei 表示显示的开始位,如
ShiWei 为 0 表示从第一个数码管开始显示,WeiShu 表示显示的位数,如显示 99 两位数应让 WeiShu 为 2 */

```
void Display(unsigned char ShiWei,unsigned char WeiShu)   // Display(显示)函数有两个输入参数,
                                                //分别为 ShiWei(开始位)和 WeiShu(位数)
 {
  static  unsigned char i;   //声明一个静态(static)无符号字字符型变量 i(表示显示位,0 表示第 1 位),
                             //静态变量占用的存储单元在程序退出前不会释放给变量使用
  WDM=WMtable[i+ShiWei];     //将 WMtable 表格中的第 i+ShiWei +1 个位码送给 P0 端口输出
  WeiSuo=1;                  //让 P2.3 端口输出高电平,开通位码锁存器,锁存器输入变化时输出会随之变化
  WeiSuo=0;                  //让 P2.3 端口输出低电平,位码锁存器被封锁,锁存器的输出值被锁定不变

  WDM=TData[i];              //将 TData 表格中的第 i+1 个段码送给 P0 端口输出
  DuanSuo=1;                 //让 P2.2 端口输出高电平,开通段码锁存器,锁存器输入变化时输出会随之变化
  DuanSuo=0;                 //让 P2.2 端口输出低电平,段码锁存器被封锁,锁存器的输出值被锁定不变

  i++;                       //将 i 值加 1,准备显示下一位数字
  if(i==WeiShu)              //如果 i=WeiShu 表示显示到最后一位,执行 i=0
   {
    i=0;                     //将 i 值清 0,以便从数码管的第 1 位开始再次显示
   }
 }
```

/*以下为定时器及相关中断设置函数*/

```
void T0Int_S (void)          //函数名为 T0Int_S,输入和输出参数均为 void(空)
{
  TMOD=0x01;                 //让 TMOD 寄存器的 M1M0=01,设 T0 工作在方式 1(16 位计数器)
  TH0=0;                     //将 TH0 寄存器清 0
  TL0=0;                     //将 TL0 寄存器清 0
  EA=1;                      //让 IE 寄存器的 EA=1,打开总中断
  ET0=1;                     //让 IE 寄存器的 ET0=1,允许 T0 的中断请求
  TR0=1;                     //让 TCON 寄存器的 TR0=1,启动 T0 在 TH0、TL0 初值基础上开始计数
}
```

/*以下 T0Int_Z 为定时器 T0 的中断函数,用"(返回值) 函数名 (输入参数) interrupt n using m"格式定
义一个函数名为 T0Int_Z 的中断函数, n 为中断源编号,n=0~4, m 为用作保护中断断点的寄存器组,可使用 4
组寄存器(0~3),每组有 7 个寄存器(R0~R7),m=0~3,若只有一个中断,可不写"using m",使用多个中断时,
不同中断应使用不同 m*/

```
void T0Int_Z (void)  interrupt 1   //T0Int_Z 为中断函数(用 interrupt 定义),并且为 T0 的中断函
                                   //数(中断源编号 n=1)
{
 static unsigned char times,i;    //声明两个静态(static)无符号字字符型变量 times 和 i,两者初值均为 0,
                                  //退出 T0Int_Z 函数后,这两个变量的值仍保持(不会自动清 0)
  TH0=(65536-2000)/256;           //将定时初值的高 8 位放入 TH0,"/"为除法运算符号
  TL0=(65536-2000)%256;           //将定时初值的低 8 位放入 TL0,"%"为相除取余数符号

  Display(0,8);                   //执行 Display 显示函数,从第 1 位(0)开始显示,共显示 8 位(8),T0Int_Z
                                  //函数
```

图10-15　用按键控制步进电机启动、加速、减速、停止的程序(续)

```
                              //每隔 2ms 执行一次，Display 函数也每隔 2ms 执行一次，执行一次显示 1 位
if(StopFlag==0)               //如果 StopFlag=0 成立（即按下启动键时），执行本 if 首尾大括号内的语句，
 {
  if(times==(20-Speed))       //如果 times=(20-Speed)，执行 if 首尾大括号内的语句，否则执行 if 尾
                              //大括号之后的 times++，若 Speed=1,则需要执行 20 次 times++才能让
                              //times=(20-Speed),各相通电切换需要很长的时间，电机转速最慢，反之
                              //若 Speed=18,电机转速最快
   {
    times=0;     //将 times 值置 0
    switch(i)    //switch 为多分支选择语句，后面小括号内 i 为表达式
     {
       case 0:A_ON;i++;break;    //如果 i 值与常量 0 相等，让 A1=1;B1=0;C1=0;D1=0，即给 A 相通
                                //电，并将 i 值加 1，然后跳出 switch 语句，否则往下执行
       case 1:B_ON;i++;break;    //如果 i 值与常量 1 相等，让 A1=0;B1=1;C1=0;D1=0，即给 B 相通
                                //电，并将 i 值加 1，然后跳出 switch 语句，否则往下执行
       case 2:C_ON;i++;break;
       case 3:D_ON;i++;break;
       case 4:i=0;break;    //如果 i 值与常量 4 相等，将 i 值加 1，然后跳出 switch 语句，否则往下执行
       default:break;       //如果 i 值与所有 case 后面的常量均不相等，执行 default 之后的语句，然后
                           //跳出 switch 语句
     }
   }
  times++; //将 times 值加 1
 }
}

/*以下 KeyS 函数用作 8 个按键的键盘检测*/
unsigned char KeyS(void)     //KeyS 函数的输入参数类型为空（void），输出参数类型为无符号字符型
{
 unsigned char keyZ;         //声明一个无符号字符型变量 keyZ（表示按键值）
 if(KeyP3!=0xff)             //如果 P3≠FFH 成立，表示有键按下，执行本 if 大括号内的语句
  {
   DelayMs(10);             //执行 DelayMs 函数，延时 10s 防抖
   if(KeyP3!=0xff)           //又一次检测 P3 端口是否有按键按下，有则 P3≠FFH 成立，执行本 if 大括
                            //号内的语句
    {
     keyZ=KeyP3;            //将 P3 端口值赋给变量 keyZ
     while(KeyP3!=0xff);     //再次检测 P3 端口的按键是否处于按下，处于按下(表达式成立)反复执行本
                            //条语句，一旦按键释放松开，马上往下执行后面的语句
     switch(keyZ)            //switch 为多分支选择语句，后面小括号内 keyZ 为表达式
      {
       case 0xfe:return 1;break;    //如果 keyZ 值与常量 0xfe 相等("1"键按下)，将 1 送给 KeyS 函
                                   //数的输出参数，然后跳出 switch 语句，否则往下执行后面的语句
       case 0xfd:return 2;break;    //如果 keyZ 值与常量 0xfd 相等("2"键按下)，将 2 送给 KeyS 函
                                   //数的输出参数，然后跳出 switch 语句，否则往下执行后面的语句
       case 0xfb:return 3;break;
       case 0xf7:return 4;break;
       case 0xef:return 5;break;
       case 0xdf:return 6;break;
       case 0xbf:return 7;break;
       case 0x7f:return 8;break;
       default:return 0;break;      //如果 keyZ 值与所有 case 后面的常量均不相等，执行 default
```

图10-15 用按键控制步进电机启动、加速、减速、停止的程序（续）

```
                                 //之后的语句组，将0送给KeyS函数的输出参数，然后跳出switch
                                 //语句
        }
       }
     }
   return 0;                      //将0送给KeyS函数的输出参数
 }

 /*以下为主程序部分*/
 void main()
 {
  unsigned char num;            //声明一个无符号字符型变量num
  T0Int_S();                     //执行T0Int_S函数，对定时器T0及相关中断进行设置，启动T0计时
  ABCD_OFF                       //让A1=0、B1=0、C1=0、D1=0，即让A、B、C、D相均断电
  while(1)                       //主循环，while首尾大括号内的语句会反复执行
   {
   num=KeyS();                   //执行KeyS函数，并将其输出参数（返回值）赋给num
   if(num==1)                    //如果num=1成立（按下加速键S1），执行本if首尾大括号内的语句，让电机加速
     {
       if(Speed<18)             //如果Speed值小于18，执行Speed++，将Speed值加1，否则往后执行
       Speed++;
     }
   else if(num==2)               //如果num=2成立（按下减速键S2），执行本else if首尾大括号内的语句，让电
                                 //机减速
     {
     if(Speed>1)                //如果Speed值大于1，执行Speed--，将Speed值减1，否则往后执行
       Speed--;
     }
   else if(num==3)               //如果num=3成立（按下停止键S3），执行本else if首尾大括号内的语句，让电
                                 //机停转
     {
     ABCD_OFF                    //让A1=0、B1=0、C1=0、D1=0，即让A、B、C、D相均断电
       StopFlag=1;               //将位变量StopFlag置1
     }
   else if(num==4)               //如果num=4成立（按下启动键S4），执行本else if首尾大括号内的语句，启动
                                 //电机运转
     {
       StopFlag=0;               //将位变量StopFlag置0
     }
   TData[0]=DMtable[Speed/10];  //以Speed=15为例,Speed/10意为Speed除10取整,Speed/10=1,
                                 //即将DMtable表格的第2个段码(1的段码)传送到TData数组的第
                                 //1个位置
   TData[1]=DMtable[Speed%10];  //Speed%10意为Speed除10取余数,Speed%10=5,即将DMtable
                                 //表格的第6个段码(5的段码)传送到TData数组的第2个位置
   }
 }
```

图10-15　用按键控制步进电机启动、加速、减速、停止的程序（续）

1. 现象

步进电机开始处于停止状态，8位LED数码管显示两位速度等级值"01"，按下启动键（S4），电机开始运转，每按一下加速键（S1），数码管显示的速度等级值增1（速度等级范围

01～18），电机转速提升一个等级，每按一下减速键（S2），数码管显示的速度等级值减 1，电机转速降低一个等级，按下停止键（S3），电机停转。

2. 程序说明

程序运行时进入 main 函数，在 main 函数中声明一个变量 num 后，接着执行 T0Int_S 函数，对定时器 T0 及相关中断进行设置，启动 T0 计时，再执行 ABCD_OFF（即执行 "A1=0、B1=0、C1=0、D1=0"），让 A、B、C、D 相断电，然后进入第 1 个 while 语句（主循环）。

在第 1 个 while 语句（主循环）中，先执行 KeyS 函数，并将其输出参数（返回值）赋给 num，如果未按下任何键，KeyS 函数的输出参数为 0，num=0，"num=KeyS()" 之后的 4 个选择语句（if…else if）均不会执行，而执行选择语句之后的语句，将 Speed 值（Speed 初始值为 1）分解成 0、1，并将这两个数字的段码分别传送到 TData 数组的第 1、2 个位置。在主程序中执行 T0Int_S 函数启动 T0 定时器计时后，T0 每计时 2ms 会中断一次，T0Int_Z 中断函数每隔 2ms 执行一次，T0Int_Z 函数中的 Display 函数也随之每隔 2ms 执行一次，每执行一次就从 TData 数组读取（按顺序读取）一个段码，驱动 8 位数码管将该段码对应的数字在相应位显示出来。由于位变量 StopFlag 的初值为 1，故 T0Int_Z 函数中两个 if 语句均不会执行。

如果按下启动键（S4），主程序在执行到 "num=KeyS()" 时，会执行 KeyS 函数而检测到该键按下，将返回值 4 赋给变量 num，由于 num=4，故主程序最后一个 else if 会执行，将位变量 StopFlag 置 0。这样 T0Int_Z 函数执行（每隔 2ms 执行一次）时，其内部的第 1 个 if 语句会执行，因为变量 Speed 初值为 1，而静态变量 times 的初值为 0，times=(20-Speed)不成立，第 2 个 if 语句不会执行，而直接执行 times++，将 times 值加 1，执行 19 次 T0Int_Z 函数（约 38ms）后，times 值为 19，times=(20-Speed)成立，第 2 个 if 语句执行，先将 times 清 0，再执行 switch 语句，由于静态变量 i 初值为 0，故 switch 语句的第 1 个 case 执行，给电机的 A 相通电并将 i 值加 1，i 值变为 1，再跳出 switch 语句，执行之后的 times++，times 值由 0 变为 1，然后退出 T0Int_Z 函数，2ms 后再次执行 T0Int_Z 函数时，times=(20-Speed)又不成立，执行 19 次 times++后，times=(20-Speed)成立，第 2 个 if 语句执行，此时的静态变量 i 值为 1，switch 语句的第 2 个 case 执行，给电机的 B 相通电并将 i 值加 1，i 值变为 2。如此工作，A、B、C、D 每相通电时间约为 38ms，通电周期长，需要较长时间才转动一个很小的角度，故在 Speed=1 时，步进电机转速很慢。

如果按下加速键（S1），num=1，主程序中的第 1 个 if 语句会执行，将 Speed 值加 1，Speed 值变为 2，这样执行 18 次 T0Int_Z 函数（约 36ms）后，times=(20-Speed)成立，即 A、B、C、D 每相通电时间约为 36ms，通电周期稍微变短，步进电机转速略为变快。不断按压加速键（S1），Speed 值不断增大，当 Speed=18 时，A、B、C、D 每相通电时间约为 4ms，通电周期最短，步进电机转速最快。如果按下减速键（S2），num=2，主程序中的第 1 个 else if 语句会执行，将 Speed 值减 1，Speed 值变小，执行 T0Int_Z 函数的次数需要增加才能使 times=(20-Speed)成立，A、B、C、D 每相通电时间增加，通电周期变长，步进电机转速变慢。

如果按下停止键（S3），num=3，主程序中的第 2 个 else if 语句会执行，先执行 "ABCD_OFF" 将 A、B、C、D 相断电，再执行 "StopFlag=1" 将 StopFlag 置 1，T0Int_Z 函数中的两个 if 语句不会执行，即不会给各相通电，步进电机停转。

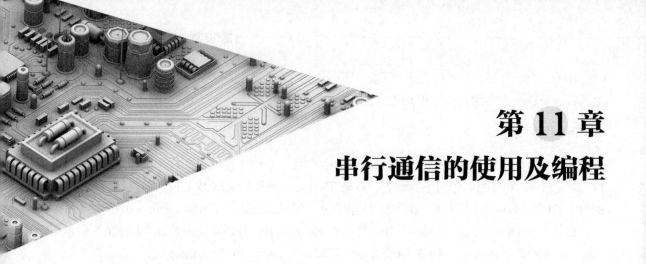

第11章
串行通信的使用及编程

|11.1 概述|

通信的概念比较广泛，在单片机技术中，单片机与单片机或单片机与其他设备之间的数据传输称为通信。

11.1.1 并行通信和串行通信

根据数据传输方式的不同，可将通信分并行通信和串行通信两种。

同时传输多位数据的方式称为并行通信。如图 11-1（a）所示，在并行通信方式下，单片机中的 8 位数据 10011101 通过 8 条数据线同时送到外部设备中。并行通信的特点是数据传输速度快，但由于需要的传输线多，故成本高，只适合近距离的数据通信。

逐位传输数据的方式称为串行通信。如图 11-1（b）所示，在串行通信方式下，单片机中的 8 位数据 10011101 通过一条数据线逐位传送到外部设备中。串行通信的特点是数据传输速度慢，但由于只需要一条传输线，故成本低，适合远距离的数据通信。

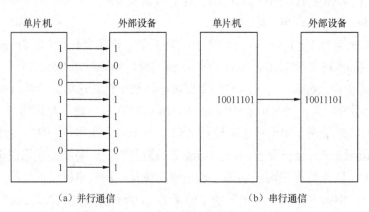

（a）并行通信　　　　　　（b）串行通信

图11-1　通信方式

11.1.2　串行通信的两种方式

串行通信又可分为异步通信和同步通信两种。51 系列单片机采用异步通信方式。

1．异步通信

在异步通信中，**数据是一帧一帧传送的**。异步通信如图 11-2 所示，这种通信是以帧为单位进行数据传输，一帧数据传送完成后，可以接着传送下一帧数据，也可以等待，等待期间为空闲位（高电平）。

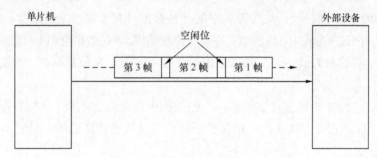

图11-2　异步通信

（1）帧数据格式

在串行异步通信时，数据是以帧为单位传送的。异步通信的帧数据格式如图 11-3 所示。从图中可以看出，**一帧数据由起始位、数据位、奇偶校验位和停止位组成**。

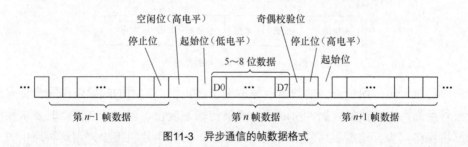

图11-3　异步通信的帧数据格式

① 起始位。表示一帧数据的开始，起始位一定为低电平。当单片机要发送数据时，先送一个低电平（起始位）到外部设备，外部设备接收到起始信号后，马上开始接收数据。

② 数据位。它是要传送的数据，紧跟在起始位后面。数据位的数据可以是 5～8 位，传送数据时是从低位到高位逐位进行的。

③ 奇偶校验位。该位用于检验传送的数据有无错误。奇偶校验是检查数据传送过程中是否发生错误的一种校验方式，分为奇校验和偶校验。奇校验是指数据位和校验位中"1"的总个数为奇数，偶校验是指数据位和校验位中"1"的总个数为偶数。

以奇校验为例，若单片机传送的数据位中有偶数个"1"，为保证数据和校验位中"1"的总个数为奇数，奇偶校验位应为"1"，如果在传送过程中数据位中有数据产生错误，其中一个"1"变为"0"，那么传送到外部设备的数据位和校验位中"1"的总个数为偶数，外部设备就知道传送过来的数据发生错误，会要求重新传送数据。数据传送采用奇校验或偶校验均可，但要求发送端和接收端的校验方式一致。在帧数据中，奇偶校验位也可以不用。

④ 停止位。它表示一帧数据的结束。停止位可以是 1 位、1.5 位或 2 位，但一定为高电平。一帧数据传送结束后，可以接着传送第二帧数据，也可以等待，等待期间数据线为高电平（空闲位）。如果要传送下一帧，只要让数据线由高电平变为低电平（下一帧起始位开始），接收器就开始接收下一帧数据。

（2）51 系列单片机的几种帧数据方式

51 系列单片机在串行通信时，根据设置的不同，其传送的帧数据有以下 4 种方式。

① 方式 0。称为同步移位寄存器输入/输出方式，它是单片机通信中较特殊的一种方式，通常用于并行 I/O 接口的扩展，这种方式中的一帧数据只有 8 位（无起始位、停止位）。

② 方式 1。在这种方式中，一帧数据中有 1 位起始位、8 位数据位和 1 位停止位，共 10 位。

③ 方式 2。在这种方式中，一帧数据中有 1 位起始位、8 位数据位、1 位可编程位和 1 位停止位，共 11 位。

④ 方式 3。这种方式与方式 2 相同，一帧数据中有 1 位起始位、8 位数据位、1 位可编程位和 1 位停止位，它与方式 2 的区别仅在于波特率（数据传送速率）设置不同。

2. 同步通信

在异步通信中，每一帧数据发送前要用起始位，结束时要用停止位，这样会占用一定的时间，导致数据传输速度较慢。为了提高数据传输速度，在计算机与一些高速设备进行数据通信时，常采用同步通信。同步通信的帧数据格式如图 11-4 所示。

图11-4　同步通信的帧数据格式

从图中可以看出，**同步通信的数据后面取消了停止位，前面的起始位用同步信号代替，在同步信号后面可以跟很多数据，所以同步通信传输速度快。**但由于在通信时要求发送端和接收端严格保持同步，这需要用复杂的电路来保证，所以单片机很少采用这种通信方式。

11.1.3　串行通信的数据传送方向

串行通信根据数据的传送方向可分为 3 种方式：单工方式、半双工方式和全双工方式。这 3 种传送方式如图 11-5 所示。

① 单工方式。在这种方式下，数据只能向一个方向传送。单工方式如图 11-5（a）所示，数据只能由发送端传输给接收端。

② 半双工方式。在这种方式下，数据可以双向传送，但同一时间内，只能向一个方向传送，只有一个方向的数据传送完成后，才能往另一个方向传送数据。半双工方式如图 11-5（b）所示，通信的双方都有发送器和接收器，一方发送时，另一方接收，由于只有一条数据线，所以双方不能在发送的同时进行接收。

③ 全双工方式。在这种方式下，数据可以双向传送，通信的双方都有发送器和接收器，由于有两条数据线，所以双方在发送数据的同时可以接收数据。全双工方式如图 11-5（c）所示。

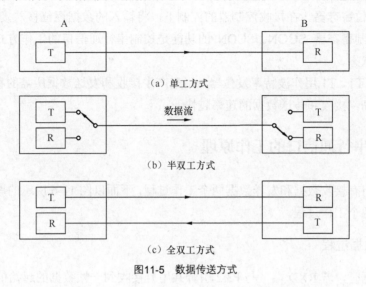

（a）单工方式

（b）半双工方式

（c）全双工方式

图11-5　数据传送方式

|11.2　串行通信口的结构与原理|

单片机通过串行通信口可以与其他设备进行数据通信，将数据传送给外部设备或接受外部设备传送来的数据，从而实现更强大的功能。

11.2.1　串行通信口的结构

51 单片机的串行通信口的结构如图 11-6 所示。

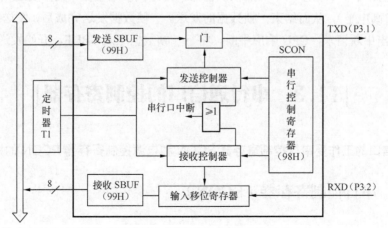

图11-6　串行通信口的结构

与串行通信口有关的部件主要有以下一些。

① **两个数据缓冲器 SBUF。** SBUF 是可以直接寻址的特殊功能寄存器（SFR），它包括发送

SBUF 和接收 SBUF，发送 SBUF 用来发送串行数据，接收 SBUF 用来接收数据，两者共用一个地址（99H）。在发送数据时，该地址指向发送 SBUF；而在接收数据时，该地址指向接收 SBUF。

② 输入移位寄存器。在接收控制器的控制下，将输入的数据逐位移入接收 SBUF。

③ 串行控制寄存器 SCON。SCON 的功能是控制串行通信口的工作方式，并反映串行通信口的工作状态。

④ 定时器 T1。T1 用作波特率发生器，用来产生接收和发送数据所需的移位脉冲，移位脉冲的频率越高，接收和传送数据的速率越快。

11.2.2 串行通信口的工作原理

串行通信口有接收数据和发送数据两个工作过程，下面以图 11-6 所示的串行通信口结构为例来说明这两个工作过程。

1. 接收数据过程

在接收数据时，若 RXD 端（与 P3.2 引脚共用）接收到一帧数据的起始信号（低电平），SCON 寄存器马上向接收控制器发出允许接收信号，接收控制器在定时器/计数器 T1 产生的移位脉冲信号控制下，控制输入移位寄存器，将 RXD 端输入的数据由低到高逐位移入输入移位寄存器中，数据全部移入输入移位寄存器后，移位寄存器再将全部数据送入接收 SBUF 中，同时接收控制器通过或门向 CPU 发出中断请求，CPU 马上响应中断，将接收 SBUF 中的数据全部取走，从而完成了一帧数据的接收。后面各帧的数据接收过程与上述相同。

2. 发送数据过程

相对于接收过程来说，串行通信口发送数据的过程较简单。当 CPU 要发送数据时，只要将数据直接写入发送 SBUF 中，就启动了发送过程。在发送控制器的控制下，发送门打开，先发送一位起始信号（低电平），然后依次由低到高逐位发送数据，数据发送完毕，最后发送一位停止位（高电平），从而结束一帧数据的发送。一帧数据发送完成后，发送控制器通过或门向 CPU 发出中断请求，CPU 响应中断，将下一帧数据送入 SBUF，开始发送下一帧数据。

|11.3 串行通信口的控制寄存器|

串行通信口的工作受串行控制寄存器 SCON 和电源控制寄存器 PCON 的控制。

11.3.1 串行控制寄存器（SCON）

SCON 寄存器用来控制串行通信的工作方式及反映串行通信口的一些工作状态。SCON 寄存器是一个 8 位寄存器，它的地址为 98H，其中每位都可以位寻址。SCON 寄存器各位的名称和地址如下。

串行控制寄存器（SCON）

位地址 ➞	9FH	9EH	9DH	9CH	9BH	9AH	99H	98H
字节地址➞98H	SM0	SM1	SM2	REN	TB8	RB8	TI	RI

① SM0、SM1 位：串行通信口工作方式设置位。

通过设置这两位的值，可以让串行通信口工作在 4 种不同的方式，具体见表 11-1，这几种工作方式在后面将会详细介绍。

表 11-1　　　　　　　　　　串行通信口工作方式设置位及其功能

SM0	SM1	工 作 方 式	功　　能	波 特 率
0	0	方式 0	8 位同步移位寄存器方式 （用于扩展 I/O 口数量）	$f_{osc}/12$
0	1	方式 1	10 位异步收发方式	可变
1	0	方式 2	11 位异步收发方式	$f_{osc}/64$，$f_{osc}/32$
1	1	方式 3	11 位异步收发方式	可变

② SM2 位：用来设置主—从式多机通信。

当一个单片机（主机）要与其他几个单片机（从机）通信时，就要对这些位进行设置。当 SM2=1 时，允许多机通信；当 SM2=0 时，不允许多机通信。

③ REN 位：允许/禁止数据接收的控制位。

当 REN=1 时，允许串行通信口接收数据；当 REN=0 时，禁止串行通信口接收数据。

④ TB8 位：方式 2、3 中发送数据的第 9 位。

该位可以用软件规定其作用，可用作奇偶校验位，或在多机通信时，用作地址帧或数据帧的标志位，在方式 0 和方式 1 中，该位不用。

⑤ RB8 位：方式 2、3 中接收数据的第 9 位。

该位可以用软件规定其作用，可用作奇偶校验位，或在多机通信时，用作地址帧或数据帧的标志位，在方式 1 中，若 SM2=0，则 RB8 是接收到的停止位。

⑥ TI 位：发送中断标志位。

当串行通信口工作在方式 0 时，发送完 8 位数据后，该位自动置"1"（即硬件置"1"），向 CPU 发出中断请求，在 CPU 响应中断后，必须用软件清 0；在其他几种工作方式中，该位在停止位开始发送前自动置"1"，向 CPU 发出中断请求，在 CPU 响应中断后，也必须用软件清 0。

⑦ RI 位：接收中断标志位。

当工作在方式 0 时，接收完 8 位数据后，该位自动置"1"，向 CPU 发出接收中断请求，在 CPU 响应中断后，必须用软件清 0；在其他几种工作方式中，该位在接收到停止位期间自动置"1"，向 CPU 发出中断请求，在 CPU 响应中断取走数据后，必须用软件对该位清 0，以准备开始接收下一帧数据。

在上电复位时，SCON 各位均为"0"。

11.3.2　电源控制寄存器（PCON）

PCON 寄存器是一个 8 位寄存器，它的字节地址为 87H，不可位寻址，并且只有最高位

SMOD 与串行通信口控制有关。PCON 寄存器各位的名称和字节地址如下。

电源控制寄存器（PCON）

	D7	D6	D5	D4	D3	D2	D1	D0
字节地址→87H	SMOD	—	—	—	GF1	GF0	PD	IDL

SMOD 位：波特率设置位。在串行通信口工作在方式 1～3 时起作用。若 SMOD=0，波特率不变；当 SMOD=1 时，波特率加倍。在上电复位时，SMOD=0。

|11.4 4 种工作方式与波特率的设置|

串行通信口有 4 种工作方式，工作在何种方式受 SCON 寄存器的控制。在串行通信时，要改变数据传送速率（波特率），可对波特率进行设置。

11.4.1 方式 0

当 SCON 寄存器中的 SM0=0、SM1=0 时，串行通信口工作在方式 0。

方式 0 称为同步移位寄存器输入/输出方式，常用于扩展 I/O 端口。在单片机发送或接收串行数据时，通过 RXD 端发送数据或接收数据，而通过 TXD 端送出数据传输所需的移位脉冲。

在方式 0 时，串行通信口又分两种工作情况：发送数据和接收数据。

1. 方式 0——数据发送

当串行通信口工作在方式 0 时，若要发送数据，通常在外部接 8 位串/并转换移位寄存器 74LS164，具体连接电路如图 11-7 所示。其中 RXD 端用来输出串行数据，TXD 端用来输出移位脉冲，P1.0 端用来对 74LS164 进行清 0。

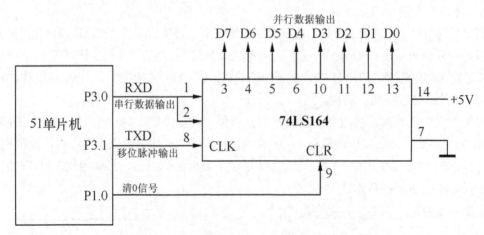

图11-7 串行通信在方式0时的数据发送电路

在单片机发送数据前，先从 P1.0 引脚发出一个清 0 信号（低电平）到 74LS164 的 CLR 引脚，对其进行清 0，让 D7～D0 全部为 "0"，然后单片机在内部执行写 SBUF 指令，开始从 RXD 端（P3.0 引脚）送出 8 位数据，与此同时，单片机的 TXD 端输出移位脉冲到 74LS164 的 CLK 引脚，在移位脉冲的控制下，74LS164 接收单片机 RXD 端送到的 8 位数据（先低位后高位），数据发送完毕，在 74LS164 的 D7～D0 端输出 8 位数据。另外，在数据发送结束后，SCON 寄存器的发送中断标志位 TI 自动置"1"。

2. 方式 0——数据接收

当串行通信口工作在方式 0 时，若要接收数据，一般在外部接 8 位并/串转换移位寄存器 74LS165，具体连接电路如图 11-8 所示。在这种方式时，RXD 端用来接收输入的串行数据，TXD 端用来输出移位脉冲，P1.0 端用来对 74LS165 的数据进行锁存。

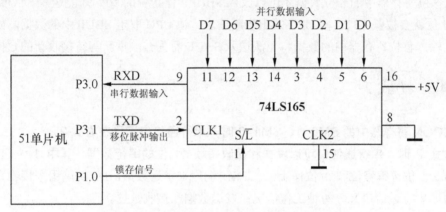

图11-8　串行通信口在方式0时的数据接收电路

在单片机接收数据前，先从 P1.0 引脚发出一个低电平信号到 74LS165 的 S/$\overline{\text{L}}$ 引脚，让 74LS165 锁存由 D7～D0 端输入的 8 位数据，然后单片机内部执行读 SBUF 指令，与此同时，单片机的 TXD 端送移位脉冲到 74LS165 的 CLK1 引脚，在移位脉冲的控制下，74LS165 中的数据逐位从 RXD 端送入单片机，单片机接收数据完毕，SCON 寄存器的接收中断标志位 RI 自动置"1"。

在方式 0 中，串行通信口发送和接收数据的波特率都是 $f_{osc}/12$。

11.4.2　方式 1

当 SCON 寄存器中的 SM0=0、SM1=1 时，串行通信口工作在方式 1。

在方式 1 时，串行通信口可以发送和接收每帧 10 位的串行数据。其中 TXD 端用来发送数据，RXD 端用来接收数据。在方式 1 中，一帧数据中有 10 位，包括 1 位起始位（低电平）、8 位数据位（低位在前）和 1 位停止位（高电平）。在方式 1 时，串行通信口又分两种工作情况：发送数据和接收数据。

1. 方式 1——发送数据

在发送数据时，若执行写 SBUF 指令，发送控制器在移位脉冲（由定时器/计数器 T1 产生的信号再经 16 或 32 分频而得到）的控制下，先从 TXD 端送出一个起始位（低电平），然后再逐位将 8 位数据从 TXD 端送出，当最后一位数据发送完成，发送控制器马上将 SCON 的 TI 位置 "1"，向 CPU 发出中断请求，同时从 TXD 端输出停止位（高电平）。

2. 方式 1——接收数据

在方式 1 时，需要设置 SCON 中的 REN=1，串行通信口才允许接收数据。由于不知道外部设备何时会发送数据，所以串行通信口会不断检测 RXD 端，当检测到 RXD 端有负跳变（由 "1" 变为 "0"）时，说明外部设备发来了数据的起始位，于是启动 RXD 端接收，将输入的 8 位数据逐位移入内部的输入移位寄存器。8 位数据全部进入输入移位寄存器后，如果满足 RI 位为 "0"、SM2 位为 "0"（若 SM2 不为 "0"，但接收到的数据停止位为 "1" 也可以）的条件，输入移位寄存器中的 8 位数据才可以放入 SBUF，停止位的 "1" 才能送入 SCON 的 RB8 位中，RI 位就会被置 "1"，向 CPU 发出中断请求，让 CPU 取走 SBUF 中的数据，如果条件不满足，输入移位寄存器中的数据将无法送入 SBUF 而丢弃，重新等待接收新的数据。

11.4.3 方式 2

当 SCON 寄存器中的 SM0=1、SM1=0 时，串行通信口工作在方式 2。

在方式 2 时，串行通信口可以发送和接收每帧 11 位的串行数据，其中 1 位起始位、8 位数据位、1 位可编程位和 1 位停止位。TXD 端用来发送数据，RXD 端用来接收数据。在方式 2 时，串行通信口又分两种工作情况：发送数据和接收数据。

1. 方式 2——发送数据

在方式 2 时，发送的一帧数据有 11 位，其中有 9 位数据，第 9 位数据取自 SCON 中的 TB8 位。在发送数据前，先用软件设置 TB8 位的值，然后执行写 SBUF 指令（如 MOV SBUF，A），发送控制器在内部移位脉冲的控制下，从 TXD 端送出一个起始位（低电平），然后逐位送出 8 位数据，再从 TB8 位中取出第 9 位并送出，当最后一位数据发送完成，发送控制器马上将 SCON 的 TI 位置 "1"，向 CPU 发出中断请求，同时从 TXD 端输出停止位（高电平）。

2. 方式 2——接收数据

在方式 2 时，同样需设置 SCON 的 REN=1，串行通信口才允许接收数据，然后不断检测 RXD 端是否有负跳变（由 "1" 变为 "0"），若有，说明外部设备发来了数据的起始位，于是启动 RXD 端接收数据。当 8 位数据全部进入输入移位寄存器后，如果 RI 位为 "0"、SM2 位为 "0"（若 SM2 不为 "0"，但接收到的第 9 位数据为 "1" 也可以），输入移位寄存器中的 8 位数据才可以送入 SBUF，第 9 位会放进 SCON 的 RB8 位，同时 RI 位置 "1"，向 CPU 发出中断请求，让 CPU 取走 SBUF 中的数据，否则输入移位寄存器中的数据将无法送入 SBUF 而丢弃。

11.4.4 方式 3

当 SCON 中的 SM0=1、SM1=1 时，串行通信口工作在方式 3。

方式 3 与方式 2 一样，传送的一帧数据都为 11 位，工作原理也相同，两者的区别仅在于波特率不同，方式 2 的波特率固定为 fosc/64 或 fosc/32，而方式 3 的波特率则可以设置。

11.4.5　波特率的设置

在串行通信中，为了保证数据的发送和接收成功，要求发送方发送数据的速率与接收方接收数据的速率相同，而将双方的波特率设置相同就可以达到这个要求。在串行通信的四种方式中，方式 0 的波特率是固定的，而方式 1～方式 3 的波特率则是可变的。波特率是数据传送的速率，它用每秒传送的二进制数的位数来表示，单位符号是 bit/s。

1. 方式 0 的波特率

方式 0 的波特率固定为时钟振荡频率的 1/12，即

$$方式\ 0\ 的波特率 = 1/12 \cdot f_{osc}。$$

2. 方式 2 的波特率

方式 2 的波特率由 PCON 寄存器中的 SMOD 位决定。当 SMOD=0 时，方式 2 的波特率为时钟振荡频率的 1/64；当 SMOD = 1 时，方式 2 的波特率加倍，为时钟振荡频率的 1/32，即

$$方式\ 2\ 的波特率 = 2^{SMOD}/64 \cdot f_{osc}$$

3. 方式 1 和方式 3 的波特率

方式 1 和方式 3 的波特率除了与 SMOD 位有关，还与定时器/计数器 T1 的溢出率有关。方式 1 和方式 3 的波特率可用下式计算：

$$方式\ 1、3\ 的波特率 = 2^{SMOD}/32 \cdot T1\ 的溢出率$$

T1 的溢出率是指定时器/计数器 T1 在单位时间内计数产生的溢出次数，也即溢出脉冲的频率。

在将定时器/计数器 T0 设作工作方式 3 时（设置方法见"定时器/计数器"一章内容），T1 可以工作在方式 0、方式 1 或方式 2 三种方式下。当 T1 工作于方式 0 时，它对脉冲信号（由时钟信号 fosc 经 12 分频得到）进行计数，计到 2^{13} 时会产生一个溢出脉冲到串行通信口作为移位脉冲；当 T1 工作于方式 1 和 2 时，则分别要计到 2^{16} 和 2^8–X（X 为 T1 的初值，可以设定）才产生溢出脉冲。

如果要提高串行通信口的波特率，可让 T1 工作在方式 2，因为该方式计数时间短，溢出脉冲频率高，并且能通过设置 T1 的初值来调节计数时间，从而改变 T1 产生的溢出脉冲的频率（又称 T1 的溢出率）。

当 T1 工作在方式 2 时，T1 两次溢出的时间间隔，也即 T1 的溢出周期为

$$T1\ 的溢出周期 = 12/f_{osc} \cdot (2^8 - X)$$

T1 的溢出率为溢出周期的倒数，即

$$T1\ 的溢出率 = f_{osc}/12 \cdot (2^8 - X)$$

故当 T1 工作在方式 2 时，串行通信口工作方式 1、3 的波特率为

$$方式 1、3 的波特率 = 2^{SMOD}/32 \cdot f_{osc}/12 \cdot (2^8 - X)$$

由上式可推导出 T1 在方式 2 时，其初值 X 为

$$X = 2^8 - 2^{SMOD} \cdot f_{osc}/384 \cdot 波特率$$

举例：单片机的时钟频率 f_{osc}=11.0592MHz，现要让串行通信的波特率为 2400bit/s，可将串行通信口的工作方式设为 1、T1 的方式设为 2，并求出 T1 应设的初值。

求 T1 初值的过程如下。

先进行寄存器设置：为了让波特率不倍增，将 PCON 寄存器中的数据设为 00H，这样 SMOD 位就为"0"；设置 TMOD 寄存器中的数据为 20H，这样 T1 就工作在方式 2。

再计算并设置 T1 的初值：

$$X = 2^8 - 2^{SMOD} \cdot f_{osc}/384 \cdot 波特率 = 256 - 20 \times 11.0592 \times 10^6 /384 \times 2400 = 244$$

十进制数 244 转换成十六进制数为 F4H，将 T1 的初值设为 F4H。

由于设置波特率和初值需要计算，比较麻烦，一般情况下可查表来进行设置。常见的波特率设置见表 11-2。

表 11-2　　　　　　　　　　常用的波特率设置

波特率	振荡频率 (f_{osc}/Mbit/s)	SMOD	定时器 T1		
			C/$\overline{T}$	方　式	初　值
工作方式 0: 1Mbit/s	12	×	×	×	×
工作方式 2: 375kbit/s	12	1	×	×	×
工作方式 1、3: 62.5kbit/s	12	1	0	2	FFH
工作方式 1、3: 19.2kbit/s	11.0592	1	0	2	FDH
工作方式 1、3: 9.6kbit/s	11.0592	0	0	2	FDH
工作方式 1、3: 4.8kbit/s	11.0592	0	0	2	FAH
工作方式 1、3: 2.4kbit/s	11.0592	0	0	2	F4H
工作方式 1、3: 1.2kbit/s	11.0592	0	0	2	E8H
工作方式 1、3: 137.5bit/s	11.986	0	0	2	1DH
工作方式 1、3: 110bit/s	6	0	0	2	72H
工作方式 1、3: 110bit/s	12	0	0	1	FEEBH

11.5 串行通信的应用编程

11.5.1　利用串行通信的方式 0 实现产品计数显示的电路及编程

1. 电路

图 11-9 是利用串行通信的方式 0 实现产品计数显示的电路。按键 S1 模拟产品计数输入，每按一次 S1 键，产品数量增 1，单片机以串行数据的形式从 RXD 端（P3.0 口）输出产品数量数字的字符码（8 位），从 TXD 端（P3.1 口）输出移位脉冲，8 位字符码逐位进入 74LS164 后从 Q7～Q0 端并行输出，去一位数码管的 a～g、dp 引脚，数码管显示出产品数量的数字（0～9）。

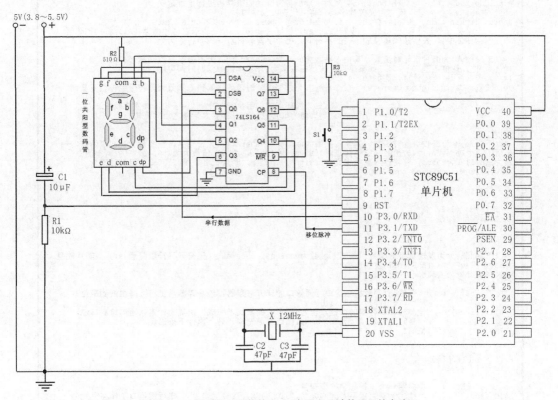

图11-9　利用串行通信的方式0实现产品计数显示的电路

2. 程序及说明

图 11-10 是利用串行通信的方式 0 进行串并转换以实现产品计数显示的程序。

（1）现象

每按一次 S1 键，数码管显示的数字就增 1，当数字达到 9 时再按一次 S1 键，数字由 9 变为 0，如此反复。

（2）程序说明

程序运行时首先进入主程序的 main 函数，在 main 函数中，声明一个变量 i 后执行 "SCON=0x00"，往 SCON 寄存器写入 00000000，SCON 的 SM0、SM1 位均为 0，让串行通信口工作在方式 0，再进入 while 主循环（主循环内的语句会反复执行），在 while 主循环的第 1 个 if 语句先检测按键 S1 的状态，一旦发现 S1 键按下（S1=0），马上执行 "DelayMs(10)" 延时防抖，延时后执行第 2 个 if 语句，再检测 S1 键的状态，如果 S1≠0，说明按键未按下，会执行 "SendByte(table[i])"，将 table 表格中的第 i+1 个字符码从 RXD 端（即 P3.0 口）发送出去，如果发现 S1=0，说明按键完全按下，执行 "while(S1==0) ;" 语句等待 S1 键松开释放（如果 S1=0 会反复执行本条语句等持），S1 键松开后执行 "i++"，将 i 值增 1，如果 i 值不等于 8，则执行 "SendByte(table[i])"， 如果 i 值等于 8，则执行 "i=0" 将 i 值清 0，再执行 "SendByte(table[i])"，然后程序又返回到第一个 if 语句检测 S1 键的状态。

```
/*利用串行通信的方式0进行串并转换以实现产品计数显示的程序*/
#include<reg51.h>      //调用reg51.h文件对单片机各特殊功能寄存器进行地址定义
sbit S1=P1^0;          //用位定义关键字sbit将S1代表P1.0端口
unsigned char code table[]={0xc0,0xf9,0xa4,0xb0, 0x99,0x92,0x82,0xf8, 0x80,0x90};
        //定义一个无符号(unsigned)字符型(char)表格(table)，code表示表格数据存在单片机的代码区
        //(ROM中)，表格按顺序存放0~9的字符码，每个字符码8位，0的字符码为为C0H，即11000000B

/*以下DelayUs为微秒级延时函数，其输入参数为unsigned char tu（无符号字符型变量tu），
tu值为8位，取值范围 0~255，如果单片机的晶振频率为12M，本函数延时时间可用
T=（tu×2+5）us 近似计算，比如tu=248，T=501 us≈0.5ms */付目
void DelayUs (unsigned char tu)     //DelayUs为微秒级延时函数，其输入参数为无符号字符型变量tu
{
  while(--tu);                      //while为循环语句，每执行一次while语句，tu值就减1，
                                    //直到tu值为0时才执行while尾大括号之后的语句
}

/*以下DelayMs为毫秒级延时函数，其输入参数为unsigned char tm（无符号字符型变量tm），该函数内部
使用了两个DelayUs (248)函数，它们共延时1002us（约1ms），由于tm值最大为255，故本DelayMs函数
最大延时时间为255ms，若将输入参数定义为unsigned int tm，则最长可获得65535ms的延时时间*/
void DelayMs(unsigned char tm)
{
  while(tm--)
  {
   DelayUs (248);
   DelayUs (248);
  }
}

/*以下SendByte为发送单字节函数，其输入参数为unsigned char dat（无符号字符型变量dat），其功能是
将dat数据从RXD端（即P3.0口）发送出去*/
void SendByte(unsigned char dat)
{
 SBUF = dat;     //将变量dat的数据赋给串行通信口的SBUF寄存器，该寄存器马上将数据由低到高位
                 //从RXD端（即P3.0口）送出
 while(TI==0);   //检测SCON寄存器的TI位，为0表示数据未发送完成，反复执行本条语句检测TI位，
                 //一旦TI位为1，表示SBUF中的数据已发送完成，马上执行下条语句
 TI=0;     //将TI位清0
}

/*以下为主程序部分*/
void main (void)
{
unsigned char i;   //声明一个无符号字符型变量i
SCON=0x00;        //往SCON寄存器写入00000000，SCON的SM0、SM1位均为0，串行通信口工作在方式0
while (1)         //主循环，本while语句首尾大括号内的语句反复执行
 {
  if(S1==0)       // if(如果)S1=0，表示S1键按下，则执行本if大括号内的语句，
                  //否则(即S1≠0)执行本if尾大括号之后的语句.f
  {
    DelayMs(10);   //执行DelayMs延时函数进行按键防抖，输入参数为10时可延时约10ms
    if(S1==0)      //再次检测S1键是否按下，按下则执行本if首尾大括号内的语句
    {
      while(S1==0);  //若S1键处于按下(S1=0)，反复执行本条语句，一旦S1键松开释放，
                     //S1≠0，马上执行下条语句f
      i++;          //将i值增1
      if(i==8)      //如果i=8，执行本if大括号内的语句，否则执行本if尾大括号之后的语句
      {
        i=0;        //将i值置0
      }
      SendByte(table[i]);   //执行SendByte函数，将table表格中的第i+1个字符码
                            //从RXD端（即P3.0口）发送出去
    }
  }
 }
}
```

图11-10　利用串行通信的方式0进行串并转换以实现产品计数显示的程序

11.5.2　利用串行通信的方式1实现双机通信的电路及编程

1. 电路

图11-11是利用串行通信的方式1实现双机通信的电路。甲机的 RXD 端（接收端）与乙机的 TXD 端（发送端）连接，甲机的 TXD 端与乙机的 RXD 端连接，通过双机串行通讯，可以实现一个单片机控制另一个单片机，比如甲机向乙机的 P1 端口传送数据 0x99（即10011001），可以使得乙机 P1 端口外接的 8 个 LED 四亮四灭。

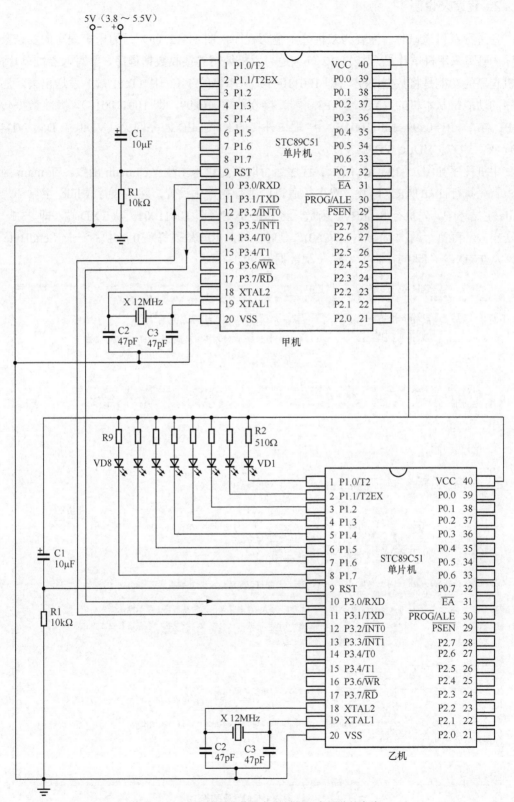

图11-11 利用串行通信的方式1实现双机通信的电路

2. 程序及说明

在进行双机通讯时，需要为双机分别编写程序，图 11-12（a）是为甲机编写的发送数据程序，要写入甲机单片机，图 11-12（b）是为乙机编写的接收数据程序，要写入乙机单片机。甲机程序的功能是将数据 0x99（即 10011001）从本机的 TXD 端（P3.1 端）发送出去，乙机程序的功能是从本机的 RXD 端（P3.0 端）接收数据（0x99，即 10011001）），并将数据传送给 P1 端口，P1=0x99=10011001B，P1 端口外接的 8 个 LED 四亮四灭（VD8、VD5、VD4、VD1 灭，VD7、VD6、VD3、VD2 亮）。

甲机程序如图 11-12（a）所示。程序运行时首先进入主程序的 main 函数，在 main 函数中，首先执行 InitUART 函数，对串行通讯口进行初始化设置，然后执行 while 主循环，在 while 主循环中，先执行 SendByte 函数，将数据 0x99（即 10011001）从 TXD 端（即 P3.1 口）发送出去，再执行两次"DelayMs(250)"延时 0.5s，也就是说每隔 0.5s 执行一次 SendByte 函数，从 TXD 端（即 P3.1 口）发送一次数据 0x99。

```
/*利用串行通信的方式1实现双机通信的发送程序_写入甲机*/
#include<reg51.h>  //包含头文件，一般情况不需要改动，头文件包含特殊功能寄存器的定义

/*以下DelayUs为微秒级延时函数，其输入参数为unsigned char tu(无符号字符型变量tu)，
tu值为8位，取值范围 0～255，如果单片机的晶振频率为12M，本函数延时时间可用
T=(tux2+5)us 近似计算，比如tu=248，T=501 us≈0.5ms */延时
void DelayUs (unsigned char tu)    //DelayUs为微秒级延时函数，其输入参数为无符号字符型变量tu
{
  while(--tu);              //while为循环语句，每执行一次while语句，tu值就减1，
                            //直到tu值为0时才执行while尾大括号之后的语句
}

/*以下DelayMs为毫秒级延时函数，其输入参数为unsigned char tm(无符号字符型变量tm)，该函数内部
使用了两个DelayUs (248)函数，它们共延时1002us(约1ms)，由于tm值最大为255，故本DelayMs函数
最大延时时间为255ms，若将输入参数定义为unsigned int tm，则最长可获得65535ms的延时时间*/
void DelayMs(unsigned char tm)
{
  while(tm--)
  {
   DelayUs (248);
   DelayUs (248);
  }
}

/*以下InitUART为串行通讯口初始化设置函数，输入、输出参数均为空(void)*/
void InitUART (void)
{
  SCON=0x50;   //往SCON寄存器写入01010000，SM0位=0、SM1位=1，让串行口工作在方式1，REN=1，允许接收数据
  TMOD=0x20;   //往TMOD寄存器写入00100000，M1位=1、M0位=0，让定时器T1工作在方式2(8位自动重装计数器)
  TH1=0xfa;    //往定时器T1的TH1寄存器写入重装值FAH，将串行通讯波特率设为4.8kbit/s(晶振为11.0592MHz)
  TR1=1;       //往TCON寄存器的TR1位写入1，启动定时器T1工作
  PCON=0x00;   //往PCON寄存器写入00H，SMOD位=0，波特率保持不变
  EA=1;        //往IE寄存器的EA位写入1，打开总中断
  ES=1;        //往TCON寄存器的ES位写入1，打开串口中断
}

/*以下SendByte为发送单字节函数，输入参数为无符号字符型变量dat，输出参数为空 */
void SendByte(unsigned char dat)
{
  SBUF = dat;   //将变量dat的数据赋给串行通信口的SBUF寄存器，该寄存器马上将数据由低到高位
                //从TXD端（即P3.1口）发送出去
  while(TI==0); //检测SCON寄存器的TI位，若为0表示数据未发送完成，反复执行本条语句检测TI位，
                //一旦TI位为1，表示SBUF中的数据已发送完成，马上执行下条语句
  TI=0;         //将TI位清0，以准备下一次发送数据
}

/*以下为主程序部分*/
void main (void)
{
  InitUART();    //执行InitUART函数，对串行通讯口进行初始化设置
  while (1)      //主循环，本while语句首尾大括号内的语句反复执行，每隔0.5s执行一次SendByte函数
                 //以发送一次数据
  {
   SendByte(0x99);  //执行SendByte函数，将数据10011001从TXD端(即P3.1口)发送出去
   DelayMs(250);    //延时250ms
   DelayMs(250);    //延时250ms
  }
}
```

（a）写入甲机的发送程序

图11-12　利用串行通信的方式1实现双机通信的程序

```
/*利用串行通信的方式1实现双机通信的接收程序_写入乙机*/
#include<reg51.h>  //包含头文件，一般情况下不需要改动，头文件包含特殊功能寄存器的定义
#define LEDP1 P1  //用define(宏定义)命令将LEDP1代表P1，程序中LEDP1与P1等同

/*以下InitUART为串行通讯口初始化设置函数*/
void InitUART (void)
{
 SCON=0x50;   //往SCON寄存器写入01010000，SM0位=0、SM1位=1，让串行口工作在方式1，REN=1，允许接收数据
 TMOD=0x20;   //往TMOD寄存器写入00100000，M1位=1、M0位=0，让定时器T1工作在方式2(8位自动重装计数器)，
 TH1=0xfa;    //往定时器T1的TH1寄存器写入重装值FAH，将串行通讯波特率设为4.8kbit /s (晶振为11.0592MHz)
 TR1=1;       //往TCON寄存器的TR1位写入1，启动定时器T1工作
 PCON=0x00;   //往PCON寄存器写入00H，SMOD=0，波特率保持不变
 EA=1;        //往IE寄存器的EA位写入1，打开总中断
 ES=1;        //往TCON寄存器的ES位写入1，打开串口中断
}

/*以下ReceiveByte为接收单字节函数，输入参数为空，输出参数为无符号字符型变量*/
unsigned char ReceiveByte ()
{
 unsigned char dat;   //声明一个无符号字符型变量dat
 while(RI==0);        //检测SCON寄存器的RI位，若为0表示数据接收未完成，反复执行本条语句检测RI位，一旦
                      //RI位为1，表示接收的数据已全部送入SBUF寄存器，即数据接收完成，马上执行下条语句
 dat=SBUF;            //将SBUF寄存器的数据赋给变量dat
 return dat;          //将变量dat数据返回给ReceiveByte函数的输出参数
 RI=0;                //将RI位清0，以准备下一次接收数据
}

/*以下为主程序部分*/
void main (void)
{
 InitUART();  //执行InitUART函数，对串行通讯口进行初始化设置
 while(1)     //主循环，本while语句首尾大括号内的语句反复执行，
  {
  LEDP1=ReceiveByte();  //将ReceiveByte函数的输出参数赋给LEDP1，即传送给P1端口
  }
}
```

(b) 写入乙机的接收程序

图11-12　利用串行通信的方式1实现双机通信的程序（续）

　　乙机程序如图 11-12（b）所示。程序运行时首先进入主程序的 main 函数，在 main 函数中，首先执行 InitUART 函数，对串行通讯口进行初始化设置，然后执行 while 主循环，在 while 主循环中，先执行 ReceiveByte 函数，从本机的 RXD 端（即 P3.0 口）接收数据，再赋给 ReceiveByte 函数的输出参数，然后将 ReceiveByte 函数的输出参数值（0x99，即 10011001）传给 LEDP1，即传送给 P1 端口。

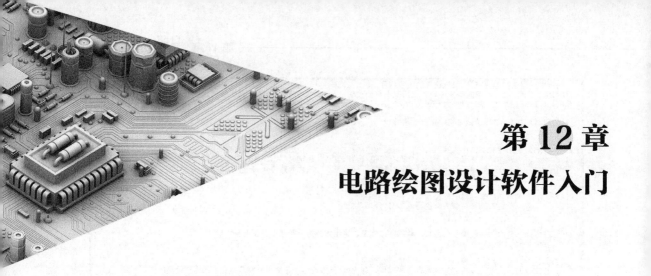

第12章
电路绘图设计软件入门

|12.1 概述|

在近二三十年来，电子技术得到飞速的发展，已经渗透到社会的许多领域，根据电子技术应用领域不同，可分为家庭消费电子技术、汽车电子技术、医疗电子技术、IT数码电子技术、机械电子技术、通信电子技术等。不管哪个领域的电子技术，它们需要的人才一般有研发设计型人才、生产制造型人才、维护、维修型人才等，在这些人才中，研发设计型人才属于高端人才，生产制造型人才处于其次地位，这两类人才在工作时经常要绘制电路图。

在电子电路设计软件出现前，人们绘制电路图基本上是靠手工进行，这种方式不仅效率低，而且容易出错，并且修改也很不方便。20世纪80年代，Protel电子绘图软件开始传入我国，并逐渐得到广泛的应用，电子设计也就由传统的手工转为电脑辅助设计。

Protel电路设计软件是由澳大利亚Protel Technology公司开发出来，它是众多电子电路设计软件中应用最广泛的一种设计软件，用它可以设计各个领域的电路应用系统。随着电子技术的发展，Protel软件的版本不断升级，功能也不断完善，从原来的DOS版本到Windows版本，DOS版本已经很少有人应用了，现在的电子电路设计主要是Windows版本的Protel软件。Protel软件Windows版本很多，主要有Protel 98、Protel 99、Protel 99 SE、Protel DXP和Protel 2004。

在众多的Protel软件版本中，应用最广泛的是Protel 99 SE，这主要是由下面一些原因决定的。

（1）Protel 99 SE功能已很完善，完全能满足绝大多数电路设计。大多数企业的工程师在进行电路设计时都采用Protel 99 SE，这样级别的人都使用Protel 99 SE，初学者更不用说。

（2）大多数省市的电路设计绘图员考试主要以Protel 99 SE作为考察对象。

（3）Protel 99 SE软件在软件市场比较容易获得。而得到Protel DXP和Protel 2004软件相对比较困难，特别是Protel 2004软件在软件市场更难找到。

（4）Protel99SE运行时对电脑软、硬件要求低。Protel DXP和Protel 2004要在WIN2000以上的操作系统上运行，对电脑软、硬件要求高。另外，与Protel 99 SE相比，Protel DXP和Protel 2004更多是软件界面上的变化，功能改进并不是很多。

（5）大多数学校的电子、电工专业的电子绘图设计课程都选用 Protel 99 SE 软件。

（6）学习了 Protel 99 SE 后，再学习高级版本或其他类型的电子绘图软件会轻而易举。

正因为 Protel 99 SE 软件容易获得，运行时对电脑的软、硬件要求低，并且功能完全能满足大多数电子电路设计的要求，所以应用十分广泛。本书主要介绍如何应用 Protel 99 SE 软件进行电子电路设计。

|12.2　Protel 99 SE 基础知识|

12.2.1　Protel 99 SE 的运行环境

1. 软件环境

要在电脑中运行 Protel 99 SE 软件，要求电脑中必须安装 Windows 9x、Windows NT、Windows 2000、Windows XP 中的某一个操作系统。

2. 硬件环境

要正常运行 Protel 99 SE 软件，建议电脑有以下配置。

（1）CPU：PentiumII 或以上。

（2）内存：64MB。

（3）硬盘：要求安装 Protel 99 SE 软件后，硬盘上至少应有 300MB 以上空间。

（4）显示卡：在 16 位颜色下分辨率至少要达到 800×600。

（5）最好是配备打印机或绘图仪。

在进行大规模的电路设计时，为了让 Protel 99 SE 运行更流畅，可以适当增大内存容量。

12.2.2　Protel 99 SE 的组成

Protel 99 SE 是由几个模块组成的，不同的模块具有不同的功能。Protel 99 SE 主要模块如下。

（1）电路原理图设计模块（Schematic）

电路原理图设计模块主要包括设计电路原理图的原理图编辑器，用于建立、修改元件符号的元件库编辑器和各种报表生成器。

（2）印制电路板设计模块（PCB）

印制电路板设计模块主要包括设计印制电路板的 PCB 编辑器，用于进行 PCB 自动布线的 Route 模块，用于建立、修改元件封装的元件封装编辑器和各种报表生成器。

（3）可编程逻辑器件设计模块（PLD）

可编程逻辑器件设计模块主要包括具有语法意识的文本编辑器、用于编译和仿真设计结果的 PLD 模块。

（4）电路仿真模块（Simulate）

电路仿真模块主要包括一个功能强大的数/模混合信号的电路仿真器，它能进行连续的模拟信号和数字信号的仿真。

12.2.3 Protel 99 SE 设计电路的流程

Protel 99 SE 设计电路一般流程如图 12-1 所示。

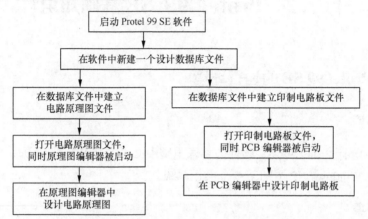

图12-1 Protel 99 SE设计电路一般流程

|12.3 Protel 99 SE 使用入门|

12.3.1 设计数据库文件的建立、关闭与打开

1. 设计数据库文件的建立

在 Protel 99 SE 中，要进行电路设计，需要先建立一个设计数据库文件，然后再在该数据库文件中建立原理图设计文件和印制电路板文件。设计数据库文件的建立过程如下。

第一步：启动 Protel 99 SE 软件。安装好 Protel 99 SE 软件后，双击桌面上的 Protel 99 SE 图标，或者单击桌面左下角"开始"按钮，在弹出的菜单中执行"程序→Protel 99 SE→Protel 99 SE"，就可以启动 Protel 99 SE，进入图 12-2 所示的 Protel 99 SE 设计窗口。

第二步：新建设计数据库文件。执行"File"菜单下的"New"命令，会弹出如图 12-3 所示的建立新设计数据库对话框，在对话框中要求：①选择设计文件的保存类型；②输入要建立的数据库文件名；③选择数据库文件的保存路径。在对话框中按标注提示进行操作。

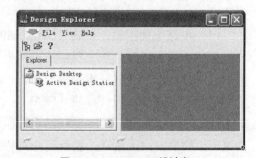

图12-2 Protel 99 SE设计窗口

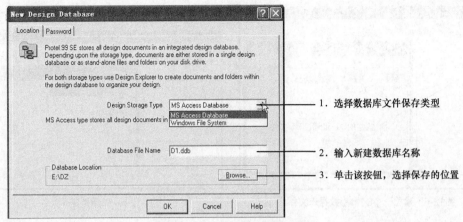

图12-3　建立新设计数据库对话框

1. 选择数据库文件保存类型
2. 输入新建数据库名称
3. 单击该按钮，选择保存的位置

注：Design Storage Type（设计保存类型）有两个选项。

当选择 MS Access Database 项时，设计过程中的全部文件保存在单一的数据库文件中，也就是说电路原理图文件、印刷电路板文件等全都保存在一个数据库文件中。

当选择 Windows File System 项时，设计过程中的全部文件保存在单一的文件夹（不是数据库文件）中。

第三步：设置数据库文件密码。如果想给建立的数据库文件设置密码，可单击"Password"选项卡，对话框会出现图 12-4 所示的设置密码信息。在对话框中按标注提示进行操作。

1. 选中"Yes"表示要
设置密码

2. 输入密码
3. 再输入一次密码

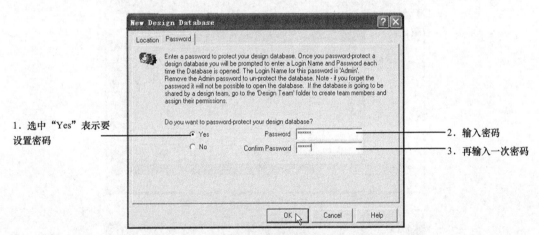

图12-4　设置密码信息

在上述操作完成后，单击"OK"按钮，就在 E:\DZ 目录下建立了一个文件名为 D1.ddb 数据库文件。而在 Protel99 SE 的文件管理器中同时会出现一个 D1.ddb 数据库文件，如图 12-5 所示。

2. 设计数据库文件的关闭

在前面已经在 Protel 99 SE 中建立了一个名为 D1.ddb 数据库文件，现在要将它关闭。关闭数据库文件有下面几种方法。

（1）在工作窗口的设计数据库文件名标签（D1.ddb）上单击鼠标右键，在弹出的菜单上选择"Close"，就可以关闭 D1.ddb 数据库文件，该过程如图 12-6 所示。

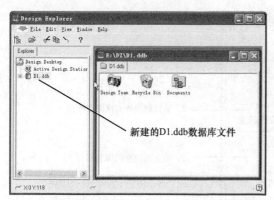

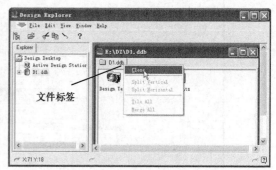

图12-5　建立一个D1.ddb数据库文件　　　　　　　　图12-6　关闭数据库文件

（2）执行"File"菜单下的"Close Design"命令，也可以关闭当前的数据库文件。

3.　设计数据库文件的打开

如果要打开某个数据库文件，可采用以下几种方法。

（1）单击主工具栏上的 （打开按钮），会出现打开设计数据库文件对话框，如图12-7所示，从中选择需要打开的数据库文件D1.ddb，再单击"打开"按钮，数据库文件就被打开了。如果D1.ddb被设置了密码，单击"打开"按钮就会出现图12-8所示的对话框，要求输入文件打开密码，在name项中输入"admin（管理员）"，在Password项中输入密码，单击"OK"按钮就可以打开D1.ddb。

图12-7　打开数据库文件

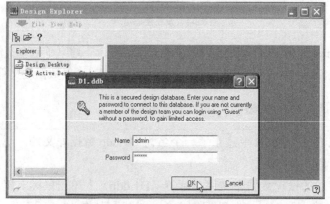

图12-8　打开设有密码的数据库文件

（2）执行"File"菜单下的"Open"命令，也可以打开数据库文件，操作步骤与第一种方法相同。

12.3.2　Protel 99 SE 设计界面的介绍

Protel 99 SE 设计界面如图 12-9 所示，从图中可以看出，Protel 99 SE 设计界面主要由标题栏、菜单栏、工具栏、文件管理器、工作窗口、文件标签、状态栏等组成。

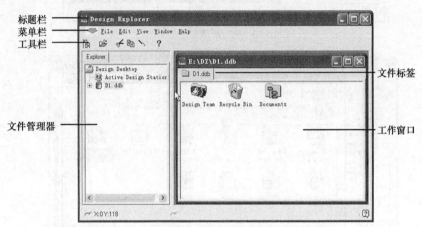

图12-9　Protel 99 SE软件界面

12.3.3　文件管理

在前面已经学习了如何建立数据库文件，但这样建立出来的数据库文件还是空的，如果要绘制原理电路图和印制电路板，必须要在该数据库文件中再建立电路原理图文件和印刷电路板文件。另外，建立好各个文件后，还可能需要对这些文件进行更名、保存、删除等操作，这些都属于文件管理。

1．新建文件

下面以在 D1.ddb 数据库文件中建立一个电路原理图文件为例来说明新建文件的方法，新建文件的操作步骤如下。

第一步：单击文件管理器中 D1.ddb 数据库文件下的"Documents"文件夹，在右边工作窗口中就可以看见 Documents 文件夹标签，该文件夹被打开，里面无任何文件。

第二步：将鼠标移到工作窗口的空白处，如图 12-10 所示，单击鼠标右键，弹出快捷菜单，在菜单中选择"New"命令，马上会出现新建文件对话框，如图 12-11 所示。

第三步：在图 12-11 所示的对话框中选择"Schematic Docment"，再单击"OK"按钮，就在 D1.ddb 数据库文件中建立了一个默认文件名为"Sheet1.Sch"的电路原理图文件，如图 12-12 所示。

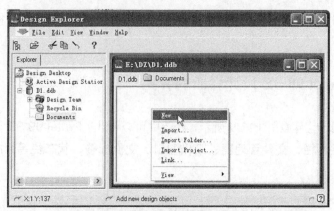

图12-10　执行新建文件命令

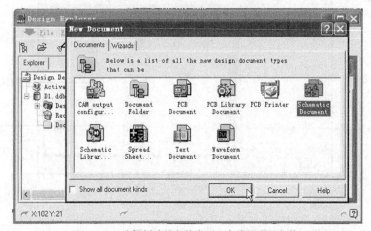

图12-11　选择新建的文件类型为电路原理图文件

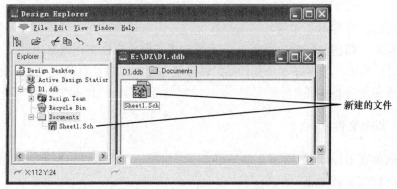

新建的文件

图12-12　新建一个文件名为"Sheet1.Sch"的电路原理图文件

2. 文件的更名

在新建文件时，新建的文件名是默认的，比如新建的第一个原理图文件名为 Sheet1.Sch，第二个就为 Sheet2.Sch。如果想更改默认的文件名，可以对文件进行更名。

文件更名的常用方法有下面几种。

方法一：在工作窗口需更名的文件上单击鼠标右键，弹出快捷菜单，如图 12-13 所示，在菜单中选择"Rename（重命名）"，该文件名马上变成可编辑状态，如图 12-14 所示，将文件名更改为"YL1.Sch"，同时文件管理器中的文件名也变为 YL1.Sch。

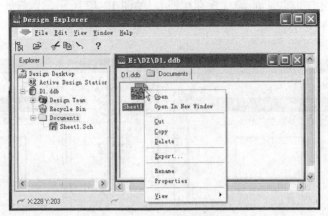

图12-13　文件更名操作

方法二：选中工作窗口中需更名的文件，再按键盘上的"F2"键，被选中的文件名马上也会变成如图 12-14 所示的可编辑状态，此时即可将文件名更改为"YL1.Sch"。

3. 文件的打开、保存与关闭

（1）文件的打开

如果要在原理图文件 YL1.Sch 中绘制电路原理图，就需要打开该文件，**打开文件的常用的方法有下面两种。**

方法一：在工作窗口中双击需打开的 YL1.Sch 文件，如图 12-15 所示，该文件即被打开，如图 12-16 所示，工作窗口上方的文件标签 YL1.Sch 处于突出状态，工作窗口也转变为原理图编辑窗口。

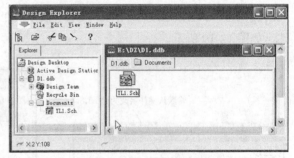

图12-14　文件更名成功

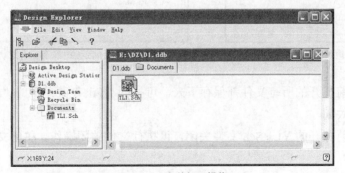

图12-15　文件打开操作

方法二：在文件管理器中单击 YL1.Sch 文件，也可以打开该文件，文件打开的结果与图 12-16 所示一致。

（2）文件的保存

在 YL1.Sch 文件中绘制好电路原理图后，如果想保存下来，可进行文件保存操作。**文件保**

存的常用方法有下面几种。

方法一：单击主工具栏上的 ▣（保存按钮），如图 12-17 所示，当前处于编辑状态的 YL1.Sch 文件就被保存下来了。

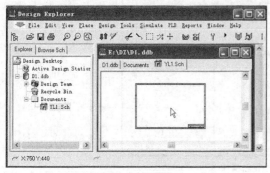

图12-16　文件被打开

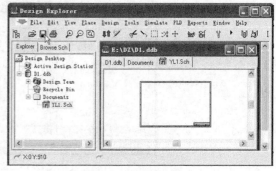

图12-17　保存文件操作

方法二：执行"File"菜单下的"Save"命令，也可以将当前处于编辑状态的 YL1.Sch 文件保存下来。

如果想将 YL1.Sch 文件保存成另一个新文件"aYL1.Sch"，可执行"File"菜单下的"Save As（另存为）"命令，会出现"Save As"对话框，如图 12-18 所示，在对话框中将默认名改成新文件名"aYL1.Sch"，再单击"OK"按钮，在文件管理器中就会出现一个 aYL1.Sch 新文件，如图 12-19 所示。

将默认文件名改为aYL1.Sch

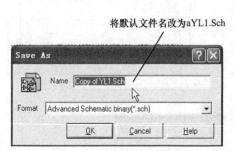

图12-18　输入保存文件名

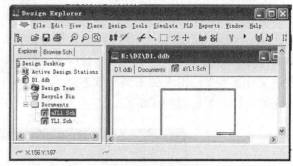

图12-19　文件保存成功

如果想将当前打开的所有文件都保存下来，可执行"File"菜单下的"Save All"命令。

（3）文件的关闭

如果要将当前打开的 YL1.Sch 文件关闭，可执行文件关闭操作。**关闭文件的方法有下面几种。**

方法一：在工作窗口的 YL1.Sch 文件标签上单击鼠标右键，弹出快捷菜单，选择其中的"Close"命令，如图 12-20 所示，YL1.Sch 文件即可被关闭。

方法二：在文件管理器中选中 YL1.Sch 文件，再单击鼠标右键，弹出快捷菜单，选择其中的"Close"命令，也可关闭 YL1.Sch 文件。

方法三：执行"File"菜单下的"Close"命令，也能关闭 YL1.Sch。

4. 文件的删除

如果想删除数据库文件中的某个文件，可执行文件删除操作。**文件的删除方法有下面几种。**

方法一：在工作窗口中选中要删除的 YL1.Sch 文件，如图 12-21 所示，再执行"Edit"菜单下的"Delete"命令，YL1.Sch 文件即可被删除。

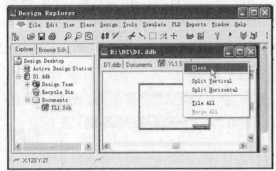

图12-20　关闭文件操作　　　　　　　　图12-21　删除文件操作

方法二：在工作窗口中选中要删除的 YL1.Sch 文件，再单击鼠标右键，弹出快捷菜单，选择其中的"Delete"命令，YL1.Sch 文件就能被删除。

方法三：在文件管理器选中要删除的 YL1.Sch 文件，单击鼠标右键，弹出快捷菜单，选择其中的"Delete"命令，也可删除 YL1.Sch 文件。

方法四：在工作窗口中选中要删除 YL1.Sch 文件，再按键盘上的"Delete"键，YL1.Sch 文件也能被删除。

在用上述方法删除文件后，文件还保留在数据库文件 D1.ddb 的 Recycle Bin（回收站）中，在文件管理器中单击"Recycle Bin"，在右边的工作窗口中的 Recycle Bin 被打开，如图 12-22 所示，被删除的 YL1.Sch 就在其中。

如果要将该文件彻底删除，可在工作窗口中的 YL1.Sch 文件上单击鼠标右键，弹出快捷菜单，选择其中的"Delete"命令，

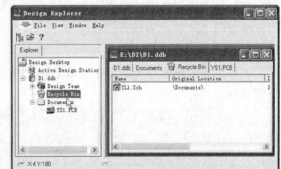

图12-22　回收站内仍保留着被删除的文件

YL1.Sch 文件就能被彻底删除；如果选择快捷菜单中的"Restore（还原）"，YL1.Sch 文件又恢复到先前的位置。对回收站中文件的操作，也可以执行"File"菜单中相关的命令，效果与执行右键快捷菜单中的命令是一样的。

5. 文件的导出与导入

Protel 99 SE 通常是将原理图文件、印刷电路文件等各种文件放在一个数据库文件中，原理图文件 YL1.Sch 和印刷电路文件 YS1.PCB 都在数据库文件 D1.ddb 的 Docments 文件夹中的，关闭 Protel 99 SE 软件后，只能在电脑硬盘上看见一个数据库文件 D1.ddb，由于 YL1.Sch

和 YS1.PCB 放在 D1.ddb 中，所以无法看见。

（1）文件的导出

文件的导出是指将数据库中的文件导出，使之成为独立的文件保存在电脑磁盘中。**文件的导出方法有下面几种。**

方法一：在工作窗口中选中要导出的文件 YL1.Sch，单击鼠标右键，弹出快捷菜单，如图 12-23 所示，从中选择"Export（导出）"，马上出现"Export Docment"对话框，如图 12-24 所示，从中选择导出文件保存的位置，图中选择的保存的位置为 E:/DZ2 目录下，再点"保存"，YL1.Sch 就成为一个独立的文件保存在 E:/DZ2 目录下。打开 E:/DZ2 目录，就可以看见导出的 YL1.Sch 文件，如图 12-25 所示。

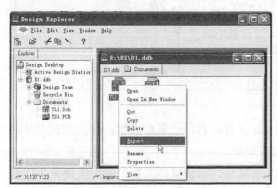

图12-23　文件的导出操作　　　　　　　　图12-24　选择导出文件的保存位置

方法二：在工作窗口中选中要导出的文件 YL1.Sch，然后执行"Flie"菜单下的"Export（导出）"命令，就会出现图 12-24 相同的对话框，选择保存位置后再单击"保存"按钮，就可以将 YL1.Sch 导出到选择的目录中。

（2）文件的导入

文件的导入是指将电脑某个目录中的文件导入到数据库文件中。**文件导入的常用方法有下面几种。**

方法一：在工作窗口的空白处单击鼠标右键，弹出快捷菜单，如图 12-26 所示，从中选择"Import（导入）"，马上出现"Import File"对话框，如图 12-27 所示，从中选择要导入的文件，图中选择导入 E:/DZ2 目录下 YL3.Sch 文件，再单击"打开"，YL3.Sch 就被导入到 D1.ddb 数据库文件中，如图 12-28 所示，从中可以看见导入的 YL3.Sch 文件。

从数据库文件中导出的文件

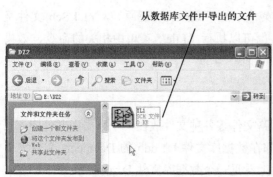

图12-25　导出的文件　　　　　　　　　　图12-26　文件的导入操作

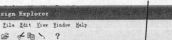

导入到数据库中的文件

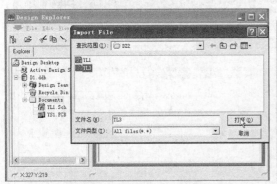

图12-27　选择要导入的文件　　　　　　　　　图12-28　文件导入成功

方法二：执行"Flie"菜单下的"Import"命令，就会出现图 12-27 相同的对话框，选择要导入的文件后，再单击"打开"，就可以将 YL3.Sch 导入到数据库文件中。

12.3.4　系统参数的设置

系统参数设置内容较多，这里主要介绍较重要的界面字体设置和自动保存文件设置。

1. 界面字体设置

在未进行界面字体设置前，Protel 99 SE 界面使用默认字体，如图 12-29 所示，有些文字无法显示出来。为了解决这个问题，可进行系统字体设置。

界面字体设置方法是：用鼠标左键单击 Protel 99 SE 菜单栏左方的 按钮，会弹出菜单，如图 12-30 所示，选择其中的"Preferences"命令，弹出一个对话框，如图 12-31 所示，将对话框中"Use Client System Front …"选项前的勾去掉，也可以单击"Change System Font"进行具体的字体设置，再单击"OK"按钮即可。这样设置后，图 12-29 的对话框字体就变为图 12-32 所示的字体。

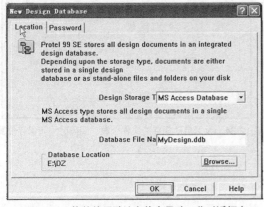

图12-29　软件使用默认字体会导致一些对话框中
有些文字无法显示出来

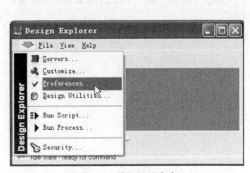

图12-30　执行设置命令

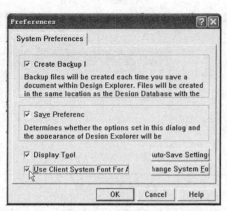

图12-31 在弹出的对话框中进行字体设置

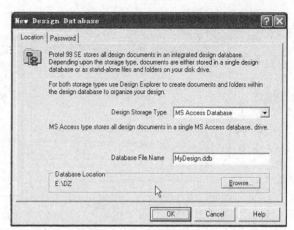

图12-32 字体设置完成后对话框中的字体发生了变化

2. 自动保存文件设置

在进行电路设计过程中，有时会发生断电或电脑死机情况，为了将损失降到最低，可在Protel 99 SE中设置自动保存文件。

设置自动保存文件的方法是：用鼠标左键单击Protel 99 SE菜单栏左方的 ⬟ 按钮，会弹出菜单，选择其中的"Preferences"命令，出现一个对话框，如图12-33所示，单击"Auto Save Settings（自动保存设置）"，会弹出下一个对话框，如图12-34所示，将"Enable（允许）"项打勾，再在"Number"项中设置备份的文件个数，在"Time Interval"项中设置备份文件的间隔时间，然后将"Use backup folder（使用备份文件夹）"项打勾，再单击"Browse（浏览）"按钮来选择备份文件保存的位置，最后单击"OK"按钮即完成自动保存文件设置。

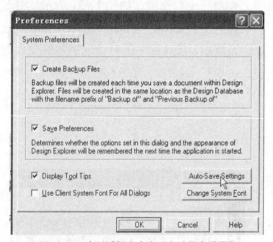

图12-33 在对话框中点击"自动保存设置"

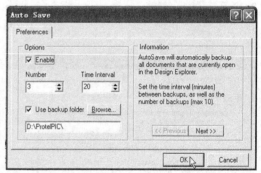

图12-34 设置自动保存的文件个数、间隔时间和保存位置

第 13 章
设计电路原理图

电路原理图的设计是整个电路设计的基础，它决定着后面印制电路板的设计。电路原理图的设计的一般过程如图 13-1 所示。

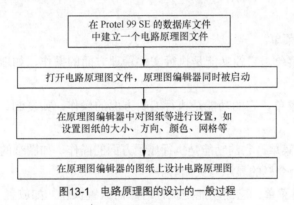

图13-1　电路原理图的设计的一般过程

|13.1　电路原理图编辑器|

在进行电路原理图设计前，首先要启动 Protel 99 SE 软件，新建一个数据库文件*.ddb，然后在数据库文件中建立一个原理图文件*.Sch，这些内容在第 12 章已讲过，接下来就是打开电路原理图编辑器，再进行设计前的各种设置。

13.1.1　电路原理图编辑器界面介绍

首先打开电路原理图编辑器。如图 13-2 所示，在设计管理器中单击原理图文件 YL1.Sch，该文件被打开，就打开了电路原理图编辑器，在工作窗口中出现一个矩形框，这就是设计图纸，原理图就在该矩形框中设计。

从在图 13-2 可以看出，**原理图编辑器界面主要包括菜单栏、主工具栏、设计管理器、工作窗口、状态栏、命令栏和悬浮在工作窗口上的活动工具栏。**

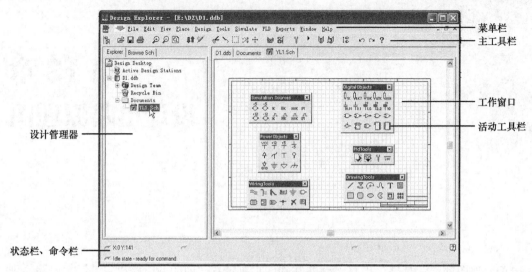

图13-2　电路原理图编辑器界面

1. 菜单栏

菜单栏上有以下菜单。

（1）File：文件菜单。它的功能是执行文件管理方面的操作，如新建、打开、关闭、保存、打印等。

（2）Edit：编辑菜单。它的功能是执行编辑方面的操作，如复制、剪切、粘贴、删除、查找等。

（3）View：视图菜单。它的功能是执行显示方面的操作，如图纸的放大与缩小、工具栏/设计管理器/状态栏/命令栏的显示与关闭等。

（4）Place：放置菜单。它的功能是执行对象的放置操作，如放置元件、绘制导线等。

（5）Design：设计菜单。它的功能是进行电路图的设置、元件库的管理、层次原理图的设计、网络表生成等。

（6）Tools：工具菜单。它的功能是进行原理图编辑器环境设置、元件编号、ERC 检查等。

（7）Simulate：仿真菜单。它的功能是进行仿真方面的操作。

（8）PLD：PLD 菜单。它的功能是进行 PLD 方面的操作。

（9）Reports：信息菜单。它的功能是进行生成原理图各种报表的操作，如元件的清单、网络比较报表、项目层次表等。

（10）Window：窗口菜单。它的功能是执行窗口管理方面的操作。

（11）Help：帮助菜单。

2. 主工具栏

主工具栏可通过执行菜单命令"View→Toolbars→Main Tools"来打开或者关闭。主工具栏各按钮如图 13-3 所示。各按钮的功能说明如图 13-4 所示。

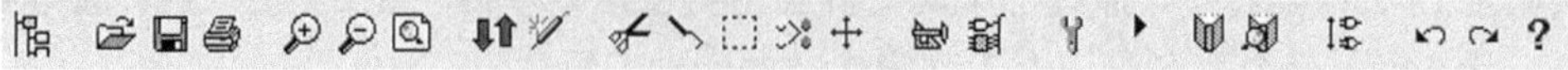

图13-3　主工具栏

图13-4　主工具栏的工具功能及对应的菜单命令

3. 活动工具栏

在原理图编辑器中有 6 个活动工具栏，分别是：Drawing Tools（绘图工具栏）、Wiring Tools（布线工具栏）、Power Objects（电源与接地工具栏）、Digital Objects（常用器件工具栏）、Pld Tools（PLD 工具栏）和 Simulation Sources（信号仿真源工具栏）。在进行电路原理图设计时，如果直接使用工具栏操作，可以使设计方便快捷。

各工具栏打开与关闭的方法如下。

（1）执行菜单命令"View→Toolbars→Drawing Tools"时，可打开或关闭 Drawing Tools，当执行一次时打开工具栏，下一次执行时则会关闭该工具栏。

（2）执行菜单命令"View→Toolbars→Wiring Tools"时，可打开或关闭 Wiring Tools。

（3）执行菜单命令"View→Toolbars→Power Objects"时，可打开或关闭 Power Objects。

（4）执行菜单命令"View→Toolbars→Digital Objects"时，可打开或关闭 Digital Objects。

（5）执行菜单命令"View→Toolbars→Pld Tools"时，可打开或关闭 Pld Tools。

（6）执行菜单命令"View→Toolbars→Simulation Sources"时，可打开或关闭 Simulation Sources。

这些工具栏浮在工作窗口上对绘图不方便，可将它们移到工作窗口的四周，方法是：将鼠标移到工具栏上方的标题栏上，再按下左键不放，移动鼠标将工具栏拖到工作窗口边沿某处，如图13-5所示，同样也可以将工作窗口四周的工具栏拖回到窗口中。

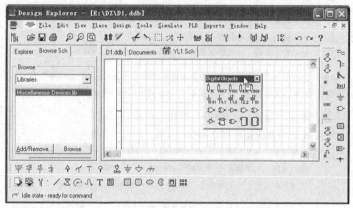

图13-5 将活动工具栏移到工作窗口的周围

4. 设计管理器

设计管理器包括文件管理器和元件管理。设计管理器可通过执行菜单命令"View→Design Manager"来打开或者关闭。设计管理器上方有"Explorer"和"Browse Sch"两个选项卡，

当单击"Explorer"选项卡时，打开文件管理，如图13-6（a）所示；当单击"Browse Sch"选项卡时，打开元件管理器，如图13-6（b）所示。有关设计管理器的文件管理在第12章已讲过，有关元件管理将会在后面讲到。

5. 状态栏和命令栏

状态栏和命令栏如图13-7所示。

状态栏的作用是显示光标在工作窗口中的坐标位置。状态栏可通过执行菜单命令"View→Status Bar"来打开或者关闭。

命令栏的作用是显示当前正在执行的命令。命令栏可通过执行菜单命令"View→Command Status"来打开或者关闭。

6. 工作窗口

工作窗口上方为文件标签，中间网格状的矩形区域为图纸，原理图就在此图纸上绘制。下面主要介绍图纸的显示管理，图纸显示管理有以下规律。

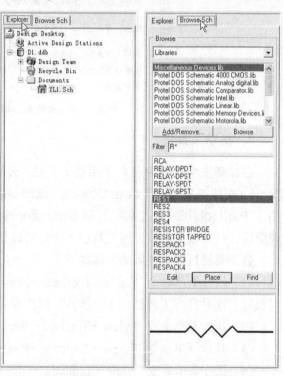

（a）文件管理器　　　　（b）元件管理器

图13-6 设计管理器

（1）**放大图纸**。放大图纸的操作方法很多,常用的有：①按键盘上的"PgUp"键；②点击主工具栏上的 🔍 按钮；③执行菜单命令"View→ZoomIn"；④在图纸上单击鼠标右键，在弹出的快捷菜单执行命令"View→ZoomIn"（该操作方式下面简称执行右键快捷菜单命令）。

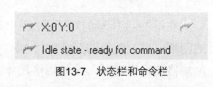

图13-7　状态栏和命令栏

（2）**缩小图纸**。常用的操作方法有：①按键盘上的"PgDn"键；②点击主工具栏上的 🔍 按钮；③执行菜单命令"View→ZoomOut"；④执行右键快捷菜单命令"View→ZoomOut"。

（3）**显示整个电路图及边框**。常用的操作方法有：①点击主工具栏上的 🔍 按钮；②执行菜单命令"View→Fit Document"；③执行右键快捷菜单命令"View→Fit Document"。

（4）**显示整个电路图,不含边框**。常用的操作方法有：①执行菜单命令"View→Fit All Objects"；②执行右键快捷菜单命令"View→Fit All Objects"。

（5）**放大指定区域**。

操作方法是：执行菜单命令"View→Area"，光标变成十字状，按下鼠标左键，在需要放大的区域拉出一个矩形选框，松开左键再单击一下左键，选中区域的内容被放大到整个工作窗口。

（6）**按比例放大图纸**。可以按 50%、100%、200%和 400%的比例放大图纸，操作方法是执行菜单命令"View→50%/100%/200%/400%"。

（7）**刷新图纸**。执行菜单命令"View→Refresh"或按键盘上"End"键，就可以对图纸进行刷新，消除图纸上的显示残迹。

13.1.2　图纸大小的设置

设置合适的图纸大小有利于提高显示的清晰度和电路图打印质量，另外还能节省磁盘的存储空间。**进入图纸大小设置有下面两种方法。**

方法一：执行"Design"菜单下的"Options"命令，会弹出一个对话框，如图 13-8 所示。

方法二：在工作窗口的图纸上单击鼠标右键，在弹出的快捷菜单中选择"Document Options"命令，也会弹出图 13-8 所示的对话框。

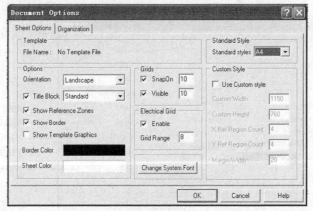

图13-8　"Document Options"对话框

1. 设置标准尺寸的图纸

在图 13-8 所示的对话框图中，可以在 Standard Style 项的下拉列表中选择多种标准尺寸的图纸，当前图纸的尺寸为"A4"，在 Standard Style 项中提供了十多种广泛使用的公制和英制规格图纸供选择，这些规格尺寸大小见表 13-1。

表 13-1　　　　　　　　　　Standard Style 项下拉列表中提供的多种图纸规格

尺寸	宽度×高度/in	宽度×高度/mm
A	9.50×7.50	241.3×190.50
B	15.00×9.50	381.00×241.3
C	20.00×15.00	508.00×381.00
D	32.00×20.00	812.80×508.00
E	42.00×32.00	1066.80×818.80
A4	11.50×7.60	292.10×193.04
A3	15.50×11.10	393.70×281.94
A2	22.30×15.70	566.42×398.78
A1	31.50×22.30	800.10×566.42
A0	44.60×31.50	1132.84×800.10
ORCAD A	9.90×7.90	251.15×200.66
ORCAD B	15.40×9.90	391.16×251.15
ORCAD C	20.60×15.60	523.24×396.24
ORCAD D	32.60×20.60	828.04×523.24
ORCAD E	42.80×32.80	1087.12×833.12
Letter	11.00×8.50	279.4×215.9
Legal	14.00×8.50	355.6×215.9
TABLOID	17.00×11.00	431.8×279.4

2. 自定义图纸尺寸

如果要自已设置图纸的大小，可在"Use Custom style（使用自定义尺寸）"复选框前打勾，如图 13-9 所示，再在下面几项中输入各项数值，然后单击"OK"按钮，则图纸大小设置完毕。自定义设置好的图纸如图 13-10 所示。

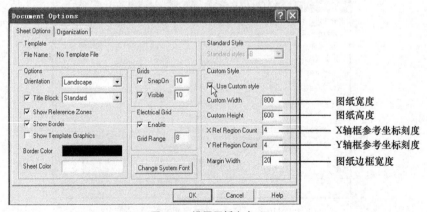

图13-9　设置图纸大小

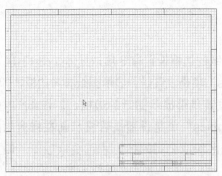

图13-10　自定义尺寸的图纸

13.1.3　图纸的方向、标题栏、边框和颜色的设置

1. 图纸方向的设置

在图 13-8 对话框中，"Orientation（方位）"项是用来选择图纸方向的，具体如图 13-11 所示，它有两个选项：Landscape(横向)和 Portrait(纵向)，一般选择将图纸方向设为 Landscape。

2. 图纸标题栏的设置

在图 13-8 对话框中，"Title Block（标题块）"项是用来设置图纸标题的，如图 13-12 所示，它有两个选项：Standard（标准型模式）和 ANSI（美国国家标准协会模式）。选择两种不同模式的图纸标题显示效果如图 13-13 所示。

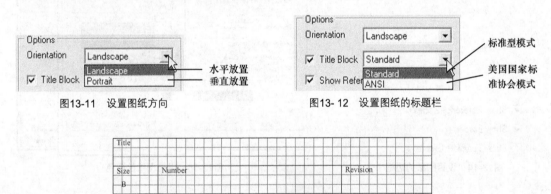

图13-11　设置图纸方向　　　　　图13-12　设置图纸的标题栏

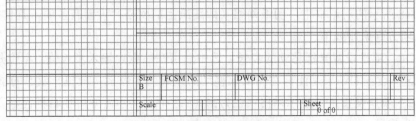

（a）Standard（标准型模式）

（b）ANSI（美国国家标准协会模式）

图13-13　图纸标题栏的两种显示模式

3. 图纸边框的设置

在图 13-8 对话框中，**图纸的边框设置有 3 项，具体如图 13-14 所示，这 3 项分别说明如下。**
"Show Reference Zones" 项是设置是否显示图纸参考边框，即图纸的内边框，选中则显示。
"Show Border" 项是设置是否显示图纸的边框，即图纸的内边框，选中则显示。

"Show Template Graphics" 项是设置是否显示画在样板内的图形、文字或专用字符。通常为了显示自定义的标题区块或公司的标志才选中该项，一般不选。

4. 图纸颜色的设置

在图 13-8 对话框中，**图纸的颜色设置有两项，具体如图 13-15 所示，这两项分别说明如下。**

"Border Color" 项是用来设置图纸边框的颜色。当在该项的颜色条上单击时，如图 13-15 所示，会弹出 "Choose Color（选择颜色）" 对话框，有 239 种颜色供选择，如果其中没有所需的颜色，可点击 "Define Custom Colors" 按钮，会出现自定义颜色对话框，可以自定义颜色。

"Sheet Color" 项是用来设置图纸的颜色。它可以与 "Border Color" 一样进行颜色设置或自定义颜色。

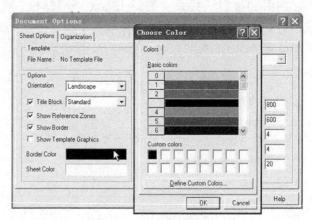

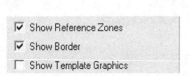

图13-14　设置图纸的边框　　　　　　　　　图13-15　设置图纸的颜色

13.1.4　图纸网格的设置

在图 13-8 所示的对话框中，**图纸网格（即图纸上的网格）设置有多项，具体如图 13-16 所示，这几项分别说明如下。**

"SnapOn" 项是设置光标移动的步长。选中后可在右框内输入步长值，单位是像素，这里设为 5，这样设置的结果是光标在图纸上移动的距离为 5 像素（最短）或 5 的整数倍。

"Visible" 项是设置是否显示网格（正方形）。选中则显示，并可在右框内输入网格边长数值，单位为像素。

"Enable" 项是设置是否自动电气连接。如果选中它，并在 Girds Range 框内输入数值，则在原理图设计连接导线时，会以光标为中心，以 Girds Range 框内输入的值为半径，自动向四周搜索电气结点，当找到最近的结点时，就会自动将光标移到该结点上，并在该结点上显示一个圆点。

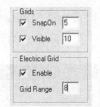

图13-16　设置图纸的网格

13.1.5　图纸文件信息的设置

在图 13-8 所示的对话框中，"Organization"选项卡是用来设置图纸文件信息的，单击该选项卡后，会现出现文件设置信息，如图 13-17 所示。在对话框中有以下选项。

"Organization"项用来填写公司或单位的名称。

"Adress"项用来填写公司或单位的地址和联系信息。

"Sheet"项用来填写电路图的编号。其中"NO"项填写本张电路图编号，"Total"项填写本设计文档的电路图总数量。

"Document"项用来填写文件的其他信息。其中"Title"项填写本张电路图标题，"NO"项填写本张电路图的编号，"Revision"项用来填写电路图的版本号。

图13-17　设置图纸的文件信息

13.1.6　光标与网格形状的设置

1．光标的设置

光标设置可以改变光标显示形式。进入光标设置方法是：在工作窗口的图纸上单击鼠标右键，在弹出的快捷菜单中选择"Preference"命令，也可以执行菜单"Tools"下的"Preference"命令，马上出现"Preferences"对话框，如图 13-18 所示，单击"Graphical Editing"选项卡，出现各种设置信息。

其中"Cursor Type"项用来设置光标的类型，它有 3 种光标类型可供选择，如图 13-19 所示，这 3 种光标分别说明如下。

"Large Cursor 90"：大十字型光标。

"Small Cursor 90"：小十字型光标。

"Small Cursor45"：小 45°十字型光标。

这 3 种类型的光标如图 13-20 所示。

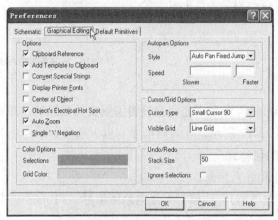

图13-18 "Preferences" 对话框

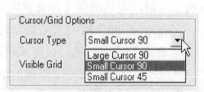

图13-19 3种光标类型选项

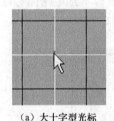

（a）大十字型光标

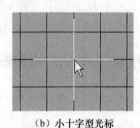

（b）小十字型光标

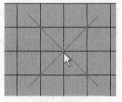

（c）小45°十字型光标

图13-20 3种光标的形状

2. 网格形状和颜色的设置

在图 13-18 中，"Visible" 项用来设置网格的形状，它有两个形状供选择，如图 13-21 所示，它们是："Dot Grid（点状网格）" 和 "Line Grid（线状网格）"。这两种形状的网格如图 13-22 所示。

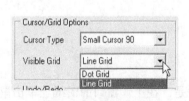

图13-21 两种网格类型选项

（a）点状网格

（b）线状网格

图13-22 两种网格的形状

设置网格线颜色的方法是：在图 13-18 的对话框中的 "Grid Color" 项右边的颜色条上单击，在弹出的对话框中可以选择或自定义网格线的颜色。

13.1.7 系统字体的设置

在设计时，经常要在图纸上插入文字，如果不对这些文字的字体进行单独设置，则文字保持为默认字体，设置系统字体可以改变默认字体。

　　系统字体的设置方法是：选择"Design"菜单下的"Options"命令，会出现"Document Options"对话框，如图 13-23 所示，单击"Change System Font"按钮，弹出设置字体对话框，从中可以设置字体、字形、大小、效果、颜色等。

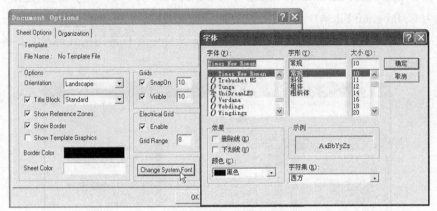

图13-23　设置系统字体

|13.2　电路原理图的设计|

　　电路原理图设计是 Protel 99 SE 一个非常重要的功能，也是设计印制电路板的基础，电路原理图的详细设计流程如图 13-24 所示。

图13-24　电路原理图的详细设计流程

13.2.1 装载元件库

Protel 99 SE 软件本身所带的元件是很少的，大量的各种元件放置在元件库文件中，这些库文件放在 C:\Program Files\Design Explorer 99 SE\Library\Sch 文件夹下（这里是指 Protel99SE 安装目录为 C:\Program Files\），在该文件夹中，Protel DOS Schematic Libraries.ddb 文件中含有早期采用的元件符号，Miscellaneous Devices.ddb 文件中含有常用的元件符号，各种元件库文件如图 13-25 所示。

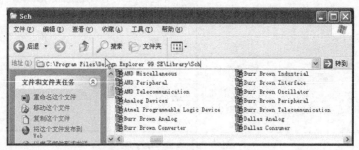

图13-25　软件自带的元件库文件

另外，读者也可以登录易天教学网下载国标元件库文件 gb4728.ddb，里面含有几乎所有的各种最新电子、电工类国标元件符号，下载 gb4728.ddb 文件后将它复制到 C:\Program Files\Design Explorer 99 SE\Library\Sch 文件夹下，就可以像其他元件库一样使用。

1. 装载元件库

装载元件库是指将需要的元件库文件装载到电路原理图编辑器的元件管理器中。装载元件库的方法有 3 种。

方法一：打开原理图文件 YL1.Sch，单击设计管理器上方的"Browse Sch"选项卡，打开元件库管理器，然后单击"Add/Remove"按钮，如图 13-26 所示，会弹出"Change Library File list（改变库文件列表）"对话框，从中选择需要加的元件库文件，再单击"Add"按钮，选中的文件就被加入到下面的列表中，重复这样的操作可以将多个元件库文件加入到下面的列表中，最后单击"OK"按钮，就可以将列表中的所有库文件装载到元件库管理器中。

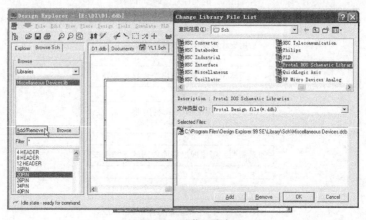

图13-26　装载元件库

方法二：执行"Design"菜单下的"Add/Remove Library"命令，会弹出图 13-26 所示的"Change Library File list（改变库文件列表）"对话框，后续的操作过程同方法一。

方法三：单击主工具栏上的 📖 图标，也会弹出图 13-26 所示的对话框，后续操作过程同方法一。

2. 移除元件库

移除元件库是指将不需要的元件库文件从元件管理器中移出。与装载元件库相同，移除元件库的方法也有 3 种，这里只介绍其中的 1 种。

移除元件库的方法是：单击元件管理器中的"Add/Remove"按钮，会弹出"Change Library File list"对话框，如图 13-27 所示，从下面的列表中选择需要移除的元件库文件，再单击"Remove"按钮，选中的文件就会从列表中消失，再单击"OK"按钮，就可以将选中的库文件从元件管理器中移除。

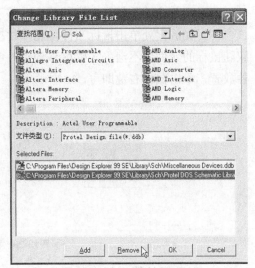

图13-27 移除元件库

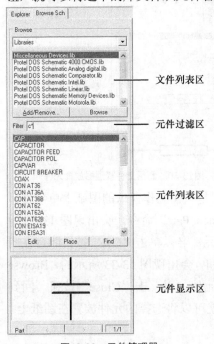

文件列表区

元件过滤区

元件列表区

元件显示区

图13-28 元件管理器

13.2.2 查找元件

在设计电路原理图时，必须先要找到需要的元件。查找元件一般在元件管理器中进行，具体操作过程如下。

（1）在设计管理器的元件库文件列表区选择要查找的元件库文件，如图 13-28 所示。

（2）在元件过滤区内输入查找条件，比如要查找 C 打头的元件名，可在元件过滤区输入"C*"，再按回车键，马上在元件列表区内出现以 C 打头的所有元件。

（3）用鼠标或键盘上的"↓↑"键在元件列表区内选择元件，同时在元件显示区显示出选中元件的符号。

如果不知道元件名，可在元件过滤区输入"*"，再按回车键，在元件列表区会显示出文件列表区内选中的库文件中所有的元件，这时可以用鼠标或键盘上的"↓↑"键在元件列表区内选择需要的元件。

13.2.3 放置元件

放置元件是指将元件放置在原理图设计图纸上。放置元件的方法有下面几种。

1. 利用工具栏放置元件

利用工具栏可以放置一些常用的元件。先执行菜单命令"View → Toolbars → Digital

Objects"，调出"Digital Objects"工具栏。利用工具栏放置元件的步骤如下。

（1）单击工具栏上需放置的元件，如图13-29（a）所示。

（2）被单击的元件马上跟随鼠标，移动鼠标到合适的位置，如图13-29（b）所示。

（3）在放置处单击鼠标左键，元件就被放置在单击处不动，如图13-29（c）所示，此时跟随鼠标的元件并不消失，鼠标移到别处单击又可以放置第二个同样的元件，如果要取消元件放置，单击鼠标右键即可。

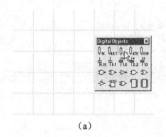 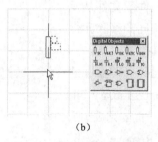 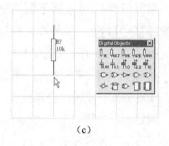

（a）　　　　　　　　　　　（b）　　　　　　　　　　（c）

图13-29　利用工具栏放置元件

2. 利用元件管理器来放置元件

利用设计管理器的元件管理器可以放置元件。首先按前面讲述的方法找到需要放置的元件，然后单击元件列表区下方的"Place"按钮，如图13-30所示，鼠标自动跳到图纸上，并且跟随着需放置的元件，移动鼠标，该元件也会随之移动，在图纸某处单击鼠标左键就可以将元件放置下来。

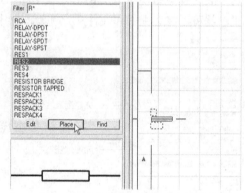

图13-30　利用元件管理器放置元件

3. 利用右键快捷菜单命令放置元件

利用右键快捷菜单命令可以放置元件，具体操作过程是：在工作窗口的图纸上单击鼠标右键，弹出快捷菜单，如图13-31所示，选择其中的"Place Part"命令，会出现图13-32所示的"Place Part"对话框，可以在Lib Rel项中直接输入元件名，单击"OK"按钮即可在图纸上放置元件，如果不知道元件名，可单击"Browse"按钮，会出现图13-33所示的"Browse Libraries（浏览元件库）"对话框，从中选择需要放置的元件，再单击"Close"按钮，回到图13-32所示的"Place Part"对话框，单击"OK"按钮就可以将选择的元件放置在图纸上。

 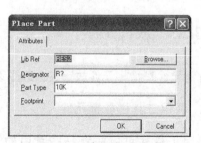

图13-31　在右键菜单中选择放置元件命令　　　　图13-32　放置元件对话框

4. 利用菜单命令放置元件

利用菜单命令也可以放置元件，放置时执行菜单命令"Place→Part"，如图 13-34 所示，马上出现图 13-32 所示的"Place Part"对话框，后续的操作同上。

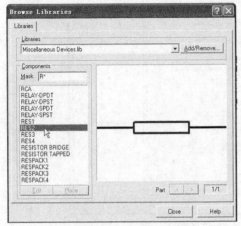

图13-33　浏览元件库对话框

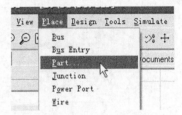

图13-34　放置元件的菜单命令

菜单命令"Place→Part"的执行除了可以用鼠标点击的方式操作外，还可以用快捷键操作，方法是连续敲击两次键盘上的"P"键，也会出现图 13-34 所示的"Place Part"对话框，敲击第一次"P"键相当于打开"Place"菜单，第二次敲击"P"键时相当于执行菜单下的"Part"命令。图 13-34 所示的"Place"菜单和"Part"命令中的"P"都加了下划线就是表示该含义，比如先后敲击"P"、"B"键，其效果与用鼠标先点"Place"菜单，再点击该菜单下面的"Bus"命令是相同的。掌握快捷键操作有利于加快绘制电路的速度，从而提高工作效率。

5. 复式元件的放置

有一些集成电路内部有很多相同的单元电路，例如运算放大器集成电路 MC4558，它有 8 个引脚，内部有两个相同的运算放大器，这两个运算放大器的引脚不同，如图 13-35 所示，其中 1、2、3 脚、4 脚（接地）、8 脚（电源）为第一个运算放大器，5、6、7 脚为第二个运算放大器，而元件库中的 MC4558 只是一个运算放大器，如果采用普通放置元件的方法，只能是在图纸放置两个引脚和标号都相同的运算放大器。对于这种情况可采用复式方式放置元件。

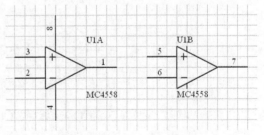

图13-35　复式元件（MC4558）

复式元件放置的操作过程如下。

① 在元件库管理器中找到 MC4558 元件，选中后再单击列表下方的"Place"按钮，鼠标马上变成十字状光标，要放置的元件处于悬浮状，并且跟随着光标，这时按下键盘上的"Tab"键，马上弹出元件属性设置对话框，如图 13-36 所示，将其中的"Designator（元件标号）"设为 U1，因为现在放置的是第一个运算放大器，故将"Part"项设为 1，再单击"OK"按钮，设置完毕，将光标移到图纸合适的位置，单击鼠标左键，MC4558 的第一个运算放大器就放置完毕，该运算放大器的标号自动为 U1A。

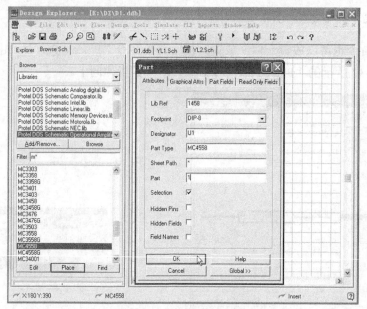

图13-36　设置复式元件属性

② 再将光标移到图纸另一处，单击鼠标左键，就放置了 MC4558 的第二个运算放大器，该运算放大器引脚自动变化，而标号也变为 U1B，如果连续放置，运算放大器的标号会自动增加，引脚也会作相应的变化，如图 13-37 所示。

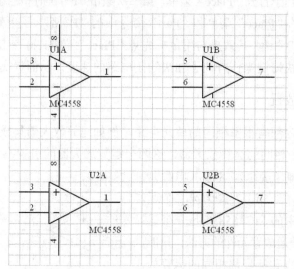

图13-37　连续放置的复式元件标号会自动变化

13.2.4　元件的编辑

1. 元件位置的调整

（1）元件的选取

要对元件进行各种操作，首先就是要选中它。选取元件的方法很多，常用的方法有以下几种。

① 直接选取元件

直接选取元件就是在图纸上按下鼠标左键不放拉出一个矩形选框，将选取对象包含在内部，如图 13-38 所示，再松开鼠标，选框内的对象就处于选中状态，此时被选中的元件周围的标注被隐藏起来，无法看见。

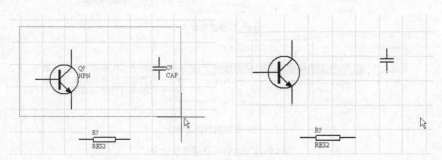

图13-38 直接选取元件

② 利用主工具栏的选取工具来选取元件

在主工具栏中有两个与元件选取有关的工具：区域选取工具和取消选取工具，如图 13-39 所示。

图13-39 两个与选取有关的工具

利用区域选取工具选取元件的过程是：单击主工具栏中的区域选取工具图标，鼠标马上变为十字状，然后在图纸上合适的位置（即矩形框的起点）处单击鼠标左键，此时不用按下鼠标左键就可以拉出一个矩形框，如图 13-40 所示，再在合适的位置（即矩形框的终点）处单击鼠标左键，矩形框内的元件处于选中状态。

取消选取工具的作用是取消图纸上所有元件的选取状态。当单击主工具栏上的取消选取工具后，图纸上所有被选取的元件选取状态被取消，这些元件周围被隐藏的标注又会显示出来。

③ 利用菜单命令选取元件

利用 "Edit" 菜单下几个与选取有关的命令也可以对元件进行选取，这些命令如图 13-41 所示，

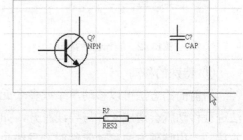

图13-40 用区域选取工具选取元件

例如执行 "Net" 命令，鼠标变成十字状光标，将光标移到某网络标号或导线上单击左键，则与属于该网络的所有网络标号和导线都会被选中；如执行 "Connection" 命令后，将光标在某导线上单击，与导线相连的所有导线均会被选中。

（2）元件的移动

① 单个元件的移动

单个元件的移动方法有以下几种。

方法一：将鼠标移到元件上，再按下左键不放，鼠标变成十字状，同时在元件周围出现虚线框，表示元件已被选中，如图 13-42 所示，仍保持按下鼠标左键不放，移动鼠标就可以

移动元件，移到合适的位置松开左键即可。

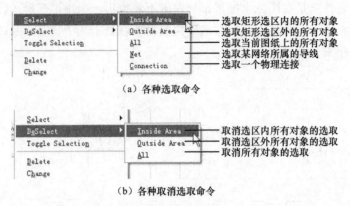

（a）各种选取命令

（b）各种取消选取命令

图13-41　选取与取消选取命令

方法二：用鼠标在图纸上拉出一个矩形选框，将需移动的元件选中，然后将鼠标移到选中的元件上，按下左键不放就可以移动元件，移到合适的位置松开左键即可。

② 多个元件的移动

多个元件的移动与单个元件的移动基本相同，其过程是：用鼠标在图纸上拉出一个矩形选框，将需移动的多个元件选中，然后将鼠标移到其中一个元件上，按下左键不放移动该元件，其它的元件也跟着移动，如图 13-43 所示。

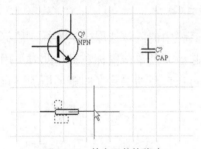

图13-42　单个元件的移动

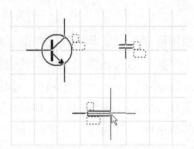

图13-43　多个元件的移动

③ 特殊的移动

用前面的方法可以移动单个或多个元件，但如果元件已经连接上了导线，再用前面的方法进行移动就会造成元件与导线脱开，如图 13-44 所示，为了解决这个问题，可以采用特殊的移动，**用特殊方法移动元件时，导线也会随着元件移动**，如图 13-45 所示。

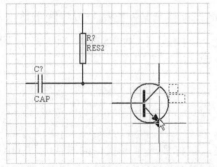

图13-44　普通的移动（移动元件时导线不会移动）

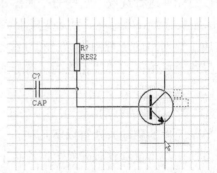

图13-45　特殊的移动（移动元件时导线随之移动）

要进行这种特殊的移动可采用以下几种方法。

方法一：执行菜单命令"Edit→Move→Drag"，如图 13-46 所示，鼠标变成十字状光标，将光标移到要移动的元件上，再单击鼠标左键，元件周围出现虚线框，此时移动光标（不需按左键），元件及与它相连的导线也随之移动，移到合适的位置单击鼠标左键，元件就不再移动，单击鼠标右键取消移动操作。

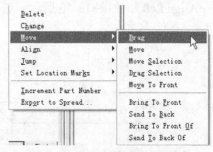

图13-46　执行特殊移动的菜单命令

方法二：按下"Ctrl"键不放，将鼠标移到要移动的元件上，单击鼠标左键，元件周围出现虚线框，此时再松开"Ctrl"键并移动光标，元件及与它相连的导线也随之移动，移到合适的位置再单击鼠标左键，元件与导线就不再移动。

（3）元件的旋转

如果想改变图纸上元件放置的方向，就要对元件进行旋转操作。**常用的元件旋转操作方法如下。**

方法一：将鼠标移到需要旋转的元件上，再按下左键不放，鼠标旁马上出现一个十字形，十字形中心出现一个焦点并自动移到元件的一个引脚上，同时在元件周围有小虚线框出现，如图 13-47（a）所示，这时按空格键，元件会以十字形中心为轴旋转 90º，如图 13-47（b）所示，每按一次空格键，元件就会在前面的基础上旋转 90º。

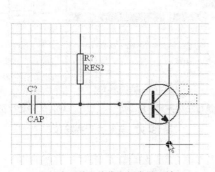
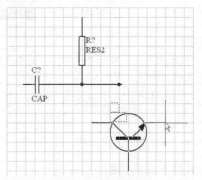

（a）在元件上按住鼠标左键不放　　　　　　　　（b）按空格键旋转元件

图13-47　通过鼠标左键和空格键来旋转元件

方法二：用鼠标拉出一个矩形框，将需要旋转的元件选中，然后在元件上双击鼠标右键，弹出快捷菜单，如图 13-48（a）所示，选择"Properties"命令，马上出现 Part 对话框，如图 13-48（b）所示，选择"Graphical"选项卡，然后在"Orientation"项中选择"90 Degrees"，再单击"OK"按钮，被选中的元件就以元件中心为轴旋转 90º。

（4）元件的排列

为了让绘制出来的电路图的元件排列整齐美观，掌握元件排列规律是必要的。**元件的对齐方式有：左对齐、右对齐、按水平中心线对齐、水平平铺对齐、顶部对齐、底部对齐、按垂直中心线对齐和垂直均分对齐。**

① 元件的左对齐排列

图 13-49 所示的元件是没有进行对齐排列的，如果要对它们进行左对齐排列，可这样操作：首先用鼠标拉出矩形选框，将需要对齐排列的元件选中，再执行菜单命令"Edit→Align

→Align Left"，如图 13-50 所示，选中的元件就进行了左对齐排列。

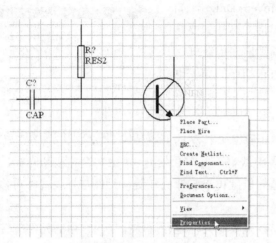

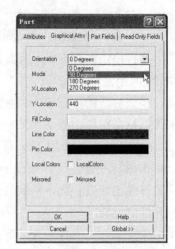

（a）选择"Properties"命令　　　　　　　（b）在对话框中设置旋转角度

图13-48　通过设置属性来旋转元件

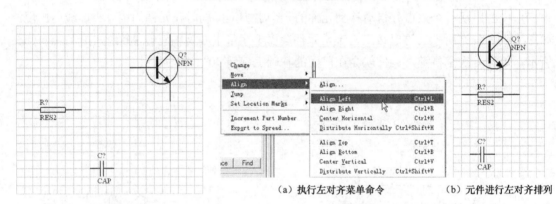

（a）执行左对齐菜单命令　　　　（b）元件进行左对齐排列

图13-49　未对齐的排列的元件　　　　图13-50　元件左对齐操作

② 其他方式的排列

如果要对元件进行右对齐、按水平中心线对齐、水平平铺对齐、顶部对齐、底部对齐、按垂直中心线对齐和垂直均分对齐排列，可先选中需排列的元件，再执行菜单命令"Edit→Align"下的相应命令即可，进行各种方式排列的元件如图 13-51 所示。

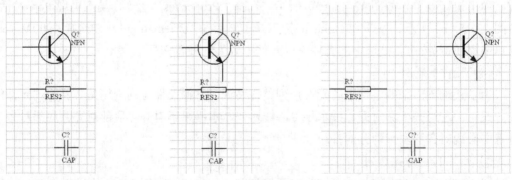

（a）右对齐（Align Right）　（b）水平中心线对齐（Center Horizontal）　（c）水平平铺对齐（Distribute Horizontally）

图13-51　元件的各种排列方式

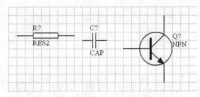

（d）顶部对齐（Align Top）

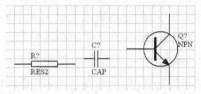

（e）底部对齐（Align Bottom）

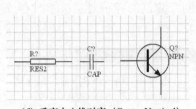

（f）重直中心线对齐（Center Vertical）

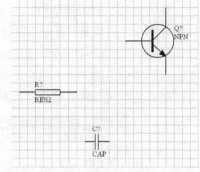

（g）垂直均分对齐（Distribute Vertically）

图13-51　元件的各种排列方式（续）

③ 综合方式排列

前面的操作一次只能进行一次操作，**如果要同时进行水平和垂直对齐排列，可使用** "Align" **命令。**

综合方式排列操作过程是：首先用鼠标拉出矩形选框，将需要对齐排列的元件选中，再执行菜单命令"Edit→Align→Align"，马上弹出"Align objects"对话框，如图 13-52 所示，"Horizontal Alignment"区域为水平排列项，它下面有四个选项；"Vertical Alignment"区域为垂直排列项，它也有四个选项。在对话框中将水平和垂直排列都选择为"Distribute equally（平均分布）"，再单击"OK"按钮，被选中的各个元件在水平和垂直方向以平均分布的方式在图纸上排列出来，即排列后的各元件水平间隔和垂直间隔都相同。

2. 元件的删除、复制、剪切与粘贴

（1）元件的删除

如果想删除图纸上的元件，可进行元件删除操作。**元件删除常用的方法如下。**

方法一：用鼠标在要删除的元件上单击，让元件周围出现虚线框，此元件被选中，如图 13-53 所示，再按下键盘上的"Delete"键，选中的元件就会删除。

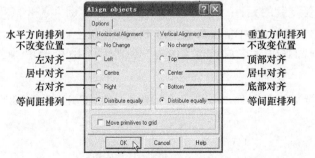

图13-52　综合方式排列设置

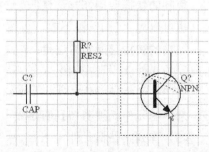

图13-53　选中元件后按"Delete"键删除元件

　　方法二：用鼠标在图纸上拉出一个矩形选框，将要删除的元件选中，然后执行菜单命令"Edit→Clear"，选中的元件就会被删除，也可以同时按下键盘上的"Ctrl"键和"Delete"键（Ctrl+Delete），选中的元件同样能被删除。

　　方法三：执行菜单命令"Edit→Delete"，鼠标变成十字形状，将鼠标移到要删除的元件上，单击左键，元件即可被删除，这种方法删除元件、导线、结点等对象非常方便。

　　（2）元件的复制、剪切与贴粘

　　元件的复制操作过程是：首先用鼠标在图纸上拉出一个矩形选框，将要复制的元件选中，然后执行菜单命令"Edit→Copy"，如图13-54所示，选中的元件就会被复制到剪贴板。剪贴板是在电脑内存中分出的一个存储空间，它是看不见的，复制的各种对象被临时存放在该空间中，可以通过贴粘操作将剪贴板中的对象取出来。

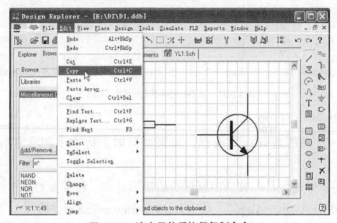

图13-54　选中元件后执行复制命令

　　元件的贴粘操作过程是：在进行复制操作后，再执行菜单命令"Edit→Paste"，鼠标旁马上出现刚复制的元件，并且跟随鼠标移动，将鼠标移到合适的位置单击左键，元件就被放置下来。如果不断执行贴粘操作，就可以在图纸上放置很多相同的元件。

　　与复制类似的还有一个剪切操作，**元件的剪切操作过程是：**首先用鼠标在图纸上拉出一个矩形选框，将要剪切的元件选中，然后执行菜单命令"Edit→Cut"，选中的元件就会被剪切到剪贴板，当鼠标在图纸单击时该元件消失（复制操作时元件不会消失，这就是两者的区别）。进行剪切操作后，再进行贴粘操作就可以在图纸上放置刚剪切的元件。

　　通过执行菜单命令的方式进行复制、剪切和贴粘操作速度比较慢，为了提高效率，可使用快捷键操作。

　　复制的快捷键操作方法是：先选中要复制的元件，再同时按下键盘上的"Ctrl"键和"C"键（也可以先"Ctrl"键不放，再按"C"键），选中的元件就被复制到剪贴板上。

　　贴粘的快捷键操作方法是：在进行复制操作后，同时按下键盘上的"Ctrl"键和"V"键，被复制的元件就出现在图纸上。

　　剪切的快捷键操作方法是：先选中要剪切的元件，再同时按下键盘上的"Ctrl"键和"X"键，选中的元件就被剪切到剪贴板上。

　　（3）阵列式贴粘元件

　　阵列式贴粘是一种特殊的贴粘方式，它可以一次性贴粘多个相同的元件。

阵列式贴粘元件的操作方法是：首先用鼠标在图纸上拉出一个矩形选框，将要复制的元件选中，如复制图 13-56（a）中的电阻 R1，在选中 R1 后执行菜单命令"Edit→Copy"，再执行菜单命令"Edit→Paste Array"，马上弹出一个对话框，如图 13-55 所示，在对话框中进行各项设置后单击"OK"按钮，元件就按设置的方式贴粘到图纸上，如图 13-56（b）所示，同时贴粘了三个元件，元件标注自动增加。

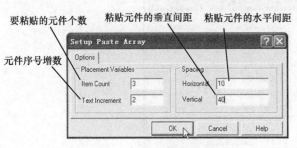

图13-55　阵列式粘贴设置

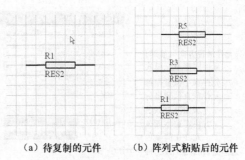

（a）待复制的元件　　（b）阵列式粘贴后的元件

图13-56　阵列式粘贴元件

3. 元件及标注属性的设置

（1）元件属性的设置

前面讲的主要是对元件的一些操作方法，而元件本身也有一些属性需要设置。**进入元件属性设置的方法有以下几种。**

方法一：在放置元件时，按下键盘上的"Tab"键，就会弹出元件属性设置对话框，如图 13-57 所示。

方法二：如果元件已经放置在图纸上，可在元件上双击，也会弹出图 13-57 所示的对话框。

方法三：在元件上双击鼠标右键，弹出快捷菜单，选择其中的"Properties"命令，会弹出图 13-57 所示的对话框。

方法四：执行菜单命令"Edit→Change"，鼠标旁出现十字状的光标，将光标移到元件上，再单击左键，同样会弹出图 13-57 所示的对话框。

在图 13-57 所示的对话框中可以对元件的各种属性进行设置，如果想进行更详细的设置，可单击"Global"按钮，出现更详细的设置对话框，如图 13-58 所示。

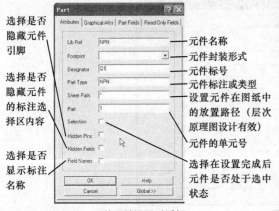

图13-57　元件属性设置对话框

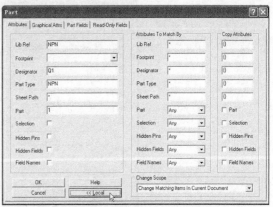

图13-58　元件属性设置详细设置对话框（Attributes选项卡的内容）

在元件属性设置对话框上部有 4 个选项卡：Attriutes、Graphical Attrs、Part Fields 和 Read-Only Fields。选择不同的选项卡时，对话框中的设置内容就会发生变化，4 个选项卡的设置内容分别如图 13-59、图 13-60、图 13-61 所示。在这 4 个选项卡中，Attriutes 选项卡的内容设置较为常用，其他选项卡一般较少设置。在修改设置元件属性时，有 3 种修改作用范围供选择，如图 13-59 所示，单击对话框右下角的下拉按钮能展开 3 个选项，可根据需要进行选择其中的 1 项。

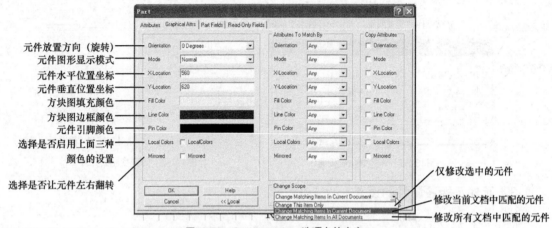

图13-59　Graphical Attrs选项卡的内容

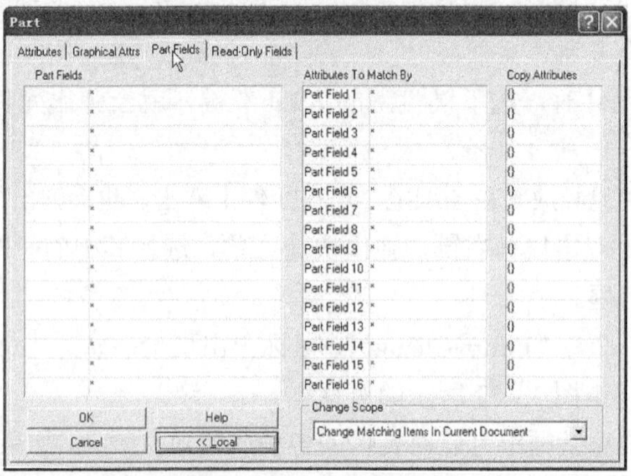

图13-60　Part Fields选项卡的内容

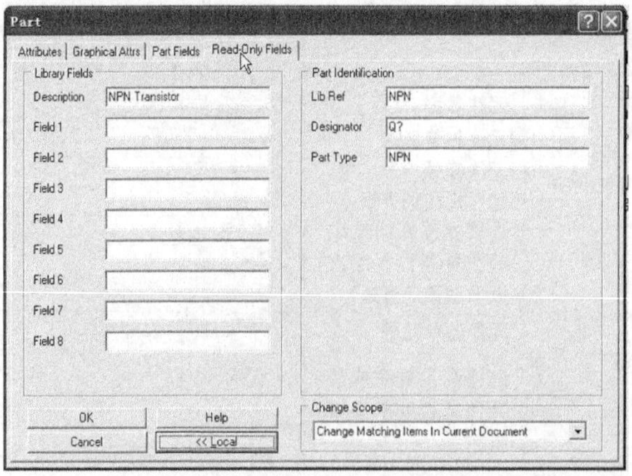

图13-61　Read-Only Fields选项卡的内容

（2）元件标注属性的设置

在元件旁边往往有一些标注，也可以对这些标注进行单独的设置。

标注的设置方法是：在元件标注上双击左键，如在三极管的"NPN"标注上双击，会出现图 13-62 所示的标注设置对话框，在对话框中可以对标注进行各种设置。

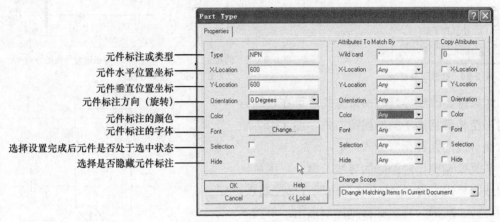

元件标注或类型
元件水平位置坐标
元件垂直位置坐标
元件标注方向（旋转）
元件标注的颜色
元件标注的字体
选择设置完成后元件是否处于选中状态
选择是否隐藏元件标注

图13-62　元件标注属性设置

13.2.5　绘制导线和结点

图纸上的元件调整和编辑完成后，接下来就是用导线将各个元件连接起来，如果两根导线十字交叉并且相通，还需要在交叉处放置结点来表示两者相通。**在 Protel 99 SE 中，连接元件的导线和结点都具有电气性能，不能用普通画图工具栏中直线和圆点代替。**

1. 导线的绘制

在图 13-63 中，各个元件之间没有导线连接，现在要在元件之间绘制导线，将元件连接起来。**绘制导线的方法有多种，一种是利用布线工具中的导线绘制工具来绘制，另一种是执行菜单命令来绘制。**

（1）利用布线工具栏中的导线工具来绘制导线

利用导线工具来绘制导线的具体操作过程如下。

① 执行菜单命令"View→Toolbars→Wiring Tools"，将图 13-64 所示的布线工具栏调出来。

② 单击布线工具栏中的 ≋ 图标，鼠标旁出现一个十字状的光标。

③ 将鼠标移到要连接导线的起点处，此时光标中心出现一个黑圆点，如图 13-65（a）所示，单击鼠标左键，导线起点被固定下来，再将鼠标移到下一个连

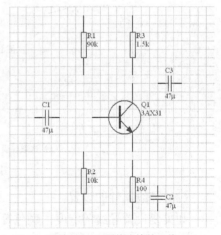

图13-63　元导线连接的元件

接处，光标中心又会出现一个黑圆点，单击鼠标左键，导线在该处又被固定下来，如图 13-65（b）所示，此时再移动鼠标可以继续绘制导线。如果需要重新绘制另一条导线，可单击鼠标

右键或按"Esc"键，再将鼠标移到新的起点，以后的绘制过程相同。

④ 要结束绘制导线，只要双击鼠标右键即可。

图 13-63 中的各个元件之间连接导线后结果如图 13-66 所示。

图13-64　布线工具栏

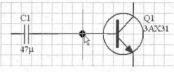

（a）单击确定导线的起点　　　　（b）单击确定导线的终点

图13-65　绘制导线

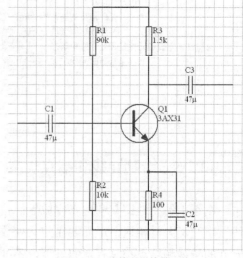

图13-66　连接了导线的元件

如果需要改变导线的拐弯方式，可在绘制导线时按空格键切换不同的拐弯方式，图 13-67 所示就是导线的几种拐弯方式。

如果要调整已经画好的导线长度，可用鼠标在导线上单击左键，导线上就会出现方形控制点，如图 13-68 所示，将鼠标移到控制点上，再按下左键不放移动鼠标（即拖动）就可以调整导线的长度或方向。另外，在导线出现控制点时，按键盘上的"Delete"键可以将导线删除。

（2）利用菜单命令绘制导线

利用菜单命令绘制导线与用导线工具来绘制导线的操作过程大部分是相同的，不同在于用菜单命令绘制导线时要先执行菜单命令"Place→Wire"，以后的操作过程与用导线工具绘制导线完全相同。

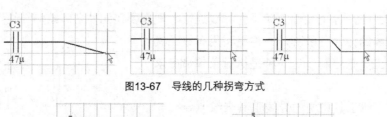

图13-67　导线的几种拐弯方式

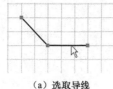 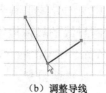

（a）选取导线　　　　　　　　（b）调整导线

图13-68　导线的选取与调整

（3）导线属性的设置

如果要设置导线的宽度、颜色等，可进行导线属性设置。

进入导线属性设置的方法有两种：一种方法是在绘制导线时，按键盘上的"Tab"键，会弹出图 13-69 所示的导线属性设置对话框；另一种方法是在需要设置的导线上双击鼠标左键，也会出现图 13-69 所示的对话框。

图13-69 导线属性设置对话框 　　　　 图13-70 4种导线宽度选项

在图 13-69 对话框中，"Wire Width"项用来设置导线的宽度，它有最细、细、中和粗 4 种选择项（如图 13-70 所示）；"Color"项用来设置导线的颜色，在右边的颜色条上单击会出现颜色设置对话，可以设置导线的颜色；"Selection"项用来选择设置完导线属性后，该导线是否处于被选中状态，选中此项，导线就会处于选中状态。设置完成后，单击"OK"按钮，设置就会生效，如果想进行更详细的设置，可单击"Glocal"按钮，会出现更详细的属性设置对话框。

2. 结点的放置

在图 13-66 中，各个元件用导线连接起来，但无法看出导线十字交叉处是否相通的，**为了表示在交叉处导线相通，可在该处放置结点。**

（1）结点的放置

放置结点的操作过程如下。

① 单击布线工具栏中的 ✝，也可以执行菜单命令"Place→Junction"，鼠标旁出现十字状的光标，光标中心有一个结点。

② 将光标结点移到导线交叉处，如图 13-71 所示，再单击鼠标左键，结点就被放置下来，结点完置完成后，光标仍处于结点放置状态，可以继续放置结点，单击鼠标右键退出结点放置状态。

（2）结点属性的设置

进入结点属性设置的方法有两种。

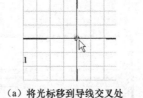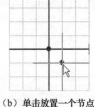

（a）将光标移到导线交叉处 　　（b）单击放置一个节点

图13-71 在导线交叉处放置节点

方法一：如果结点已经放置，可在结点上单击鼠标左键，出现一个多项选单，如图 13-72 （a）所示，选择其中的"Junction"项（如果选择另外两个选项则会分别选中横、竖导线），结点被选中，周围出现虚线框，如图 13-72（b）所示，同时鼠标自动移到结点上，在结点上双击鼠标左键，会弹出图 13-73 所示的结点属性设置对话框。

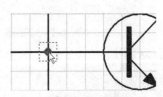

（a）选择选取节点 　　　　 （b）节点处于选中状态

图13-72 选取节点

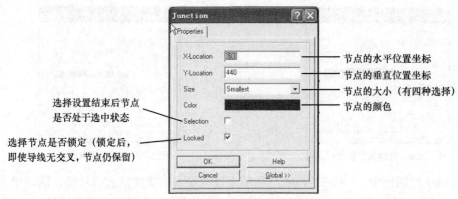

节点的水平位置坐标

节点的垂直位置坐标

节点的大小（有四种选择）

节点的颜色

选择设置结束后节点
是否处于选中状态

选择节点是否锁定（锁定后，
即使导线无交叉，节点仍保留）

图13-73   节点属性设置对话框

方法二：如果结点还没有放置，那么在放置结点时，按键盘上的"Tab"键，就会出现图13-73所示的对话框。

在结点属性设置对话框中，可以设置结点在图纸上的坐标位置、大小、颜色等内容，如果想进行更详细的设置，可单击"Global"按钮，就会出现更详细的设置对话框。

3．总线的绘制

在绘制一些数字电路系统时，经常需要在两个IC（集成电路）之间连接大量的导线，这样绘制电路很不方便，采用总线的形式绘制导线可以解决这个问题。

图13-74就是采用总线形式绘制出来的电路图，在图中粗线称为总线，总线上许多小分支称为总线分支线，分支线旁边的标注（A0、A1…）称为网络标号。利用总线绘制电路非常方便，又能清楚表示出各电路之间的连接关系，如图中U3的10脚标有网络标号A0，而U4的10脚也标有网络标号A0，这表示U3的10脚和U4的10脚是相连的。

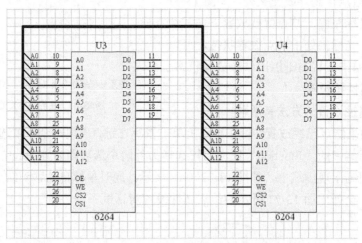

图13-74   采用总线形式绘制出来的电路原理图

（1）总线的绘制

① 绘制总线

绘制总线可以单击布线工具栏中的 ┡ 图标，或者执行菜单命令"Place→Bus"，鼠标旁边出现十字形状的光标，将光标移到画总线的起点处，如图13-75所示，单击鼠标左键就固定了总线的起点，然后就用与画导线相同的方法画出总线。

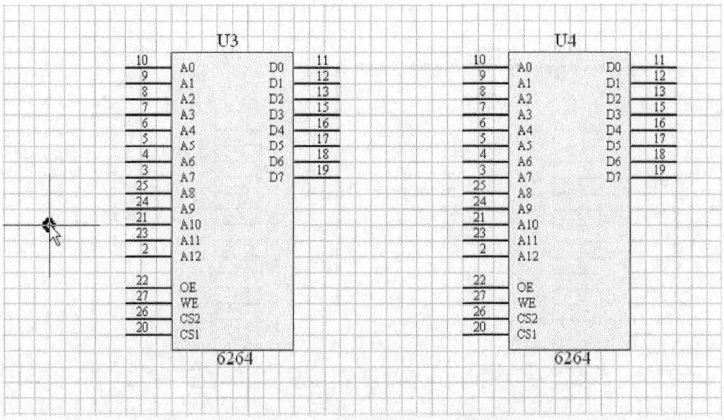

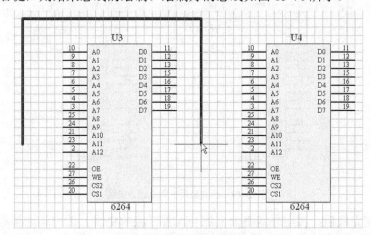

图13-75 单击确定总线的起点

画总线时经常要拐弯，在拐弯处单击鼠标左键就能固定总线的拐弯点，按空格键可转换拐弯样式，要结束本条总线的绘制可单击鼠标右键或按"Esc"键，然后就可以画另一条总线，如果双击鼠标右键，则结束总线的绘制。绘制好的总线如图 13-76 所示。

图13-76 单击确定总线的终点

② 总线属性的设置

进入总线属性设置有两种方法：一种是在绘制总线时，按下"Tab"键，就会弹出图 13-77所示的总线属性对话框；另一种方法是已经画好的总线上双击左键，也会弹出图 13-77 所示的对话框。在图 13-77 所示的对话框中可以设置总线的粗细、颜色等内容。

（2）总线分支线的绘制

① 绘制总线分支线

绘制总线分支线可以单击布线工具栏中的

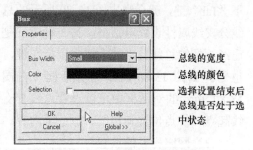

图13-77 总线属性设置对话框

图标，或者执行菜单命令"Place→Bus Entry"，鼠标旁边出现带分支线的十字形光标，将光标移到画分支线的位置，如图 13-78 所示，按空格键可以让分支线在四个方向上变化，在放置分支线处单击鼠标左键，分支线就固定在总线上，然后就用相同的方法画出其它的分支线，如图 13-79 所示，双击鼠标右键结束分支线的绘制。

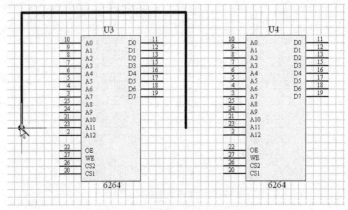

图13-78　绘制第一条总线分支线

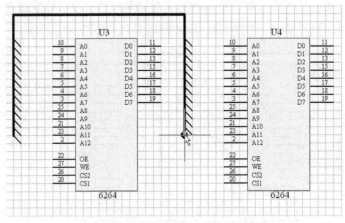

图13-79　绘制最后一条总线分支线

分支线绘制完成后，再用导线将分支线与元件（集成电路）的引脚连接起来。

② 总线分支线属性的设置

进入总线分支线属性设置有两种方法： 一种方法是在绘制总线分支线时，按下 "Tab" 键，就会弹出图 13-80 所示的总线分支线属性设置对话框；另一种方法是已经画好的总线分支线上双击鼠标左键，也会弹出图 13-80 所示的对话框。在图 13-80 所示的对话框中可以设置总线分支线起点、终点位置和粗细、颜色等内容。

（3）网络标号的放置

网络标号的作用是标识电路的连接关

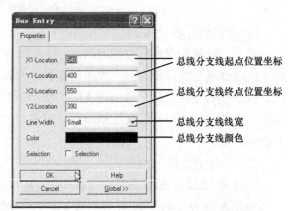

图13-80　总线分支线属性设置对话框

系，相同网络标号的导线是相连的。在前面图 13-74 所示的电路中，与 U3 的 8 脚相连导线的网络标号为 A2，与 U4 的 8 脚相连导线的网络标号也为 A2，这表示两根导线实际上是连通的。

① 放置网络标号

放置网络标号的操作过程如下。

第一步：单击布线工具栏中的 Net，也可以执行菜单命令 "Place→Net Label"，鼠标旁边出现带网络标号的十字状光标。

第二步：将光标移到需要放置网络标号处，如图 13-81 所示，单击鼠标左键，网络标号就被放置下来，此时光标仍处于网络标号放置状态，可以继续放置网络标号，单击鼠标右键退出放置状态。

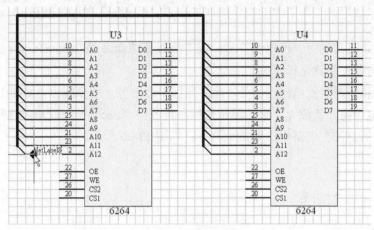

图13-81 放置网络标号

② 网络标号属性的设置

进入网络标号属性设置有两种方法：一种方法是在放置网络标号时，按下 "Tab" 键，会弹出图 13-82 所示的网络标号属性设置对话框；另一种方法是已经放置的网络标号上双击鼠标左键，也会弹出图 13-82 所示的对话框。在图 13-82 所示的对话框中可以设置网络标号名称、位置和颜色、字体等内容，设置完成后单击 "OK" 按钮即可，设置结果如图 13-83 所示。

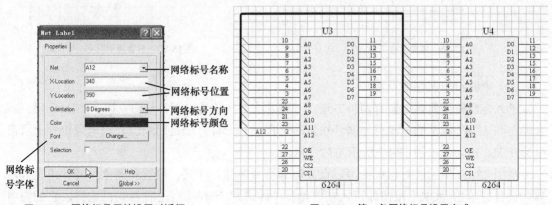

图13-82 网络标号属性设置对话框   图13-83 第一条网络标号设置完成

13.2.6　电源符号的放置

只有元件和导线的电路是无法工作的，必须要给电路加上电源。**电源符号一般包括电源符号和接地符号，两者主要是通过符号旁标注的名称来区分。**

（1）放置电源符号

放置电源符号的操作过程如下。

① 执行菜单命令"View→Toolbars→Power Objects"，将图 13-84 所示的电源工具栏调出来，如果该工具栏已在工作窗口中，该过程可省略。

图13-84　电源与接地工具栏

② 单击电源工具栏中一种电源符号，或者执行菜单命令"Place→Power Port"，鼠标旁出现带电源符号的十字状光标。

③ 将光标移到需放置电源符号处，此时光标中心出现一个黑圆点，如图 13-85 所示，单击鼠标左键，电源符号就放置下来，单击鼠标右键或按"Esc"键，取消电源符号的放置。

④ 用同样的方法在电路中放置接地符号，如图 13-86 所示。

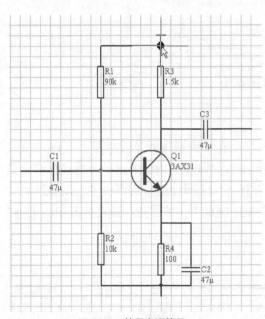

图13-85　放置电源符号

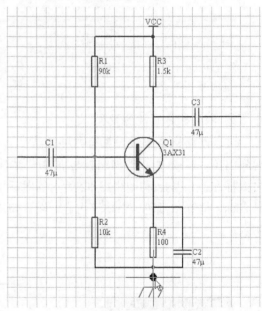

图13-86　放置接地符号

（2）电源符号属性的设置

进入电源符号属性设置有两种方法：一种方法是在放置电源符号时，按下"Tab"键，就会弹出图 13-87 所示的电源符号属性设置对话框；另一种方法是已经放置的电源符号上双击鼠标左键，也会弹出图 13-87 所示的对话框。

在图 13-87 所示的对话框中可以设置电源符号名称、样式、位置和颜色、旋转角度等内容，设置好单击"OK"按钮即可，在"style（样式）"一栏中有七种样式供选择，它们与电源工具栏七种样式相对应，如图 13-88 所示。

图13-87　电源符号属性设置对话框

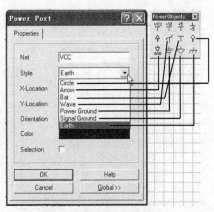

图13-88　七种样式的电源符号

13.2.7　输入输出端口的放置

在设计电路时，一个电路与另一个电路的连接，既可以用导线直接连接，也可以以总线的形式连接，还可以用输入输出端口的形式表示连接。在图 13-89 中，3 种连接形式的电气效果是相同的。

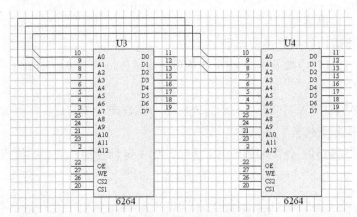

（a）导线形式的连接

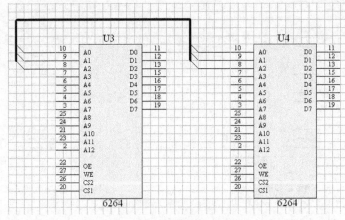

（b）总线形式的连接

图13-89　3种形式的电路连接

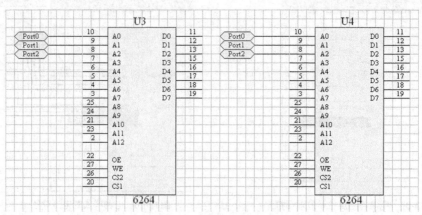

（c）输入输出端口形式的连接

图13-89   3种形式的电路连接（续）

在电路设计时，灵活使用这3种连接方式，可以使设计出来的电路图整齐美观。一般地，当电路之间的连接点少并且在一张图纸上时，采用导线直接连接；当电路之间的连接点很多并且在一张图纸上时，采用总线连接；当要连接的电路分别处于不同的图纸上时，采用输入输出端口更方便。

（1）放置输入输出端口

放置输入输出端口的操作过程如下。

① 单击布线工具栏中 图标，或执行菜单命令"Place→Power Port"，鼠标旁出现带输入输出端口的十字状光标

② 将光标移到要放置端口位置，此时光标中心出现一个黑圆点，如图13-90所示，单击鼠标左键，端口的起点就放置下来。

③ 再将光标移到另一处，如图13-91所示，单击鼠标左键，端口的终点就被确定下来，单击鼠标右键或按"Esc"键，可取消端口的放置。

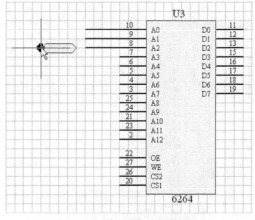

图13-90   单击确定端口的起点

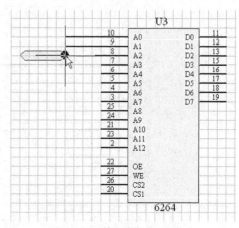

图13-91   单击确定端口的终点

（2）输入输出端口属性的设置

进入输入输出端口属性设置有两种方法：一种方法是在放置输入输出端口时，按下"Tab"

键，就会弹出图 13-92 所示的输入输出端口属性设置对话框；另一种方法是在已经放置的输入输出端口上双击鼠标左键，也会弹出图 13-92 所示的对话框。

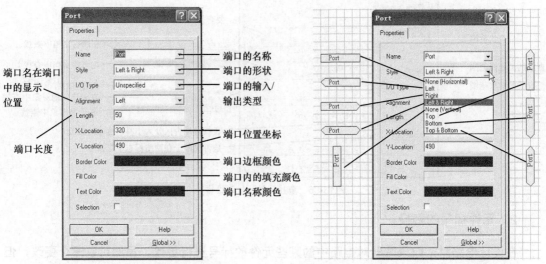

图13-92　输入输出端口属性设置对话框　　　　图13-93　八种样式的端口

在图 13-92 所示的对话框中，"Name"项中可以输入端口的名称；"style（样式）"项中可以选择端口的样式，共有八种样式供选择，各种样式如图 13-93 所示；在"I/O Type（输入/输出类型）"项中有四种类型供选择，如图 13-94 所示；在"Alignment（端口名在端口中显示位置）"项中有三种位置，如图 13-95 所示。另外在对话框中还可以设置端口长度、端口位置和颜色等内容，设置好单击"OK"按钮即可。

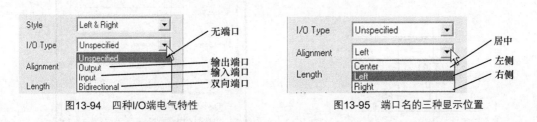

图13-94　四种I/O端电气特性　　　　　图13-95　端口名的三种显示位置

13.2.8　元件标号的查找、替换与重排

1. 元件标号的查找

在设计电路时，如果电路中的元件数量少，查找某一标号的元件比较容易，如果设计的电路中元件数量很多，查找元件就很困难，这时可采用元件编号查找功能来查找元件。

查找元件标号的操作过程如下。

① 执行菜单命令"Edit→Find Text"，马上弹出查找元件标号对话框，如图 13-96 所示。

② 在"Text to find"项中输入要查找的元件，比如输入查找元件为 C2，然后对其他的项进行设置，再单击"OK"按钮，要查找的元件的电容 C2 马上出现在屏幕中央，并且周围

有虚线框，如图 13-97 所示。

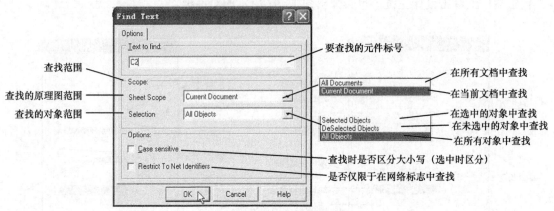

图13-96　查找元件标号对话框

2. 元件标号的替换

在设计电路时，如果需要对电路中的某些元件的标号进行更改，虽然可以逐个更改，但比较麻烦，这时可采用元件标号更换的方法来更改大量元件的标号。

元件标号替换的操作过程如下。

① 执行菜单命令"Edit→Replace Find Text"，马上弹出查找和替换元件标号对话框，如图 13-98 所示。

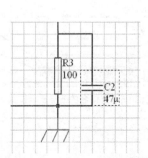

图13-97　查找到的元件周围出现虚线框

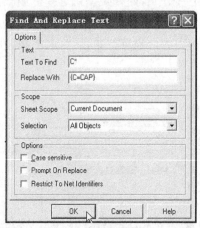

图13-98　查找和替换元件标号对话框

② 在"Text to find"项中输入要查找的元件，比如输入查找所有以 C 打头的元件，就在该项右边输入框内输入"C*"；再在"Replace With"项中输入要替换的标号，比如要将所有以 C 打头的标号替换成以 CAP 打头的标号，就在该项右边输入框内输入"{C=CAP}"，然后单击"OK"按钮，电路中所有以 C 打头的标号都替换成以 CAP 打头的标号，如图 13-99 所示。

3. 元件标号的重排

在一个电路图中，元件的标号是不能相同的，为了保证整个电路图的元件标号不产生重复，可对电路中的元件标号进行重新排列编号。

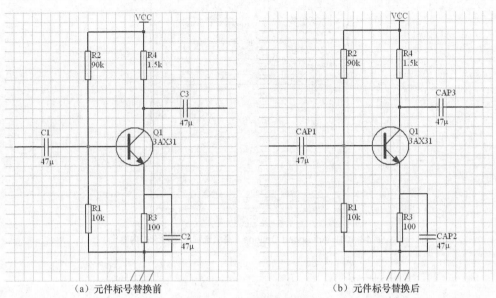

（a）元件标号替换前　　　　　　　　　　　（b）元件标号替换后

图13-99　元件标号替换前后

元件重新排列标号的操作过程如下。

① 执行菜单命令"Tools→Annotate"，马上弹出查找和替换元件标号对话框，对话框中有两个选项卡："Options（选项）"和"Advanced Options（高级选项）"，分别如图 13-100 和图 13-101 所示。

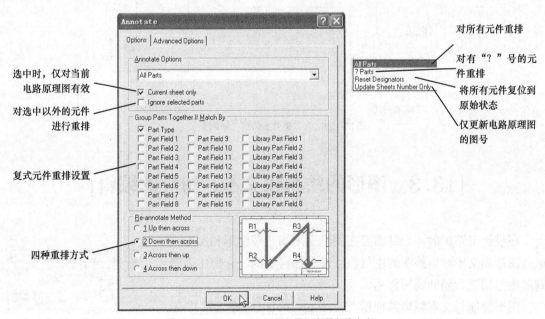

图13-100　Options（选项）选项卡的内容

② 在"Options（选项）"中进行图示的设置后，单击鼠标左键，元件标号重排前、后的变化如图 13-102 所示。

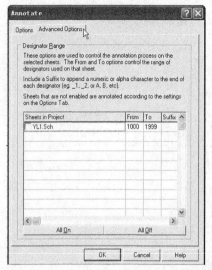

图13-101　Advanced Options（高级选项）选项卡的内容

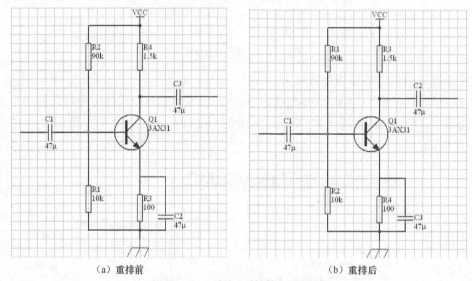

（a）重排前　　　　　　　　　　　　（b）重排后

图13-102　元件编号重排前、后的变化

|13.3　图形的绘制和文本、图片的编辑|

在设计电路图时，经常需要在图纸上增加一些图形和文本，这些图形和文本对电路图的电气特性没有任何影响，它们主要起着对电路图进行辅助说明作用。

图形绘制与文本编辑常使用"Drawing Tools（画图工具）"工具栏，执行菜单命令"View→Toolbars→Drawing Tools"，就可以调出图13-103所示的画图工具栏。

图13-103　绘图工具栏

13.3.1 直线的绘制

（1）绘制直线

绘制直线的操作过程如下。

① 单击绘图工具栏中的 ／ 图标，或者执行菜单命令"Place→Drawing Tools→Line"，鼠标变成十字状光标。

② 将光标移到图纸上某处，单击鼠标左键确定直线的起点。

③ 再将光标移到适当的位置，单击鼠标左键确定直线的终点。

④ 在绘制直线的过程中，按空格键可以改变直线的拐弯样式，单击鼠标右键可以结束当前直线的绘制而开始绘制下一条直线，双击鼠标右键则结束直线的绘制。

（2）直线属性的设置

进入直线属性设置有两种方法。

第一种方法是：在绘制直线的过程中按下键盘上的"Tab"键，会弹出图 13-104 所示的直线属性设置对话框。

第二种方法是：在已经画好的直线上双击鼠标左键，也会弹出图 13-104 所示的对话框。

图13-104 直线属性设置对话框

在直线属性设置对话框中可以设置直线的宽度、样式和颜色等。在"Line Width（直线宽度）"项中有 4 个选项，如图 13-105 所示，在"Line Style（直线样式）"项中有 3 个选项，如图 13-106 所示。设置好各项后单击"OK"按钮即可。

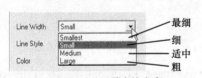

图13-105 四种直线宽度　　　　　　　图13-106 三种直线形式

（3）直线的编辑

如果要改变直线的长度，可在直线上单击鼠标左键，直线上会出现控制点，拖动控制点就能调整直线的长度和方向，拖动整个直线移动就可以改变直线的位置。

13.3.2 矩形的绘制

矩形有普通矩形和圆角矩形，两者绘制基本方法相同，这里只介绍普通矩形的绘制，绘制圆角矩形可以以它作为参考。

（1）绘制矩形

绘制矩形的操作过程如下。

① 单击绘图工具栏中的 ▣ 图标，或者执行菜单命令"Place→Drawing Tools→Rectangle"，鼠标变成十字状光标。

② 将光标移到图纸上某处，单击鼠标左键确定矩形的一个角的顶点。

③ 移动光标移到适当的位置，单击鼠标左键确定矩形另一个对角顶点。

④ 单击鼠标右键可以结束当前矩形的绘制而开始绘制下一个矩形，双击鼠标右键则结束矩形的绘制。

（2）矩形属性的设置

进入矩形属性设置有两种方法。

第一种方法是：在绘制矩形的过程中按下键盘上的"Tab"键，会弹出图 13-107 所示的矩形属性设置对话框。

第二种方法是：在已经画好的矩形上双击鼠标左键，也会弹出图 13-107 所示的对话框。

在矩形属性设置对话框中可以设置矩形两个对角的位置、边框线宽度、边框线颜色、填充颜色等。设置好各项后单击"OK"按钮即可。

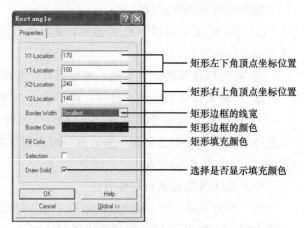

图 13-107　矩形属性设置对话框

（3）矩形的编辑

如果要改变矩形的大小，可在矩形上单击鼠标左键，矩形周围会出现控制点，拖动控制点就可以调整矩形的大小，拖动整个矩形移动就可以改变矩形的位置。

13.3.3　多边形的绘制

（1）绘制多边形

绘制多边形的操作过程如下。

① 单击绘图工具栏中的 ▨ 图标，或者执行菜单命令"Place→Drawing Tools→Polygons"，鼠标变成十字状光标。

② 将光标移到图纸上某处，单击鼠标左键确定多边形的一个角的顶点。

③ 移动光标移到适当的位置，单击鼠标左键确定多边形另一个对角顶点。用这样的方法可以确定多边形的其他角的顶点。多边形的绘制如图 13-108 所示。

④ 单击鼠标右键可以结束当前多边形的绘制而开始绘制下一个多边形，双击鼠标右键则结束多边形的绘制。

（2）多边形属性的设置

进入多边形属性设置有两种方法。

第一种方法是：在绘制多边形的过程中按下键盘上的"Tab"键，会弹出图 13-109 所示的多边形属性设置对话框。

第二种方法是：在已经画好的多边形上双击鼠标左键，也会弹出图 13-109 所示的对话框。

在多边形属性设置对话框中可以设置多边形边框线宽度、边框线颜色、填充颜色等。设置好各项后单击"OK"按钮即可。

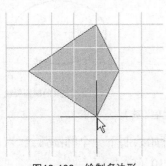

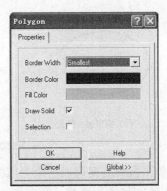

图13-108　绘制多边形　　　　　　　　　图13-109　多边形属性设置对话框

（3）多边形的编辑

如果要改变多边形的大小和方向，可在多边形上单击鼠标左键，多边形周围会出现控制点，拖动控制点就可以调整多边形的大小和方向，拖动整个多边形移动就可以改变多边形的位置。

13.3.4　椭圆弧线的绘制

（1）绘制椭圆弧线

绘制椭圆弧线需要确定椭圆的圆心、横向半径、纵向半径和椭圆弧线的起点、终点位置。绘制椭圆弧线的操作过程如下。

① 单击绘图工具栏中的⊙图标，或者执行菜单命令"Place→Drawing Tools→Elliptical Arcs"，鼠标变成十字状光标，并且光标旁跟随着一个圆弧。

② 确定圆弧的圆心。将光标移到图纸上某处，单击鼠标左键确定椭圆弧线的圆心，如图 13-110（a）所示。

③ 确定圆弧横向半径。确定圆心后，光标自动跳到圆弧横向顶点位置，移动光标可改变圆弧的横向半径，单击鼠标左键将横向半径确定，如图 13-110（b）所示。

④ 确定圆弧纵向半径。确定横向半径后，光标自动跳到圆弧纵向顶点位置，移动光标可改变圆弧的纵向半径，单击鼠标左键将纵向半径确定，如图 13-110（c）所示。

⑤ 确定圆弧起点位置。确定纵向半径后，光标自动跳到圆弧起点位置，移动光标可改变圆弧的起点位置，单击鼠标左键将起点位置确定，如图 13-110（d）所示。

⑥ 确定圆弧终点位置。确定圆弧起点位置后，光标自动跳到圆弧终点位置，移动光标可改变圆弧的终点位置，单击鼠标左键将终点位置确定，如图 13-110（e）所示。

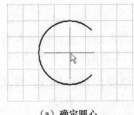

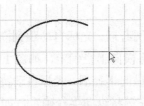

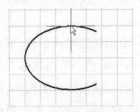

（a）确定圆心　　　　　　　　（b）确定横向半径　　　　　　　　（c）确定纵向半径

图13-110　绘制椭圆弧线的操作过程

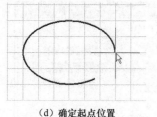 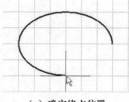 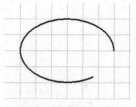

（d）确定起点位置　　　　（e）确定终点位置　　　　（f）绘制完成的椭圆弧线

图13-110　绘制椭圆弧线的操作过程（续）

⑦　单击鼠标右键可以结束当前椭圆弧线的绘制而开始绘制下一个椭圆弧线，双击鼠标右键则结束椭圆弧线的绘制。绘制好的椭圆弧线如图 13-110（f）所示。

（2）椭圆弧线属性的设置

进入椭圆弧线属性设置有两种方法。

第一种方法是：在绘制椭圆弧线的过程中按下键盘上的"Tab"键，会弹出图 13-111 所示的椭圆弧线属性设置对话框。

第二种方法是：在已经画好的椭圆弧线上双击鼠标左键，也会弹出图 13-111 所示的对话框。

在椭圆弧线属性设置对话框中可以设置椭圆弧线中心位置、横向半径、纵向半径、线宽和弧线起始角度、终止角度、弧线颜色等。设置好各项后单击"OK"按钮即可。

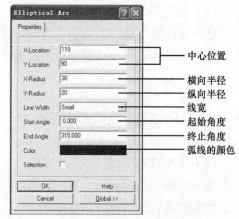

图13-111　椭圆弧线属性设置对话框

（3）椭圆弧线的编辑

如果要调整椭圆弧线，可在椭圆弧线上单击鼠标左键，椭圆弧线周围会出现控制点，拖动控制点可以对椭圆弧线进行调整，拖动整个椭圆弧线移动就可以改变椭圆弧线的位置。

13.3.5　椭圆的绘制

（1）绘制椭圆

绘制椭圆需要确定椭圆的圆心位置、横向半径、纵向半径。

绘制椭圆的操作过程如下。

①　单击绘图工具栏中的 ◯ 图标，或者执行菜单命令"Place→Drawing Tools→Ellipses"，鼠标变成十字状光标，并且光标旁跟随着一个椭圆。

②　确定椭圆的圆心。将光标移到图纸上某处，单击鼠标左键确定椭圆的圆心，如图 13-112（a）所示。

③　确定椭圆横向半径。确定圆心后，光标自动跳到椭圆横向顶点位置，移动光标可改变椭圆的横向半径，单击鼠标左键将横向半径确定，如图 13-112（b）所示。

④　确定椭圆纵向半径。确定横向半径后，光标自动跳到椭圆纵向顶点位置，移动光标可改变椭圆的纵向半径，单击鼠标左键将纵向半径确定，如图 13-112（c）所示。

⑤　单击鼠标右键可以结束当前椭圆的绘制而开始绘制下一个椭圆，双击鼠标右键则结束

椭圆的绘制。绘制好的椭圆如图 13-112（d）所示。

在绘制椭圆时，如果横向半径和纵向半径相等，就可以绘制出圆形，如图 13-112（e）所示.

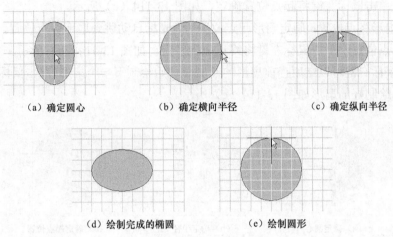

（a）确定圆心　　　　（b）确定横向半径　　　　（c）确定纵向半径

（d）绘制完成的椭圆　　　　　（e）绘制圆形

图13-112　绘制椭圆

（2）椭圆属性的设置

进入椭圆属性设置有两种方法。

第一种方法是：在绘制椭圆的过程中按下键盘上的"Tab"键，会弹出图 13-113 所示的椭圆属性设置对话框。

第二种方法是：在已经画好的椭圆上双击鼠标左键，也会弹出图 13-113 所示的对话框。

在椭圆属性设置对话框中可以设置椭圆中心位置，横向半径、纵向半径、边框线宽度和颜色、填充颜色等。设置好各项后单击"OK"按钮即可。

（3）椭圆的编辑

如果要调整椭圆，可在椭圆上单击鼠标左键，椭圆周围会出现控制点，拖动控制点可以对椭圆进行调整，拖动整个椭圆移动就可以改变椭圆的位置。

图13-113　椭圆属性设置对话框

13.3.6　扇形的绘制

（1）绘制扇形

绘制扇形需要确定扇形的圆心、半径和扇形的起点、终点位置。

绘制扇形的操作过程如下。

① 单击绘图工具栏中的 ◔ 图标，或者执行菜单命令"Place→Drawing Tools→Pie Chars"，鼠标变成十字状光标,并且光标旁跟随着一个扇形。

② 确定扇形的圆心。将光标移到图纸上某处，单击鼠标左键确定扇形的圆心，如图 13-114（a）所示。

③ 确定扇形半径。确定圆心后，光标自动跳到扇形圆周线上，移动光标可改变扇形的半

径，单击鼠标左键确定半径，如图 13-114（b）所示。

④ 确定扇形起点位置。确定半径后，光标自动跳到扇形起点位置，移动光标可改变扇形的起点位置，单击鼠标左键将起点位置确定，如图 13-114（c）所示。

⑤ 确定扇形终点位置：确定扇形起点位置后，光标自动跳到扇形终点位置，移动光标可改变扇形的终点位置，单击鼠标左键将终点位置确定，如图 13-114（d）所示。

⑥ 单击鼠标右键可以结束当前扇形的绘制而开始绘制下一个扇形，双击鼠标右键则结束扇形的绘制。绘制好的扇形如图 13-114（e）所示。

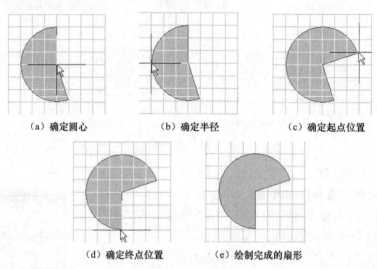

（a）确定圆心　　　　　（b）确定半径　　　　　（c）确定起点位置

（d）确定终点位置　　　（e）绘制完成的扇形

图13-114　绘制扇形

（2）扇形属性的设置

进入扇形属性设置有两种方法。

第一种方法是：在绘制扇形的过程中按下键盘上的"Tab"键，会弹出图 13-115 所示的扇形属性设置对话框。

第二种方法是：在已经画好的扇形上双击鼠标左键，也会弹出图 13-115 所示的对话框。

在扇形属性设置对话框中可以设置扇形中心位置、半径、边框线宽、起始角度、终止角度、边框线颜色、填充颜色等。设置好各项后单击"OK"按钮即可。

（3）扇形的编辑

如果要调整扇形，可在扇形上单击鼠标左键，扇形周围会出现控制点，拖动控制点可以对扇形进行调整，拖动整个扇形移动就可以改变扇形的位置。

图13-115　扇形属性设置对话框

13.3.7　曲线的绘制

（1）绘制曲线

利用 Protel99SE 的 Beziers（贝塞尔曲线）工具可以绘制任何形状的曲线图形，但该工具应用较灵活，下面以绘制一条正弦波曲线为例来说明该曲线工具的使用。

绘制曲线的操作过程如下。

① 单击绘图工具栏中的 ⌒ 图标，或者执行菜单命令 "Place→Drawing Tools→Beziers"，鼠标变成十字状光标。

② 确定曲线的起点。将光标移到图纸上某处，单击鼠标左键确定曲线的起点，如图 13-116（a）所示。

③ 确定与曲线相切的两条切线的交点。确定曲线起点后，将光标移到合适的位置，单击鼠标左键确定与曲线相切的两条切线交点位置，如图 13-116（b）所示。

④ 固定曲线。确定切线交点后，再移动光标，此时可看见一条随光标移动而改变形状的曲线，移动光标到合适的位置，双击鼠标左键可以将当前绘制的一段曲线固定下来，该位置同时也是下一条曲线的起点，这样就绘制完成正弦曲线一个半周，如图 13-116（c）所示。

⑤ 用同样的方法绘制正弦曲线的另一个半周，绘制过程如图 13-116（d）（e）所示。

⑥ 单击鼠标右键可以结束当前曲线的绘制而开始绘制下一个曲线，双击鼠标右键则结束曲线的绘制。绘制好的正弦曲线如图 13-116（f）所示。

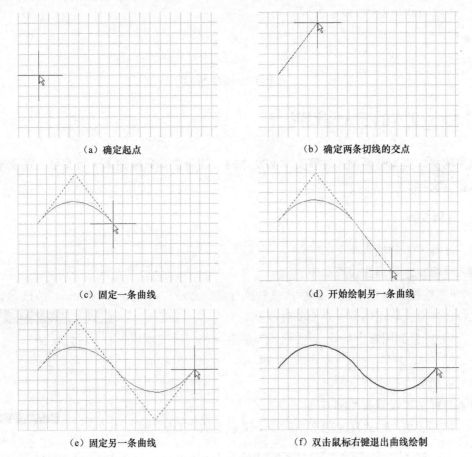

（a）确定起点　　　　　　　　　　　（b）确定两条切线的交点

（c）固定一条曲线　　　　　　　　　（d）开始绘制另一条曲线

（e）固定另一条曲线　　　　　　　　（f）双击鼠标右键退出曲线绘制

图13-116　绘制正弦波曲线

（2）曲线属性的设置

进入曲线属性设置有两种方法。

第一种方法是：在绘制曲线的过程中按下键盘上的"Tab"键，会弹出图 13-117 所示的曲线属性设置对话框。

第二种方法是：在已经画好的曲线上双击鼠标左键，也会弹出图 13-117 所示的对话框。

在曲线属性设置对话框中可以设置曲线的线宽和颜色等。设置好各项后单击"OK"按钮即可。

（3）曲线的编辑

如果要调整曲线，可在曲线上单击鼠标左键，曲线

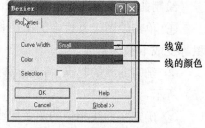

线宽
线的颜色

图13-117　曲线属性设置对话框

周围会出现控制点，如图 13-118（a）所示，拖动控制点可以对曲线进行调整，如图 13-118（b）所示，拖动整个曲线移动就可以改变曲线的位置。

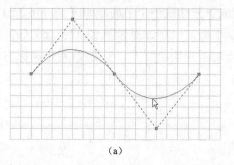
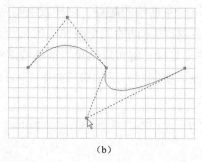

（a）　　　　　　　　　　　　　　（b）

图13-118　编辑曲线

13.3.8　文本的插入与设置

这里的文本类型有两种：注释文本和文本框。注释文本只能输入一行文字，而文本框可以输入多行文字。

1．注释文本

（1）注释文本的插入

插入注释文本的操作过程如下。

① 单击绘图工具栏中的 T 图标，或者执行菜单命令"Place→Annotation"，鼠标变成十字状光标，并且光标跟随着一个小的虚线框。

② 将光标移到图纸上某处，单击鼠标左键就可将注释文本放置下来。

（2）注释文本的设置

进入注释文本设置有两种方法。

第一种方法是：在放置注释文本时按下键盘上的"Tab"键，会弹出图 13-119 所示的注释文本设置对话框。

第二种方法是：在已经放置好的注释文本上双击鼠标左键，也会弹出图 13-119 所示的对话框。

在注释文本属性设置对话框中可以设置注释文本的内容、位

图13-119　注释文本设置对话框

置、放置方向、颜色和字体等。设置好各项后单击"OK"按钮即可。

2. 文本框

（1）文本框的插入

插入文本框的操作过程如下。

① 单击绘图工具栏中的 ▣ 图标，或者执行菜单命令"Place→Text Frame"，鼠标变成十字状光标,并且光标跟随着一个虚线文本框。

② 将光标移到图纸上某处，单击鼠标左键可确定了文本框左上角，如图 13-120（a）所示。

③ 再将光标移到合适的位置，此时文本框大小也随光标移动而变化，如图 13-120（b）所示，单击鼠标左键，就确定了文本框的右下角，文本框放置完成，放置好的文本框如图 13-120（c）所示。

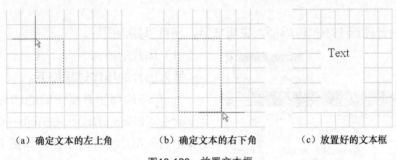

（a）确定文本的左上角　　　（b）确定文本的右下角　　　（c）放置好的文本框

图13-120　放置文本框

（2）文本框的设置

进入文本框设置有两种方法。

第一种方法是：在放置文本框时按下键盘上的"Tab"键，会弹出图 13-121（a）所示的文本框设置对话框。

第二种方法是：在已经放置好的文本框上双击鼠标左键，也会弹出图 13-121（a）所示的对话框。

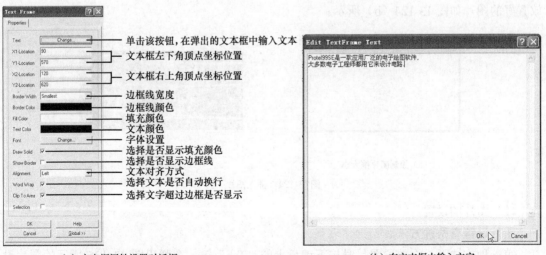

（a）文本框属性设置对话框　　　　　　（b）在文本框中输入文字

图13-121　文本框属性设置及输入文字

在文本框属性设置对话框中可以进行有关的设置，要给文本框输入文字时，只要鼠标单击"Text"项中的"Change"按钮，马上出现一个文本输入框，如图13-121（b）所示，在文本输入框内输入文本后，单击"OK"按钮，回到图 13-121（a）所示的对话框，设置好有关项后单击"OK"按钮即可。

如果要手动调整文本框大小，可在文本框上单击鼠标左键，在文本框四周出现控制点，如图13-122所示，拖动控制点就可以调节文本框的大小。拖动整个文本框移动就可以改变文本框的位置。

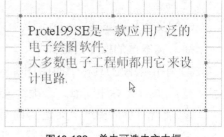

图13-122　单击可选中文本框

13.3.9　图片的插入与设置

在电路设计图纸上不但可以插入说明文字，还可以插入图片。

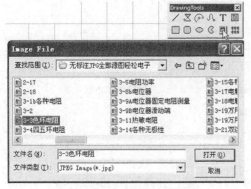

图13-123　插入图片文件对话框

（1）图片的插入

插入图片的操作过程如下。

① 单击绘图工具栏中的▣图标，或者执行菜单命令"Place→Drawing Tools→Graphic"，马上弹出插入图片文件对话框，如图 13-123 所示，在对话框中选择要插入的图片文件，再单击"打开"按钮。

② 将光标移到图纸上某处，单击鼠标左键可确定了图片框左上角，如图 13-124（a）所示。

③ 再将光标移到合适的位置，此时图片框大小也随光标移动而变化，单击鼠标左键，就确定了图片的右下角，图片放置完成，此时会自动又弹出插入图片对话框，可以继续插入图片，如果不想继续插入图片，关闭对话框即可。放置好的图片如图 13-124（b）所示。

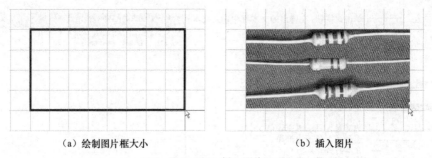

（a）绘制图片框大小　　　　　　　　（b）插入图片

图13-124　插入图片

（2）图片的设置

图片设置有两种方法。

第一种方法是：在放置图片时按下键盘上的"Tab"键，会弹出图 13-125 所示的图片设置对话框。

第二种方法是：在已经放置好的图片上双击鼠标左键，也会弹出图 13-125 所示的对话框。

在图片属性设置对话框中可以进行有关的设置，如果单击"File Name（文件名）"项右边的"Browse"按钮，就会弹出图 13-123 所示的插入图片对话框，可以选择要插入的图片文件。设置好有关项后单击"OK"按钮即完成图片属性设置。

如果要手动调整图片大小，可在图片上单击鼠标左键，在图片四周出现控制点，拖动控制点就可以调节图片的大小。拖动整个图片移动就可以改变图片的位置。

选择是否显示图片边框
选择缩放时是否保持X、Y方向原有比例

图13-125　图片属性设置对话框

|13.4　层次原理图的设计|

在进行电路设计时，一些简单的电路可以设计在一张图纸上，但对于一些复杂的电路图，一张图纸往往无法完成，解决这个问题的方法就是将复杂的电路分成多个电路，再分别绘制在不同的图纸上。这种方法称为层次原理图的设计。

13.4.1　主电路与子电路

层次原理图的设计思路是：首先把一个复杂的电路切分成几个功能模块，然后将这几个功能模块电路分别绘制在不同的图纸上，再以方块电路的形式将各功能模块电路的连接关系绘制在一张图纸上。这里的功能模块电路称为子电路，表示各功能模块电路连接关系的方块电路称为主电路。下面以 Protel 99 SE 自带的范例文件 Z80 Microprocessor.ddb 来说明主电路和子电路，该文件存放地址是 C:\Program Files\Design Explorer 99 SE\Examples。

图13-126　Z80 Microprocessor.ddb
数据库文件的结构

打开 Z80 Microprocessor.ddb 数据库文件后，在设计管理器的文件管理器中可以看到一个文件 Z80 Processor.prj，如图 13-126 所示，该文件即为主电路文件，又称项目文件，它的扩展名为.prj，单击该文件前的"+"号后展开该文件，可以看见它包含有 6 个子电路文件，子电路文件的扩展名是.Sch。

单击文件管理器中的主电路文件 Z80 Processor.prj，可以在右边的窗口中看见该电路，如图 13-127 所示。从主电路可以看出，它由 6 个方块构成，每个方块表示一个子电路，另外主电路还通过端口和导线将子电路之间的连接关系表示出来。

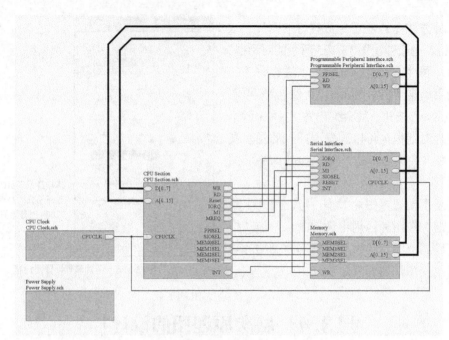

图13-127　主电路Z80 Processor.prj

　　在文件管理器中单击主电路文件 Z80 Processor.prj 下的子路文件 Memory.Sch，可以看见该电路，如图 13-128 所示，从图中可以看出，子电路实际上就是电路原理图，它是通过 7 个端口与其他的子电路进行连接的，在主电路的该子电路方块上也有这 7 个端口。

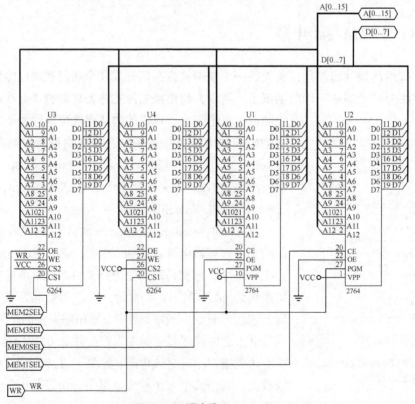

图13-128　子电路Memory.Sch

　　设计管理器中子电路文件 Serial Interface.sch 前有 "+"，表示它下面还有文件，展开后可以看见它下面还有一个子电路 Serial Baud Clock.sch。先打开 Serial Interface.sch 文件，如图 13-129 所示，从图中可以看出，该电路中除了有元件外，还有一个方块，此方块就表示该电路下面还有子电路，此子电路就是 Serial Baud Clock.sch，打开 Serial Baud Clock.sch 子电路文件，如图 13-130 所示。

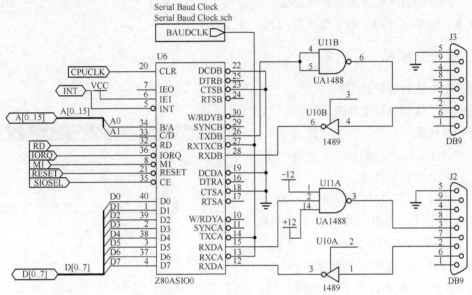

图13-129　子电路Serial Interface.sch

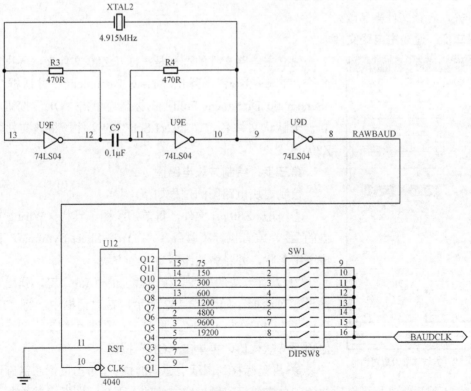

图13-130　子电路Serial Baud Clock.sch

综上所述，主电路以方块和端口的形式表示复杂电路的整体组成结构和各子电路的连接关系，子电路下面还可以有子电路，各个子电路由下到上连接起来就可以组成整个复杂电路。

13.4.2 由上向下设计层次原理图

由上向下的层次原理图设计思路是：先设计主电路，然后根据主电路图设计子电路。设计时要求主电路文件和子电路文件都放在一个文件夹中。

1. 设计主电路

设计主电路的步聚如下。

第一步：建立项目文件夹。

首先按照第一章介绍的方法建立一个数据库文件 DZ3.ddb，然后在该数据库文件中建立一个项目文件夹。

建立项目文件夹的过程是：打开 DZ3.ddb 数据库文件，再执行菜单命令"File→New"，弹出"New Document"对话框，如图 13-131 所示，选择其中的"Document Fold（文件夹）"图标，再单击"OK"按钮，就建立一个默认文件名为"Folder1"的文件夹，将该文件夹名改为 Z80。

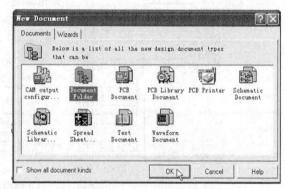

图13-131　新建文档对话框

第二步：建立主电路文件。

建立主电路文件的过程是：打开 Z80 文件夹，再执行菜单命令"File→New"，弹出"New Document"对话框，选择"Schematic Document Fold"图标，再单击"OK"按钮，就建立一个默认文件名为"Sheet1.Sch"的文件，将该文件名改为 Z80.prj。

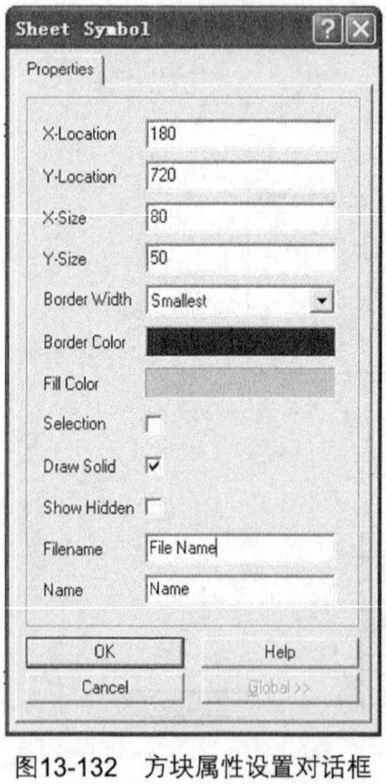

第三步：绘制方块电路图

绘制方块电路图的过程如下。

① 打开 Z80.prj 文件，再单击绘图工具栏（Wiring Tools）中的 ▦，或者执行菜单命令"Place→Sheet Symbol"，鼠标变成十字形状，并且旁边跟随着一个方块。

② 设置方块的属性。按键盘上的"Tab"键，弹出方块属性设置对话框，如图 13-132 所示，在对话框中，将 Fliename 项设为"CPU Clock.sch"，将 Name 项设为"CPU Clock"，其他项保持默认值，再单击"OK"按钮。

图13-132　方块属性设置对话框

③ 将光标移到图纸上适当的位置，单击鼠标左键确定方块的左上角，然后将光标到合适位置，单击鼠标左键确定方块的右下角，图纸上就绘制了一个

方块，如图 13-133 所示，在方块旁边出现刚才设置的文件名"CPU Clock.sch"和方块名"CPU Clock"。

④ 再用同样的方法绘制其他的方块，各方块绘制完成后如图 13-134 所示。

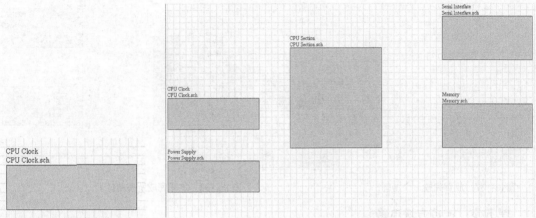

图13-133　绘制完成的一个方块　　　　　　　　图13-134　绘制完成的各个方块

第四步：放置方块电路端口

放置方块电路端口过程如下。

① 单击绘图工具栏（Wiring Tools）中的，或者执行菜单命令"Place→Add Sheet Entry"，鼠标变成十字形状。

② 将光标移到方块上，单击鼠标左键，出现一个浮动的方块端口随光标移动，如图 13-135 所示。

③ 设置方块电路端口的属性：按键盘上的"Tab"键，弹出方块属性设置对话框，如图 13-136 所示，在对话框中，将 name 项设为"CPUCLK"，I/O Type（输入输出类型）项设为"Output"，Side（端口放置处）项设为"Right"，Style（端口的样式）项设为"Right"，其他项保持默认值，再单击"OK"按钮。

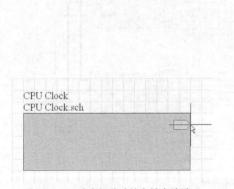

图13-135　随光标移动的方块电路端口

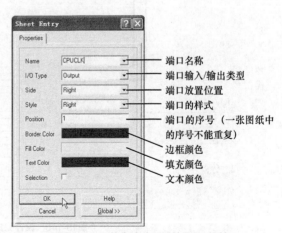

图13-136　块电路端口属性设置对话框

④ 将光标移到方块上合适位置，单击鼠标左键就在方块上放置好一个端口，如图 13-137 所示。再用同样的方法放置其他的端口，各方块上的端口放置完成后如图 13-138 所示。

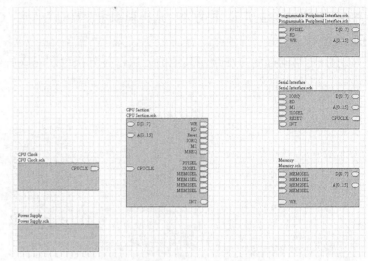

图13-137　放置完成一个端口

图13-138　放置完成所有端口

第五步：连接方块电路

　　将所有的方块电路和方块端口放置好后，再用导线和总线将各方块电路的端口连接起来，如图13-139所示。将主电路中各个端口连接好后，就完成了主电路的设计，设计完成的主电路如图13-140所示。

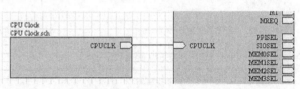

图13-139　用导线连接方块电路端口

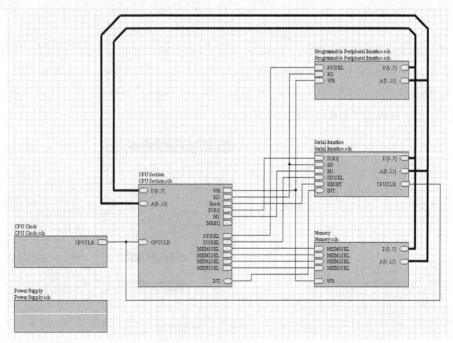

图13-140　设计完成的主电路

2. 设计子电路

　　主电路设计完成后，可以利用主电路的方块可以自动生成相应的子电路文件，不需要重新建立。子电路具体设计过程如下。

① 在主电路中执行菜单命令 "Design→Create Sheet From Symbol"，鼠标变成光标状。

② 将光标移到需要生成子电路的方块 "CPU Section" 上，单击鼠标左键，如图 13-141（a）所示，马上弹出图 13-141（b）所示的对话框，询问是否改变生成子电路中端口的方向，如果选择 "Yes"，生成的子电路中端口方向与主电路的方块中端口方向相反，即主电路的方块中端口为输出，子电路相应的端口将变为输入，如果选择 "NO"，两者方向相同，这里单击 "NO" 按钮。

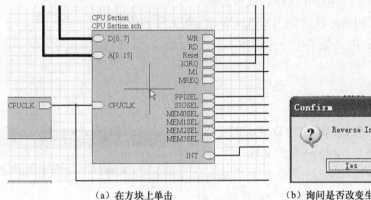

（a）在方块上单击　　　　　　　（b）询问是否改变生成子电路中端口的方向

图13-141　由主电路生成子电路的操作

③ 选择对话框中的 "NO" 后，马上在文件管理器的主电路文件下自动生成 CPU Section.sch 子电路文件，同时在右边的工作窗口中可以看见图纸上有主电路的 CPU Section 方块上所有的端口，如图 13-142 所示。

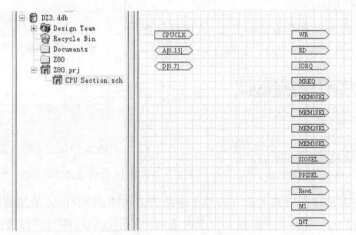

图13-142　自动生成的子电路文件

④ 用绘制电路原理图的方法，在子电路的端口基础上绘制出具体的子电路。

重复上述过程，设计出其他的子电路，这样就完成了复杂电路的层次原理图设计。

13.4.3　由下向上设计层次原理图

由下向上的层次原理图设计思路是：先设计好各个子电路，然后根据子电路图生成主电路。设计时同样要求主电路文件和子电路文件都放在一个文件夹中。

1. 设计子电路

设计子电路的步聚如下。

① 建立子电路文件。首先建立一个数据库文件 DZ4.ddb，然后在该数据库文件中建立一个项目文件夹 Z80，再在 Z80 文件夹中建立一个默认文件名为 "Sheet1.Sch" 的文件，将该文件名改为 CPU Clock.sch。具体操作过程如前所述。

② 用设计电路原理图的方法绘制出 CPU Clock.sch 文件的原理图。

再用同样的方法设计出其他子电路原理图。

2. 设计主电路

设计主电路的过程如下。

① 建立主电路文件。在数据库文件 DZ4.ddb 的 Z80 文件夹中建立一个文件名为 "Z80.prj" 的文件。

② 打开 Z80.prj 文件，再执行菜单命令 "Design →Create Symbol From Sheet"，出现一个对话框，如图 13-143 所示，从中选择需要在主电路中转换成方块的电路，再单击 "OK" 按钮，又弹出一个对话框，如图 13-144 所示，询问是否改变生成主电路中方块端口的方向，这里选择 "Yes"，鼠标旁出现十字光标，并且旁边跟随着一个方块。

③ 在图纸合适的位置单击鼠标左键，方块就放置在图纸上，方块上同时带有端口，如图 13-145 所示。

图13-143　选择生成方块的子电路

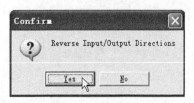

图13-144　询问对话框

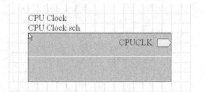

图13-145　主电路生成的一个子电路方块

④ 用同样的方法在主电路上放置其他子电路的方块图，所有的方块放置好，再用导线和总线将各方块连接好。完成以上步骤，一个由下向上的层次原理图设计过程完成。

第14章
制作新元件

Protel 99 SE 自身带有很多元件库，在这些元件库中可以找到常用的元件，但由于电子技术的飞速发展，一些新的元件不断出现，这些新元件在 Protel 99 SE 自带的元件库是无法找到的，解决这个问题的方法就是利用 Protel 99 SE 的元件库编辑器制作新的元件库。

|14.1 元件库编辑器|

14.1.1 元件库编辑器的启动

要制作新的元件先要启动元件库编辑器，启动元件库编辑器的操作过程如下。

① 打开一个数据库文件，如打开 D2.ddb。。

② 在文件管理器中单击 D2.ddb 数据库文件内的"Documents"文件夹，该文件夹被打开。

③ 执行菜单命令"File→New"，马上弹出"New Document（新建文档）"对话框，如图 14-1 所示，选择其中的"Schematic Library Document（原理图元件库文档）"，再单击"OK"按钮，在 Documents 文件夹就建立一个默认文件名为 Schlib1.Lib 的元件库文件，将它的文件名改为 YJ1.Lib。

④ 在文件管理器中单击 YJ1.Lib 文件，元件库编辑器就被启动，出现元件库编辑器界面，如图 14-2 所示。

图14-1　新建文档对话框

这样就在 D2.ddb 数据库文件的 Documents 文件夹中建立了一个文件名为 YJ1.Lib 的元件库文件，同时启动了元件库编辑器。

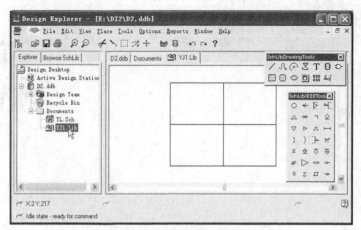

图14-2　元件库编辑器界面

14.1.2　元件库编辑器介绍

在图 14-2 所示的元件库编辑器中，单击设计管理器的"Browse SchLib"选项卡，打开元件库管理器，如图 14-3 所示。从图中可以看出，**元件库编辑器与原理图编辑器界面相似，主要有菜单栏、主工具栏、常用工具栏、元件管理器、工作区、命令栏等组成**。下面主要介绍常用工具栏。

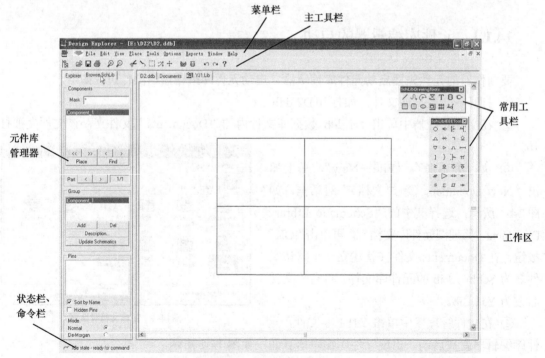

图14-3　元件管理器被打开

元件编辑器中的工具栏主要有两个：元件绘制工具栏（SchLib Drawing Tools）和 IEEE工具栏。

1. 元件绘制工具栏

元件绘制工具栏默认处于打开状态，如果窗口中没有该工具栏，可单击主工具栏上的 图标，或者执行菜单命令"View→Toolbars→Drawing Toolbar"，可将该工具栏打开，悬浮在工作窗口中。元件绘制工具栏如图 14-4 所示，该工具栏中各个工具的功能说明如图 14-5 所示。

图14-4 元件绘图工具栏

2. IEEE 工具栏

IEEE 工具栏主要是用来放置一些工程符号，打开或关闭 IEEE 工具栏可单击主工具栏中的 图标，或执行菜单命令"View→Toolbars→IEEE Toolbar"。IEEE 工具栏如图 14-6 所示，该工具栏中各个工具的功能说明如图 14-7 所示。

／ 直线工具，与菜单命令"Place→Line"对应

〜 曲线工具，与菜单命令"Place→Beziers"对应

椭圆曲线工具，与菜单命令"Place→Elliptical Arcs"对应

多边形工具，与菜单命令"Place→Polygons"对应

T 文字标注工具，与菜单命令"Place→Text"对应

新建元件工具，，与菜单命令"Tools→New Component"对应

添加复式元件新单元工具，与菜单命令"Tools→New Part"对应

□ 直角矩形工具，与菜单命令"Place→Rectangle"对应

圆角矩形工具，与菜单命令"Place→Round Rectangle"对应

椭圆工具，与菜单命令"Place→Ellipses"对应

输入图片工具，与菜单命令"Place→Graphic"对应

阵列式粘贴工具，与菜单命令"Edit→Paste Array"对应

引脚放置工具，与菜单命令"Place→Part"对应

图14-5 元件绘图工具栏各工具的功能说明

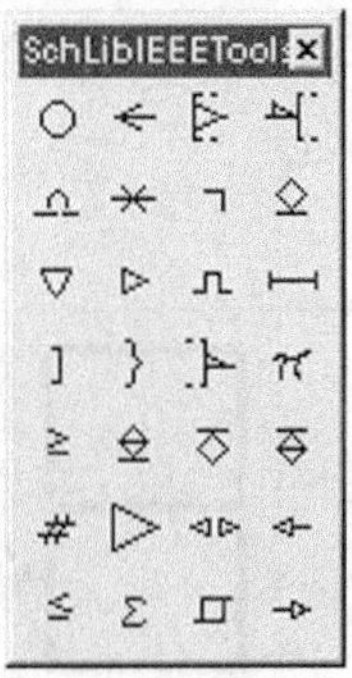

图14-6 IEEE工具栏

○ 放置低态符号（反向符号），与菜单命令"Dot"（即"Place→IEEE Symbols→Dot"命令）对应

← 放置信号左向流动符号，与菜单命令"Right Left Signal Flow"对应

放置上升沿触发时钟脉冲符号，与菜单命令"Clock"对应

放置低电平触发信号，与菜单命令"Active Low Input"对应

放置模拟信号输入符号，与菜单命令"Analog Signal In"对应

放置无逻辑性连接符号，与菜单命令"Not Logic Connection"对应

放置延迟输出特性符号，与菜单命令"Postponed Output"对应

放置集电极开路符号，与菜单命令"Open Collector"对应

▽ 放置高阻态符号，与菜单命令"HiZ"对应

▷ 放置大电流输出符号，与菜单命令"High Current"对应

Π 放置脉冲符号，与菜单命令"Pulse"对应

放置延迟符号，与菜单命令"Delay"对应

] 放置多条输入和输出线的组合符号，与菜单命令"Group Line"对应

} 放置多位二进进制符号，与菜单命令"Group Binary"对应

放置输出低电平有效符号，与菜单命令"Active Low Output"对应

放置π符号，与菜单命令"Pi Symbol"对应

≥ 放置≥符号，与菜单命令"Greater Equal"对应

放置有上拉电阻的集电极开路符号，与菜单命令"Open Collector Pull Up"对应

放置发射极开路符号，与菜单命令"Open Emitter"对应

放置有下拉电阻的发射极开路符号，与菜单命令"Open Emitter Pull Up"对应

放置数字输入信号符号，与菜单命令"Digital Signal In"对应

▷ 放置反相器符号，与菜单命令"Invertor"对应

◁▷ 放置双向输入/输出符号，与菜单命令"Input Output"对应

放置左移符号，与菜单命令"Shift Left"对应

≤ 放置≤符号，与菜单命令"Less Equal"对应

Σ 放置求和符号，与菜单命令"Sigma"对应

放置具有施密特功能的符号，与菜单命令"Schmitt"对应

→ 放置右移符号，与菜单命令"Shift Right"对应

图14-7 IEEE工具栏各工具的功能说明

|14.2 新元件的制作与使用|

14.2.1 绘制新元件

如果在元件库中找不到某个元件，可以使用元件编辑器进行绘制，下面以在元件库文件 YJ1.Lib 中绘制如图 14-8 所示的七段数码管为例来说明新元件的绘制。

七段数码管的绘制过程如下。

（1）**打开元件库编辑器**。打开元件库文件 YJ1.Lib，进入元件库编辑器界面，如图 14-2 所示，再单击设计管理器中的"Browse SchLib"选项卡，切换到元件库管理器，如图 14-3 所示。

（2）**新建元件名称**。单击元件绘制工具栏中的 ▯ 图标，或者执行菜单命令"Tools→New Component"，马上弹出"New Component Name"对话框，如图 14-9 所示，将对话框中的默认元件名 COMPONENT_2 改为 LED_8，再单击"OK"按钮，就新建了一个名称为 LED_8 的新元件。

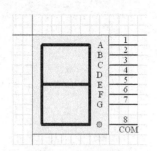

图14-8 七段数码管符号

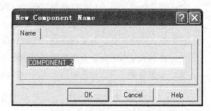

图14-9 新建元件名称对话框

（3）**设置工作区环境**。执行菜单命令"Options→Document Option"，弹出"Library Editor Workspace"对话框，如图 14-10 所示，在对话框中可以设置工作区的样式、方向、颜色等内容，通常保持默认值，单击"OK"按钮结束设置。

（4）**绘制元件形状**。具体又包括以下几个步骤。

① 单击元件绘图工具栏中的 ▢ 工具，在工作区的十字坐标的第四象限绘制一个 8 格×10 格的矩形，如图 14-11（a）所示。

② 单击元件绘图工具栏中的 ╱ 工具，在刚绘制好的矩形上绘制一个"日"字，如图 14-11（b）所示。

③ 单击元件绘图工具栏中的 ⬭ 工具，在工作区

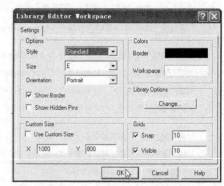

图14-10 设置工作区环境对话框

空白处绘制一个圆，再在圆上双击鼠标左键，弹出设置对话框，将圆的 X-Radius 和 Y-Radius 都设为 3，然后将该圆移到矩形的"日"字右下角，如图 14-11（c）所示。

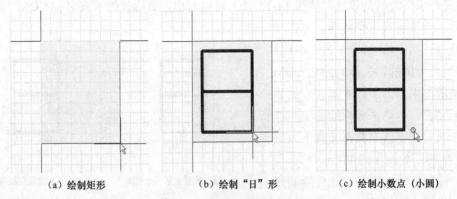

（a）绘制矩形 （b）绘制"日"形 （c）绘制小数点（小圆）

图14-11 绘制七段数码管的外形

（5）**放置元件引脚**。具体包括下面几个过程。

① 引脚属性设置：单击元件绘图工具栏中的 工具，鼠标变成光标状，并且旁边跟随着一个引脚，按键盘上的"Tab"键，弹出引脚属性设置对话框，如图 14-12 所示，对话框中的各项功能见图标注，将对话框中的 Name 项设为 A，Nunber 项设为 1，其他保持默认值，再单击"OK"按钮，设置属性完毕。

② 放置元件引脚：元件引脚属性设置完成后，将光标移到数码管矩形旁，单击鼠标左键，就放置了一条引脚，如图 14-13（a）所示，如果需要改变引脚方向，可在放置引脚的同时按空格键，引脚方向会依次改变 90°。

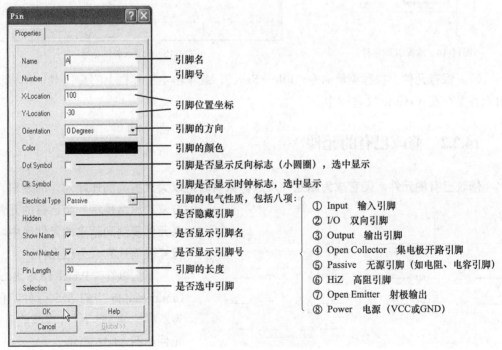

图14-12 元件引脚属性设置对话框

再用同样的方法放置好其他引脚，并对各引脚属性作相应的设置，放置好引脚的数码管如图 14-13（b）所示。

③ 元件引脚特殊的设置：从图 14-13（b）可以看出，数码管的 8 脚名称 COM 与小数点产生重叠。为了解决这个问题，可在 8 脚的属性对话框中将"Show Name（显示名称）"项后面的勾去掉，即让 COM 字符不显示出来。为了让 8 脚在别处显示 COM 字符，可单击元件绘图工具样中的 **T** 工具，利用该工具在 8 脚下方放置 COM 字符，如图 14-14 所示。

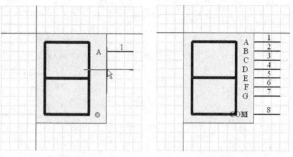

（a）放置完第一个引脚　　　　（b）放置完所有引脚

图14-13　放置数码管的引脚

（6）**设置元件的标号。**元件绘制好后，需要设置它的标号，方法是执行菜单命令"Tools→Description"，弹出图 14-15 所示的对话框，将 Default Designator 项设为 LED?，再单击"OK"按钮即可。

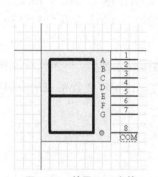

图14-14　放置COM字符

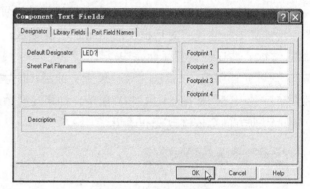

图14-15　设置元件的标号

（7）**保存元件。**执行菜单命令"File→Save"，或单击主工具栏上的 🖫 工具，就将新绘制的元件保存在 YJ1.Lib 文件库中。

14.2.2　修改已有的元件

修改已有的元件，使它成为新元件，这样做有时可以大大提高制作新元件的效率。这种方法的思路是将一个已有的元件库中某元件复制到新建的元件库中，再进行修改而让它成为新元件。

下面以修改 Protel DOS Schematic Libraries.ddb 中的 555 元件，使它成为新样式的 555 元件，修改前后的 555 元件如图 14-16 所示。

修改已有元件使之成为新元件的操作过程如下。

（1）打开或新建一个元件库文

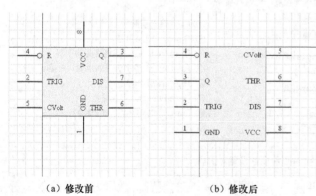

（a）修改前　　　　　　　（b）修改后

图14-16　修改前后的555元件

件。如打开 YJ1.Lib 文件。

（2）**新建元件名称**。单击元件绘制工具栏中的 🔳 图标，或者执行菜单命令"Tools→New Component"，马上弹出"New Component Name"对话框，如图 14-17 所示，将对话框中的默认元件名 COMPONENT_3 改为 555_1，再单击"OK"按钮，就新建了一个名称为 555_1 的新元件。

（3）**查找元件**。单击设计管理器的 Browse Schlib 选项卡，切换到元件库管理器，再单击其中的"Find"按钮，如图 14-18 所示，马上弹出图 14-19 所示的 Find Schematic Component（查找原理图元件）对话框。在 By Library Reference 项中输入要查找的元件名称 555，在 Scope 项中选择查找范围为 Specified Path（按指定路径查找），在 Path 项中输入元件查找位置为 C:\Program Files\Design Explorer 99 SE\Library\Sch，也可以单击 ▦ 按钮选择查找位置，再单击"Find Now"按钮，系统马上开始在指定的位置查找名称为 555 的元件，查到后会在 Components 区域显示出元件名称"555"。

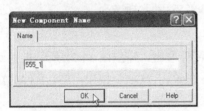

图14-17　新建元件名称对话框

图14-18　单击元件库管理器中的"Find"按钮

（4）**复制已有元件到新元件库中**。它包括两个过程。

① 复制元件。在图 14-19 所示的对话框中，单击"Edit"按钮，就打开了 555 元件所在的元件库，并且 555 元件也显示在工作区，如图 14-20 所示，用鼠标拖出一个矩形框将 555 元件全部选中，然后执行菜单命令"Edit→Copy"，对 555 元件进行复制。

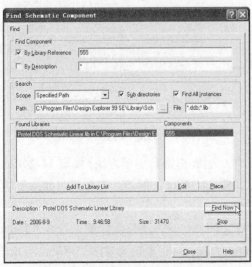

图14-19　查找电路原理图元件对话框

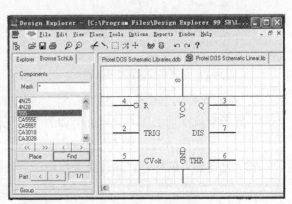

图14-20　打开的555元件

② 贴粘元件。打开 YJ1.Lib 元件库文件，并在元件库管理器中选择新建的 555_1 元件，然后执行菜单命令"Edit→Paste"，将 555 元件贴粘到新建的 555 元件工作区中，如图 14-21 所示，移动光标将元件放置在工作区的第四象限，再单击主工具栏上的 ✂ 工具，取消元件的选取状态。

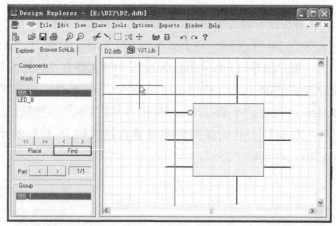

图14-21 粘贴555元件到新建的555元件工作区中

（5）**修改元件。**它主要包括两个过程。

① 修改元件的形状。在元件的矩形块上双击鼠标左键，弹出图 14-22 所示的对话框，将其中的"Y1-Location"项改为–110（原值为–80），再单击"OK"按钮，555 元件的矩形块发生变化，如图 14-23 所示。

图14-22 矩形属性设置对话框

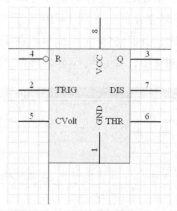

图14-23 555元件矩形块发生变化

② 修改元件的引脚排列。用鼠标将 555 元件的每个引脚都拖离矩形方块，如图 14-24（a）所示，然后重新排列引脚，排列好引脚的 555 元件如图 14-24（b）所示，在排列时如果引脚方向不对，可在拖动引脚时按空格键切换引脚的方向。

（6）**设置元件的标号。**元件修改好后，需要设置它的标号，方法是执行菜单命令"Tools→Description"，弹出图 14-25 所示的对话框，将 Default Designator 项设为 IC?，再单击"OK"按钮即可。

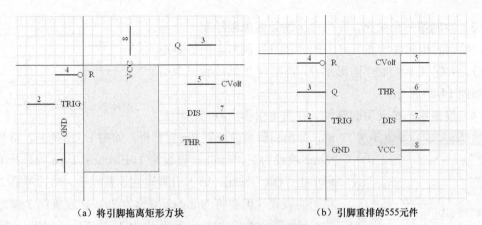

（a）将引脚拖离矩形方块 　　　　　　　　（b）引脚重排的555元件

图14-24　修改元件引脚的排列

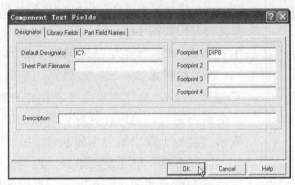

图14-25　设置元件引脚的标号

（7）保存修改的元件。执行菜单命令"File→Save"，或单击主工具栏上的 🖫 工具，就将新绘制的元件保存在 YJ1.Lib 元件库文件中。

14.2.3　绘制复合元件

复合元件有两个或两个以上的相同单元，这些单元的图形相同，只是引脚不同，它们是在标号中的附加 A、B、C、D…来表示不同的单元。集成电路 7426 是一个由四个相同与非门构成的与非门集成电路，它的四个单元如图 14-26 所示。这里以绘制 7426 的四个与非门单元为例来说明复合元件的绘制。

绘制复合元件的操作过程如下。

（1）打开或新建一个元件库文件。如打开 YJ1.Lib 文件。

（2）新建元件名称。单击元件绘制工具栏中的 🗋 图标，或者执行菜单命令"Tools→New Component"，马上弹出 New Component Name 对话框，在对话框中的

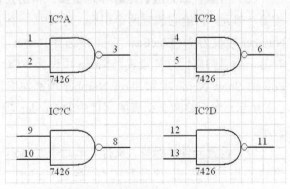

图14-26　集成电路7426的四个与非门单元

默认元件名改为 7426，再单击"OK"按钮，就新建了一个名称为 7426 的新元件。

（3）**绘制第一个单元**。在工作区的第四象限绘制一个与非门，绘制时用元件绘图工具中的 ✏ 工具绘制与非门的半矩形部分，用 ◷ 工具绘制半圆形部分，再用 ꝏ 工具放置三个引脚，如图 14-27 所示。

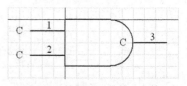

图14-27　绘制7426的第一个单元

（4）**设置第一单元引脚属性**。在第 1 引脚上双击鼠标左

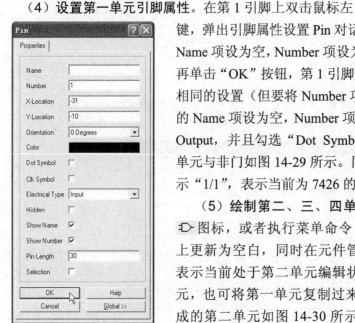

图14-28　元件引脚属性设置对话框

键，弹出引脚属性设置 Pin 对话框，如图 14-28 所示，将其中的 Name 项设为空，Number 项设为 1，Electical Type 项选择 Input，再单击"OK"按钮，第 1 引脚属性设置完毕。然后对第 2 脚作相同的设置（但要将 Number 项设为 2）。在设置第 3 脚时，将的 Name 项设为空，Number 项设为 3，将 Electical Type 项选择 Output，并且勾选"Dot Symbol"项。设置好引脚属性的第一单元与非门如图 14-29 所示。同时在元件管理器的 Part 区域显示"1/1"，表示当前为 7426 的第一单元。

（5）**绘制第二、三、四单元**。单击元件绘制工具栏中的 ꝏ 图标，或者执行菜单命令"Tools→New Part"，工作区马上更新为空白，同时在元件管理器的 Part 区域显示"2/2"，表示当前处于第二单元编辑状态。用前面的方法绘制第二单元，也可将第一单元复制过来，再更改引脚号即可，绘制完成的第二单元如图 14-30 所示。再用同样的方法绘制第三、四单元。

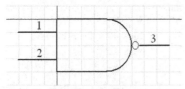

图14-29　绘制完成的第一个单元

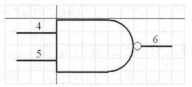

图14-30　绘制完成的第二个单元

（6）**给第一单元放置电源和地引脚**。单击元件管理器 Part 区域的 ‹ 按钮，切换到 7426 的第一单元，再给它放置两个引脚，对其中一个引脚属性进行这样设置：Name 项设为 GND，Number 项设为 7，Electical Type 项选择 Power，Show Name 项和 Show Number 项都勾选；对另一个引脚属性这样设置：Name 项设为 VCC，Number 项设为 14，Electical Type 项选择 Power，Show Name 项和 Show Number 项都勾选。放置好电源和地引脚的第一单元如图 14-31（a）所示。然后将两个引脚的属性中的 Hidden 项选中，将 7、14 脚隐藏起来，如图 14-31（b）所示。

（7）**设置元件的标号**。执行菜单命令"Tools→Description"，弹出图 14-32 所示的对话框，将 Default Designator 项设为 IC?，将 Footprint1（封装）设为 DIP14，将 Footprint2 设为 SO-14，再单击"OK"按钮。

（8）**保存复合元件**。执行菜单命令"File→Save"，或单击主工具栏上的 💾 工具，就将绘制的复合元件保存在 YJ1.Lib 元件库文件中。

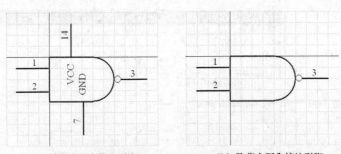

（a）放置电源和接地引脚　　　　（b）隐藏电源和接地引脚

图14-31　在第一单元放置电源和接地引脚

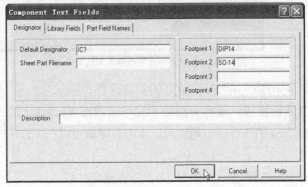

图14-32　设置元件的标号和封装形式

14.2.4　新元件的使用

新元件绘制好后就可以使用，使用新元件的操作方法有多种。

方法一：

① 在文件管理器中单击原理图文件 YL.Sch 和新建的元件库文件 YJ1.Lib，将两个文件都打开，在工作区上方出现 YL.Sch 和 YJ1.Lib 文件标签，如图 14-33 所示。

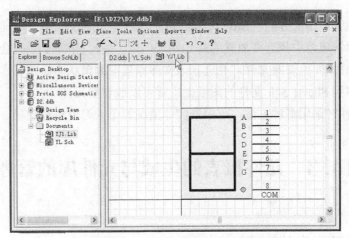

图14-33　打开YL.Sch和YJ1.Lib文件

② 单击工作区上方的 YJ1.Lib 文件标签，切换到 YJ1.Lib，再单击文件管理器上方的"Browse SchLib"选项卡，打开元件库管理器，如图 14-34 所示。

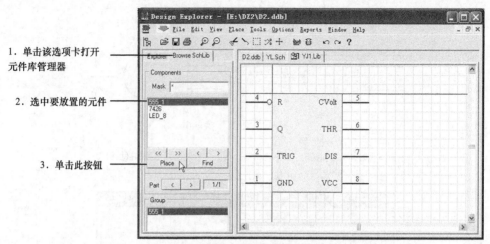

图14-34　利用元件库管理器放置新元件

③　在元件库管理器中找到并选择要放置的新建元件，单击 Place 按钮，系统会自动切换到 YL.Sch 的原理图编辑状态，鼠标旁跟随着元件出现在 YL.Sch 的工作区中。

④　将鼠标移到 YL.Sch 的工作区合适位置，单击左键就可以在工作区（图纸）上放置元件。

方法二：

①　在文件管理器中单击原理图文件 YL.Sch，将该文件打开。

②　单击文件管理器上方的"Browse SchLib"选项卡，切换到元件库管理器。

③　在元件库管理器中找到新建的元件库 YJ1.Lib，如果没有该文件，可单击 Add/Remove... 按钮，将该元件库文件加载到元件管理器中，操作方法见第 2 章相关内容，再在 YJ1.Lib 元件库中找到要放置的新元件，单击 Place 按钮，然后将鼠标移到工作区，就可以在 YL.Sch 文件的工作区上放置新元件。

方法三：

①　在文件管理器中单击新建的元件库文件 YJ1.Lib，将该文件打开，在工作区上方出现 YJ1.Lib 文件标签。

②　单击文件管理器上方的"Browse SchLib"选项卡，切换到元件库管理器。

③　在元件库管理器中找到要放置的新元件，单击 Place 按钮，系统会自动新建一个默认文件名为 Sheet1.Sch 原理图文件，并进入该文件原理图编辑状态。

④　将鼠标移到 Sheet1.Sch 文件的图纸上，就可以放置新元件。

在放置新元件时采用哪种方法，可根据实际情况和个人习惯进行选择。

|14.3　元件报表的生成与元件库的管理|

14.3.1　元件报表的生成

在元件编辑器中可以产生三种报表：Component Report（元件报表）、Library Report(元件库报表)和 Component Rule Check Report（元件规则检查报表）。利用元件报表可以了解元件各方面的信息，为绘制新元件带来便利。

1. 元件报表的生成

元件报表的生成操作过程如下。

① 打开元件库文件并选择要生成报表的元件。如打开元件库文件 YJ1.Lib，并选择其中的 555_1 元件，如图 14-35 所示。

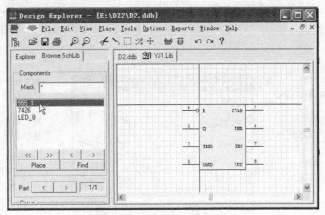

图14-35 选择要生成报表的元件

② 执行菜单命令"Report→Component"，系统马上生成元件报表，生成的报表如图 14-36 所示。

元件报表文件的扩展名为.cmp，在报表中列出了 555_1 元件的所有相关信息，如引脚数目、标注名称及有关属性。

2. 元件库报表的生成

元件库报表的生成操作过程如下。

① 打开元件库文件并。如打开元件库文件 YJ1.Lib。

② 执行菜单命令"Report→Library"，系统马上生成元件报表，生成的报表如图 14-37 所示。

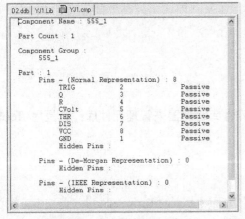

图14-36 生成的元件报表文件

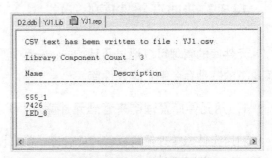

图14-37 生成的元件库报表文件

元件库报表文件的扩展名为.rep，在报表中列出了 YJ1.Lib 元件库中所有元件的有关信息。

3. 元件规则检查报表的生成

元件规则检查报表主要用于帮助设计者进行元件的检验工作，包括检查元件库中的元件有无错误，并能将错误列出来，指明错误原因。

元件规则检查报表的生成操作过程如下。

① 打开元件库文件。如打开元件库文件 YJ1.Lib。

② 执行菜单命令"Report→Component Rule Check"，会弹出检查设置对话框，如图 14-38 所示，进行有关设置后，单击"OK"按钮，系统马上生成元件规则检查报表，生成的报表如图 14-39 所示。

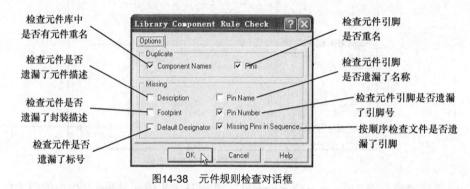

图14-38　元件规则检查对话框

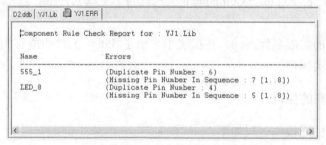

图14-39　生成的元件规则检查报表

元件规则检查报表文件的扩展名为.ERP，在报表中列出了 YJ1.Lib 元件库中的出错元件的出错信息，表中信息显示出 555_1 的 6、7 脚标号重复（即两引脚标号都为 6），而 LED_8 的 4、5 脚也出现同样的问题。

14.3.2 非曲直元件库的管理

元件库的管理可以通过两种方式：一种是用元件库管理器来管理元件库；二是用 Tools 菜单下的各种命令来管理元件库。

1. 用元件库管理器来管理元件库

利用元件库管理器可以管理元件库，单击设计管理器上方的 Browse Schlib 选项卡，将设计管理器切换到图 14-40 所示的元件管理器。从图中可以看出，**元件管理器有四个区域：**

Components（元件）区域、Group（组）区域、Pins（引脚）区域和 Mode（模式）区域。

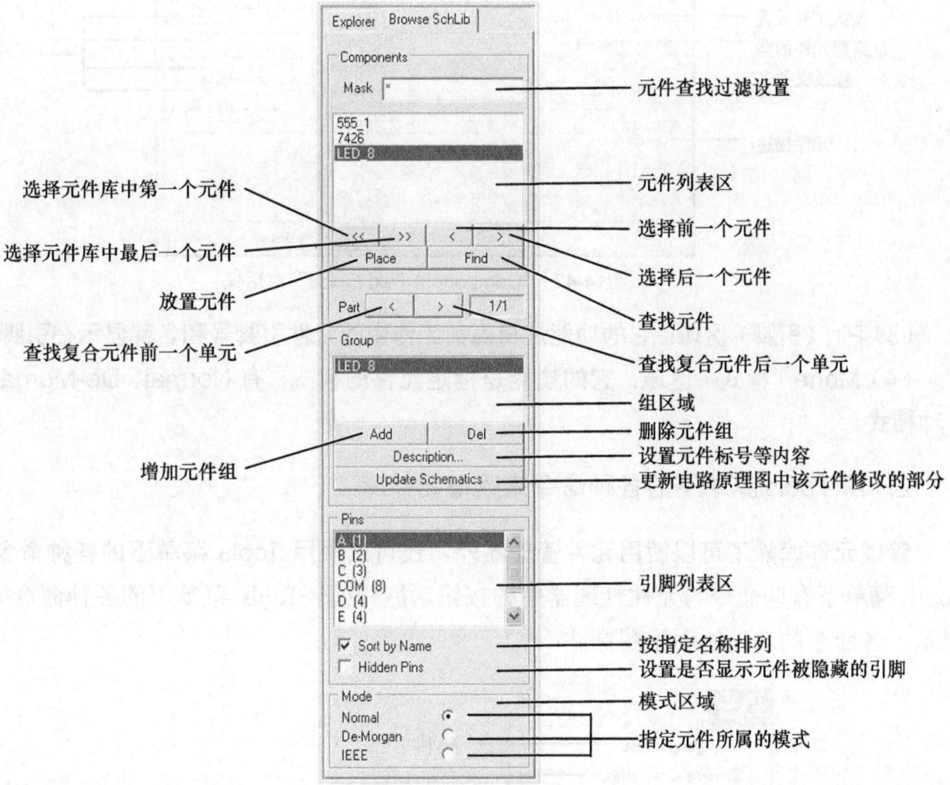

图14-40 元件库管理器

（1）Components（元件）区域：它的主要功能是查找、显示、选择和放置元件。当设计人员打开一个元件库时，该元件库中的元件名称会在元件列表区显示出来。

当在列表区选择某个元件并单击"Place"按钮时，就可以放置选择的元件。其他项的功能说明如图 14-40 标注所示。

当单击"Find"按钮时，就会弹出前述的图 14-19 所示查找元件对话框，可以在该对话框中设置查找条件，并进行元件的查找。

（2）Group（组）区域：它的主要功能是查找、显示、选择和放置元件集。元件集是指共用元件符号的元件，如 74xx 的元件集有 74LSxx、74Fxx 等，它们都是非门，引脚名称与编号都相同，它们可以共用元件符号。

当单击"ADD"按钮时，会出现图 14-41 所示的对话框，输入要加入元件组的元件名称，单击"OK"按钮就可以将该元件加入到元件组中。

当单击"Description"按钮时，会弹出图 14-42 所示的对话框，对话框有三个选项卡：Designator、Library Fields 和 Par Field Names，这些选项卡中 Designator 选项卡内容设置较为常用，该选项卡中各项功能说明如图 14-42 标注所示。

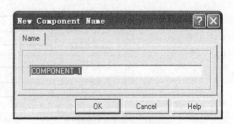

图14-41 添加元件组名称对话框

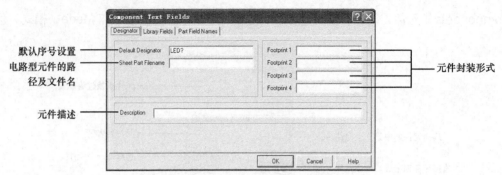

图14-42 "Component Text Fields" 对话框

（3）Pin（引脚）区域：它的功能是将当前工作中的元件引脚号和名称显示在引脚列表区中。

（4）Mode（模式）区域：它的功能是指定元件的模式，有 Normal、De-Morgan 和 IEEE 3 种模式。

2. 用 Tools 菜单下的各种命令来管理元件库

管理元件库除了可以使用元件管理器外，还可以采用 Tools 菜单下的各种命令来管理，Tools 菜单下有些命令与元件管理器中的按钮功能相同。Tools 菜单下的各种命令如图 14-43 所示，各命令的功能说明见图标注。

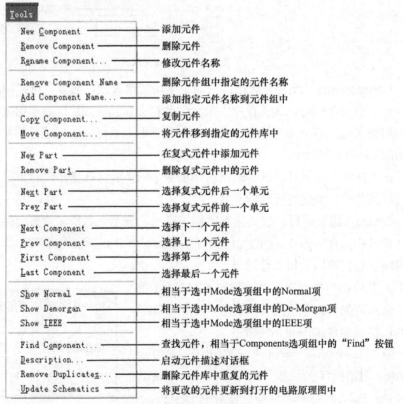

图14-43 Tools菜单下的各种命令

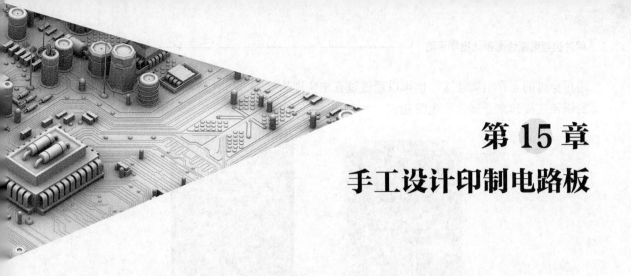

第 15 章
手工设计印制电路板

设计印制电路板有两种方式：手工设计和自动设计。手工设计方式比较适合设计简单的印制电路板，并且设计印制电路板前无须绘制电路原理图。本章主要介绍如何在 Protel 99 SE 的 PCB 编辑器中用手工的方式设计印制电路板。

|15.1 印制电路板设计基础|

15.1.1 印制电路板的基础知识

许多元件按一定的规律连接起来就组成电子设备，大多数电子设备组成元件很多，如果用大量的导线将这些元件连接起来，不但连接元件麻烦，而且出了问题难于检查，印制电路板可以有效解决这个问题，印制电路板又称 PCB 板，图 15-1 所示就是一个印制电路板示意图。印制电路板是在塑料板上印制导电铜箔，用铜箔取代导线，只要将各种元件安装在印制板上，铜箔就可以将它们连接起来而组成一个电路或电子设备。

1. 印制电路板的种类

根据层数分类，印制电路板可分为单面板、双面板和多层板。

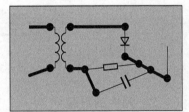

图15-1　一个印刷板电路板示意图

（1）单面板

单面印制电路板如图 15-2 所示，它只有一面有导电铜箔，另一面没有。单面板在使用时，通常在没有导电铜箔的一面安装元件，将元件引脚通过插孔穿透到有导电铜箔的一面，导电铜箔将元件引脚连接起来就可以构成电路或电子设备。单面板成本低，但因为只有一面有导电铜箔，不适用于复杂的电子设备。

（2）双面板

双面板包括两层：顶层（Top Layer）底层（Bottom）。与单面板不同在于，双面板两层都有导电铜箔，双面板结构示意图如图 15-3 所示，每层都可以直接焊接元件，两层之间可以通过穿过的元件引脚连接，也可以通过过孔来实现连接的，过孔是一种穿透印制板并将两层的铜箔连接起来金属化导电圆孔。

 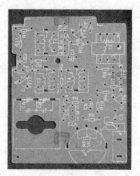

（a）有导电铜箔面　　　　　　　　　　（b）无导电铜箔面

图15-2　单面电路板

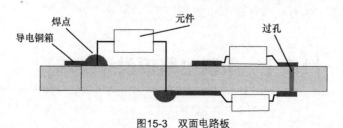

图15-3　双面电路板

（3）多层板

多层板是具有多个导电层的电路板，多层板结构示意图如图 15-4 所示，它除了具有双面板一样的顶层和底层外，在内部还有导电层，内部层一般为电源或接地层，顶层和底层通过过孔与内部的导电层相连接。多层板一般将多个双面板采用压合工艺制作而成的，适用于复杂的电路系统。

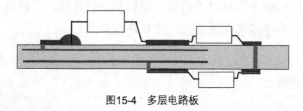

图15-4　多层电路板

2. 元件的封装

印制电路板是用来安装元件的，而同类型的元件，比如电阻，即使阻值一样，也有体积大小之分，那么在设计印制电路板时，就要求电路板上大体积元件的焊接孔的孔径要大、距离要远。为了让印制电路板生产厂生产出来的电路板可以安装大小和形状符合要求的各种元件，要求在设计 PCB 电路板时，用铜箔表示导线，而用与实际元件形状和大小相关的符号表示元件，当然这里的形状与大小是指实际元件在印制板上的投影。**这种与实际元件形状和大小相同的投影符号称为元件封装。**例如，电解电容的投影是一个圆形，那么它的元件封装就是一个圆形符号。

（1）元件封装的分类

元件的封装形式主要有两种：针脚式元件封装和表面粘贴式元件封装（STM）。常见的元件封装如图 15-5 所示。

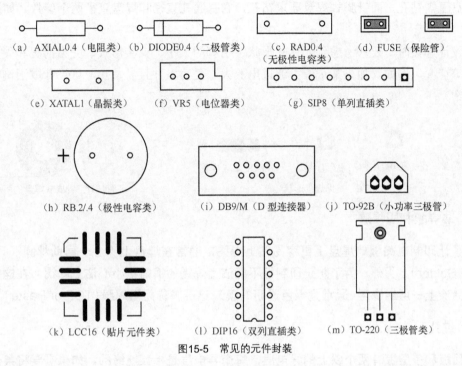

　　(a) AXIAL0.4（电阻类）　(b) DIODE0.4（二极管类）　　(c) RAD0.4　　(d) FUSE（保险管）
　　　　　　　　　　　　　　　　　　　　　　　　　　　（无极性电容类）

　　(e) XATAL1（晶振类）　　(f) VR5（电位器类）　　　　(g) SIP8（单列直插类）

　　(h) RB.2/.4（极性电容类）　　　(i) DB9/M（D 型连接器）　　(j) TO-92B（小功率三极管）

　　(k) LCC16（贴片元件类）　　　(l) DIP16（双列直插类）　　(m) TO-220（三极管类）

图15-5　常见的元件封装

①　针脚式元件封装：一些常见的元件，如电阻、电容、三极管和一些集成电路就是这种封装形式。针脚式元件在安装时，一般是从印刷电路板的顶层将引脚经通孔插到底层，然后在底层进行焊接。

②　表面粘贴式元件封装：随着电子制造技术的发展，越来越多的元件被制成片状元件，如片状电阻、片状电容、片状三极管、片状集成电路等，这些元件通常是通过机器粘贴在印刷板上，所以称之为表面粘贴式元件。

（2）元件封装的编号

元件封装编号规律是：元件类型+焊盘+元件外形尺寸。根据元件封装编号可知道元件封装的规格，例如，AXIAL0.4 表示该元件为轴形封装，两引脚焊盘的距离为 400mil（mil 即毫英寸，1 英寸=1000 毫英寸=25.4mm）；RB.2/.4 表示极性电容类元件封装，引脚距离为 200mil，元件的直径为 400mil；DIP24 表示双排引脚元件封装，两排共有 24 个引脚。

3. 铜箔导线

印制电路板以铜箔作为导线将安装在上面的元件连接起来的，所以铜箔导线简称为导线（Track）。印制电路板的设计主要是布置铜箔导线。

与铜箔导线类似的有一种线，称为飞线，又称预拉线，飞线主要是表示各个焊盘的连接关系，指引铜箔导线的布置，它不是实际的导线。

4. 焊盘

焊盘的作用是在焊接元件时放置焊锡，将元件引脚与铜箔导线连接起来。焊盘的形式有圆形、方形和八角形焊盘，常见的焊盘如图 15-6 所示。焊盘有针脚式和表面粘贴式，表面粘贴式焊盘无需钻孔，**而针脚式焊盘要求钻孔，它有通孔直径和焊盘直径两个参数**，如图 15-7 所示。

在设计焊盘时，要求考虑到元件的形状、引脚的大小、安装形式、受力情况和受力、振动大小等情况，例如，如果某个焊盘通过电流大、受力大并且易发热，可设计成泪滴状（后面会介绍）。

图15-6　常见焊盘形状　　　　　　　　　　　　图15-7　针脚式焊盘的两个参数

5. 助焊膜和阻焊膜

为了让印制电路板的焊盘上更容易粘上焊锡，通常在焊盘上涂上一层助焊膜（TOP or Bottom Solder）。另外，为了防止印制板不能沾上焊锡的铜箔不小心沾上焊锡，在这些铜箔上一般会涂上一层绝缘层（通常是绿色透明的膜），这层膜称为阻焊膜（TOP or Paste Mask）。

6. 过孔

双面板和多层板有两个以上的导电层，每个导电层是相互绝缘的，如果需要将某一层和另一层的进行电气连接，可以通过过孔来实现。过孔一般是这样制作：在多层需要连接处钻一个孔，然后在孔的孔壁上沉积导电金属（又称电镀），这样就可以将不同的导电层连接起来。过孔主要有穿透式和盲过式两种形式，如图 15-8（b）所示，穿透式过孔从顶层一直通到底层，而盲过孔可以从顶层通到内层，也可以从底层通到内层。

过孔有内径和外径两个参数，如图 15-8（a）所示，过孔的内径和外径一般要比焊盘的内径和外径小。

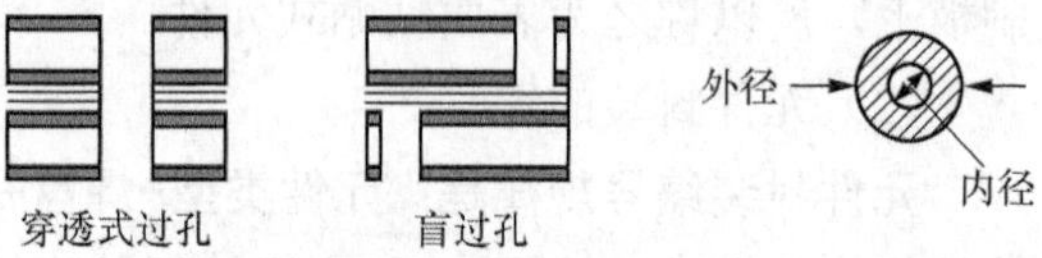

7. 丝印层

印制电路板除了有导电层外，还有丝印层，丝印层主要是用丝印印刷方法在印制电路板的顶层和底层上印制元件的标号、外形和一些厂家的信息。

　　　　　　　　　　穿透式过孔　　　　盲过孔　　　　　　　外径　　内径
　　　　　　　　（a）过孔的两种形式　　　　　（b）过孔的参数
　　　　　　　　　　　图15-8　过孔的参数与形式

15.1.2　PCB 板的设计过程

印制电路板的设计过程简单来说，就是在印制板图纸上放置元件封装，再用铜箔导线将放置的元件连接起来。PCB 板的设计过程如下。

1. 绘制电路原理图

要设计出电子产品印制电路板时，首先要设计出该产品的电路原理图，在确保原理图无误后，再由原理图生成网络表。对于简单的电子产品，可不用设计电路原理图，而直接进行

PCB 板的设计。

2. 规划印制电路板

规划印制板电路主要包括确定印制电路板的大小、电气边界、电路板的层数、各种元件的封装形式等。

3. 设置设计参数

在 Protel 99 SE 的 PCB 编辑器中设置印制板的层数、布局、布线等有关参数，这是印制板设计重要的步骤，有些参数可采用默认值，有些参数设置一次后，在以后设计时几乎不用改变。

4. 装入原理图的网络表和元件封装

原理图的网络表是设计印制电路板时自动布线的依据，印制电路板是按照网络表的内容要求进行自动布线的。元件封装就是元件的外形，设计原理图是在图纸上放置元件符号，而设计印制板电路就是在图纸上放置元件的封装，这样设计生产出来的印制板才能安装实际的元件。

5. 元件的布局

元件的布局就是将元件封装放置在图纸上合适的位置，它有自动布局和手动布局两种方式。装载原理图生成的网络表后，可以让 Protel 99 SE 自动装载元件封装，并可让 Protel 99 SE 对元件进行自动布局。如果觉得自动布局出来的元件不合适，可进行手动布局来调整元件的位置。

6. 自动布线

元件布局完成后，可让 Protel 99 SE 进行自动布线，将元件封装按网络表的要求自动用导线连接起来。如果有关参数设置正确、元件布局合理，自动布线成功率非常高，几乎可达到 100%。

7. 手工调整

自动布线完成后，如果觉得不满意，可以进行手动调整。

8. 文件保存输出

布线完成后，印制电路板设计基本完成，这时就要将设计好的印制电路板文件保存下来，还可以利用打印机等输出设备输出印制电路板的设计图，如果需要的话，还可以生成各种报表。

15.1.3　PCB 设计编辑器

PCB 设计编辑器是 Protel 99 SE 中的一个模块，设计印制电路板需要在 PCB 编辑器中进行。

1. PCB 设计编辑器的启动与关闭

打开或新建一个印制电路板文件就可以启动 PCB 设计编辑器，这里以新建一个 YS1.PCB 文件为例来说明如何启动 PCB 设计编辑器。

启动 PCB 设计编辑器的操作过程如下。

（1）打开一个数据库文件，再打开其中的 Documents 文件夹，如打开先前 D2.ddb 数据库文件中的 Documents 文件夹。

（2）执行菜单命令"File→New"，马上弹出"New Documents"对话框，如图 15-9 所示，在对话框中选择其中的"PCB Document"，再单击"OK"按钮，就在 D2.ddb 数据库文件的 Documents 文件夹中新建了一个默认文件名为 PCB1.PCB 文件，将文件名改为 YS1.PCB。

（3）在文件管理器中单击 YS1.PCB 文件，就启动了 PCB 设计编辑器，如图 15-10 所示，然后就可以在工作窗口的图纸上设计印制电路板。

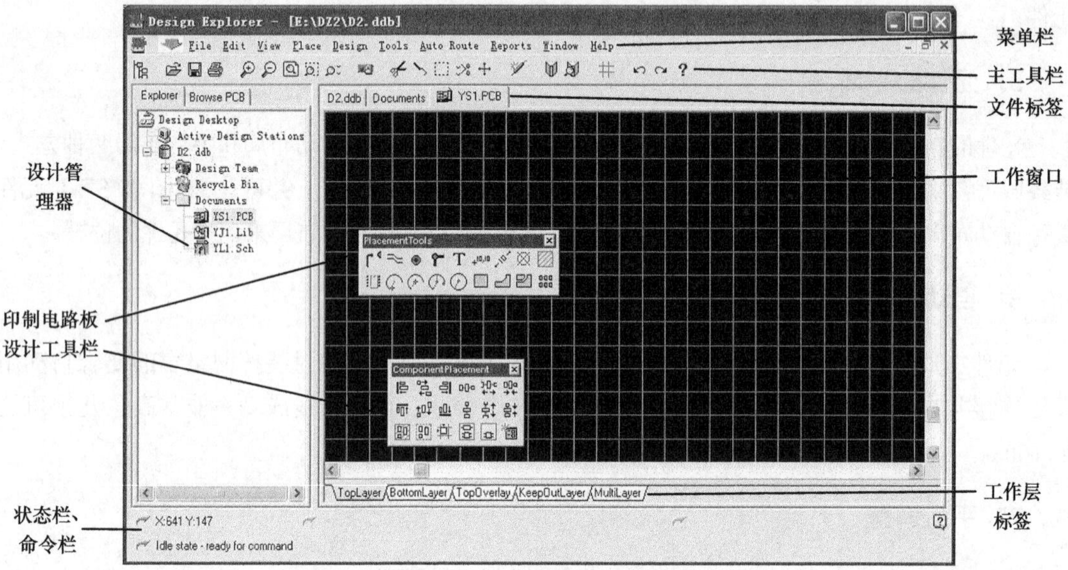

图15-9　新建文档对话框

图15-10　PCB编辑器界面

（4）如果要关闭 PCB 设计编辑器，可在工作窗口上方的 YS1.PCB 文件标签上单击鼠标右键，在弹出的快捷菜单中选择"Close"命令，就可以将 PCB 设计编辑器关闭，另外，执行菜单命令"File→Close"，同样也可以关闭编辑器。

2. PCB 设计编辑器界面介绍

从图 15-10 可以看出，PCB 设计编辑器主要由菜单栏、主工具栏、设计管理器、工作窗口、印制板设计工具栏和状态栏、命令栏组成，在工作窗口上方是文件标签、下方是工作层标签。

（1）PCB 设计编辑器界面的管理

① 单击主工具栏上的 工具或执行菜单命令"View→Design Manager"，可以打开和关

闭设计管理器。

② 单击设计管理器上方的"Browse PCB"，可切换到元件封装库管理器；单击设计管理器上方的"Explorer"，可切换到文件管理器。

③ 单击工作窗口上方的文件标签，可以打开该文件，在文件标签上单击鼠标右键，在弹出的快捷菜单中选择"Close"命令，就可以将该文件关闭。

④ 单击工作窗口下方的工作层标签，可以打开该工作层。

⑤ 执行菜单命令"View→status Bar"，可打开和关闭状态栏。

⑥ 执行菜单命令"View→Command status"，可打开和关闭命令栏。

（2）工具栏的管理

PCB 设计编辑器主要有 4 个工具栏，分别是 Main Toolbar（主工具栏）、Placement Tools（放置工具栏）、Component Placement（元件位置调整工具栏）和 Find Selections（查找被选元件工具栏）。各种工具栏如图 15-11 所示。

（a）主工具栏

（b）放置工具栏

（c）查找被选元件工具栏

（d）元件位置调整工具栏

图15-11　PCB编辑器的各种工具栏

执行菜单命令"View→Toolbars→Main Toolbars"，可以打开和关闭主工具栏。

执行菜单命令"View→Toolbars→Placement Tools"，可以打开和关闭放置工具栏。

执行菜单命令"View→Toolbars→Component Placement"，可以打开和关闭元件位置调整工具栏。

执行菜单命令"View→Toolbars→Find Selections"，可以打开和关闭查找被选元件工具栏。

15.1.4　PCB 板设计前的设置

在设计 PCB 板前，先要对 PCB 板的工作层和 PCB 编辑器的工作环境进行一定的设置。

PCB 板的工作层的设置

1．工作层的种类

印制电路板具有多层次结构，根据各层的功能不同，工作层的种类可分为信号层、内部电源/接地层、机械层、阻焊层、锡膏防护层、丝印层、其他层等。在设计 PCB 板时，可以根据需要增减不同的层，如果想知道当前设计环境中这些层的情况，可执行菜单命令"Design→Options"，马上出现图 15-12 所示的"Document Options"对话框，在对话框中显示了各层的有关情况。

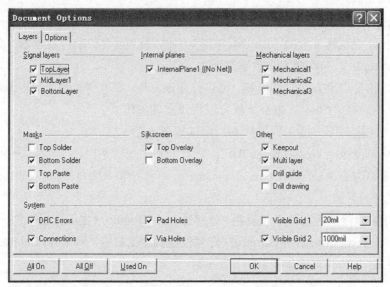

图15-12 "Document Options" 对话框

（1）Signal layer（信号层）

Signal layer（信号层）包括 TopLayer（顶层）、MidLayer（中间层）和 BottomLayer（底层）。在对话框中，如果在信号层前打勾，那么在当前 PCB 编辑器中，该层处于打开状态，否则被关闭。

Protel 99 SE 中提供了 32 个信号层，包括一个顶层、一个底层和 30 个中间层。**顶层用来放置元件或布线，底层用来布线和焊接元件，中间层夹在两者之间，中间层是无法放置元件的，该层一般是铜箔导线**，中间层的作用与横过公路的地下通道相似，当在地面上无法横过公路时，可以通过地下通道到达公路的对面。

（2）Internal planes（内部电源/接地层）

Internal planes（内部电源/接地层）位于印制板内部，主要为各信号层提供电源和接地，在 Protel99SE 中提供了 16 个内部电源/接地层。内部电源/接地层的作用与城市中的埋设在地下的电缆相似，由地面上的供电站将电源传送给地下电缆，地下电缆在别处可以接出地面，为该处地面上的用户供电，这样可以避免地面上到处乱拉电缆。

（3）Mechanical layers（机械层）

Mechanical layers（机械层）一般用于设置电路板的外形、大小、数据标记、对齐标记、装配说明等有关信息。在 Protel 99 SE 中提供了 16 个机械层。

（4）Masks（防护层）

Masks（防护层）包括 Top Solder（顶层阻焊）、Bottom Solder（底层阻焊）和 Top Paste（顶层助焊）、Bottom Paste（底层助焊）。阻焊层通常是在焊盘外的地方涂上绝缘漆，主要是避免铜箔导线上贴粘焊锡，还可以防止一些可能发生的短路；助焊层一般是在焊盘上涂助焊材料，使焊锡与焊盘容易贴粘。

（5）Silkscreen（丝印层）

Silkscreen（丝印层）包括顶层丝印层和底部丝印层，丝印层的作用是印刷一些元件符号、标注等信息。

（6）Other（其他层）

Other（其他层）包括下面几个层。

Keepout（禁止布线层）：该层主要是规划放置元件和布线有效区，在有效区外的地方不能自动布线。

Multi layer（多层）：该层主要用来放置焊盘和穿透孔，将此层关闭，绘制的焊盘和过孔将看不见。

Drill guide（钻孔层）：该层主要提供印制板生产时的钻孔信息。Protel 99 SE 提供了 Drill Gride（钻孔指示图）和 Drill drawing（钻孔图）两个层。

另外，在图 15-13 所示的对话框中，System 区域还有以下几项。

Connections：飞线显示设置，选中在布线时会显示飞线，绝大多数情况下都要显示飞线。

DRC Errors：DRC 错误显示设置，选中时显示电路板上违反 DRC 规则的标记。

Pad Holes：焊盘通孔显示设置，选中时显示焊盘通孔。

Via Holes：过孔显示设置，选中时显示过孔的通孔。

VisibleGrid1：设置第一组可视栅格的间距大小及是否显示。

Visible Grid2：设置第二组可视栅格间距大小及是否显示。一般在工作窗口看到的栅格为第二组栅格，放大后的画面出现的栅格为第一栅格。

2. 工作层的设置

在设计 PCB 板，如果需要改变某些层的个数或不需要某些层，进行工作层的设置就可以解决这个问题。在 Protel 99 SE 中，用户可以设置信号层、电源/接地层和机械层的数目。

（1）信号层和电源/接地层的设置

执行菜单命令"Design→Layer Stack Mannger"，会弹出图 15-13 所示的"Layer Stack Mannger（工作层管理器）"对话框，在该对话框中可以对工作层进行有关设置。

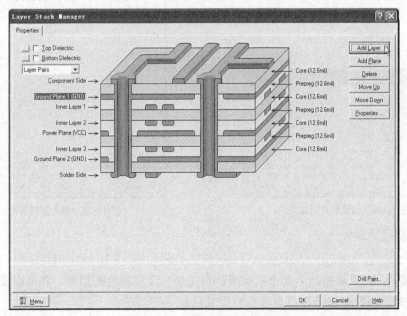

图15-13　工作层管理器对话框

① 层的添加、删除和移动

要添加层，先要选中某层，再单击 Add Layer 按钮，就会在该层下方添加了一个层。例如要在图 15-13 所示的印制板的接地层 "Groud Plane 1[GND]" 的下方添加一个信号层，可先在对话框的左方选中该层，然后单击右方的 "Add Layer" 按钮就可以在该层下方添加一个信号层，如果单击 "Add Plane" 按钮，就会在该层下方添加一个电源/接地层。

要删除层，只要选中要删除的层，再单击 "Delete" 按钮，就可以删除选择的层。

要移动层，只要选中要移动的层，再单击 "Move Up" 按钮，该层就会向上移动，每单击一次可往上移动一层，如果单击 "Move Down" 按钮，就可以下移该层。

② 层的编辑

如果想改变层的名称和铜箔厚度，可单击 "Propertics（属性）" 按钮，会弹出图 15-14 所示对话框，在对话框中的 "Name" 项中可以输入层的名称，在 "Copper thickness（铜箔厚度）" 项目输入该层的铜箔厚度数值，再单击 "OK" 按钮即可。

（2）钻孔层的设置

印制板并不都是从底层到顶层钻穿透孔，有的可能是底层与内部某层钻通。**钻孔层的设置就是设置钻孔起始和终止层**。单击图 15-13 所示的 "Layer Stack Mannger" 对话框中的 "Drill Pairs" 按钮，马上会弹出图 15-15 所示的对话框，其中列出了两种钻孔方式：第一种方式是从元件层（顶层）钻到焊接层（底层）；另一种方式从焊接层钻到 "Groud Plane 1[GND]"，从中选择一种方式再单击 "OK" 按钮即可。

如果单击 "Add"、"Delete" 和 "Edit" 就可以增加、删除和编辑钻孔方式。

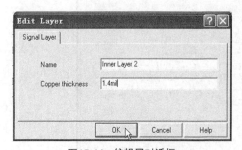

图15-14　编辑层对话框　　　　　　　　　图15-15　钻孔层设置对话框

（3）机械层的设置

执行菜单命令 "Design→Mechanical Layer"，会弹出图 15-16 所示的对话框，其中共列出了 16 个机械层，如果单击选中某个机械层的复选框，该层就会被打开，并可以设置名称，设置该层是否可见和设置是否在单层显示时同其他层一齐显示。

将各层设置完成后，如果再打开图 15-12 所示的 "Document Options" 对话框，就会发现该对话框有一些变化。

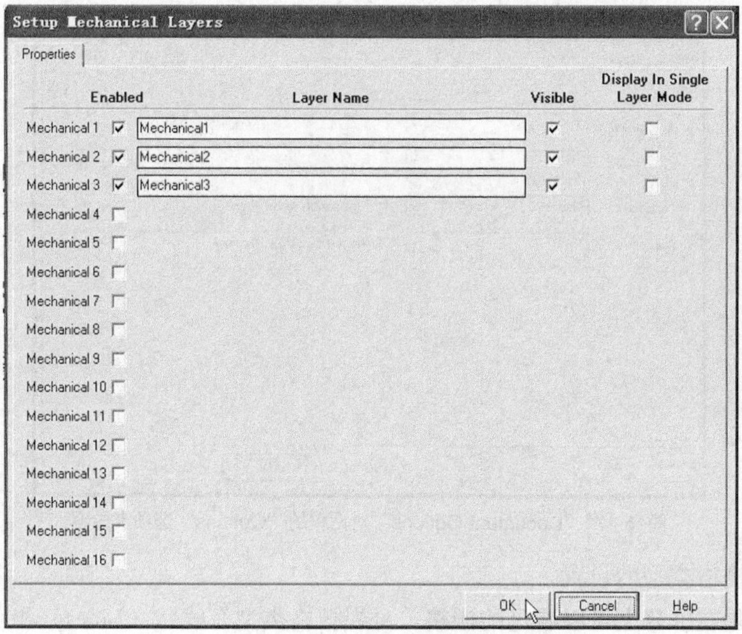

图15-16　机械层设置对话框

（4）工作层的打开与关闭

在设计印制板电路时，如果要关闭或打开某个层，可执行菜单命令"Design→Options"，会出现图 15-12 所示的"Document Options"对话框，该对话框显示出当前设计的印制板工作层情况。如果要关闭编辑器中某个层，可将该层前的勾去掉，打勾则是打开工作层；如果用鼠标左键单击"All On"按钮，会打开所有的层；如果用鼠标左键单击"All Off"按钮，会关闭所有的层；用鼠标单击"Used On"按钮，会打开常用的工作层。

3. 工作层栅格和计量单位的设置

在设计 PCB 板时，为了绘图方便、定位准确，与原理图编辑器一样，PCB 编辑器也可以设置工作层的栅格（网格）和计量单位。执行菜单命令"Design→Options"，打开图 15-12 所示的"Document Options"对话框，单击上方的"Options"选项卡，对话框切换成图 15-17 所示的内容。

（1）捕获栅格的设置

捕获栅格的设置实际上就是设置光标移动的间距。在"SnapX"项中可以选择或输入光标水平方向移动的间距，在"SnapY"项中可以选择或输入光标垂直方向移动的间距。

（2）元件栅格的设置

元件栅格的设置是设置元件移动的间距。在"Component X"项中可以选择或输入元件水平方向移动的间距，在"Component Y"项中可以选择或输入元件垂直方向移动的间距。

（3）电气栅格范围的设置

电气栅格主要是方便印制板布线而设置的特殊栅格。在移动导电对象（如导线、元件、过孔等）时，如果该导电对象进入另一个导电对象的电气栅格范围内时，两者将会自动连接在一起。要设置电气栅格范围时，先要选中"Electrical Grid"（即在该复选框打勾），然后在

"Range"（范围）项中选择或输入电气栅格范围，一般设置的数值应小于捕获栅格间距。

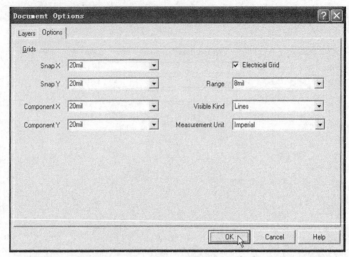

图15-17 "Document Options"对话框的"Options"选项卡内容

（4）可视栅格类型的设置

可视栅格是在屏幕上可以看见的栅格。可视栅格类型有线状（Lines）和点状（Dots）两种，在"Visible Kind"项中可以选择电气栅格的类型。

（5）计量单位的设置

Protel 99 SE 用到的计量单位有两种：英制（Imperal）和公制（Metric），默认的为英制单位。元件封装的大多采用英制单位，如贴片式 IC 相邻两个引脚距离一般为 0.05inch（英寸），所以在设计时尽量使用英制单位。英制单位有 inch（英寸）和 mil（毫英寸），公制单位有 cm（厘米）和 mm（毫米），

1 mil=0.0254mm。计量单位可在"Measurement Unit"项中进行设置。

15.1.5 PCB 编辑器参数设置

PCB 编辑器参数设置内容较难理解，如果已有一定的印制电路板设计基础，可阅读下面的内容，对于初学者简单浏览一下即可，或者直接跳过这些内容，这并不影响后面章节的学习。

在进行印制电路板设计时，如果想让 PCB 设计环境更个性化，可根据自己的习惯和爱好对 PCB 编辑器的有关参数进行设置。由于 PCB 编辑器参数设置很多内容比较难理解，如果刚接触印制电路板设计，可不用设置，让系统保持默认设置，而直接去进行印制电路板的设计。

PCB 编辑器参数设置内容主要包括显示状态、工作层颜色、默认参数、信号完整性、一些特殊功能等。这些参数可，设置好后一般不用经常更改。

进入 PCB 编辑器参数设置的方法是执行菜单命令"Tools→Preference"，会弹出图 15-18 所示"Preference"对话框，在对话框中有 6 个选项卡："Options"、"Display"、"Colors"、"Show/Hide"、"Defaults"、"Signal Integrity"，参数设置就在这 6 个选项卡中进行，如果对其中的某些项设置不是很明白，可以保持默认值，在以后理解这些设置后再按自己爱好进行设置。

1. "Options" 选项卡的设置

在"Preferences"对话框中,"Options"选项卡默认处于打开状态,如果没有打开,可单击"Options"选项卡。在该选项卡中有 6 个区域,主要是设置一些特殊的功能。

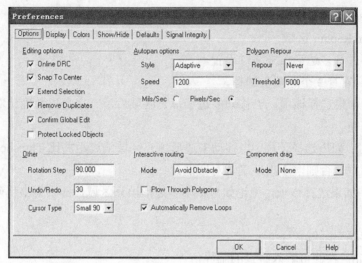

图15-18　"Preferences"对话框(默认打开"Options"选项卡)

(1) Editing Options 区域

① Online DRC:选择是否在线进行 DRC 检查。

② Snap To Center:该项在选中时,若用光标选取元件,光标会自动移到元件的第 1 脚处;若用光标移动字符,光标会移到字符的左下角;若该项未选中,会以光标所在的坐标位置选中对象。

③ Extend Selection:如果选中该项,那么在执行选取操作时可以连续选取多个对象,否则选取最后一个对象。

④ Remove Duplicates:如果选中该项,可自动删除重复的对象。

⑤ Confirm Global Edit:在选中该项的情况下,当进行整体编辑操作后会出现要求确认的对话框。

⑥ Protect Locked Objects:在选中该项的情况下,可以保护锁定的对象,使它不能执行移动、删除动作。

(2) Autopan options 区域

① Style:用于设置自动移过功能模式,共有下面 7 种模式供选择。

Disable:关闭自动移边模式。

Re-Center:以光标处为新的编辑区中心。

Fixed Size Jump:当选择该项时,当光标移到编辑区边缘时,系统会以 Step 文本框设定值移边,当按下"Shift"键后,系统会以 Shift Step 文本框设定值移边。

Shift Accelerate:当选择该项时,按住"Shift"键会提高移边速度。

Shift Decelerate:当选择该项时,自动移边时,按"Shift"键会减慢移边速度。

Ballistic:当选择该项时,光标越往编辑区边缘移动,移动速度越快。

Adaptive：自动适应模式，以 Speed 文本框的设定值来控制移边操作的速度，该项为系统默认值。

② Speed：用于移动速率值，默认为 1200。

③ Mils/Sec：移动速率单位（毫英寸/秒）

④ Pixels /Sec：另一种移动速率单位（象素/秒），在设置时可选择其中一种单位。

（3）Polygon Repour 区域

该区域主要进行多边形填充绕过设置。

① Repour：它有 3 个选项供选择。

Never 项：如果选择该项，当移动多边形填充区域后，一定会出现确认对话框，询问是否重建多边形填充。

Threshold 项：如果选择该项，当移动多边形填充区域偏离距离比 Threshold 设定值小时，会出现确认对话框，否则，不出现确认对话框。

Always 项：如果选择该项，无论如何移动多边形填充区域，都不会出现确认对话框，系统会直接

重建多边形填充区域。

② Threshold：在此可输入绕过的临界值。

（4）Other 区域

该区域有以下几项。

Rotation Step 项：用来设置元件的旋转角度，默认值为 90°。

Undo/Redo 项：用来设置操作撤消和重复的次数，默认为 30 次。

Cursor Type 项：设置光标的形状，它有三种形状供选择 Large 90（大十字形光标）、Small 90（小十字形光标）和 Small 45（叉形光标）

（5）Interactive routing 区域

该区域用于设置交互式布线的参数。

① Mode 项：设置交互式布线的模式，它有 Ignore Obstacle（忽略障碍碍，直接覆盖）、Avoid Obstacle（绕开障碍）和 Push Obstacle（推开障碍）3 种模式供选择。

② Plow Through Polygons 项;如果选中该项.多边形填充会绕过导线。

③ Automatically Remove Loops：如果选中该项，自动删除形成回路的走线。

（6）Component drag 区域

该区域用于设置元件拖动模式。它只有一个"Mode"项，如果选择"None"，在拖动元件时，只拖动元件本身，如果选择"Connected Track"，在拖动元件时，该元件的连线也会随之移动。

2."Display"选项卡的设置

在"Preferences"对话框中，单击"Display"选项卡，可打开该选项卡，如图 15-19 所示。该选项卡中有 3 个设置区域。

（1）Display options 区域

该区域有 6 个选项。

① Convert Special Strings 项：用来确定是否将特殊字符串转化为它所代表的文字。

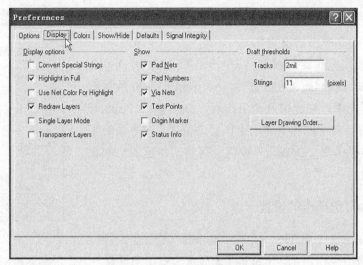

图15-19　"Display"选项卡的内容

② Highlight in Full 项：用来确定是否高亮状态显示。选中该项时，选中的对象将被填满白色，否则选中的对象只加上白色的外框。

③ Use Net Color For Highlight：选中该项时，选中的网络将以该网络所设置的颜色来显示。设置网络颜色的方法是在 PCB 管理器中切换到"Browse PCB"选项卡，在"Browse"下拉列表中选取"Nets"选项，然后在网络列表框内选取工作网络的名称，再单击"Edit"按钮打开"Net"对话框，在"Color"框内选取相应的颜色即可.

④ Redraw Layers 项：当选中该项时，每次切换板层系统都要重绘各工作层的内容，而工作层将绘在最上层，否则切换工作层时就不进行重绘操作。

⑤ Single Layer Mode 项：用来确定是否单层显示。当选中该项时，工作窗口上将只显示当前工作层的内容，否则工作窗口上将所有使用层的内容都显示出来。

⑥ Transparent Layers：用来确定是否透明显示。当选中该项时，所有层的内容和被覆盖的对象都会显示出来。

（2）Show 区域

在工作窗口处于合适的缩放比例时，下面所选中的选项属性值将会显示出来。

① Pad Nets：连接焊盘的网络名称。

② Pad Number：焊盘序号。

③ Via Nets：连接过孔的网络名称。

④ Test Point：测试点。

⑤ Origin Marker：原点。

⑥ Status Info：状态信息。

（3）Draft thresholds 区域

在该区域可设置在草图模式中走线宽度和字符串长度的临界值。

① Tracks 项：在此可输入走线宽度临界值，默认值为 2 mils，大于该值的走线将以空心线来表示，否则以细直线来表示。

② Strings 项：在此可输入字符串长度临界值，默认值为 11 pixels，大于该值的字符串将

以细线来表示，否则将以空心方块来表示。

（4）工作层绘制顺序的设置

如果要设置工作层的绘制顺序，可单击图 15-19 所示 Display 选项卡中的 Layer Drawing Order 按钮，会出现图 15-20 所示的对话框。在对话框中，先选中某个工作层，然后单击 Promote 或 Demote，就可以向上或向下移动工作层的位置，在上面的工作层先绘制，如果单击"Default"按钮，可将工作层的给制顺序恢复到默认值。

图15-20　工作层绘制顺序对话框

3. "Colors" 选项卡的设置

在"Preferences"对话框中，单击"Colors"选项卡，可打开该选项卡，如图 15-21 所示。"Colors"选项卡主要用来设置各工作层和系统对象的显示颜色。

要设置某一工作层的颜色，只要单击该层名称右边的颜色块，会弹出图 15-22 所示的"Choose Color（选择颜色）"对话框，可以在该对话框中来选择颜色或自定义颜色。

在"Colors"选项卡中，可调整颜色的系统对象有：DRC 标记、选取对象（Selection）、背景（Background）、焊盘通孔（Pad Holes）、过孔通孔（Via Holes）、飞线（Connections）、可视栅格 1（Visible Grid1）和可视栅格 2（Visible Grid 2）。一般情况下，最好不要改动颜色设置，否则容易出现颜色混乱，带来不必要的麻烦，万一出现这种情况，可单击"Default Color（系统默认颜色）"或"Classic Color（传统颜色）"按钮，所有对象颜色会恢复到系统的默认值。

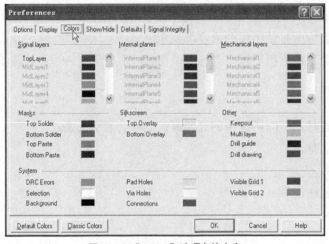

图15-21　"Colors"选项卡的内容

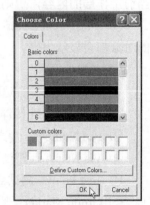

图15-22　选择颜色对话框

4. "Show/Hide" 选项卡

在"Preferences"对话框中，单击"Show/Hide"选项卡，可打开该选项卡，如图 15-23 所示。"Show/Hide"选项卡主要用来设置系统对象的显示模式。

在该选项卡中，可以对 10 个对象进行显示模式设置，这 10 个对象分别是：Arcs（弧线）、Fills（矩形填充）、Pads（焊盘）、Polygons（多边形填充）、Dimensions（尺寸标注）、Strings

（字符串）、Tracks（导线）、Vias（过孔）、Coordinates（坐标标注）和 Rooms（布置空间）。
每个对象都有 3 种模式供选择：Final（最终图稿）、Draft（草图）和 Hidden（隐藏）。设置为
Final 时对象显示效果最好，而设置为 Draft 显示效果最差，设置为 Hidden 时对象不会在工作
窗口显示出来。

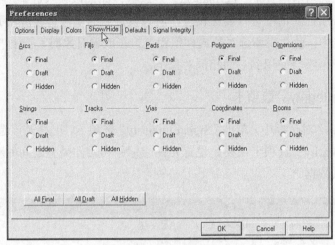

图15-23　"Show/Hide" 选项卡的内容

如果分别单击 "All Final"、"All Draft" 和 "All Hidden" 3 个按钮则会分别将所有的对象
同时设定为最终图稿、草图和隐藏模式。

5. "Default" 选项卡

在 "Preferences" 对话框中，单击 "Default" 选项卡，可打开该选项卡，如图 15-24 所示。
"Default" 选项卡主要是设置电路板对象的默认属性值。

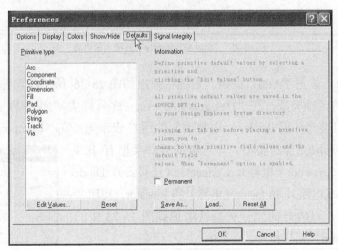

图15-24　"Default" 选项卡的内容

在该选项卡下，如果要编辑某个对象的默认属性，先在 "Primitive type（基本类型）" 列
表框中选择要编辑的对象，再单击 "Edit Values" 按钮，会弹出对象属性设置对话框，可以

在对话框中设置对象的属性，单击"Reset"按钮可以将所选对象的属性设置值恢复到原始状态，单击"ResetAll"按钮可以将所有对象的属性设置值恢复到原始状态，单击"Save As"按钮，可将当前各对象属性值保存成一个扩展名为.dft 的文件中，如果单击"Load"按钮，就可以将该文件加载到系统中。

在"Default"选项卡中有个"Permanent"复选框，如果该项未选中，在放置对象时，按"Tab"键可以打开属性对话框进行属性设置，而且设置后的属性值会应用到后续的相同对象上；如果该项被选中，就会将所选对象属性值锁定，在放置对象时，按下"Tab"键，仍可以设置对象属性值，但不会应用到后面相同对象上。

6. "Signal Integrity"选项卡

在"Preferences"对话框中，单击"Signal Integrity"选项卡，可打开该选项卡，如图 15-25 所示。"Signal Integrity"选项卡主要是设置元件的标号和元件类型之间的对应关系，为信号的完整性分析提供依据。

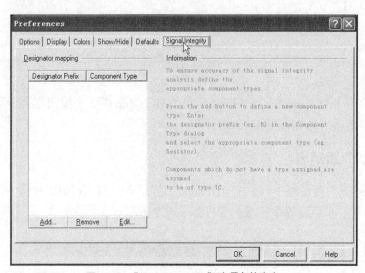

图15-25 "Signal Integrity"选项卡的内容

在图 15-25 中，单击"Add"按钮，系统将弹出如图 15-26 所示的元件类型设置对话框，用来定义一个新的元件类型。在"Designator Prefix（序号标头）"文本框中，输入元件的序号标头，一般电阻类元件用 R 表示，电容类元件用 C 表示等；在"Component Type（元件类型）"下拉列表中选取元件的类型，可选取的元件类型有 BJT（双结型晶体管）、Capacitor（电容）、Connector（连接器）、Diode（二极管）、IC（集成电路）、Inductor（电感）和 Resistor（电阻），单击"OK"按钮，设置好的元件类型就添加到图 15-25 中的"Designator Mapping"列表框中。

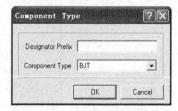

图15-26 元件类型设置对话框

如果要编辑元件的属性，只要在"Designator Mapping"列表框中选择元件类型，再单击"Remove"按钮即可，单击"Edit"按钮可以修改所选类型元件的属性值。这里要说明一点，没有归类的元件会被视为 IC 类型。

|15.2　手工设计印制电路板|

设计印制电路板简单来说，就是先规划印制板（如设置印制板的工作层和大小），再在上面放置各种对象，并将它们的位置调整好，这些称为布局，然后用连线将各元件连接起来，这称作布线。布局和布线完成后，印制板基本上就设计完成了。

15.2.1　放置对象

由于设计印制电路板需要在印制板上放置各种对象，放置对象主要是依靠 PCB 绘图工具来完成，要设计 PCB 板，必须要先掌握各种对象的放置及其属性的设置方法。

1. 放置元件封装

（1）放置元件封装

放置元件封装的操作过程如下。

① 单击"Placement Tools"工具栏（放置工具栏）的工具，或者执行菜单命令"Place→Component"，会弹出图 15-27 所示的"Place Component"对话框。

② 在该对话框的"Footprint"项中输入要放置的元件封装名称（如 AXIAL0.3），在"Designator"项中输入元件的标号（如 R1），在"Comment"项中输入元件型号或标称值（如56k），然后单击"OK"按钮，光标旁就跟随着放置元件，如图 15-28 所示，单击鼠标左键，就在 PCB 工作窗口放置了一个 AXIAL0.3 元件封装。

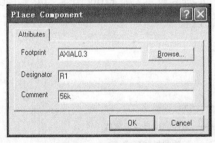

图15-27　放置元件对话框

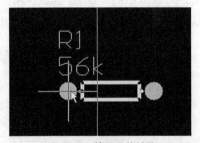

图15-28　放置元件封装

在放置时，如果按空格键可以旋转元件封装。一个元件封装放置完毕，又会自动弹出下一个元件的"Place Component"对话框，可以在该对话框中按上述方法选择和设置一个元件封装，单击该对话框中的"Cancel（取消）"按钮，可取消元件封装的放置。

在放置元件封装时，如果不知道元件封装的名称，可在图 15-27 所示的"Place Component"对话框中单击"Browse"按钮，弹出图 15-29 所示的对话框，在 Libraries 区域的下拉列表中可选择要查找折元件封装库，如果当前元件封装库没有需要的元件封装，可单击"Add/Remove（添加/移除）"按钮，能将其他的元件封装库加载进来；在 Components 区域的 Mask 项中可输入查找条件，如输入 A*，再按回车键，马上在下面的列表框中出现所有以 A 打头的元件封装，选择其中一种，在该对话框右方会显示当前选中元件封装的形状，显示区下方的三个按钮是用来缩放显示区图形的，其中"Zoom All"意为放大到整个显示区大小，Zoom In 意为放大，Zoom Out 意为缩小，单击"Close"按钮就选择了选中的元件封装同时关闭该对话框，返回到图 15-29 所示的对话框。

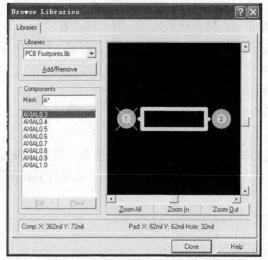

图15-29　浏览元件库查找元件对话框

（2）元件封装属性的设置

如果元件封装已经放置下来，要设置元件封装的属性，只要在元件封装上双击鼠标左键，就会弹出图 15-30 所示对话框，如果正处于元件封装放置状态，可按"Tab"键，同样会弹出图 15-30 所示的对话框。

在对话框中可以对元件封装属性进行设置，"Properties"选项卡的各设置项功能见图标注说明，对话框中的"Designator"和"Comment"选项卡设置与"Properties"选项卡设置类似，这里不再赘述，设置好后单击"OK"按钮完成设置。

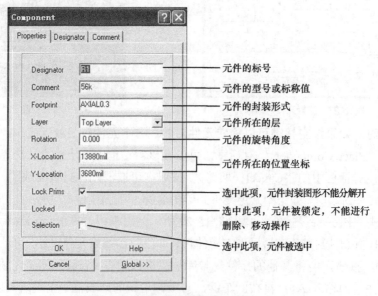

图15-30　元件封装属性设置对话框

2.　放置焊盘

在放置元件封装时，元件封装本身带有焊盘，但电路板有些地方需要有独立的焊盘，以便在这些焊盘上焊接导线以便与别的独立器件（如扬声器）连接。

（1）焊盘的放置

放置焊盘的操作过程如下。

① 单击"Placement Tools"工具栏（放置工具栏）的 ◉ 工具，或者执行菜单命令"Place →Pad"，光标中央会跟随焊盘，如图 15-31 所示，将焊盘移到合适处，单击鼠标左键，就将焊盘放置下来。

② 焊盘放置完成后，光标仍处于放置焊盘状态，可以移动光标可继续放置焊盘，单击鼠标右键可取消焊盘的放置。

图15-31　放置焊盘

（2）焊盘属性的设置

如果焊盘已经放置下来，要设置焊盘的属性，只要在焊盘上双击鼠标左键，就会弹出图 15-32 所示对话框，如果正处于焊盘放置状态，可按"Tab"键，同样会弹出图 15-32 所示的对话框，在对话框中有 3 个选项卡。

① "Properties"选项卡

该选项卡的各项功能说明如图 15-32 标注所示。

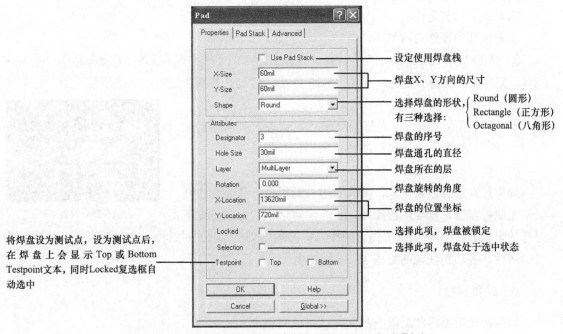

图15-32　焊盘属性设置对话框（默认打开"Properties"选项卡）

② "Pad Stack"选项卡

该选项卡主要是设置焊盘栈（多层焊盘），只有"Properites"选项卡中的 Use Pad Stack 项选中时，该选项卡才有效。"Pad Stack"选项卡功能说明如图 15-33 标注所示。

③ "Advanced"选项卡

该选项卡用来设置焊盘的一些高级属性，各设置项功能说明如图 15-34 标注所示。

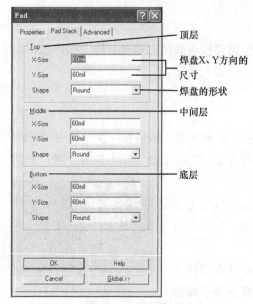

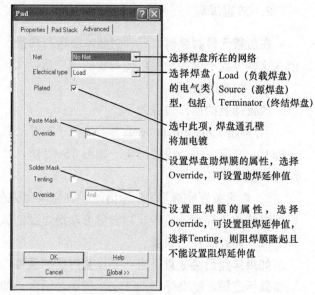

图15-33 "Pad Stack"选项卡的内容　　　　图15-34 "Advanced"选项卡的内容

3. 放置过孔

过孔的作用是连接电路板不在同一层的导电层。

（1）过孔的放置

放置过孔的操作过程如下。

① 单击"Placement Tools"工具栏（放置工具栏）的 工具，或者执行菜单命令"Place→Via"，光标中央会跟随过孔，如图 15-35 所示，将过孔移到合适处，单击鼠标左键，过孔就放置下来。

② 过孔放置完成后，光标仍处于放置状态，可以移动光标可继续放置过孔，单击鼠标右键可取消过孔的放置。

（2）过孔属性的设置

如果过孔已经放置下来，要设置过孔的属性，只要在过孔上双击鼠标左键，就会弹出图 15-36 所示对话框，如果正处于

图15-35 放置过孔

过孔放置状态，可按"Tab"键，同样会弹出图 15-36 所示的对话框。在对话框中可以设置过孔的属性，各项属性说明见图 15-36 标注所示。

4. 放置导线

导线的作用是将印刷板上的元件进行电气连接。

（1）导线的放置

放置导线的操作过程如下。

① 单击"Placement Tools"工具栏（放置工具栏）的 工具，或者执行菜单命令"Place→Interactive Routing（交叉式布线）"，鼠标会变成光标状。

② 绘制直线导线。将光标移到合适的位置，单击鼠标左键，确定导线的起点，再将光标移到导线的终点，单击鼠标左键，就确定了导线的终点，如图 15-37 所示，单击鼠标右键结

束一根导线的绘制。

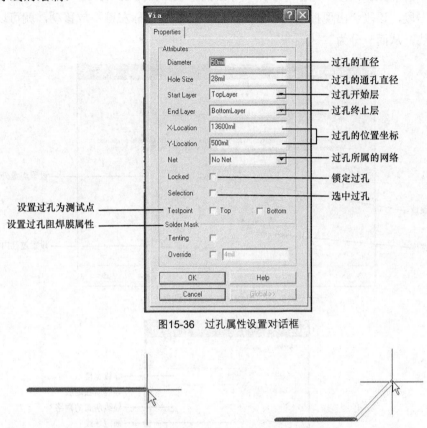

图15-36 过孔属性设置对话框

图15-37 绘制直线导线   图15-38 绘制折线导线

③ 绘制折线。用 ┌╵ 工具不但可以绘制直线导线，还可以绘制折线导线，在单击鼠标左键确定导线起点后，斜着移动光标，会出现图 15-38 所示的折线，折线一段为实线，另一段为虚线，如果单击鼠标左键可以固定实线部分，如果双击鼠标左键，虚线部分也会变成实线，从而绘制成一条折线导线。

在绘制导线时，单击鼠标右键，结束一条导线的绘制，可以接着绘制另一条导线，要取消导线的绘制，可双击鼠标右键。

（2）导线属性的设置

导线属性设置与前面一些对象不同，它要进行两方面的设置。

① 在绘制导线过程中（已确定了导线起点，还未确定终点时），按"Tab"键，会弹出图 15-39 所示的对话框，在该对话框可以设置导线所在的工作层，导线的宽度和过孔的内外径大小。

② 在导线已绘制好后，在导线上双击鼠标左键，弹出图 15-40 所示的"Track"对话框，对话框中各项功能见图标注说明，设置好后单击"OK"按钮完成设置。

（3）导线的编辑

导线放置好后，还可以对它进行编辑，方法是：在导线上单击鼠标左键，导线上会出现 3 个控制块，如图 15-41 （a）所示。在左边的一个控制块上单击鼠标左键，鼠标旁出现十字形光标，移动光标可以改变导线的方向，如图 15-41 （b）所示；在中间的控制块上单击左键，鼠标旁出现十字形光标，移动光标可以改变导线的形状，如图 15-41（c）所示；如果是折线，单击其中的一段，该段会出现控制块，在这段导线上按下鼠标左键不放移动，就可以将它移离另一段导线，从而一分为二。

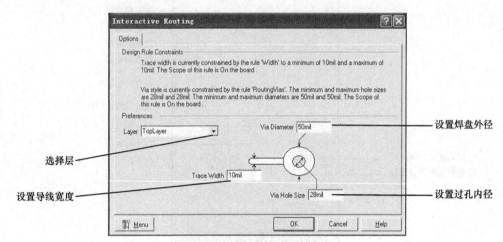

图15-39　导线属性设置对话框一

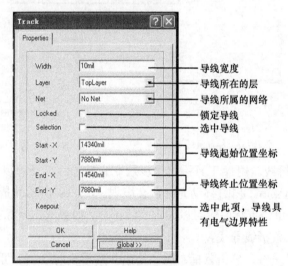

图15-40　导线属性设置对话框二

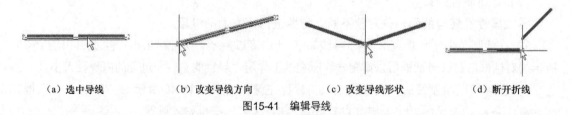

（a）选中导线　　（b）改变导线方向　　（c）改变导线形状　　（d）断开折线

图15-41　编辑导线

5. 放置连线

连线与导线是不同，它没有电气特性，连线通常是用来绘制电路板的边界、元件的边界、禁止布线边界等。

（1）连线的放置

放置连线的操作过程如下。

① 单击"Placement Tools"工具栏（放置工具栏）的 ≋ 工具，或者执行菜单命令"Place→Line"，鼠标会变成光标状。

② 绘制连线的具体方法与导线相同，这里不再说明。

（2）连线属性的设置

在放置连线过程中，按"Tab"键，会弹出图 15-42 所示的对话框，在对话框中可设置线的宽度和所在的工作层。

如果要对连线属性进行更详细的设置，可在已绘制好的连线上双击，会弹出与图 15-40相同的"Track"对话框，在该对话框中可以对连线进一步进行设置。

6.　放置字符串

在设计印制电路板时，常常需要在一些地方放置一些说明文字，这些文字称为字符串，如电路板的各种标注文字。这些字符串一般放置在丝印层或机械层。

（1）字符串的放置

放置字符串的操作过程如下。

① 单击"Placement Tools"工具栏（放置工具栏）的 T 工具，或者执行菜单命令"Place→String"，鼠标会变成光标状，并且光标旁跟随着字符串，如图 15-43 所示。

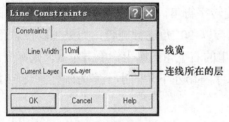

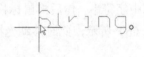

图15-42　连线属性设置对话框　　　　　　　　　图15-43　放置字符串

② 按下"Tab"键，会弹出图 15-44 所示的对话框，各项功能见图标注说明，设置完成后单击"OK"按钮关闭对话框，然后将光标移到合适的位置，单击鼠标左键就放置了一个字符串。

（2）字符串属性的设置

在已经放置好的字符串上双击鼠标左键，也会弹出图 15-44 所示的对话框，这里着重说明"Text"项的设置。

"Text"项可以直接输入文字，也可以在下拉列表中选择系统提供的特殊字符串。如果输入文字，在电路板上会显示出输入的文字，打印出来也是输入的文字，如果选择是下拉列表中的特殊字符串，例如，在下拉列表中选择特殊字符串.Print_Data，设置完后，在编辑区中看见的字符仍是.Print_Data，但打印出来的是设计印刷板的时间：19-Aug-2006。

在选择特殊的字符串后，默认屏幕显示仍为特殊字符串文字，如果想知道解释后字符串内容，可执行菜单命令"Tools→Preferences"，打开"Preferences"对话框，将"Display"选项卡中的"Convert Special Strings"复选框选中，那么在屏幕将会显示解释的字符。

图15-44　字符串属性设置对话框

（3）字符串的编辑

① **字符串的选取**。在字符串上单击鼠标左键，字符串左下角会出现一个小十字形，右下有出现一个小圆，此时字符串就处于选取状态，如图 15-45（a）所示。

② **字符串的移动**。将鼠标移到字符串上，再按下左键不放进行移动，就可以移动字符串。

③ **字符串的旋转**。如果仅需按 90°角旋转字符串，可先选中字符串，然后将鼠标放在字符串上按左键不放，再按空格键，字符串就会以 90°角进行旋转；如果想以任意角旋转字符串，可先选中字符串，然后将鼠标移到字符串的右下角的圆上，单击左键，鼠标旁出现光标，如图 15-45（b）所示，此时移动光标就能以字符串左下角的小十字为轴任意旋转字符串。

（a）选中字符串　　　　　　　　　　　　　　　（b）旋转字符串

图15-45　字符串的编辑

7. 放置填充

在印制电路板布线完成后，一般要在电路板上没有导线、过孔和焊盘的空白区放置大面积的铜箔进行填充，来作为电源或接地点，这样做有利于散热和提高电路的抗干扰性。填充有两种方式：一种是矩形填充；另一种是多边形填充。

（1）放置矩形填充

① 放置矩形填充的操作过程：单击 "Placement Tools" 工具栏（放置工具栏）的■工具，或者执行菜单命令 "Place→Fill"，鼠标会变成光标状，在编辑区合适位置单击鼠标左键，确定矩形的一个顶点，再移动光标拉出一个矩形，再单击左键就放置了一个矩形填充，如图 15-46 所示。

② **矩形填充的属性设置**：在放置矩形填充过程中，按下"Tab"键，会弹出图 15-47 所示的对话框，各项功能见图标注说明，设置完成后单击"OK"按钮关闭对话框。

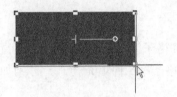

图15-46　绘制矩形填充

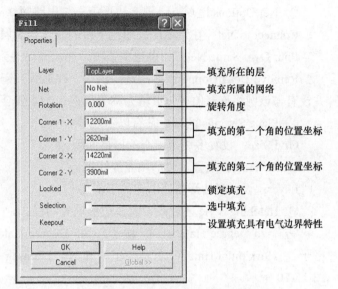

图15-47　矩形填充属性设置对话框

③ **矩形填充的编辑**：在矩形填充上单击鼠标左键，周围出现控制块，此时矩形填充就处于选中状态；矩形填充处于选取状态时，按下键盘上的"Delete"键可以将它删除；拖动矩形填充周围的控制块就可以缩放大小；将鼠标移到矩形填充的中间小圆上单击左键，鼠标旁出现十字光标，移动光标可以旋转光标。

（2）放置多边形填充

1）**放置多边形填充的操作过程**：单击"Placement Tools"工具栏（放置工具栏）的⌐工具，或者执行菜单命令"Place→Polygon Plane"，马上会弹出图 15-48 所示的"Polygon Plane"对话框，可以在对话框中设置多边形填充的属性，也可以保持默认值，单击"OK"按钮完成设置。这时鼠标旁出现光标，单击左键确定多边形填充的起点，然后在每个拐弯处单击确定各个顶点，如图 15-49（a）所示，最后在终点处单击鼠标右键，起点和终点自动连接起来，并且多边形被填充，如图 15-49（b）所示。

图15-48　多边形填充设置对话框

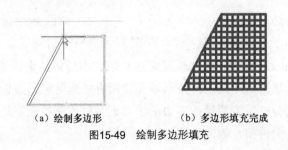

（a）绘制多边形　　　（b）多边形填充完成

图15-49　绘制多边形填充

2）多边形填充属性的设置：如果对多边形填充默认属性不满意，可在图 15-48 所示的"Polygon Plane"对话框中进行设置。该对话框各项功能说明如下。

① Net Options 区域：设置多边形填充与电路网络间的关系，它有以下几项。

Connect to Net：在该项可以通过下拉列表选择所属的网络名称；

Pour Over Same Net：如果选中该项，在填充时遇到连接网络就直接覆盖；

Remove Dead Copper：如果选中该项，在遇到死铜（已经设置与某个网络连接，但实际并没有与该网络连接的多边形填充称为死铜）时，就会将它删除。

② Plane Settings 区域：它有以下几项。

Grid Size：设置多边形填充的栅格间距；

Track Width：设置多边形填充的线宽；

Layer：设置多边形填充所在的工作层；

③ Hatching Style 区域：设置多边形填充的样式。

它有 90-Degree Hatch（90°格子）、45-Degree Hatch（45°格子）、Vertical Hatch（垂直格子）、Horizontal Hatch（水平格子）和 No Hatching（没有格子）5 种填充样式，分别如图 15-50 所示。

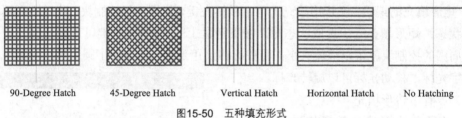

90-Degree Hatch　　45-Degree Hatch　　Vertical Hatch　　Horizontal Hatch　　No Hatching

图15-50　五种填充形式

④ Surround Pads With 区域：用来设置多边形填充环绕焊盘的形式。

Octagons：八角形环绕；

Arcs：圆弧形环线，两种环绕形式如图 15-51 所示。

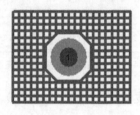 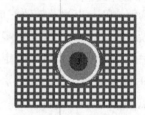

（a）八角形环绕　　　　　　　　　　（b）圆弧环绕

图15-51　两种多边形填充环绕焊盘形式

⑤ Minimum Primitives 区域：用来设置多边形填充内最短的走线长度。

矩形填充与多边形填充是不同的：矩形填充将所有矩形区域用覆铜填充，该区域内所有的导线、焊盘、过孔都会被覆铜覆盖；多边形填充则是以覆铜填充多边形区域，但不会覆盖具有电气特性的对象。两种填充效果如图 15-52 所示。

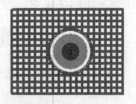

（a）矩形填充效果　　　　　　　　　（b）多边形填充效果

图15-52　矩形与多边形填充效果的区别

8. 放置切分多边形

切分多边形与多边形类似，不过它是用来切分印刷板内部电源或接地层（Internal Plane），在放置切分多边形时一般要求当前设计的 PCB 板中有内部电源层或接地层，否则将无法放置。

放置切分多边形的操作过程如下。

单击"Placement Tools"工具栏（放置工具栏）的 ⬚ 工具，或者执行菜单命令"Place→Split Plane"，会弹出图 15-53 所示的属性设置对话框，在对话框中设置多边形的线宽、所在的工作层和所属的网络，再单击"OK"按钮完成设置。这时鼠标旁出现十字光标，在合适位置单击左键，确定多边形的起点，然后在每个拐弯处单击确定多边形其他顶点，最后在终点单击右键，如图 15-54 所示，起点和终点自动连接起来，就绘制好了一个切分多边形。

要说明的是，切分多边形只能在电源/接地层上绘制，如果当前层不是这类层，系统会自动切换到电源/接地层上。

图15-53　切分多边形属性设置对话框

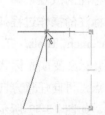

图15-54　绘制切分多边形

9. 放置坐标

放置坐标就是将当前光标所在位置的坐标值放置在工作层上。坐标通常放在非电气层上。

（1）坐标的放置

放置坐标的操作过程如下。

单击"Placement Tools"工具栏（放置工具栏）的 ⊹ 工具，或者执行菜单命令"Place→Coordinate"，鼠标会变成光标状，并且光标旁跟随着坐标值，如图 15-55 所示，光标移动，坐标值也会变化，单击鼠标左键，就放置了一个坐标值。

（2）坐标属性的设置

在已放置的坐标上双击鼠标左键，或在放置坐标时按下"Tab"键，会弹出图 15-56 所示

⊹ 11660,6840 （mil）

图15-55　放置坐标

的对话框，各项功能见图标注说明，设置完成后单击"OK"按钮结束坐标属性设置。

		十字形坐标的尺寸
		十字形坐标的宽度
		坐标值的单位格式
		坐标数值文字的高度
		坐标数值文字的宽度
		坐标字体
		坐标所在的层
		坐标所在的位置
		锁定坐标
		选中坐标

图15-56 坐标属性设置对话框

10. 放置尺寸标注

放置尺寸就是将某些对象的尺寸标注（如电路板尺寸等）放置在电路板上。尺寸标注通常放在机械层上。

（1）尺寸标注的放置

放置尺寸标注的操作过程如下。

单击"Placement Tools"工具栏（放置工具栏）的工具，或者执行菜单命令"Place→Dimension"，鼠标会变成光标状，移动光标到尺寸的起点，单击左键确定起点，再向任意方向移动光标，光标旁显示尺寸的数值不断变化，如图15-57所示，移到合适的位置单击鼠标左键，确定尺寸的终点，这样就放置了一个尺寸标注。

图15-57 放置尺寸标注

（2）尺寸标注属性的设置

在已放置的尺寸标注上双击鼠标左键，或在放置尺寸标注时按下"Tab"键，会弹出图15-58所示的对话框，设置完成后单击"OK"按钮结束尺寸标注属性设置。

11. 放置圆弧

PCB绘图工具提供了3种绘制圆弧的工具和一种绘制圆的工具。

（1）圆弧的绘制

① 利用边缘法绘制圆弧：它是利用确定圆弧的起点和终点来绘制圆弧。

该方法的绘制操作过程是：单击"Placement Tools"工具栏（放置工具栏）的工具，或者执行菜单命令"Place→Arc（Edge）"，鼠标会变成光标状，在合适的位置单击左键确定圆弧的起点，再将光标移到终点处单击左键确定圆弧的终点，如图15-59所示。绘制好粗线条的圆弧如图 15-60 所示。

　　② **利用中心法绘制圆弧**：它是利用确定圆弧的中心、半径、起点和终点来绘制圆弧。

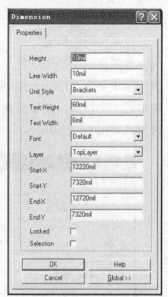

图15-58　尺寸标注属性设置对话框

　　该方法的绘制操作过程是：单击"Placement Tools"工具栏（放置工具栏）的工具，或者执行菜单命令"Place→Arc（Center）"，鼠标会变成光标状，在合适的位置单击左键确定圆弧的中心，再移动光标拉出一个圆，单击鼠标左键确定圆的半径，这时光标会自动跳到圆的右侧水平位置，移动光标到某位置并单击左键，确定圆弧的起点，再移动光标到另一处，单击左键确定圆弧的终点，就绘制好了圆弧。

　　③ **利用角度旋转法绘制圆弧**：它是利用确定圆弧的起点、圆心和终点来绘制圆弧。

　　该方法的绘制操作过程是：单击"Placement Tools"工具栏（放置工具栏）的工具，或者执行菜单命令"Place→Arc（Any Angle）"，鼠标会变成光标状，在合适的位置单击左键确定圆弧的起点，再移动光标拉出一个圆，在某处单击鼠标左键确定圆弧的圆心，圆心确定好后，光标会自动跳到圆的右侧水平位置，移动光标到某位置并单击左键，确定圆弧的终点，圆弧就绘制好了。

图15-59　绘制圆弧　　　　　　　图15-60　圆弧绘制完成

　　（2）圆的绘制

　　圆是通过确定圆心和半径来绘制的。圆的绘制过程如下。

　　单击"Placement Tools"工具栏（放置工具栏）的工具，或者执行菜单命令"Place→Full Circle"，鼠标会变成光标状，在合适的位置单击左键确定圆的圆心，再移动光标拉出一个圆，在某处单击鼠标左键确定圆半径，这样就绘制好了一个圆。

　　（3）圆弧属性的设置

　　在已放置的圆弧上双击鼠标左键，或在放置圆弧时按下"Tab"键，会弹出图 15-61 所示的对话框，各项功能见图标注说明，设置完成后单击"OK"按钮结束圆弧属性的设置。

12. 放置房间

　　这里的房间（Room）是指一个矩形区域，这个功能一般很少使用，阅读如果觉得困难可跳过，并不影响后面内容的学习。

　　在设计 PCB 板时，为了操作方便，可以在顶层或底层上绘制一个矩形区域（房间），然后通过设置将元件、元件类或封装分配给该区域，当移动该区域时，区域内的这些元件也会随之移动。房间可以设为无效，也可设定为锁定。

（1）房间的放置

放置房间的操作过程是：单击"PlacementTools"工具栏（放置工具栏）的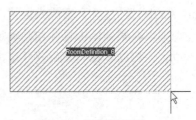工具，或者执行菜单命令"Place→Room"，鼠标会变成光标状，在编辑区合适位置单击鼠标左键，确定矩形的一个顶点，移动光标拉出一个矩形，再单击左键确定一个对角点，这样就放置了一个房间，如图 15-62 所示。

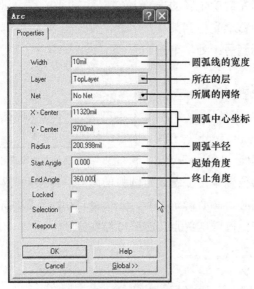

图15-61　圆弧属性设置对话框

图15-62　放置矩形区域

（2）房间属性的设置

在放置房间的过程中按下"Tab"键，或者在已放置好的房间上双击左键，会弹出图 15-63 所示的对话框，各项功能说明如下。

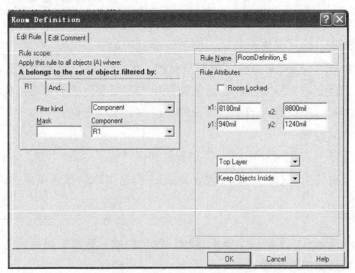

图15-63　Room属性设置对话框

Rule Name：用于设置房间的名称；

Room Locked：当选中时，房间被锁定，无法移动；

x1、y1、x2、y2：用来设置房间的两个对角顶点的坐标；

下面两个下拉列表分别是：第一个下拉列表设置房间所在的层：有顶层和底层两种选择；第二个下拉列表设置房间适用条件：有 Keep Objects Inside（将对象限制在房间内部）和 Keep Objects Outside（将对象限制在房间外部）两种选择。

Rule Scope：通过下面几个下拉列表来选择属于该房间的对象，图中将元件 R1 设为属于该房间，当移动该房间时，R1 也会随之移动。

15.2.2　手工布局

在设计 PCB 板时，布局主要包括规划印制板（如设置印制板的工作层、大小等），然后在上面放置各种对象，再设置属性并将它们的位置调整好。

Protel 99 SE 具有自动布局功能，但需要首先设计出电路原理图，对于一些简单的电路可以不用设计原理图，而是用手工法直接进行印制电路板设计。这里以设计图 15-64（a）所示的放大电路的 PCB 板为例来说明手工布局方法。最终完成布局的放大电路的 PCB 板如图 15-64（b）所示。

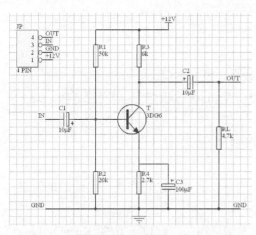
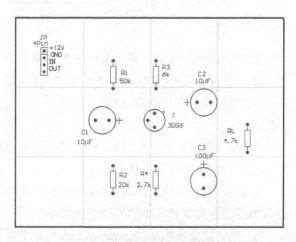

（a）电路原理图　　　　　　　　　　（b）布局完成的印制电路板

图15-64　放大电路原理图与元件的布局

1. 布局印制电路板

布局印制电路板主要是设置原点、工作层、电路板的大小等内容。

（1）设置原点

设计印制电路板是在 PCB 编辑器的工作窗口中进行的。在工作窗口中采用了坐标来精确定位对象的位置，工作窗口的左下角为坐标原点（0，0），这个坐标原点称为绝对原点（Absolute Origin），为了更方便布局电路板，可以根据需要将工作窗口中的某点设作原点，这个原点称为相对原点（Relative Origin），该相对原点坐标为（0，0），后面放置对象的坐标就以该原点作为基准。如在工作窗口中央绘制一个矩形电路板范围，可将该矩形的左下角定为相对原点。

设置相对原点的方法如下。

① 单击"Placement Tools"工具栏（放置工具栏）的⊗工具，或者执行菜单命令"Edit→Origin→Set"，鼠标会变成光标状，将光标移到要设作相对原点的位置，单击鼠标左键，该处就被定为相对原点，工作窗口将以该原点作为基准点（0，0）。

② 如果要取消相对原点，可执行菜单命令"Edit→Origin→Reset"即可。

（2）设置电路板的工作层数量

由于设计的放大电路很简单，可以采用单面板来设计。**单面板主要需要以下几层。**

顶层（Top Layer）：用来放置元件；

底层（Bottom Layer）：用来布线和焊接元件；

禁止布线层（KeepOut Layer）：用来绘制电路板的边框（即物理边界）；

顶层丝印层（TopOver Layer）：用来放置一些标注字符；

多层（Multi Layer）：用来放置焊盘。

当新建一个 PCB 文件时，该文件会自动建立上面 5 个工作层，在工作窗口下方可以看见这些层的标签，如图 15-65 所示，如果要打开或关闭某些工作层，具体操作方法见本章第一节 PCB 板的工作层的设置内容，这里不再说明。

TopLayer / BottomLayer / TopOverlay / KeepOutLayer / MultiLayer /

图15-65　工作层标签

如果要切换工作层，可以采用下面几种方法。

① 用鼠标单击工作窗口下方的工作层标签，就会切换到该层。

② 按键盘的右边小键盘的"+"或"－"，可以从左到右或从右到左依次打开图 15-65 所示的工作层。

③ 按小键盘上的"*"键，可以在顶层和底层进行切换。

（3）设置电路板的形状和大小

在设计电路板时要设置电路板的形状和大小，这可以通过在禁止布线层上绘线来确定。**设置电路板的形状和大小的操作方法如下。**

① **选择禁止布线层（KeepOut Layer）**：用鼠标左键单击工作窗口下方的"KeepOutLayer"标签，切换到禁止布线层。

② **设置相对原点**：单击"Placement Tools"工具栏的⊗工具，将工作窗口某处设为相对原点。

③ **绘制矩形边界**：单击"Placement Tools"工具栏的 ≲ 工具，鼠标会变成光标状，以相对原点为起点，绘制一条长为 4000mil 的水平直线（在直线的终点，状态栏显示的坐标为 X：4000mil，Y：0mil），然后用同样的方法以原点为起点绘制一条长为 3000mil 的竖线（该直线终点坐标为 X：0mil，Y：3000mil），再绘制两条直线与这两条直线连接起来构成一个长为 4000mil、高为 3000mil 的矩形框边界，如图 15-66 所示，后面设计印制板电路就在这个矩形框中进行。

如果对矩矩形绘制的不满意，可双击边框线，在弹出的对话框中设置边框线的粗细、长度等属性。

2. 装载、查找与放置元件封装

印制电路板工作层和大小设置好后，接下来就是往电路板上放置元件封装。Protel 99 SE 默认安装的元件封装库中的元件封装数量并不多，可能没有要放置的元件封装，解决方法就是将外部的元件封装库装载进 PCB 编辑器中。

图15-66 绘制完成的矩形框边界

（1）装载元件封装库

Protel 99 SE 在外部提供了常见的元件封装库，这些元件封装库的位置是\Design Explorer 99 SE\Library\Pcb，在 Pcb 文件夹中有 3 个文件夹：Connectors 文件夹（内含多个连接元件封装库）；Generic Footprints 文件夹（内含多个普通元件封装库）和 IPC Footprints 文件夹（内含多个 IPC 元件封装库），在这 3 个文件夹中比较常用的元件库有 Advpcb.ddb、Dc to Dc.ddb 和 General IC.ddb，它们都在 Generic Footprints 文件夹中。

在图 15-64（a）所示的放大电路中，各个元件及元件封装所在的元件库文件见表 15-1。

表 15-1　　　　　　　放大电路各个元件及元件封装所在的元件库文件

元件名称	元件标号	元件所在 SCH 库	元件封装	元件所属 PCB 元件库
RES2	RB1	Miscellaneous Devices.ddb	AXIAL0.4	Advpcb.ddb
RES2	RB2	Miscellaneous Devices.ddb	AXIAL0.4	Advpcb.ddb
RES2	RE	Miscellaneous Devices.ddb	AXIAL0.4	Advpcb.ddb
RES2	RC	Miscellaneous Devices.ddb	AXIAL0.4	Advpcb.ddb
RES2	RL	Miscellaneous Devices.ddb	AXIAL0.4	Advpcb.ddb
ELECTR01	C1	Miscellaneous Devices.ddb	RB.2/.4	Advpcb.ddb
ELECTR01	C2	Miscellaneous Devices.ddb	RB.2/.4	Advpcb.ddb
ELECTR01	CE	Miscellaneous Devices.ddb	RB.2/.4	Advpcb.ddb
NPN	T	Miscellaneous Devices.ddb	TO-5	Advpcb.ddb
接插件	JP	Miscellaneous Devices.ddb	SIP6	Advpcb.ddb

装载元件库封装的方法与装载元件基本相同，具体操作过程如下。

① 单击主工具栏上的 ♨ 工具，也可以执行菜单命令"Design→Add/Remove Library"，还可以单击元件封装库管理器中的"Add/Remove"，都会弹出图 15-67 所示的添加/删除元件封装库对话框。

② 在图 15-67 所示的对话框中，先选中要加载的元件封装库文件，然后单击"Add"按钮，选中的元件封装库文件就被加入到对话框下面的列表框中，如果想删除列表框中某个元件封装库文件，只要在列表框中选中该文件，再单击"Remove"按钮，选中的文件会被删除，单击"OK"按钮，列表框中的所有的元件封装库文件都会加载到 PCB 编辑器中。

（2）查找与放置元件封装

查找与放置元件封装有两种方式：一种是利用元件封装库管理器；另一种方法是利用"Browse Libraries"对话框。

利用元件封装库管理器来查找和放置元件封装的操作过程如下。

① 单击设计管理器上方的"Browse PCB"，将设计管理器切换到图 15-68 所示的元件封装库管理器。

② 在元件封装管理器中可以这样查找元件：单击 A 处的下拉按钮，在下拉列表中选择

"Libraries"，在 B 区会显示元件封装库文件（如果没有需要的元件封装库文件，可单击"Add/Remove"按钮加载需要的元件封装库文件），在 B 区选中需查找的库文件，在 C 区会显示出该库文件中所有的元件封装，在 C 区选中某元件封装，在 D 区会显示出该元件封装外形。

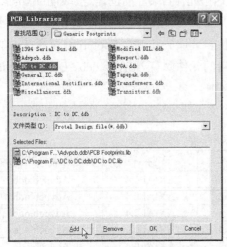

图15-67　添加/删除元件封装库对话框

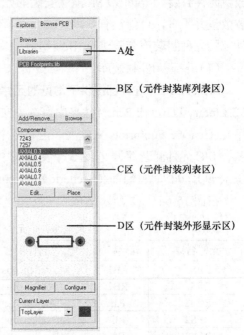

图15-68　元件封装库管理器

③ 在 C 区查找到需要的元件封装后，选中该元件封装，再单击下面的"Place"按钮，就可以将该元件封装放置到电路板上。

利用"Browse Libraries"对话框来查找和放置元件封装的操作过程如下。

① 单击主工具栏上的图标，或执行菜单命令"Design→Browse Components"，会弹出"Browse Libraries"对话框，如图 15-69 所示。

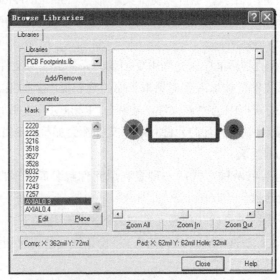

图15-69　浏览元件封装库对话框

② 单击"Libraries"区域的下拉按钮，从下拉列表中选择要查找的元件封装库文件（如果没有需要的库元件封装库文件，可单击下面的"Add/Remove"按钮加载需要的库文件），选择要查找的库文件后，在 Components 区域会显示该库文件中所有的元件封装，当选中某个元件封装时，会在对话框右边的区域显示该元件封装的外形。

③ 在"Components"区域找到需要的元件封装后，选中该元件封装，再单击下面的"Place"按钮，该对话框会自动关闭，选中的元件封装就会出现在电路板上，如图 15-70 所示，移动元件封装到合适的地方，单击鼠标左键就将该元件封装放置下来。

按表 15-1 放置好各种元件封装的 PCB 板如图 15-71 所示。

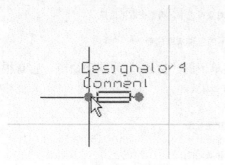

图15-70　放置元件封装

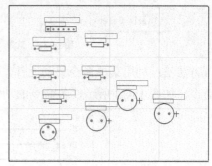

图15-71　各元件封装放置完成

3. 元件的布局

按原理图将元件封装（后面简称元件）放置到电路板后，元件位置可能不合要求，这时就需要调整，重新进行布局。**元件的布局操作主要包括选取、移动、旋转、排列、调整标注等。**

（1）元件的选取

元件的选取方法较多，常用的方法如下。

方法一：按住鼠标左键不放，拖出一个矩形框，将要选取的元件包含在内部，松开左键，元件高亮显示，处于选取状态，用鼠标左键单击主工具栏上的 ⁑ 工具，可取消所有对象的选择。

方法二：单击主工具栏上的 ▥ 工具，鼠标变成光标状，拖动光标拉出一个矩形框，将要选取的元件包含在内部，松开左键，再单击一下左键，元件高亮显示，处于选取状态。

方法三：利用菜单命令选取元件。在"Edit"菜单下的"Select"为选取命令，"Deselect"为取消选取命令，其中 Select 又有很多子命令，如图 15-72 所示，各命令的功能说明见图标注。

（2）元件的移动

元件的移动方法也比较多，较常用的方法如下。

方法一：将鼠标移到要移动的元件上，按下左键不放移动鼠标，元件也会随之移动，移到合适位置松开左键即可。

方法二：首先选取要移动的元件，然后单击主工具栏上的 ✛ 工具，鼠标变成光标状，将光标移到要移动的元件上单击左键，再移动光标，该元件也会随之移动。

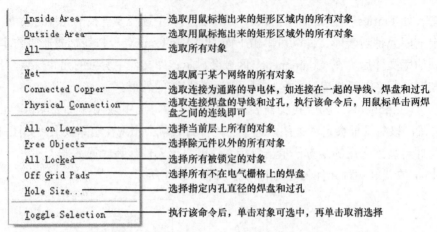

图15-72　菜单"Edit→Select"下的各种选取命令

Inside Area————选取用鼠标拖出来的矩形区域内的所有对象
Outside Area————选取用鼠标拖出来的矩形区域外的所有对象
All————选取所有对象

Net————选取属于某个网络的所有对象
Connected Copper————选取连接为通路的导电体，如连接在一起的导线、焊盘和过孔
Physical Connection————选取连接焊盘的导线和过孔，执行该命令后，用鼠标单击两焊盘之间的连线即可

All on Layer————选择当前层上所有的对象
Free Objects————选择除元件以外的所有对象
All Locked————选择所有被锁定的对象
Off Grid Pads————选择所有不在电气栅格上的焊盘
Hole Size...————选择指定内孔直径的焊盘和过孔

Toggle Selection————执行该命令后，单击对象可选中，再单击取消选择

方法三：利用菜单命令移动元件。在"Edit"菜单下的"Move"为移动命令，它有很多子命令，如图15-73所示，各命令的功能说明见图标注。

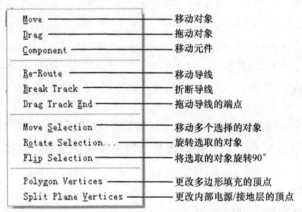

Move————移动对象
Drag————拖动对象
Component————移动元件

Re-Route————移动导线
Break Track————折断导线
Drag Track End————拖动导线的端点

Move Selection————移动多个选择的对象
Rotate Selection...————旋转选取的对象
Flip Selection————将选取的对象旋转90°

Polygon Vertices————更改多边形填充的顶点
Split Plane Vertices————更改内部电源/接地层的顶点

图15-73　菜单"Edit→Move"下的各种移动命令

（3）元件的旋转

旋转元件的常用方法如下。

方法一：将鼠标移到要旋转的元件上，按下左键不放，再按"空格"键或"X"、"Y"键，元件就会旋转，按这三个键元件旋转方式是不一样的，每按一次"空格"键元件会顺时针旋转90°，按"X"键元件会在水平方向旋转180°，而按"Y"键元件会在垂直方向旋转180°。

方法二：利用菜单命令旋转元件。具体操作过程如下。

① 选取要旋转的元件

② 执行菜单命令"Edit→Move→Rotate Selection"，马上会弹出图15-74（a）所示的对话框，在对话框中输入要旋转的角度，再单击"OK"按钮。

③ 将光标移到要旋转元件的旋转基点上，单击鼠标左键，元件就会旋转设定的角度，如图15-74（b）所示。

（4）元件的排列

元件的排列可以利用"Component Placement"工具栏（元件位置调整工具栏），也可以执行"Tools→Interactive Placeenent"菜单下的子命令，两种方式功能是一一对应的。

“Component Placement”工具栏如图 15-75 所示，该工具栏各工具的功能及与对应的菜单命令见图 15-76 标注说明。

Rotation Angle (Degrees)
60
OK
Cancel
Designator
Comment

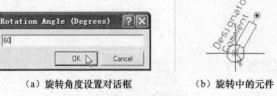

（a）旋转角度设置对话框　（b）旋转中的元件

图15-74　旋转元件

ComponentPlacement

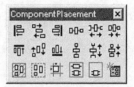

图15-75　元件放置工具栏

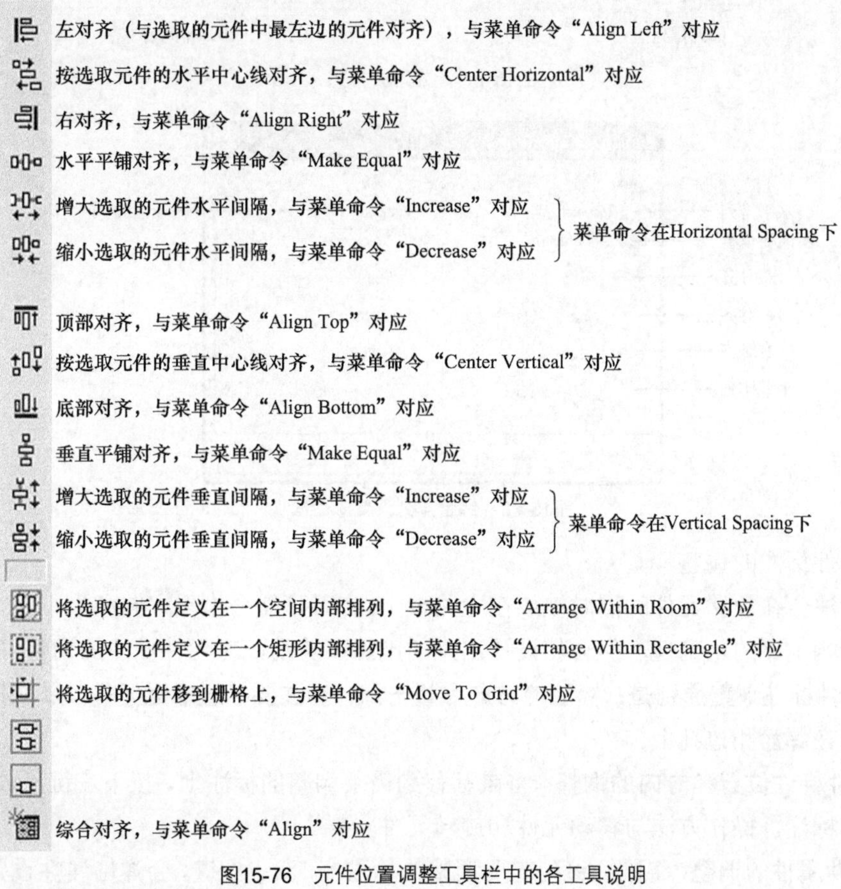

左对齐（与选取的元件中最左边的元件对齐），与菜单命令“Align Left”对应
按选取元件的水平中心线对齐，与菜单命令“Center Horizontal”对应
右对齐，与菜单命令“Align Right”对应
水平平铺对齐，与菜单命令“Make Equal”对应
增大选取的元件水平间隔，与菜单命令“Increase”对应
缩小选取的元件水平间隔，与菜单命令“Decrease”对应
菜单命令在Horizontal Spacing下
顶部对齐，与菜单命令“Align Top”对应
按选取元件的垂直中心线对齐，与菜单命令“Center Vertical”对应
底部对齐，与菜单命令“Align Bottom”对应
垂直平铺对齐，与菜单命令“Make Equal”对应
增大选取的元件垂直间隔，与菜单命令“Increase”对应
缩小选取的元件垂直间隔，与菜单命令“Decrease”对应
菜单命令在Vertical Spacing下
将选取的元件定义在一个空间内部排列，与菜单命令“Arrange Within Room”对应
将选取的元件定义在一个矩形内部排列，与菜单命令“Arrange Within Rectangle”对应
将选取的元件移到栅格上，与菜单命令“Move To Grid”对应
综合对齐，与菜单命令“Align”对应

图15-76　元件位置调整工具栏中的各工具说明

元件排列的操作过程如下。

① 选中要排列的元件。

② 单击“Component Placement”工具栏的某个工具，或执行“Tools→Interactive Placeenent”菜单下相应的子命令，如单击工具栏的工具（左对齐，对应于菜单子命令 Align Left），选取的元件马上左对齐排好，如图 15-77 所示。

工具栏大多数工具一次只能对元件进行一种方式排列，如果想同时进行两种方式排列，可按下面的方法操作。

先选中要排列的元件，再单击“Component Placement”工具栏的工具（对应于菜单子命令 Align），会弹出图 15-78 所示的对话框，在对话框中在“Horizontal”区域选择水平排列

方式，在"Vertical"区域选择垂直排列方式，设置好后单击"OK"按钮，选取的元件会同时按这两种方式进行排列。

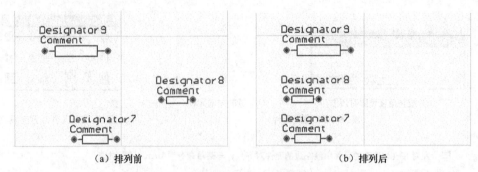

（a）排列前 　　　　　　　　　　　　　　　　（b）排列后

图15-77　左对齐排列

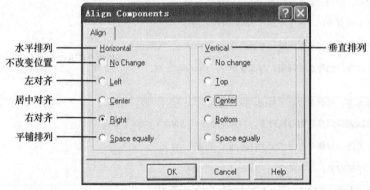

图15-78　综合排列设置对话框

（5）元件标注的调整

元件标注会在放置元件时同时被放在电路板上，有时可能会出现方向和大小不合符要求，虽然不会影响电路的正确性，但会使设计出来的电路不美观，对元件标注的调整可以解决这个问题。**元件标注调整原则是：标注的方向尽量一致；标注要尽量靠近元件，以便指示准确；标注不要放在焊盘和过孔上。**

① **元件标注位置和方向的调整：**将鼠标移到需要调整的标注上，按下左键不放，就可以移动和旋转标注，操作方法与移动元件和旋转元件一样。

② **元件属性的调整：**将鼠标移到需要调整的标注上，双击左键，会弹出属性设置对话框，在对话框中可以设置标注的内容、大小、字体等，设置好后单击"OK"按钮即可。

手工布局完成的放大电路的 PCB 板电路如图 15-64（b）所示。

15.2.3　手工布线

布局完成后，接下来就是用导线将布局好的元件连接起来，这就是手工布线。

1. 布线的注意事项

在布线时，不仅仅是要用导线将元件连接起来，布线时通常要注意以下事项。

① 绘制信号线时，在拐弯处不能绘成直角。

② 绘制两条相邻导线时，要有一定的绝缘距离。

③ 绘制电源线和地线时，布线要短、粗，这样才能很减少干扰和有利于导线的散热。

2. 导线模式的选择

在设计 PCB 板时，Protel 99 SE 提供了 6 种导线模式：45°转角、45°圆弧转角、90°转角、90°圆弧转角、任意角转角和平滑圆弧。这 6 种模式的导线如图 15-79 所示。

在绘制导线时，按"Shift+空格"键，可以切换这 6 种导线模式。

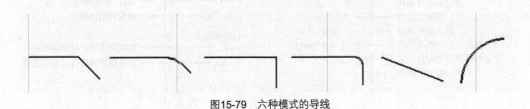

图15-79　六种模式的导线

3. 电源线和地线的加宽

与其它的导线相比，电源线和地线流过的电流比较大，容易发热，加宽电源线和地线有利于散热，并能提高电路的抗干扰性。

加宽电源和地线的操作方法如下。

① 在绘制好的电源线或地线上双击，会弹出图 15-80 所示的对话框，在对话框中将"Width"项的 10mil 改成 20mil 甚至更大即可。

② 如果正在绘制电源线或地线，可按"Tab"键，也会弹出图 15-80 所示的对话框，在对话框中将线宽设大就能绘制出更粗的电源线或地线。

4. 元件标注的调整

如果布线后发现元件标注不合适，或者布局时没有调整元件标注，在布线后仍可以对标注进行调整，调整方法与布局时的标注调整一样，主要是调整标注的位置、方向、大小、字体等，这里不再叙述。

图15-80　在对话框中设置加宽电源线和地线

5. 补泪滴

在导线与焊盘连接时，导线与焊盘之间连接面不多，这样会导致两者连接不牢固。**增大导线与焊盘的连接面，使它们连接更牢固，这种操作称为补泪滴。**补泪滴操作前后的焊盘与导线的连接效果如图 15-81 所示。

补泪滴的操作过程如下。

① 首先用鼠标拉出一个矩形选框，选中要补泪滴的焊盘。

② 执行菜单命令"Tools→Teardrops"，弹出补泪滴对话框，如图 15-82 所示，对话框各项功能说明见图标注，如果只对当前选中的焊盘进行补泪滴，可按图示进行设置，然后单击"OK"按钮，选中的焊盘与连接导线的连接面就会加宽。

手工布线完成的放大电路的印制电路板如图 15-83 所示。

图15-81　补泪滴前后

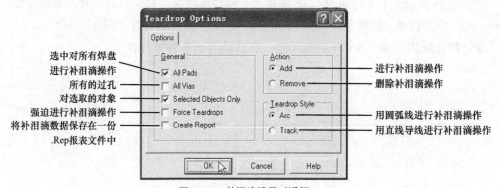

图15-82　补泪滴设置对话框

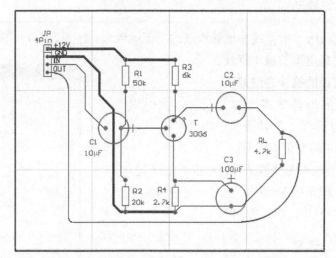

图15-83　手工布线完成的放大电路的PCB电路板

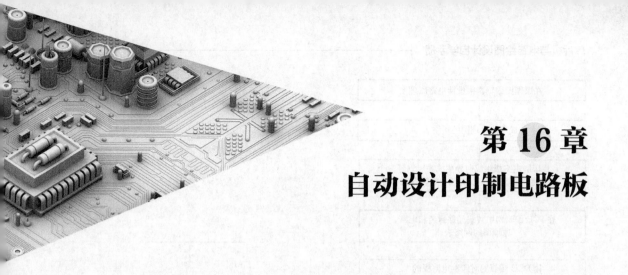

第16章
自动设计印制电路板

与手工设计印制电路板比较，自动设计的方式更适合设计复杂的印制电路板，但如果采用自动的方式设计，必须要先设计出电路原理图，再开始自动设计印制电路板。

|16.1 基础知识|

16.1.1 印制电路板的自动设计流程

在手工设计印制电路板时，每个设计步骤都要手工来完成，这样比较麻烦，但由于手工设计可以不用设计原理图而直接进行印制电路板的设计，所以在设计简单电路的印制电路板时，常采用手工设计。对于复杂电路，一般采有自动设计的方法来设计印制电路板。

自动设计印制电板并不是说一切设计工作都由系统来完成，而是指系统可以完成设计中的一些重要工作，有些设计工作还需人工参与，另外，如果对于自动设计不满意的地方，还可以人工进行修改。自动设计印制电路板的设计流程如图 16-1 所示。

16.1.2 利用原理图生成网络表

设计电子产品的印制电路板，如果是采用自动设计的方法，那么首先要用原理图编辑器绘制出该电子产品的电路原理图，然后根据原理图生成网络表，并将原理图的网络表装载进 PCB 编辑器中，再让系统自动进行印制电路板的设计。本章以设计图 16-2 所示的放大电路的印刷电路板为例来说明印刷电路板的自动设计方法。

在设计图示电路的印制电路板前，先要生成该电路的网络表，生成网络表的操作过程如下。

① 打开图 16-2 所示的放大电路原理图。

② 执行菜单命令"Design→Create Netlist"，弹出图 16-3 所示的对话框，有关对话框的各项功能说明详见第 2 章相关内容，这里保持默认值，再单击"OK"按钮，系统开始自动生成原理图的网络表，生成的网络表一部分内容如图 16-4 所示。

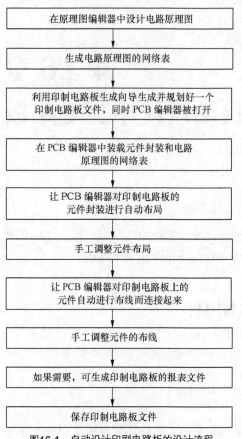

图16-1 自动设计印刷电路板的设计流程

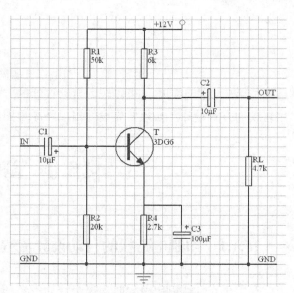

图16-2 放大电路原理图

图16-3 网络表设置对话框

```
[
C1
RB.2/.4
10μF
]

[
C2
RB.2/.4
10μF
]

[
C3
RB.2/.4
100μF
]

[
R1
AXIAL0.4
50k
```

图16-4 生所的网络表

|16.2 自动设计印制电路板|

16.2.1 自动规划印制板

规划印制板主要是指设置电路板的工作层和边界。手工规划印制板在前 4 章已经讲过，这里介绍利用系统自带的电路板生成向导来规划电路板。

利用电路板生成向导规划电路板的操作过程如下。

（1）执行菜单命令"File→New"命令，弹出"New Document（新建文档）"对话框，选择"Wizards"选项卡，如图 16-5 所示，在该选项卡中再选择"Print Circuit Board Wizards（印制电路板向导）"图标，单击"OK"按钮，会弹出图 16-6 所示的向导对话框。

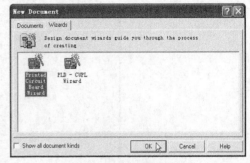

图16-5　新建文档对话框

（2）在图 16-6 所示的对话框中单击"Next"按钮，弹出图 16-7 所示的对话框，要求选择印制板的模板，如果要自定义印制板规格，可选择"Custom made Board"项（默认选项），再单击"Next"按钮，弹出图 16-8 所示的对话框。

图16-6　向导对话框一

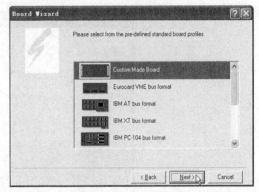

图16-7　向导对话框二（选择印制电路板模板）

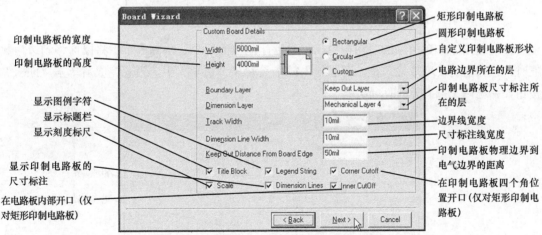

图16-8　向导对话框三（设置印制电路板有关参数）

（3）在图 16-8 所示的对话框中，可按要求对印制板进行各项设置，也可保持默认值，各项功能见图标注所示，设置完成后，单击"Next"按钮，弹出图 16-9 所示的对话框。

（4）在图 16-9 所示的对话框中，可对印制板的边框长、宽进行设置，将鼠标移到长或宽数值上，该数值马上变成输入框，可在输入框中改变边框的长、宽数值，设置完成后单击"Next"

按钮，弹出图 16-10 所示的对话框。

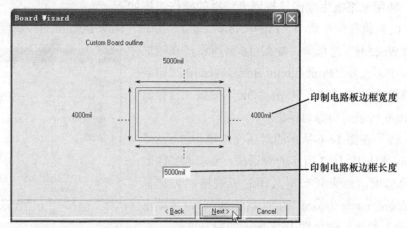

图16-9　向导对话框四（设置印制电路板边框参数）

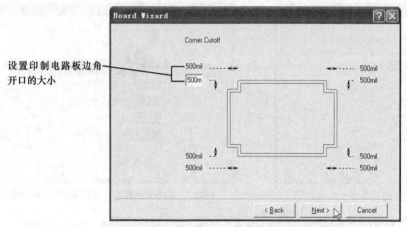

图16-10　向导对话框五（设置印制电路板四个边角开口大小）

　　（5）在图 16-10 所示的对话框中，可设置印制板的四个边角的大小，将鼠标移到边角数值时，该数值马上变成输入框，可在输入框中设置 4 个边角大小，设置完成后单击"Next"按钮，弹出图 16-11 所示的对话框。

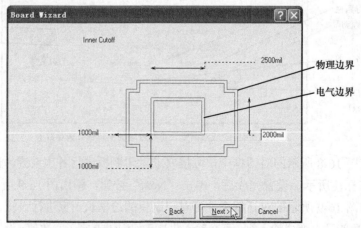

图16-11　向导对话框六（设置电气边界与物理边界的距离）

（6）在图 16-11 所示的对话框中，可设置印制板的电气边界和物理边界（外边框）的距离，设置完成后单击"Next"按钮，弹出图 16-12 所示的对话框。

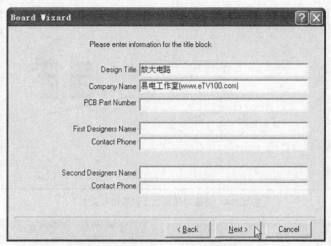

图16-12 向导对话框七（设置标题块中的信息）

（7）在图 16-12 所示的对话框中，可输入电路板有关信息，设置完成后单击"Next"按钮，弹出图 16-13 所示的对话框。

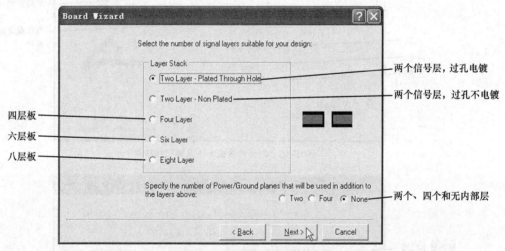

图16-13 向导对话框八（设置信号层的层数等参数）

（8）在图 16-13 所示的对话框中，可设置印制板中信号层的数量、类型和电源/接地层数量，该向导不能生成单层板，最少是双层板，设置完成后单击"Next"按钮，弹出图 16-14 所示的对话框。

（9）在图 16-14 所示的对话框中，可设置印制板的过孔类型（穿透式过孔和盲过孔、隐藏过孔），双层板只能使用穿透式过孔，设置完成后单击"Next"按钮，弹出图 16-15 所示的对话框。

（10）在图 16-15 所示的对话框中，要求选择印制板布线技术，具体要选择的内容有：印制板采用的表面粘贴式元件和针脚式元件哪种更多；允许印制板两焊盘之间有几根线穿过；设置完成后单击"Next"按钮，弹出图 16-16 所示的对话框。

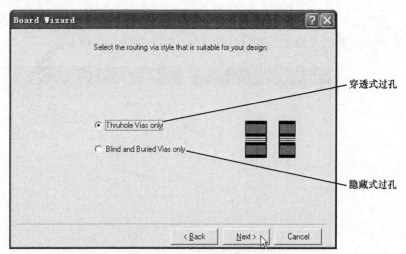

图16-14　向导对话框九（设置过孔类型）

穿透式过孔

隐藏式过孔

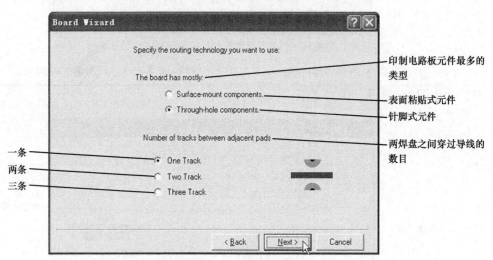

图16-15　向导对话框十（设置布线技术）

印制电路板元件最多的类型

表面粘贴式元件

针脚式元件

两焊盘之间穿过导线的数目

一条

两条

三条

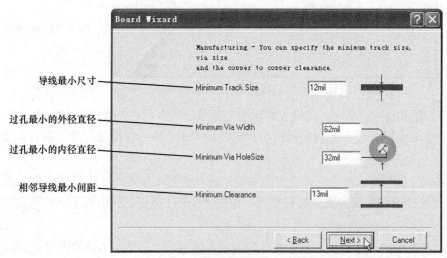

图16-16　向导对话框十一（设置最小的尺寸限制）

导线最小尺寸

过孔最小的外径直径

过孔最小的内径直径

相邻导线最小间距

（11）在图 16-16 所示的对话框中，可设置导线的尺寸、过孔内外径宽度和导线最小间距，设置完成后单击"Next"按钮，弹出图 16-17 所示的对话框。

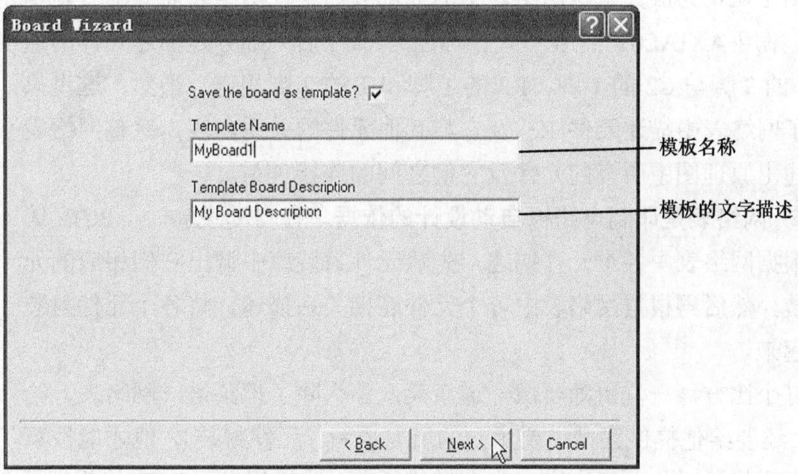

图16-17　向导对话框十二（保存为模板文件）

（12）在图 16-17 所示的对话框中，询问是否保存当前模板，如果选择（在复选框中打勾），对话框中会出现两个输入框，要求输入模板的名称及该模板的说明，设置完成后单击"Next"按钮，弹出图 16-18 所示的对话框。

（13）在图 16-18 所示的对话框中，单击"Finish"按钮完成印制电路板的生成，生成并规划好的印制电路板如图 16-19 所示。利用向导生成的电路板文件名为默认的，将文件名改成 YS8.PCB。

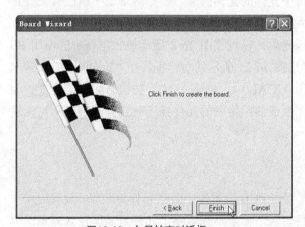

图16-18　向导结束对话框

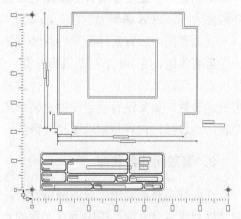

图16-19　利用向导生成并规划好的印制电路板

16.2.2　装载元件封装和网络表

电路板规划完成后，接下来就是在 PCB 编辑器中装载原理图的网络表及相关元件封装。

1. 网络表与元件封装

网络表是用来描述电路原理图的文件，是印制电路板设计的依据。如何来理解网络表的功能呢？可以从以下几方面来理解网络表。

① **网络表以文字的形式描述电路原理图，包括电路原理图所有元件和元件之间的连接关系。**图 16-20 为放大电路网络表中的一部分内容，网络表前一部分是描述元件，表中说明的是 R3 采用 AXIAL0.4 封装形式、标注为 6k；后一部分是描述元件的连接关系，表中说明的是 R3 的 3 脚与 C2 的 1 脚、R3 的 1 脚和 T 的 2 脚相连。当然，这里只列出了网络表中描述元件 R3 及它与其他元件的关系内容，完整网络表会描述出原理图中所有的元件及它们之间的连接关系。

```
[
R3
AXIAL0.4
6k
]

(
NetR3_1
C2-1
R3-1
T-2
)
```

图16-20 风络表中的
一部分内容

② **网络表是印制电路板自动设计的依据。**在自动设计时，PCB 编辑器根据网络表中各个元件描述，先从元件封装库中调出它们相应的元件封装，然后再根据网络表中各个元件连接关系描述，将各个元件封装连接起来。

打个比方，一位厨师要做一道新菜，那么除了把菜谱（网络表）给他外，还要给他提供菜谱中要用到的所有原料（元件封装），他才能按菜谱的说明将原料从仓库中取出来并做成新菜。这就相当于 PCB 编辑器要设计新电路板，除了要网络表外，还要提供网络表中要求的元件封装，这样 PCB 编辑器才能按网络表的描述，将要用到的元件封装从元件封装库中取出来，并按网络表的说明将各个元件封装连接起来，从而设计出印制电路板。

从上面分析可以看出，**PCB 编辑器要设计某个原理图的印制板时，除了要求在 PCB 编辑器装载该原理图的网络表，还要装载网络表要求的元件封装。**

这里要着重说明一点：**如果先设计原理图，然后生成网络表，再根据网络表来自动设计印刷电路板，一定要在设计原理图时设置每个元件的元件封装，否则网络表中就没有元件封装描述内容，PCB 编辑器也就无法知道调用哪个元件封装来设计电路板。**

在原理图中设置元件的元件封装方法很简单，以设置图 16-2 所示放大电路中的电阻 R3 元件封装为例，在 R3 上双击鼠标左键，弹出图 16-21 所示的对话框，在"Footprint"项输入框中输入元件封装形式，如输入元件封装为 AXIAL0.4，单击"OK"按钮就完成了元件封装形式的设置。如果没有设置元件封装形式，生成的网络表的元件描述就没有封装说明，也就是说网络表描述内容与原理图是一致的。

2. 装载元件封装库

在装载电路原理图生成的网络表前，先要在 PCB 编辑器中装载元件封装库，装载的元件封装库要求包含有原理图中所有元件的元件封装。如果不知道哪个元件封装库包含原理图所有元件的元件封装，可装载常用元件封装库，万一还不行的话，可将所有的元件封装库装载进 PCB 编辑器中，编辑器会自动从装载进来的元件封装库中查找要用的元件封装，当装入的元件封装库较多时，查找时间会长一些。

Protel 99 SE 自带的常用元件封装库的位置在\Design Explorer 99 SE\Library\Pcb\中，在 Pcb 文件夹中有 3 个文件夹：Connectors 文件夹（内含多个连接元件封装库）；Generic Footprints 文件夹（内含多个普通元件封装库）和 IPC Footprints 文件夹（内含多个 IPC 元件封装库），在这些元件封装库文件中，最常用的有 Advpcb.ddb、Dc to Dc.ddb 和 General IC.ddb，它们都在 Generic Footprints 文件夹中。

图 16-2 所示的放大电路中所有元件的元件封装都在库文件 Advpcb.ddb 中，下面将它装载进 PCB 编辑器中。

装载元件封装库操作过程如下。

① 打开要设计的 PCB 文件，如打开先前利用向导生成的 YS8.PCB 文件。

② 单击主工具栏上的 工具，也可以执行菜单命令 "Design→Add/Remove Library"，还可以单击元件封装库管理器中的 "Add/Remove"，都会弹出图 16-22 所示的添加/删除元件封装库对话框。

③ 在图 16-22 所示的对话框中，先选中要加载的元件封装库文件 Advpcb.ddb，然后单击 "Add" 按钮，Advpcb.ddb 库文件就被加入到对话框下面的列表中，单击 "OK" 按钮，列表中的 Advpcb.ddb 库文件都会装载进 PCB 编辑器中。

图16-21　设置电阻R3的封装形式

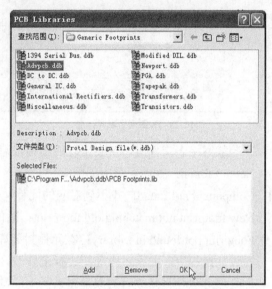

图16-22　添加/删除元件封装库对话框

3. 装载网络表

下面以将网络表 YS8.NET 文件（由原理图文件 YS8.Sch 生成）装载进 YS8.PCB 的编辑器中为例来说明装载网络表的方法。**装载网络表的操作过程如下。**

① 打开要设计的印制电路板文件 YS8.PCB。

② 执行菜单命令 "Design→Load Nets"，弹出图 16-23 所示的对话框，在对话框的 "Netlist File" 项，单击 "Browse" 按钮，弹出图 16-24 所示的对话框，在该对话框中可以在当前的数据库文件中选择要装载的网络表文件，如果当前数据库中没有要装载的网络表文件，可单击 "Add" 按钮，去查找其他的数据库文件，选择要装载的网络表文件后单击 "OK" 按钮，系统就会开始装载网络表。

系统装载选择的网络表文件后，会回到图 16-25 所示的对话框，在该对话框的列表中显示有关信息，图中显示出一条出错信息 "Add new component R1；　Error: Footprint　not found in Library"，该信息的含义是说在加载新元件 R1 时，元件封装库中找不到该元件封装，图中的出错是因为在原理图文件 YS8.Sch 中没有设置 R1 的元件封装，解决方法是在原理图文件 YS8.Sch 中设置 R1 的元件封装，再重新生成网络表，然后重新装载新的网络表，出错信息就不会出现。

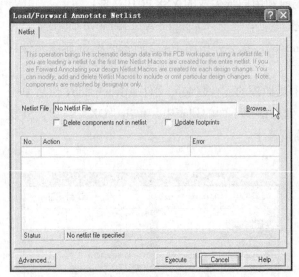

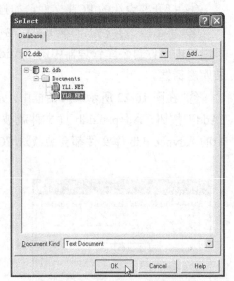

图16-23　装载网络表对话框　　　　图16-24　选择要装载的网络表文件

在装载网络表文件时，常会出现的出错信息如下。

Net not found：找不到对应的网络。

Component not found：找不到对应的元件。

New footprint not matching old footprint：新的元件封装与旧的元件封装不一致。

Footprint not found in Library：在元件封装库中找不到对应的元件封装。

在设计过程中，如果对原理图进行了修改，那么相应地要对它的印制板电路进行修改，一般的处理方法是将修改后的原理图重新生成网络表，再在先前设计的印制板编辑器中重新导入新生成的网络表。在图 16-25 对话框的"Netlist File"输入框下面有"Delete components not in netlist"和"Update footprints"两个复选框，它们在这种情况下就会起作用。当选中"Delete components not in netlist"时，系统在装载网络表文件时，会将网络表中元件封装与当前印制板中存在的元件封装进行比较，如果印制板中存在的元件封装而网络表中没有，印制板上这些多余的元件将会被删除；如果选中"Update footprints"，在装载网络表时，系统会自动将网络表中存在的元件替换当前电路板上相同的元件的封装。

③ 在图 16-25 所示的对话框中单击"Execute"按钮，网络表就被装入当前的 PCB 编辑器中，在编辑器的工作窗口的电路板上出现了放大电路的各个元件的元件封装，不过全部重叠在一起，如图 16-26 所示。

4. 用同步法将原理图直接生成印制电路板

利用同步法不用原理图生成网络表，也不用装载网络表，就可以方便、快捷地将原理图直接生成印制电路板，另外当更改原理图时，通过同步法可以让印制电路板也作相应的改动，反之改动了印制电路板，也可以通过同步法让原理图作相应的改动。

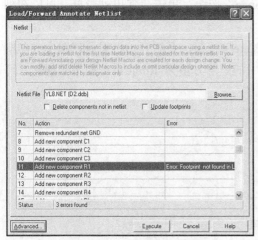

图16-25　已装载网络表的对话框

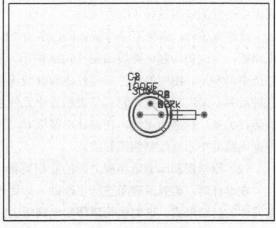

图16-26　元件封装重叠在一起

（1）利用同步法直接由原理图生成印制电路板

利用同步法生成印制电路板的具体操作过程如下。

① 新建一个 PCB 文件 YS8A.PCB 文件，或者打开一个空白 PCB 文件。

② 打开原理图文件 YL8.Sch，然后执行菜单命令"Design→Updata PCB（更新 PCB）"，弹出图 16-27 所示的选择目标文件对话框，在对话框中选择生成的印制电路板放置在目标文件 YS8A.PCB 中，单击"Apply"按钮，会弹出图 16-28 所示的同步参数设置对话框。

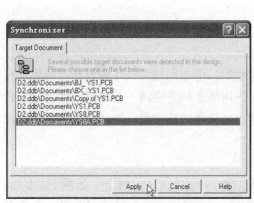

图16-27　选择目标文件对话框

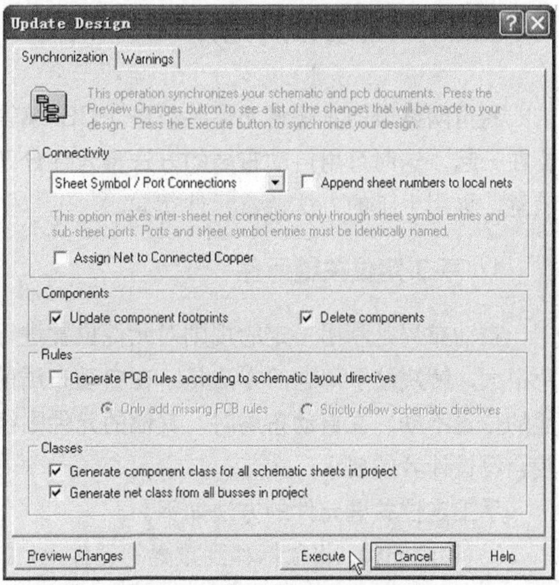

图16-28　同步参数设置对话框

③ 在图 16-28 所示的对话框中，有以下参数设置项。

Connectivity 区域：用来设置原理图与 PCB 图之间的连接类型。

Components 区域：用来设置对原理图中的元件进行哪些改动。

另外，在对话框的右下角有个"Preview Change"按钮，单击会弹出列表框，可以在列表框中查看原理图进行了哪些改动。

设置完成后，通常可保持默认值，单击"Execute"按钮，系统开始根据原理图生成印刷电路板，生成的印制电路板如图 16-29 所示，图中的矩形方块为 Room，一般不需要它，可以选中再删掉。图中的元件与元件之间有线连接，这种线并不是铜箔导线，它只是表示各个元件之间的连接关系，称之为飞线，在设计电路板时，可以根据飞线的指示来绘制铜箔导线。

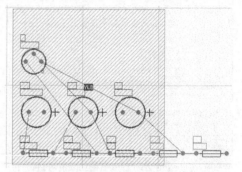

图16-29　由电路原理图直接生成的印制电路板

（2）原理图和印制电路板之间的互相更新

在设计时，若对原理图进行了改动，如更改了某元件的封装形式，这时也希望印制电路板上的该元件换成改动后的封装，利用同步法可以解决这个问题。操作方法是：在改动的原理图文件中执行菜单命令"Design→Update PCB"命令，会弹出图 16-27 所示的选择目标文件对话框，从中选择要更新的印制板文件，再按前述方法进行操作，结果就会发现印制板相应元件发生变化，与改动后的原理图一致。

另外，若更改了印制板，这时希望原理图也作相应的变化，可在改动的印制板文件中执行菜单命令"Design→Update Schematic"，会弹出与图 16-27 相似的的选择目标文件对话框，从中选择要更新的原理文件。这样原理图会随印制电路板发生改变，两者保持一致。

16.2.3　自动布局元件

利用网络表的方法将元件装载进 PCB 编辑器后，在电路板上会看见所有的元件全部重叠在一起，这时可用自动布局的方法将元件分开，并自动对元件的位置进行调整，如果仍不满意，再用手工的方法调整元件布局。

1. 手工定位关键元件

自动布局是利用一定的规则对元件位置进行调整的，但布局结果往往与设计者的要求差距很大，解决这个问题的方法是：**在自动布局前，先用手工的方法将一些关键元件固定在合适的位置不动，在自动布局时，其他的元件围绕着这些元件进行布局，这样元件的布局就比较合符设计者的要求。**

手工定位关键元件的方法如下。

① **移动元件**。将鼠标移到重叠的元件上，单击左键，弹出元件列表菜单，如图 16-30（a）所示，从中选择要移动的元件，鼠标马上变成光标状，这时移动光标，选中的元件也会跟着移动，如图 16-30（b）所示，在移动过程中，按空格键要旋转元件，移到合适的位置，单击左键，元件就被放置下来。

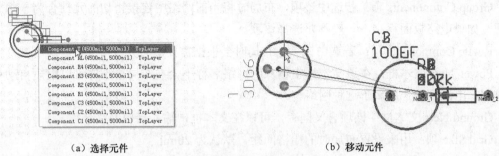

（a）选择元件　　　　　　　　　　　　（b）移动元件

图16-30　选择并移动元件

② **定位元件**。在要定位的元件上双击鼠标右键，弹出元件属性设置对话框，如图 16-31 所示，选中"Locked"复选框，该元件就被锁定，在自动布局时就不会移动，如果想移动它，只要取消"Locked"的选择即可，手工定位的元件布局如图 16-32 所示。

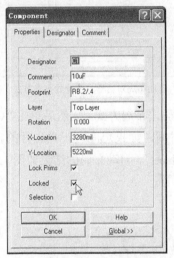

图16-31　元件属性设置对话框

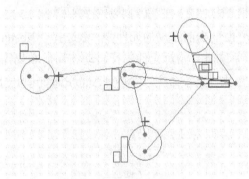

图16-32　手工定位的元件布局

2.　自动布局

在用手工的方法将一些关键元件定位后，接下来就是在手工定位的基础上再对元件进行自动布局。

自动布局的操作方法如下。

① 执行菜单命令"Tools→Auto Placement→Auto Placer"，弹出自动布局对话框，如图 16-33 所示，在该对话框中有两种自动布局的方式：

Cluster Placer：集群式布局方式。这种方式是根据元件的连通性将元件分组，然后让它们按照一定的几何位置进行布局，这种方式为默认布局方式，适合布局比较少的元件（元件数少于 100 个），在该对话框下面有一个"Quick Component Placement"复选框，选中该项可以使布局速度快，但布局效果不是很理想。

② 如果选择对话框中的"Statistical Place"布局方式，对话框内容就会变化，如图 16-34 所示，这种方式称为统计式布局方式，它采用统计算法，按照连线最短的原则来进行布线，最适合元件数量较多的布局，在该对话框中有以下几项。

Group Components 项：若选中该项，布局时将当前网络中连接密切的元件合为一组整体考虑，如果电路板面积小，一般不要选择该项。

Rotate Components 项：若选中该项，布局时会根据需要旋转元件。

Power Nets 文本框：在该文本框中输入的网络名称不会被布局，这样可以缩短自动布局的时间，电源网络一般属于这种网络。

Ground Nets 文本框：该项含义同上，可以在文本框中输入接地网络名称。

Grid Size 项：用来设置布局时的栅格间距，默认为 20mil。

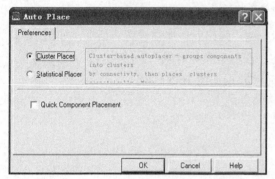

图16-33　自动布局对话框（集群式布局方式）

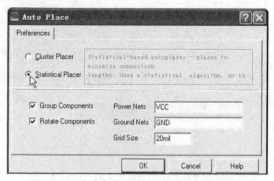

图16-34　自动布局对话框（统计式布局方式）

③ 由于当前布局的元件少，故选择"Cluster Placer（集群式布局方式）"，然后单击"OK"按钮，系统就开始对元件进行自动布局，布局需要一定的时间，如果想停止正在进行的自动布局，可执行菜单命令"Tools→Auto Placement→Stop Auto Placer"，自动布局的结果如图 16-35所示。

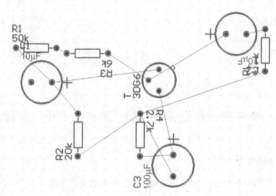

图16-35　自动布局的结果

16.2.4　手工调整布局

自动布局元件后，可能有些地方并不完全符合设计要求，特别是元件的标注排列很乱，这时可以通过手工的方法来调整某些元件布局。**手工调整元件布局主要是对元件及其标注进行选取、移动、旋转、排列等操作**，具体方法在第 4 章已作了介绍，这里不再说明。手工调整后的元件布局如图 16-36 所示。

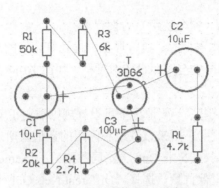

图16-36　手工调整后的元件布局

16.2.5　自动布线

元件布局完成后，接下来就是按飞线指示的连接关系，用铜箔导线将元件连接起来，这个过程称为布线。在自动布线前，先要设置自动布线的规则，在布线时系统会根据设置的规则来进行自动布线。

1.　设置自动布线规则

设置自动布线规则的操作方法如下。

第一步：打开自动布线规则对话框。

在已布局好元件的 PCB 编辑器中执行菜单命令"Design→Rules"，会弹出图 16-37 所示"Design Rules（设计规则）"对话框，在该对话框中有 6 个选项卡，可以进行六大类规则设置，布线规则设置主要在"Routing"选项卡中进行。

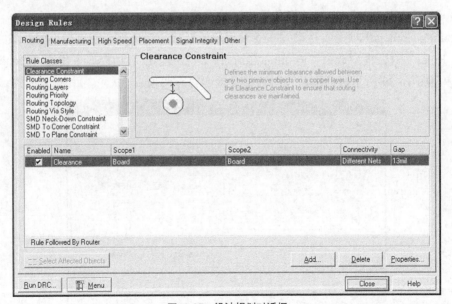

图16-37　设计规划对话框

第二步：进行布线规则设置。

设置内容在 Rule Classes 区域，在该区域内可进行以下各项设置。

（1）Clearance Constraint（安全间距）的设置

安全间距是指同一个工作层上的导线、焊盘、过孔等之间的最小间距。单击对话框右下角的"Propertie"按钮，会弹出安全间距设置对话框，如图 16-38 所示，该对话框设置内容有两项：

Rule Scope（规则适用范围）：一般情况下可设置规则适用于 whole Board（整个电路板）。

Rule Attributes（规则属性）：用来设置最小间距的数值及所适用的网络，这里输入数值为 10mil，适用范围有"Different Nets Only（不同网络）"、"Same Net Only（同一网络）"和"Any Net（任何网络）"，这里保持默认选择"Different Nets Only"。

设置完成后单击"OK"按钮，返回到图 16-37 所示"Design Rules"对话框。

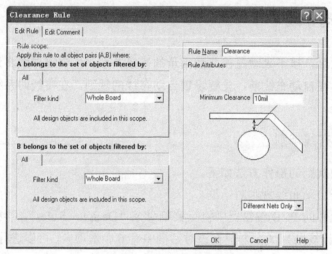

图16-38　安全间距设置对话框

（2）Routing Corners（布线的拐角模式）的设置

"Routing Corners"项主要是设置布线时拐角的形状、拐角垂直距离最小值及最大值。在"Design Rules"对话框中选中"Routing Corners"，然后单击对话框右下角的"Propertie"按钮，会弹出图 16-39 所示对话框，该对话框设置内容有两项。

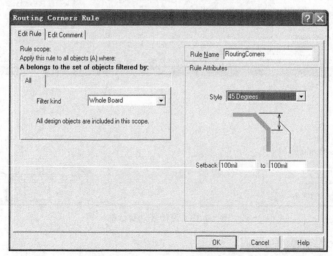

图16-39　布线拐角模式设置对话框

Rule Scope（规则适用范围）：一般情况下可设置规则适用于 Whole Board。

Rule Attributes（规则属性）：用来设置拐角的类型，在 Style 项中有 3 种：45 Degrees（45°拐角），90 Degrees（90°拐角）和圆角，默认为 45 Degrees，拐角垂直距离最小和最大值均为 100mil。

（3）Routing Layers（布线工作层）的设置

"Routing Layers"项用来设置布线的工作层和在该层上的布线方向。在"Design Rules"对话框中选中"Routing Layers"，然后单击对话框右下角的"Propertie"按钮，会弹出图 16-40 所示对话框，该对话框设置内容有两项：

Rule Scope（规则适用范围）：一般情况下可设置规则适用于 Whole Board。

Rule Attributes（规则属性）：用来设置工作层和布线的方向，由于在当前的电路板中只设置顶层和底层为布线层，所以在对话框中 32 个工作层只有顶层和底层有效，在顶层和底层下拉列表中可以选择布线的方向，布线方向主要有 Horizontal（水平方向）、Vertical（垂直方向）、Any（任何方向）等 10 种。为了尽量减小布线形成的分布电容，一般要求顶层和底层布线方向相互垂直。另外如果是单面板，可将顶层布线设为"Not Used"，底层布线设为"Any"。

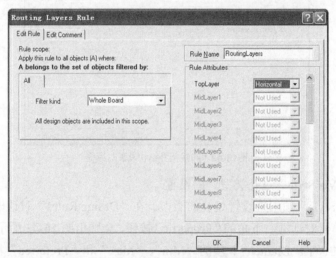

图16-40　布线工作层设置对话框

（4）Routing Priority（布线优先级）的设置

"Routing Priority"项用来设置各布线网络的先后顺序。系统提供了 0～100 共 101 个级别，数字大的优先级别高。在"Design Rules"对话框中选中"Routing Priority"，然后单击对话框右下角的"Propertie"按钮，会弹出图 16-41 所示对话框，可在"Rule Attributes"区域的"Routing Priority"项中设置优先级别。

（5）Routing Topology（布线拓扑结构）的设置

"Routing Topology"项用来设置布线的拓扑结构。这里的拓扑结构是指以焊盘为点，以连接各焊盘的导线为线构成的几何图形。在"Design Rules"对话框中选中"Routing Topology"，然后单击对话框右下角的"Propertie"按钮，会弹出图 16-42 所示对话框，在"Rule Attributes"区域的下拉列表中可以选择布线的拓扑结构，供选择的拓扑结构有 Shortest（连线最短）、Horizontal（水平连线）、Vertical（垂直连线）等 7 种。默认拓扑结构为 Shortest。

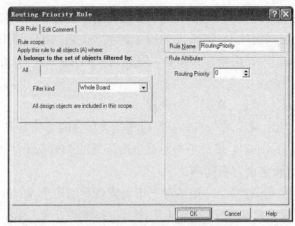

图16-41　布线优先级设置对话框

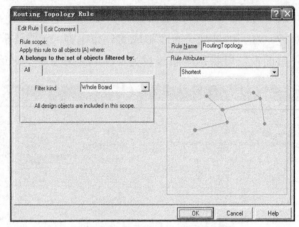

图16-42　布线拓扑结构设置对话框

（6）Routing Via Style（过孔类型）的设置

"Routing Via Style"项用来设置过孔的类型。在"Design Rules"对话框中选中"Routing Via Style"，然后单击对话框右下角的"Propertie"按钮，会弹出图16-43所示对话框，在"Rule Attributes"区域的"Via Diameter"项的"Min"、"Max"和"Preferred"框中分别输入过孔外径的最小值、最大值和首选值；"Via Hole Size"项用于设置过孔内径的各项值。

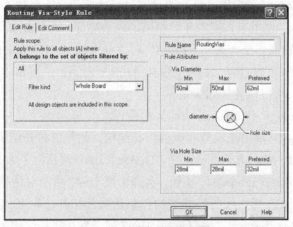

图16-43　过孔类型设置对话框

（7）Width Constraint（布线宽度）的设置

"Width Constraint"项用来设置布线的导线宽度。在"Design Rules"对话框中选中"Width Constraint"，然后单击对话框右下角的"Propertie"按钮，会弹出图 16-44 所示对话框，在"Rule Attributes"区域的可分别设置导线的最小宽度值（Minimum Width）、最大宽度值（Maximum Width）和首选宽度值（Preferred Width）。

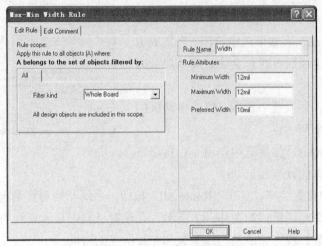

图16-44　布线宽度设置对话框

另外在"Design Rules"对话框中还有以下选项。

SMD Neck-Down Constraint：该项用来设置 SMD 焊盘宽度与引出导线的宽度的百分比。

SMD To Corner Constraint：该项用来设置 SMD 焊盘走线拐弯处的约束距离。

SMD To Plane Constraint：该项用来设置 SMD 到电源/接地层的限制距离。

2. 进行自动布线

布线规则设置完成后，就可以开始进行自动布线了。进行自动布线操作方法是单击菜单"Auto Route"，会出现图 16-45 所示的菜单，菜单中列出各种与布线有关的命令，各命令功能见图标注说明。

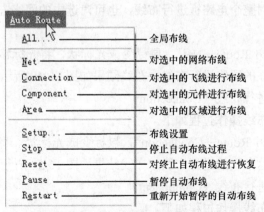

图16-45　Auto Route 菜单下的各种布线命令

（1）全局布线（All）

全局布线是对整个电路板进行布线。全局布线的操作过程如下。

① 执行菜单命令"Auto Route→All"，弹出自动布线设置对话框，如图16-46所示。

② 在图16-46所示的对话框中，一般保持默认值，默认只有3项没被选中，这3项的含义说明如下。

Evenly Space Tracks：如果选中该项，当集成电路的焊盘只有一条走线通过时，会让走线从焊盘间距的中间通过。

Add Testpoints：如果选中该项，将为电路板的每条网络线都加一个测试点。

Lock All Preroutes：如果选中该项，在自动布线时，可以保留所有的预布线。

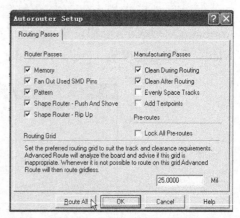

图16-46 自动布线设置对话框

③ 在对话框中设置完毕，单击"Route All"按钮，系统开始对整个电路板进行布线，布线结束后会弹出一个对话框，如图16-47所示，在该对话框中显示布线的有关信息，如布通率、完成布线的条数、没有完成的布线条数和布线所花的时间。

电路板进行全局布线的结果如图16-48所示。

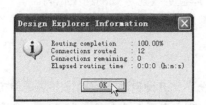

图16-47 布线信息对话框

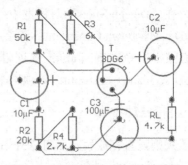

图16-48 全局布线完成的印制电路板

（2）对选中的网络布线（Net）

自动布线不但可以对整个电路板进行布线，也可对选中的网络进行布线。对选中的网络布线操作过程如下。

执行菜单命令"Auto Route→Net"，鼠标变成光标状，将光标移到某条飞线上，单击鼠标左键，就会对飞线所在的网络进行布线，布线结果如图16-49所示。

（3）对选中的飞线进行布线（Connection）

对选中的飞线进行布线操作过程如下。

执行菜单命令"Auto Route→Connection"，鼠标变成光标状，将光标移到某条飞线上，单击鼠标左键，就会对这条飞线进行布线，布线结果如图16-50所示。

（4）对选中的元件进行布线（Component）

对选中的元件进行布线操作过程如下。

执行菜单命令"Auto Route→Component"，鼠标变成光标状，将光标移到某个元件上，如移到三极管 T 上，单击鼠标左键，就会对与这个元件相连的所有飞线进行布线，布线结果如图 16-51 所示。

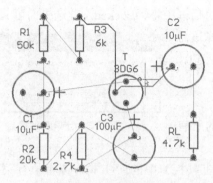

图16-49 对选中的网络进行布线

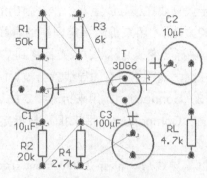

图16-50 对选中的飞线进行布线

（5）对选中的区域进行布线（Component）

对选中的区域进行布线操作过程如下。

执行菜单命令"Auto Route→Area"，鼠标变成光标状，用光标拉出一个矩形选区，将要布线的部分包括在内部，如将 R1、R3 包括在选区内，再单击鼠标左键，系统就会对选中区域内的对象进行布线，布线结果如图 16-52 所示。

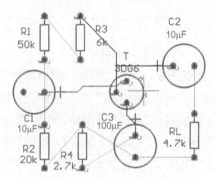

图16-51 对选中的元件进行布线

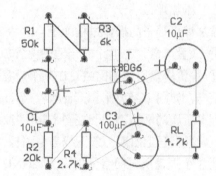

图16-52 对选中的区域进行布线

自动布线时，如果是比较简单的电路，布线的布通率一般可以达到 100%，如果没有达到 100%，要找出原因，再单击主工具栏上的 ↶ 工具，或者按"Alt+Backspace"键，撤销先前的布线，也可以按后面讲的方法拆除布线，然后重新布线，如果只有少数几条线没布通，也可采用手工布通。

16.2.6 手工调整布线

对电路板进行自动布线后，有些地方不是很令人满意，这时就需要进行手工调整布线。

1. 拆除布线

如果觉得自动布线某些地方不理想，可先将自动布线拆除，再用手工的方法进行布线。拆除布线有 4 个命令，它们都在菜单"Tools→Un-Route"下，这 4 个命令功能说明如下。

（1）All：用来拆除电路板上所有的导线。当执行该命令时，系统会弹出图 16-53 所示的对话框，询问是否将被锁定的导线线一起拆除，如果单击"Yes"按钮，将会拆除电路板上所有的导线，如果单击"No"，将保留被锁定的导线而拆除其他的导线。（注：要将某条导线设为锁定，只要在该导线上双击，在弹出的属性设置对话框中将"Locked"项选中即可）。

（2）Net：用来拆除指定网络的导线线。当选择该命令时，鼠标会变成光标状，将光标移到某网络上的导线上，单击左键，该网络所有的导线就会被拆除。

（3）Connection：用来拆除指定的导线。

（4）Component：用来拆除与指定元件相连的所有导线。

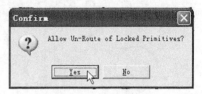

图16-53　询问对话框

拆除导线后，单击"Placement Tools"（放置工具栏）中的工具，或者执行菜单命令"Place→Interactive Routing"命令，就可以用手工的方法绘制导线。

2. 添加电源/接地和信号输入/输出端

一个电路板工作需要通过电源/接地端提供电源，有的电路板还需要通过输入/输出端接受输入信号和输出信号，这些自动布线是无法完成的，通常用手工的方法进行添加这些端子。添加端子有两种常用的方法：添加焊盘端子和添加接插件端子。

（1）添加焊盘端子

添加焊盘端子的操作过程如下。

① 放置焊盘。在电路板合适的位置放置4个焊盘，如图16-54所示。

② 设置焊盘所属的网络。在某个焊盘上双击，如双击R1旁边的焊盘，弹出焊盘属性设置对话框，如图16-55所示，选择"Advanced"选项卡，再单击"Net"项下拉按钮，在其中选择焊盘所属的网络，这里选择所属网络为"+12V"，即设焊盘属于电源网络，然后单击"OK"按钮，焊盘上马上出现一条飞线与电路板上电源网络相连（与R1、R3相连）。用同样的方法将其他3个焊盘所属网络分别设为"GND"、"IN"、"OUT"，设置好后，这3个焊盘都出现飞线与所属网络相连。

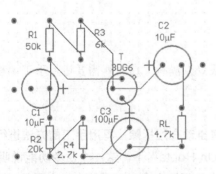

图16-54　在印制电路板上放置4个焊盘

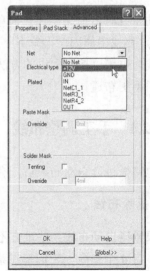

图16-55　焊盘属性设置对话框

③ **自动布线**。执行菜单命令"Auto Route→Connection"，鼠标变成光标状，将光标分别移到与 4 个焊盘相连的飞线上单击，焊盘和所属网络就连上导线。如果觉得这样比较麻烦，可执行菜单命令"Auto Route→All"，对整个电路板进行重新自动布线，4 个焊盘同时也被布线连接起来，如图 16-56 所示。

（2）添加接插件端子

在实际生产中，焊盘端子需要先焊接导线，再与其他电路板或设备相连，如果焊盘端子比较多，这样很不方便。给电路板添加接插件端子可以很好解决这个问题。下面以给电路板添加 4 个引脚接插件为例来说明，**添加接插件端子的操作过程如下。**

① **放置接插件**。在电路板合适的位置放置 4 个引脚的接插件，并将其标注设置为 JP，如图 16-57 所示。

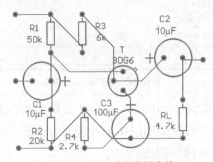

图16-56　4个焊盘被布线

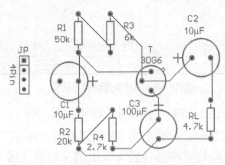

图16-57　在印制电路板上放置4个引脚的接插件

② **设置接插件每个引脚所属的网络**。在接插件某个引脚上双击，如双击最上面的一个引脚，弹出如图 16-55 所示一样的属性设置对话框，选择"Advanced"选项卡，再单击"Net"项下拉按钮，在其中选择焊盘所属的网络，这里选择所属网络为"+12V"，即设引脚属于电源网络，然后单击"OK"按钮，引脚上马上出现一条飞线与电路板上电源网络相连。用同样的方法将其它 3 个引脚所属网络分别设为"GND"、"IN"、"OUT"，设置好后，这 3 个引脚都出现飞线与所属网络相连。

③ **自动布线**。执行菜单命令"Auto Route→All"，对整个电路板进行重新自动布线，接插件的 4 个引脚同时也被布线连接起来，如图 16-58 所示。

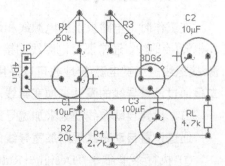

图16-58　接插件的4个引脚被布线

添加接插件端子除了可以用上面的方法外，还可以用网络表管理器来完成。

用网络表管理器添加接插件端子的操作过程如下。

① **放置接插件**。在电路板上放置图 16-57 所示的 4 个引脚接插件，将标注改为 JP、4Pin。

② **设置网络表管理器**。执行菜单命令"Design→Netlist Manager"，弹出网络管理器对话框，如图 16-59 所示，左边是网络类列表框，中间是网络列表框，右边列表框中列出了网络中包含的元件名称，图中显示意思是说 R1-2、R3-2 属于"+12V"网络，也可以说与"+12V"网络相连的有 R1 的 2 脚、R3 的 2 脚。

如果要将接插件 JP 的 1 脚与"+12V"网络相连，可选中中间列表框中的"+12V"网络，然后单击下面的"Edit"按钮，会弹出图 16-60 所示编辑网络对话框，在对话框左边的列表中选择 4Pin-1（接插件的 1 脚），单击图示的右移按钮，4Pin-1 就会被加到右边的列表框中，再单击"OK"按钮就将 4Pin-1 加到"+12V"网络中，并且关闭当前的对话框，返回到图 16-59 所示对话框。

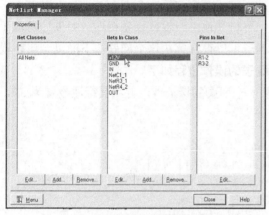

图16-59　网络表管理器对话框

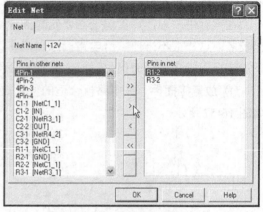

图16-60　编辑网络对话框

在图 16-59 所示的对话框中，用同样的方法将 4Pin-2、4Pin-3、4Pin-4 分别加到"GND"、"IN"、"OUT"网络中，设置完成后，单击"Close"按钮关闭网络表管理器对话框，结果会发现电路板上接插件的 4 个引脚分别有飞线与相应的网络相连。

③ **自动布线**。执行菜单命令"Auto Route→All"，对整个电路板进行重新自动布线，接插件的 4 个引脚同时也被导线连接起来，布局结果与图 16-58 所示一样。

3. 加宽电源/接地线

在工作时，电路板上的电源线和地线流过的电流比较大，为了更好散热和防止大电流烧坏电源/接地线，通常要对电源线和接地线进行加宽。但一般的自动布线方法不会自动加宽电源/接地线。**加宽电源/接地线可以采用两种方法：一是通过设置自动布线规则来加宽导线；二是通过设置导线的属性来加宽导线。**

（1）设置自动布线规则来加宽导线

通过设置自动布线规则加宽导线的操作过程如下。

① 执行菜单命令"Design→Rules"，弹出布线规则设置对话框，如图 16-61 所示，在"Routing"选项卡的"Rule Classes"区域选中"Width Constraint（布线宽度）"项，再单击"Add"按钮，马上弹出图 16-62 所示的"Max-Min Width Rule（最大—最小宽度规则）"对话框。

② 在图 16-62 所示的对话框的"Rule scope"区域，在"Filter kind"项中通过下拉按钮选择"Net"，在"Net"项中通过下拉按钮选择"+12V"，再在"Rule Attributes"区域将"Minimum Width"、"Maximum Width"、"Preferred Width" 3 项都设为 30mil，然后单击"OK"按钮，关闭当前的对话框，返回到图 16-61 所示的对话框，在对话框下面的列表中增加了图 16-63 所示的线宽设置项。

再单击对话框中的"Add"按钮，用同样的方法设置 GND 的线宽。

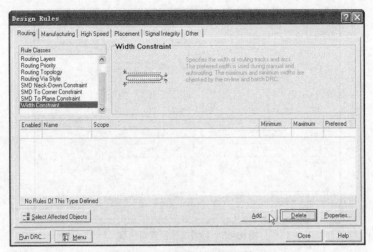

图16-61　布线规则设置对话框

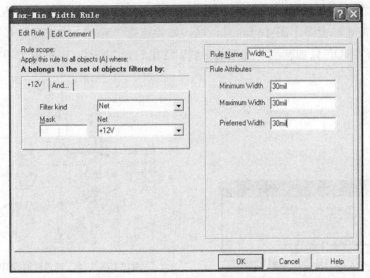

图16-62　最大—最小宽度规则设置对话框

Enabled	Name	Scope	Minimum	Maximum	Preferred
✔	Width_1	+12V	30mil	30mil	30mil

图16-63　增加的线宽设置项

③ 执行菜单命令"Auto Route→All"，对电路板进行重新自动布线，电路板上的电源线和接地线都被加宽，布局结果如图 16-64 所示。

（2）设置导线的属性来加宽导线

通过设置导线的属性来加宽导线的操作过程如下。

① 在要加宽的+12V 电源导线上双击，弹出导线属性设置对话框，如图 16-65 所示，单击"Global>>"按钮，展开更详细的设置内容，同时"Global>>"按钮也变成了"<<Local"按钮。

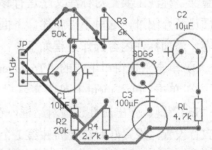

图16-64　加宽电源线和接地线的印制电路板

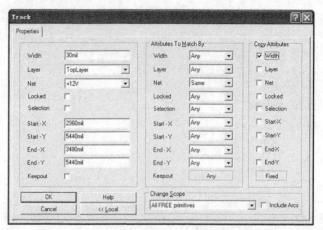

图16-65　导线属性设置对话框

② 在图 16-65 所示的对话框中，将"Width"项设置为"30mil"，将"Attributes To Match By"区域内的"Net"项设置为"Same"，将"Copy Attributes"区域内的"Width"项选中，再单击"OK"按钮，会弹出图 16-66 对话框，如果选择"Yes"，将加宽所有与+12V 电源相连的导线，选择"NO"只加宽当前选中的导线，这里选择"Yes"，电路板上的电源线被加宽，如图 16-67 所示。

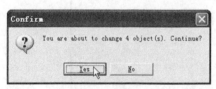

图16-66　询问对话框

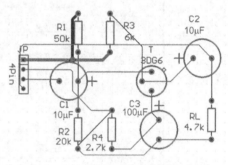

图16-67　加宽了电源线的印制电路板

③ 在电路板的接地线上双击，弹出与图 16-65 相同的导线属性设置对话框，再用同样的方法对接地线进行加粗设置。

4．调整和添加文字标注

如果在手工调整元件布局时，没有对电路板上的文字标注进行调整，可现在进行调整，调整文字标注主要是对标注文字进行移动、旋转、删除、更改标注内容等，这些调整方法在前面已经介绍过，这里不再叙述。下面通过给接插件加标注来说明如何在电路板上添加标注内容，**添加标注内容操作过程如下**。

① 单击工作窗口下方的"TopOverlay（顶层丝印层）"标签，切换到该层。

② 单击"Placement Tools"工具栏上的**T**工具，可以开始放置文字标注，在放置过程中，按"Tab"键，弹出属性设置对话框，在"Text"项输入"+12V"，其他项可保持默认值，也可自行设置，设置好后在接插件第 1 个引脚旁单击，就在该脚放置"+12V"文字标注。再用同样的方法在接插件的 2、3、4 脚分别放置"GND"、"IN"、"OUT"文字标注。放置好的文

字标注如图 16-68 所示。

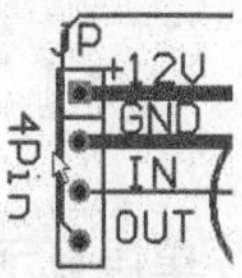

5. 放置固定螺孔

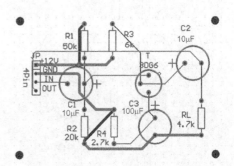

为了固定电路板，一般要在电路板上钻出螺孔，螺孔与过孔、焊盘是
不同的，它一般不要涂导电层。**放置固定螺孔通常采用放置焊盘的方式，**
放置螺孔的操作过程如下。

图16-68 放置好的
文字标注

① 单击"Placement Tools"工具栏上的◉工具，开始放置焊盘，在放置时按"Tab"键，
弹出图 16-69 所示的属性设置对话框。

② 在图 16-69 所示的对话框中，将"X-Size"、"Y-Size"和"Hole-Size"项都设为一样
大，这样设置的目的是让焊盘呈圆形，并且取消焊盘口铜箔，另外单击对话框中的"Advanced"
选项卡，去掉该选项卡中"Plated"项的选择，即去掉焊盘通孔壁上的电镀层。再单击"OK"
按钮，退出设置。

③ 将鼠标（跟随着焊盘）移到要放置螺孔的位置，单击左键就放置了一个螺孔，用同样
的方法在其他位置放置螺孔。放置好螺孔的电路板如图 16-70 所示。

图16-69 焊盘属性设置对话框

图16-70 放置好固定螺孔的印制电路板

|16.3 PCB 板的显示|

在设计电路板时，各个工作层同时显示出来，系统以不同的颜色来区分不同的层，如果
电路板上的元件很多，各工作层的对象同时显示出来，查看很不方便。系统提供了一些特殊
的显示模式，常用的有单层显示模式和三维显示模式。

16.3.1 单层显示模式

单层显示模式可以单独显示电路板的各个工作层。让 PCB 板工作层单独显示的操作过程如下。

① 执行菜单命令"Tools→Preferences"，弹出图 15-18 所示的对话框，选择"Display"选项卡，然后选中该选项卡下的"Single Layer Mode（单层显示模式）"项，再单击"OK"按钮关闭对话框。

② 单击 PCB 编辑器工作窗口下方的工作层标签"TopLayer（顶层）"、"BottomLayer（底层）"、"TopOverlay（顶层丝印层）"、"MultiLayer（多层）"，就可以查看各工作层单独显示内容，图 16-71 就是几个层单独显示内容。

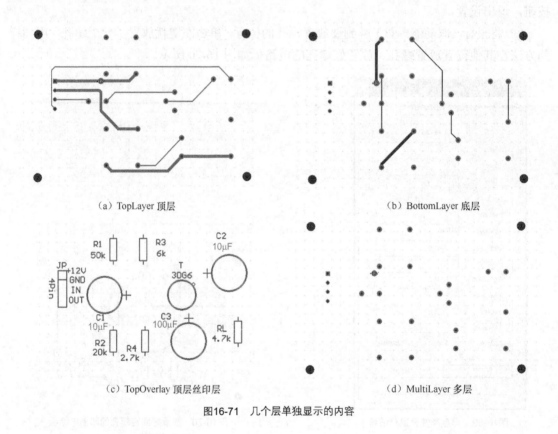

（a）TopLayer 顶层　　　　　　　　　　（b）BottomLayer 底层

（c）TopOverlay 顶层丝印层　　　　　　　（d）MultiLayer 多层

图16-71　几个层单独显示的内容

16.3.2 三维显示模式

三维显示模式简称 3D 显示模式，它能将设计的电路板以三维的形式显示出来，让设计者能看到接近实际效果的电路板。让 PCB 板进行三维显示的操作过程如下。

① 执行菜单命令"View→Board 3D"，或者单击主工具栏上的 ▇▇ 工具，在工作窗口就会生成电路板的三维图，如图 16-72 所示。

② 按键盘上的"PgUp"键或主工具栏上的放大工具，可放大三维图；按"PgDn"键或

主工具栏上的缩小按钮，可缩小三维图；按下鼠标右键，鼠标变成手状，移动鼠标可移动三维图；按"End"键可刷新三维图。

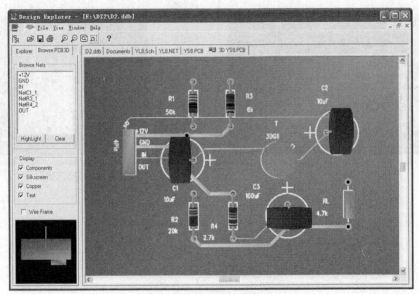

图16-72　三维显示的电路板

③ 另外，在 PCB 编辑器右边的设计管理器中，选中"Browse PCB 3D"选项卡，也可以对三维图进行操作。

在"Brower Nets"的列表框中选中"+12V"，再单击下方的"HighLight（高亮）"按钮，三维图中的+12V 网络线就会高亮显示，如图 16-73 所示，要去除高亮显示，只要单击"Clear"按钮即可。

在 Display 区域，去除"Components（元件）"项的选择，三维图中的元件将不会显示出来，如图 16-74 所示，"Silkscreen"意为丝印，"Copper"意为铜箔导线，"Text"意为文字，去掉它们的选择，三维图中相应的部分将不会显示。

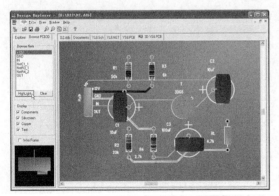

图16-73　高亮显示网络线的三维图

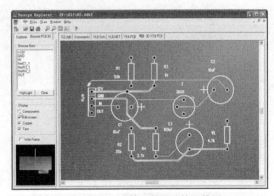

图16-74　去掉元件显示的三维图

如果去掉"Wire Frame"的选择，三维图将以空心线来显示，如图 16-75 所示。

将鼠标移到设计管理器的底部小窗口中，鼠标会变成有箭头的十字形，按下左键移动鼠标，工作窗口中的三维图将会旋转，如图 16-76 所示。

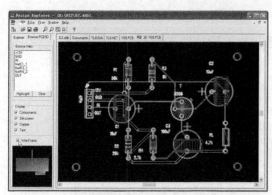

图16-75　空心显示的三维图

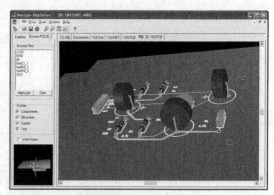

图16-76　旋转三维图

第 17 章
制作新元件封装

元件封装是指与实际元件形状和大小相同的投影符号。Protel 99 SE 提供了大量元件的元件封装，但由于电子技术飞速发展，一些新型元件不断出现，这些新元件的元件封装在元件封装库中是找不到的，解决这个问题的方法就是利用 Protel 99 SE 的元件封装库编辑器制作新的元件封装。

|17.1 元件封装库编辑器|

元件封装库编辑器是 Protel 99 SE 一个重要组成模块，它的作用就是制作和编辑元件封装。

17.1.1 元件封装库编辑器的启动

启动元件封装库编辑器有两种常用的方法：一是通过新建一个元件封装库文件启动编辑器；二是打开一个已有的元件封装库文件启动编辑器。下面以新建一个元件封装库文件来启动编辑器，具体操作过如下。

（1）打开一个数据库文件，如打开 DZ2.ddb 文件，然后执行菜单命令"File→New"，弹出图 17-1 所示的对话框，选择"PCB Libraty Document"图标，再单击"OK"键，就在数据库文件 DZ2.ddb 中新建一个元件封装库文件，默认文件名为 PCBLIB1.LIB。

（2）将元件封装库文件的默认文件名改为 FZ8.LIB，在工作窗口中用鼠标左键双击该文

图17-1　新建元件封装库文件

件，FZ8.LIB 文件被打开，同时元件封装库编辑器也被启动。元件封装库编辑器的界面如图 17-2 所示。

17.1.2 元件封装库编辑器介绍

从图17-2可以看出，元件封装库编辑器主要由菜单栏、主工具栏、元件封装库管理器、工作窗口、放置工具栏、状态命令栏等组成。

1. **菜单栏**：主要提供制作、编辑和管理元件封装的各种命令。

2. **主工具栏**：它提供了很多常用工具，这些工具的功能也可以通过执行菜单中相应的命令来完成，但操作主工具栏上的工具较执行菜单命令更快捷方便。

3. **元件封装管理器**：它主要用来对元件封装进行管理。

4. **工作窗口**：它是制作、编辑元件封装的工作区。

5. **放置工具栏**：它包含了各种制作元件封装的放置工具，如放置连线、焊盘、过孔、圆弧等工具。

6. **状态命令栏**：主要是显示光标的位置和正在执行的命令。

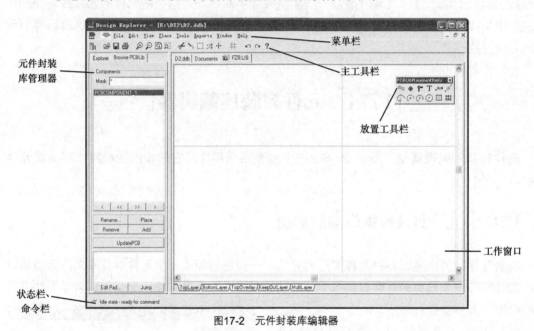

图17-2 元件封装库编辑器

|17.2 制作新元件封装|

制作新元件封装可采用两种方式：一种方式是直接用手工制作；另一种方式是利用向导制作新元件封装。

17.2.1 手工制作新元件封装

在制作新元件封装前，先要了解实际元件的有关参数，如实际元件的外形轮廓和尺寸等，然后再来制作该元件的元件封装。元件的封装参数可以通过查阅元件资料或者测量实际的元件来获得。

下面以制作一个图 17-3 所示元件封装为例来说明元件封装的制作，该元件封装的有关参数是：焊盘外径为 50mil，内径为 30mil；焊盘垂直间距为 100mil，水平间距为 30mil；外形轮廓长为 200mil、宽为 200mil，圆弧半径为 25mil；焊盘与轮廓边沿距离为 50mil。

手工制作新元件封装的操作过程如下。

（1）**新建或打开一个元件封装库文件。**这里打开 FZ8.LIB 文件。

（2）**设置有关工作环境参数。**如使用的工作层、计量单位、栅格尺寸和显示颜色等，进入工作环境参数设置的方法是执行菜单命令"Tools→Library Options"和"Tools→Preferences"，具体的设置可参照第 4 章相关内容，一般情况下不用设置，保持默认值。

（3）**新建元件封装。**在新建元件封装库文件时，系统会自动新建一个 PCBCOMPONENT_1 的元件封装，如果想再建立一个元件封装，可单击元件封装库管理器中的"Add"按钮，或执行菜单命令"Tools→New Component"，弹出图 17-4 所示的对话框，单击"Cancal"按钮，会建立一个新的元件封装，在元件封装库管理器中可以看到新建的元件封装名。

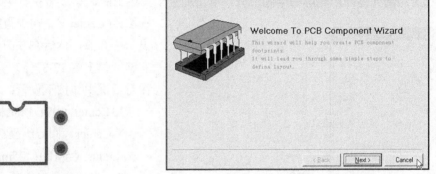

图17-3　待制作的元件封装　　　　　　　图17-4　新建元件封装向导对话框

单击元件封装库管理器中新建的元件封装 PCBCOMPONENT_1，在右边工作窗口中会出现一个十字形编辑区，如图 17-5 所示，十字形中心坐标为（0mil，0mil），如果工作窗口没有十字形就可以先关闭当前的元件封装库文件 FZ8.LIB，然后再打开它，工作窗口中就会出现十字形。

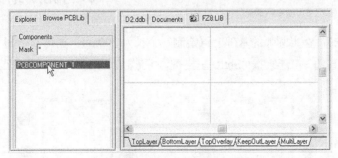

图17-5　新建的元件封装文件

（4）**放置焊盘。**单击放置工具栏中的 ● 工具，或者执行菜单命令"Place→Pad"，鼠标变成有焊盘跟随的十字光标，按下"Tab"键，弹出焊盘属性设置对话框，如图 17-6 所示，将其中的 X-Size、Y-Size 都设为 50mil（外径），Hole-Size 设为 30mil（内径），Designator 设为 1，再单击"OK"按钮结束设置。

将光标移到编辑区十字中心，单击鼠标左键，就放置了第一个焊盘，再用同样的方法按顺序放置其他三个焊盘，在放置时要注意焊盘垂直间距为 100mil，水平间距为 300mil（在放置焊盘时，可观察窗口底部状态栏显示的光标坐标来确定每个焊盘的间距）。放置好的四个焊盘如图 17-7 所示。

在第一个焊盘上双击鼠标右键，弹出图 17-6 所示的属性设置对话框，在 Sharp 项下拉列表中选择 Rectangle（正方形），单击"OK"按钮，就将该焊盘改为正方

图17-6　焊盘属性设置对话框　　图17-7　放置好的四个焊盘

形。另外注意，4 个焊盘的标号要逆时针依次为 1、2、3、4，若不是可在属性对话框中进行设置。

（5）绘制元件外形轮廓的半圆部分。单击放置工具栏上的⊙，或者执行菜单命令"Place →Arc（Center）"，在焊盘附近随意绘制出一个圆弧，然后在该圆弧上双击鼠标右键，弹出图 17-8（a）所示的对话框，在对话框中如按下设置：

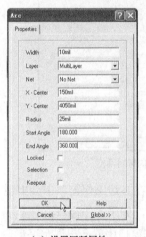

X-Center（圆心横坐标）：150mil
Y-Center（圆心纵坐标）：4050mil
Radius（半径）：25mil
Start Angle（起始角度）：180.000
End Angle（终止角度）：360.000
设置好后单击"OK"按钮，就绘制了图 17-8（b）所示的半圆弧。

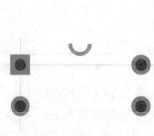

（a）设置圆弧属性　　　（b）绘制出的半圆弧

图17-8　绘制半圆弧

（6）绘制元件外形轮廓的方形部分。单击放置工具栏上的 ≷，或者执行菜单命令"Place→Track"，在半圆弧的基础上再绘制一个长为 200mil、宽为 200mil 的方形，在绘制时如果连线拐角不是直角，可连续按"Shift+空格键"，将拐角切换到 90°，绘制过程如图 17-9 所示。

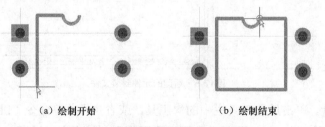

（a）绘制开始　　　　　　　　（b）绘制结束

图17-9　绘制元件外形轮廓的方形部分

（7）**设置元件封装的参考坐标**。元件封装绘制完成后要设置参考坐标。在菜单"Edit→Set Reference"下有 3 个设置参考坐标的命令：Pin1（以元件封装的 1 脚作为参考坐标）；Center（以元件封装中心作为参考坐标）；Location（根据设计者选择点作为参考坐标）。一般选择元件封装的 1 脚作为参考坐标，执行菜单命令"Edit→Set Reference→Pin1"就将元件封装 1 脚设为参考坐标。

（8）**元件封装的改名与保存**。新建元件封装时，系统会自动给它命名，如果要重命名，可在元件封装管理器中选中该元件封装，再单击下方的"Rename"按钮，弹出图 17-10 所示的对话框，在对话框中将默认名改成新的名称，单击"OK"按钮，改名生效。

图17-10 元件封装重命名

如果要将制作好的元件封装保存下来，可单击主工具栏上的
，或执行菜单命令"File→Save"，就可以将元件封装保存在元件封装库中。在设计 PCB 板时，只要将该元件封装所在的封装库文件装载进 PCB 编辑器中，就可以像其他元件封装一样使用该元件封装。

17.2.2 利用向导制作元件封装

除了可以手工的方式来制作元件封装外，Protel 99 SE 还提供了元件封装生成向导来制作元件封装。下面仍以制作图 17-3 所示的元件封装为例来说明。利用向导制作元件封装的操作过程如下。

（1）打开或新建一个元件封装库文件。这里打开元件封装库文件 FZ8.LIB。

（2）单击元件封装库管理器中的"Add"按钮，或执行菜单命令"Tools→New Component"，弹出图 17-11 所示的元件制作向导对话框，单击"Next"按钮，出现图 17-12 所示的对话框。

图17-11 元件制作开始向导

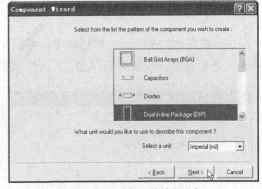

图17-12 选择元件封装形式

（3）在图 17-12 所示的对话框中，有 12 种元件封装形式供选择，如下所示。

Ball Grid Arrays (BGA)：BGA 球栅阵列封装。

Capacitors：电容封装。

Diodes：二极管封装。

Dual in-line Package (DIP)：（DIP 双列直插封装）。

Edge Connectors：边连接器封装。

Leadless Chip Carrier (LCC)：LCC 无引线芯片载体封装。

Pin Grid Arrays (PGA)：PGA 引脚网格阵列封装。

Quad Packs (QUAD)：QUAD 四边形引出扁平封装。

Resistors：电阻封装。

Small Outline Package (SOP)：SOP 小尺寸封装。

Staggered Ball Grid Array (SBGA)：SBGA 交错球栅阵列封装。

Staggered Pin Grid Array (SPGA)：SPGA 交错引脚网格阵列封装。

这里选择 Dual in-line Package (DIP)项，单击"Next",会弹出图 17-13 所示的对话框。

（4）在图 17-13 所示的对话框中，可以设置焊盘的各项数值，设置时只要用鼠标选中相应的数值，再输入新的数值即可，设置好后单击"Next"按钮，弹出图 17-14 所示的对话框。

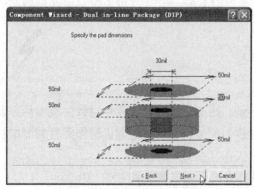

图17-13 设置焊盘的各项数据

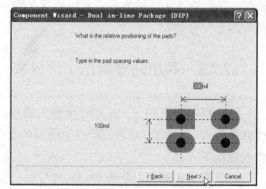

图17-14 设置焊盘之间的垂直和水平间距

（5）在图 17-14 所示的对话框中，可以设置焊盘的垂直和水平间距数值，设置时用鼠标选中相应的数值，再输入新的数值，设置好后单击"Next"按钮，弹出图 17-15 所示的对话框。

（6）在图 17-15 所示的对话框中，可以设置轮廓线数值，设置时用鼠标选中相应的数值，再输入新的数值，设置好后单击"Next"按钮，弹出图 17-16 所示的对话框。

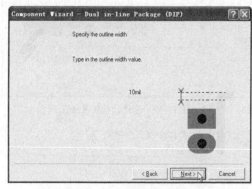

图17-15 设置轮廓线的数值

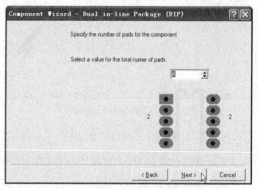

图17-16 设置元件封装引脚的个数

（7）在图 17-16 所示的对话框中，可以设置元件封装引脚个数，设置好后单击"Next"按钮，弹出图 17-17 所示的对话框。

（8）在图 17-17 所示的对话框中，输入新建元件封装的名称，再单击"Next"按钮，弹出图 17-18 所示的对话框。

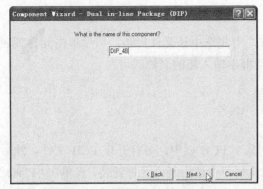

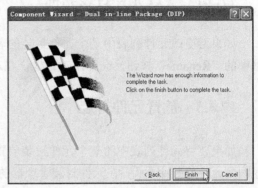

图17-17　设置新建元件封装的名称　　　　　　图17-18　结束向导

（9）在图 17-18 所示的对话框中，单击"Finish"按钮，结束新建元件封装向导，系统就会在元件封装库中生成一个元件封装，如图 17-19 所示。

图17-19　利用向导生成的元件封装

|17.3　元件封装的管理|

17.3.1　查找元件封装

在元件封装管理器中可查找元件封装，元件封装管理器如图 17-20 所示。

在管理器的 Mask 框内可输入元件查找条件，如输入"D*"，就会在下面的元件列表框中显示出所有以 D 打头的元件封装。

当在元件列表框中选中某元件时，在元件引脚列表框中会显示元件所有的引脚。

在元件列表框下方有四个按钮，单击"<"按钮可选中上一个元件，单击">"按钮可选中下一个元件，单击"<<"按钮可选中元件列表框的第一个元件，单击">>"按钮可选中最后一个元件。这四个按钮的功能与菜单命令"Tools→Next Component"、"Tools→Prev Component"、"Tools→First Component"和"Tools

图17-20　元件封装库管理器

→Last Component"——对应。

17.3.2 更改元件封装名称

如果要更改元件列表中某个元件封装的名称，可先选中该元件封装，然后单击元件列表框中的"Rename"按钮，会弹出对话框，在对话框中输入新的名称即可。

17.3.3 放置元件封装

如果要将元件列表中的某个元件封装放置到某个 PCB 板中，可打开该 PCB 文件，然后返回到元件封装库文件，在元件封装管理器的元件列表中选中某个元件封装，再单击"Place"按钮，系统自动切换到打开的 PCB 文件，就可以在该 PCB 文件的电路板上放置刚选中的元件封装。如果没有打开任何 PCB 文件，单击"Place"按钮，系统自动新建一个 PCB 文件，可以在该文件中放置元件封装。

17.3.4 删除元件封装

如果要删除元件列表中的某个元件封装，可先选中该元件封装，然后单击列表框下方的"Remove"按钮，会弹出图 17-21 所示的对话框，询问是否删除元件封装，单击"Yes"确认，选中的元件封装就被删除。

图17-21　询问是否删除元封装

17.3.5 编辑元件封装引脚焊盘

元件封装引脚焊盘是元件封装最重要的部分。在设计电路时，经常会遇到原理图元件的引脚标注与元件封装的引脚标注不一致的情况，如图 17-22 所示，二极管的元件原理图符号正极标注为"1"，负极标注为"2"，而二极管的元件封装正极标注为"A"，负极标注为"K"，这样采用自动设计印刷电路板时会产生错误，解决方法是将两者的标注改成相同。

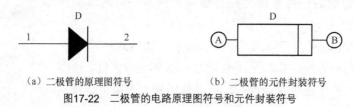

（a）二极管的原理图符号　　　　　（b）二极管的元件封装符号

图17-22　二极管的电路原理图符号和元件封装符号

下面将二极管的元件封装的引脚标号改成与原理图符号标号一致，具体操作过程如下。

（1）打开二极管封装所在的数据库文件 Advpcb.ddb，该文件的位于 C:\Program Files\ Design Explorer 99 SE\Library\Pcb\Generic Footprints 文件夹中（当 Protel 99 SE 安装在 C:\ Program Files 时）。

（2）打开 Advpcb.ddb 数据库中的 PCB FootPrints.lib 元件封装库文件，在该文件的元件封装库管理器中找到二极管的元件封装 DIODE0.4，并单击打开它，如图 17-23 所示。

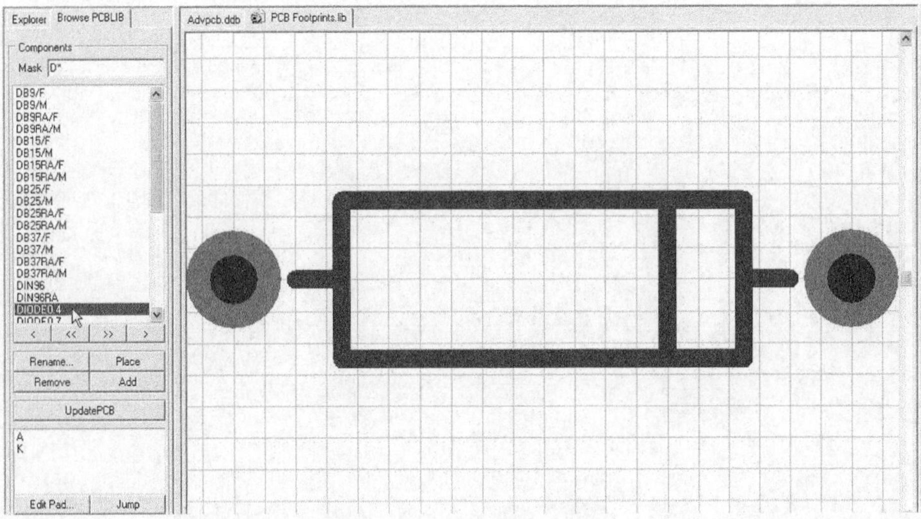

图17-23 二极管的元件封装

（3）在元件引脚列表框中选中引脚 A，再单击下方的"Edit Pad"按钮，马上弹出焊盘属性设置对话框，将对话框中的 Designator 项文本框中的 A 改成 1，再用同样的方法将引脚 K 改成 2，然后单击主工具栏上的 🖫，或执行菜单命令"File→Save"，就可以将改动的元件封装保存在元件封装库中。

如果单击"Jump"按钮，不会弹出属性设置对话框，而是将选中的焊盘放大到整个工作窗口大小。

如果单击"Update PCB"按钮，系统会将该元件封装所做的修改反映到 PCB 板中。